长江上游梯级水库群多目标联合调度技术丛书

水库群跨区发电调度协同优化理论与方法

周建中 莫莉 等 著

中国水利水电出版社
www.waterpub.com.cn
·北京·

内 容 提 要

　　长江上游巨型水库群水力、电力联系紧密且拓扑关系复杂，同时受入库径流、系统负荷、电网安全等诸多因素的影响，其联合发电调度是一类多层次、多阶段、多决策变量和多重约束的复杂优化决策问题，其难点在于流域水库群跨区多电网水力、电力补偿调节规律的精确解析和互联大电网格局下混联水电站群跨区发电调度机制这一随机动力过程的动态建模。为此，以水文径流和负荷需求随机演化为核心，探明不同调度周期、不同运行工况组合下库群多维时空尺度发电调度模型的耦合途径和方式，形成一整套水库群多维时空尺度嵌套精细调度的共性支撑技术，充分挖掘梯级水库群发电潜力，实现低碳减排目标下流域水能资源的高效利用及其互联电网的安全经济运行。

　　本书可作为电力系统、水电站、流域水电开发公司运行管理、调度人员和高等院校有关专业师生的参考书籍。

图书在版编目（ＣＩＰ）数据

水库群跨区发电调度协同优化理论与方法 / 周建中
等著. -- 北京：中国水利水电出版社，2020.12
　（长江上游梯级水库群多目标联合调度技术丛书）
ISBN 978-7-5170-9319-0

　Ⅰ．①水…　Ⅱ．①周…　Ⅲ．①长江流域－上游－梯级
水库－发电调度－研究　Ⅳ．①TM612

中国版本图书馆CIP数据核字(2020)第269949号

书　　名	长江上游梯级水库群多目标联合调度技术丛书 **水库群跨区发电调度协同优化理论与方法** SHUIKUQUN KUAQU FADIAN DIAODU XIETONG YOUHUA LILUN YU FANGFA	
作　　者	周建中　莫莉　等　著	
出版发行	中国水利水电出版社 （北京市海淀区玉渊潭南路 1 号 D 座　　100038） 网址：www.waterpub.com.cn E-mail：sales@waterpub.com.cn 电话：(010) 68367658（营销中心）	
经　　售	北京科水图书销售中心（零售） 电话：(010) 88383994、63202643、68545874 全国各地新华书店和相关出版物销售网点	
排　　版	中国水利水电出版社微机排版中心	
印　　刷	北京印匠彩色印刷有限公司	
规　　格	184mm×260mm　16 开本　25 印张　608 千字	
版　　次	2020 年 12 月第 1 版　2020 年 12 月第 1 次印刷	
印　　数	0001—1000 册	
定　　价	**228.00 元**	

长江，全长约 6397km，在世界大河中长度仅次于非洲的尼罗河和南美洲的亚马孙河，居世界第三位，多年平均水资源总量为 9958 亿 m³。长江干支流水能理论蕴藏量为 2.68 亿 kW，约占长江流域的 90%、全国的 42.7%，可开发量为 1.97 亿 kW，年发电量为 10270kW·h，是我国水资源配置的战略水源地和实施国家水电能源战略发展的重要支撑点。长江流域水资源丰富，支流和湖泊众多，形成了我国承东启西的现代重要经济纽带。特别是近年来，随着长江中上游金沙江、雅砻江、大渡河、澜沧江等流域大型水电站的陆续投产和运营，已逐步形成以十三大水电基地为代表的规模庞大的水库群系统，对我国东西部经济发展起到了极大的促进作用。长江中上游已经形成以三峡水库为核心的世界规模最大的水库群，其分区控制、跨网调峰与动态调控事关防洪安全、绿色发展、国计民生和国家能源战略，水库群水文、库容、电力补偿作用和经济效益巨大。然而，由于巨型水库群的相继投运，并受到气候变化和人类活动的双重影响，流域水文特性和水资源时空分布规律发生异变；同时，随着西电东送和全国互联电网形成，区域电网负荷特性日趋复杂，分区优化控制、电能异步馈入、跨网调峰消纳、源网协同调度等水电能源高效安全运行问题日益凸显。

长江上游巨型水库群水力、电力联系紧密且拓扑关系复杂，同时受入库径流、系统负荷、电网安全等诸多因素影响，其联合发电调度是一类多层次、多阶段、多决策变量和多重约束的复杂优化决策问题。因此，如何揭示流域水库群跨区多电网水力、电力补偿调节规律，探明不同调度周期、不同运行工况组合下水库群多维时空尺度发电调度模型的耦合途径和方式，建立发电调度模型自适应匹配和无缝嵌套模式，提出库群发电调度协同优化理论与方法，科学合理制定库群枯水期联合消落、丰水期减弃增发以及联合调峰调度方案，提高流域水能资源利用率，实现跨区多电网巨型水库群的长中短期嵌套调度、实时调度、分区优化控制、联合调峰已逐步成为当前水电能源领域备受关注的重点和难点问题。

本书围绕长江上游巨型水库群跨区多电网联合发电调度面临的重大科学

问题和关键技术难题，以水文径流和负荷需求随机演化为核心，研究复杂运行条件下水电站群实时发电调度自寻优调控技术及联合调峰技术，建立水库群多维时空尺度嵌套精细调度模型，提出水库群枯水期水位消落联合调控模式和面向水电跨网消纳的丰水期库群水能资源优化配置方案，解决水库群跨电网发电调度分区优化控制技术难题，从而实现梯级水库群发电调度的协同优化和流域水能资源的高效利用。

全书的主要内容如下：

第1章以研究背景和科学意义为切入点，探讨了水库群跨区发电调度协同优化的研究框架和基本概念，综述水库群多维时空尺度优化调度、联合调蓄优化、跨区多电网调峰消纳调度、电力市场环境下水库群优化发电调度的国内外研究现状及其发展趋势，给出以"复杂运行条件下水库群实时发电调度自寻优智能调控过程—流域梯级水库群联合调蓄优化—丰水期库群水能资源优化配置—水库群多维时空尺度嵌套精细调度—水库群跨区多电网分区优化控制及联合调峰—面向电力市场的梯级水库群多业主协同优化发电调度"为主线的研究内容、研究方法和研究途径，探讨本研究的特色和理论创新点，阐明全书的主要章节体系。

第2章详细介绍了长江上游流域控制性水库规划和运行情况，对已建水库规划和建设现状进行了概述，详细介绍了华中区域水电站分布情况，深入剖析了华中区域水电站运行问题，并简要分析了电网对梯级电站的安全约束及水电站群跨区多电网分区优化调度原则。

第3章围绕面临时段超短期径流预报、电网负荷和水库运行状态信息，分析了下一时段水库群的状态偏移概率和潜在运行风险，建立了梯级水库群实时智能发电控制模型，通过对模型优化运行域边界的精确描述，研究巨型水库群水能优化配置及负荷实时调整策略，提出了水库群实时发电调度方案快速滚动生成方法，自适应修正水库群下一时段及余留时段的优化运行过程，实现了流域巨型水库群发电调度运行的自寻优实时控制。

第4章综合考虑流域枯水期径流特性、水库运用功能、调节能力及电网调度要求，以各库水位均匀消落及梯级发电效益最大为原则，研究了巨型水库群枯水期水位消落时机、次序和组合规律，建立了以增发电量、减少汛前弃水为目标的水库群枯水期水位消落联合调度模型，按照水库群运行尽量靠近各自最优水位控制参考线的原则，制定了不同运行时期、不同运行工况下水库群的最优联合消落策略。

第5章围绕长江上游水电富集地区丰水期窝电弃水问题，根据流域短期水雨情预测、电网短期负荷预测以及网内电源出力计划进行电能平衡分析，提出了区域电网电力、电量网间分配模式，考虑各区域电网超额电量和消纳能力、不同区域电网间的联络线路拓扑结构、输电限额及电网安全运行约束要求，建立了以弃水量最小为目标的丰水期水库群联合发电调度模型，提出了面向水电跨网消纳的水库群丰水期联合运行方案，最大程度地减少水库群弃水电量，提高流域水能资源利用率。

第6章探讨了流域巨型水库群长、中、短期发电调度的耦合方式和途径，提出了流域梯级水库群分层多时空尺度嵌套精细调度的建模理论与实时滚动修正方法；针对不同调度周期内的任务需求，建立了具有"宏观总控、长短嵌套、滚动修正、实时决策"特点的水库群长、中、短期循环嵌套联合优化调度模型，提出了基于全局优化理论、能有效处理复杂约束的高效智能求解算法，优化分配水库群在各调度时段的发电量，实现了巨型水库群多维时空尺度发电优化调度模型自适应匹配和无缝嵌套。

第7章论述了巨型水库群多电网调峰调度及其电力跨省区协调配置需求，研究了水库群发电调度分区优化控制逻辑区划，且针对水库群跨区域调峰、调频等复杂运行需求，建立了库群联合发电分区优化调度模型，提出了水库群发电"协同调度，分级、分区优化"控制策略，并探究了水库群跨区多电网水力、电力补偿调节规律，建立了考虑水库群间水力、电力峰谷补偿效应的跨区多电网流域巨型水库群联合调峰优化调度模型，制定库群面向分区电网的联合调峰、错峰方案，缓解电网峰谷矛盾，保障电网供电质量。

第8章围绕电力市场下信息不完全性和主体行为有限理性等因素引起的梯级水库群运营模式的转变，分析了梯级发电量、发电质量、水能利用、电网安全等多种相互竞争与冲突的因素和目标，解析了流域梯级水库群动态博弈演化与合作调度决策响应过程，建立了水库群发电效益最大的动态均衡和有效竞争对策决策模型，提出了多业主模式下梯级水库群协同优化发电调度策略，形成了水库群在不同市场模式组合、运行阶段、市场需求下的协同发电优化运行准则。

本书相关研究工作得到了国家"十三五"重点研发计划项目"长江上游梯级水库群多目标联合调度技术"课题"水库群跨区发电调度协同优化调度技术"（2016YFC0402205）、国家自然科学基金面上项目"水库群运行优化随机动力系统全特性建模的效益-风险均衡调度研究"（51579107）、国家自然科学基金重大研究计划重点支持项目"供水-发电-环境互馈的水资源耦合系统风险评估及径流适应性"（91547208）、国家自然科学基金联合基金重点支持项目"雅砻江流域流量传播规律和来水预报及梯级电站优化调控与风险决策研究"(U1865202)、国家自然科学基金重点项目"长江上游水库群复杂多维广义耦合系统调度理论与方法"(51239004)等项目的支持和资助。

本书由周建中负责统稿和定稿工作,由莫莉、马光文、刘德地、孟明星和陈仕军分工撰写。王超、卢鹏、袁柳、王永强、张睿、欧阳硕、廖想、李纯龙、谢蒙飞、何飞飞、刘光彪、王华为、乔祺、常楚阳、麦紫君、舒生茂、柯生林、黄溜等参与了相关研究,杨钰琪、徐占兴、秦洲、谌沁、刘悦、邹义博、刘斌、效文静等协助负责应用实例的计算编写、全书校正和插图绘制工作。书中内容是作者在相关研究领域创新性工作成果的总结,在研究工作中得到了相关单位以及有关专家、同仁的大力支持,同时本书也吸收了国内外专家学者在这一研究领域的最新研究成果,在此一并表示衷心的感谢。

由于水库群跨区发电调度协同优化理论与方法研究尚在摸索阶段,许多理论与方法仍在探索之中,有待进一步发展和完善,加之作者水平有限,书中不当之处在所难免,敬请读者批评指正。

作者

2020 年 8 月

目录

前言

第1章 水库群跨区发电调度协同优化概述 ················ 1
1.1 研究背景与科学意义 ···················· 1
1.2 理论框架与基本概念 ···················· 3
1.3 国内外研究概况与发展趋势 ················ 4
1.4 研究目标与研究内容 ···················· 13
1.5 研究方法与思路体系 ···················· 16
1.6 研究特色与理论创新 ···················· 17

第2章 水库群跨区发电调度研究区域概况 ·············· 20
2.1 长江上游控制性水库 ···················· 20
2.2 华中电网概述 ························ 29
2.3 电网水电运行安全约束 ··················· 31
2.4 跨区多电网分区优化原则 ················· 34

第3章 水库群实时发电调度自寻优调控 ··············· 38
3.1 水库群实时发电调度滚动优化研究 ············ 38
3.2 水库群发电调度非实时优化及滚动修正 ·········· 94

第4章 流域梯级水库群联合调蓄优化研究 ·············· 110
4.1 梯级水库群联合蓄放水调度研究 ············· 110
4.2 水库群枯水期水位消落联合调控 ············· 133

第5章 面向水电跨网消纳的丰水期库群水能资源优化配置 ······ 166
5.1 水库群跨网电量消纳预测研究 ·············· 166
5.2 丰水期水库群跨区联合调峰消纳 ············· 193

第6章 水库群多维时空尺度嵌套精细调度 ·············· 259
6.1 梯级水库群中长期嵌套精细调度研究 ··········· 259
6.2 水库群多维时空尺度精细化发电调度 ··········· 274

第7章 水库群跨区多电网分区优化控制及联合调峰 ········· 300
7.1 水库群跨区多电网分区优化控制研究 ··········· 300
7.2 水库群多电网联合调峰调度 ··············· 324

第 8 章　面向电力市场的梯级水库群多业主协同优化发电调度 ················ 342

　8.1　面向电力市场的水库群效益-风险均衡调度 ······················ 342

　8.2　梯级水库群多业主协同优化调控研究 ·························· 347

　8.3　多业主梯级水库群协同动态博弈 ····························· 366

参考文献 ··· 381

水库群跨区发电调度协同优化概述

长江上游巨型水库群水力、电力联系紧密且拓扑关系复杂，同时受入库径流、系统负荷、电网安全等诸多因素影响，其跨区多电网联合发电调度面临一系列亟待解决的关键技术难题。解析流域水库群跨区多电网水力、电力补偿调节规律，探明不同调度时期、不同运行工况组合下水库群多维时空尺度发电调度模型的耦合途径和方式，实现多维时空尺度水库群发电优化调度模型自适应匹配和无缝嵌套，研究水库群发电"协同调度，分级、分区优化"控制策略，制定水库群枯水期水位消落联合调控模式和面向水电跨网消纳的丰水期水库群水能资源优化配置方案，解决我国长江上游巨型水库群多维时空尺度嵌套精细调度及跨区发电协同优化存在的主要科学问题，具有重大的现实意义和科学价值。

本章将以研究的背景和科学意义为切入点，探讨水库群跨区发电调度协同优化的研究框架和基本概念，综述水库群多维时空尺度联合调蓄优化、水库群跨区跨网调峰消纳的国内外研究现状及其发展趋势，给出以巨型水库群多维时空尺度优化调度—联合调蓄优化—跨区跨网调峰消纳—电力市场下水库群优化调度为主线的研究内容、研究方法和思路体系，探讨本研究的特色和理论创新点，阐明全书的主要章节体系。

1.1　研究背景与科学意义

1.1.1　研究背景

水电能源作为世界上第一大清洁及可再生能源，满足了全世界约 20% 电力需求，相比于其他可再生能源，其在供给量、开发技术成熟性、运营综合成本等方面均显示出较大优势。此外，水电是一种具有良好调节性能的优质能源，其与火电和核电有机配合时，能利用自身强大的调峰调频能力平衡电网尖端负荷，保证火电和核电能在最优工况平稳运行。同时，当水电与其他具有间歇性、随机性出力特点的可再生能源，如风能、太阳能等联合运行时，能有效缓解间歇性能源出力波动给电力系统带来的影响。随着电力系统中其他可再生能源并网比重的增加，水电对电网安全、稳定、经济运行的作用更加凸显。总体来说，大力发展水电既可大幅削减化石能源消耗量，又能有效提高可再生清洁能源在电力系统中的比重，具有显著的经济和环境效益。

我国水能资源总蕴藏量居世界之首，根据 2005 年全国水力资源复查工作领导小组办公室发布的复查成果，我国水力资源理论蕴藏量在 1 万 kW 及以上的河流共 3886 条，水力资源理论年发电量为 60829 亿 kW·h，平均功率为 69440 万 kW，技术可开发量为

54164 万 kW，年发电量为 24740 亿 kW・h。随着我国国民经济水平的快速提高及其对电力、能源需求的快速增长，水电开发步伐明显加快，特别是"十一五""十二五"期间，装机容量以每年超过 100 万 kW 的增幅增长，截至 2019 年年底，全国水电装机为 3.56 亿 kW，年发电量逾万亿千瓦时，均居世界首位，在增加电力供应、改善能源结构等方面发挥了重要作用，在我国能源安全战略中占据着举足轻重的地位。

长江中上游、金沙江、雅砻江、大渡河等流域大型水电站陆续投产和运营，逐步形成以十三大水电基地为代表的规模最为庞大的水电站群系统，对我国东西部经济发展起到了极大的促进作用。其中，西南地区水电能源建设发展尤其迅猛，截至 2019 年其水电机组装机容量已增至 14650 万 kW，约占全国水电装机总量的 41.3%。西南地区大规模巨型水电站群的建设和投运，极大地推动了我国跨区水火互济和南北互联电网格局的形成，其依靠南方电网"两渡直流"和国家电网"复奉直流""锦苏直流"等通道，将富余水电远距离输送至我国经济最发达的长三角、珠三角等负荷密集地区，有效缓解了我国由于区域发展程度与水电能源分布不平衡而导致的产用逆向配置矛盾。

随着长江上游巨型水库群的建设投运，跨区跨流域大规模混联水电站群联合调度格局初步形成，流域梯级水电站群系统规模逐渐庞大，水力、电力联系日趋复杂，协同发电调度、供水生态安全、水电站综合效益发挥等问题更加突出，给长江中上游水库群协同优化与统一管理带来了极大的挑战。现有的调度理论和方法忽略了大规模水库群不同调度期运行需求、不同电力并网消纳条件的组织协调关系，难以适应水电能源快速发展背景下流域水电站群联合优化运行的新要求，严重影响了水能资源的高效利用和水利枢纽综合经济效益的充分发挥。

为此，围绕互联大电网背景下巨型水库群跨区发电调度协同优化运行面临的关键科学问题和技术瓶颈，以实现水电能源及其互联电力系统安全、稳定、经济运行为目标，研究多维时空尺度水库群发电优化调度模型自适应匹配和无缝嵌套、水库群发电"协同调度，分级、分区优化"控制理论与方法，形成一整套水库群跨区发电协同优化及多维时空尺度嵌套精细调度的共性支撑技术，对保障水电站群安全高效运行、缓解电力系统调峰压力，以及贯彻落实国家节能减排重大战略部署具有重要的理论意义和工程实用价值。

1.1.2 科学意义

长江上游大规模水库群相继建成投运，改变了河道自然演进规律和径流特性，使得各水库间水力、电力联系紧密且拓扑关系发生了深刻变化，现有的梯级水电站调度理论已不能完全适应大规模水库群协同优化的建模要求。研究工作的科学贡献和意义在于，以长江上游巨型水库群为研究对象，构建多维跨学科模型体系，以大系统分解协调理论为指导，积累对流域大规模水库群分层分区控制的认识，通过建立定量评估水库群协同优化控制及跨区跨网调峰消纳能力的理论体系和科学方法，量化巨型水库群发电调度协同优化的价值，为面向国家社会经济发展战略水电能源调度、运行与管理提供理论依据。研究工作对丰富、完善和发展现有复杂系统分析、多维目标效益均衡和适应性优化调控的理论与方法体系具有重大意义，研究成果可直接用于指导我国长江上游大规模水库群协同优化调控与管理，对深化学科内涵，拓展学科外延，促进我国水利科学和系统科学交叉学科发展具有重要的科学意义和学科推动作用。

1.2 理论框架与基本概念

1.2.1 研究框架

针对互联大电网格局下长江上游巨型水库群跨区跨网发电调度协同优化及电力消纳研究面临的科学问题和突出矛盾开展探索性研究，通过多学科综合交叉，特别是引入优化运筹、数据科学、动态博弈和协同学等理论与方法，以复杂系统分析和系统科学理论为基础，探索新的优化理论与方法，研究巨型水库群多维时空尺度嵌套精细调度技术，建立流域水库群丰、枯水期联合调蓄优化调度模型，突破大规模水电站群跨区跨电网协同调峰消纳的理论障碍，提出面向电力市场的梯级水库群多业主协同优化发电调度策略，从而实现长江上游巨型水库群协同优化调度、电力系统安全稳定运行。

因此，水库群跨区发电调度协同优化的研究框架归纳为以下四个方面的内容：①水库群多维时空尺度优化调度；②流域梯级水库群联合调蓄优化；③水库群跨区多电网调峰消纳调度；④电力市场环境下水库群优化发电调度。

1.2.2 基本含义

本小节从水库群多维时空尺度优化调度、流域梯级水库群联合调蓄优化、水库群跨区多电网调峰消纳调度以及电力市场环境下水库群优化发电调度四个方面，阐述水库群跨区发电调度协同优化的基本含义。

1.2.2.1 水库群多维时空尺度优化调度

水库群联合调度与发电计划编制是一类复杂的多维、多时空尺度的不确定性优化问题，电力市场需求和来水的不确定性，要求发电企业必须协调好短期和长期调度关系，减少不确定因素对实时优化调度的影响。近年，关于水库群联合优化调度的研究成果较多，但大多基于固定调度期，无法有效地避免或减小不确定因素对水库优化调度的影响。因此，从固定时空尺度调度模式出发，探明多维时空尺度调度模式存在的共性与差异，解析不同时空尺度调度模式之间的耦合特性，探寻可能的耦合途径和方式，研究多维时空分层嵌套优化技术，实现各层调度模型逐级耦合、相互嵌套，根据不断变化的调度信息和调度决策实施的反馈信息不断优化、实时调整、滚动决策，可为巨型水库群联合优化调度方案的制定提供有效的理论支撑。

1.2.2.2 流域梯级水库群联合调蓄优化

我国长江上游流域巨型混联水库群已初具规模，具有巨大的综合利用效益和梯级补偿效益。然而，流域梯级大规模水库群水力、电力联系十分复杂，优化调度决策变量的时空尺度较大，且不同时段间的运行状态互相耦合，同时受流域水雨情、枢纽运行工况以及区域电力系统负荷需求等多种因素制约，现有的梯级水电站群联合优化运行建模理论与求解方法在实际工程应用中仍然受到很多限制，亟须进一步研究和完善。此外，由于流域梯级水库群分属不同业主，具有汛后争相蓄水、汛前争相消落的典型竞争性矛盾。已有研究一般多在分析流域径流特性的基础上，通过统计分析不同径流情景下的模拟演算最优调度方案，提取梯级水电站的联合水位运用方式。该种方式能够较为快速地获取梯级水库群的最优蓄放方式，但由于梯级水库群间复杂的水力、电力联系，依据调度方案提取调度规则的方法难以准确揭示梯级各水库间的补偿关系，且缺乏相应的理论支撑。因此，亟待从流域梯级水库群联合优化调度模型本身的理论分析入手，探究梯级水库群蓄放方式与梯级综合效益的函数响应关系，推求普适性的梯级水库群蓄放规则，为流域梯级水库群联合调蓄优化提供理论依据。

1.2.2.3 水库群跨区多电网调峰消纳调度

随着水电站装机规模的逐步扩大以及电力跨网配置能力的逐步增强，电力系统对水电调峰、调频和事故备用的需求日益突出，如何充分利用调节性能好的大型水电站对电力消纳地电网负荷进行调节，以缓解受端电网调峰压力，是我国已建成的三峡梯级、金沙江下游溪洛渡—向家坝梯级以及部分建成的雅砻江、澜沧江等干流大规模梯级水电系统共同面临的现实问题。多电网调峰需求下的梯级水电站群短期调度问题具有时空多维、送电电网负荷特性差异大、调度主体多元、电站调节性能和机组动态特性各异等诸多特点，水-机-电耦合紧密，较单一电网水电能源优化调度问题复杂得多，已有面向单电网送电的水电站发电计划编制模式已不适用。因此，从厂网协调的角度出发，构建梯级水库群跨省区发电调度的模式体系，在送端交直流输电平台的约束下，挖掘电站发电能力及调峰潜力，合理安排梯级电能消纳方案以缓解各受端电网的调峰压力，可为解决梯级电站多电网调峰优化调度和电能优化配置问题提供一种有效途径。

1.2.2.4 电力市场环境下水库群优化发电调度

随着新一轮电力体制改革的逐步深入，流域梯级水库群参与电力市场是必然的趋势，研究市场环境下梯级水库群多业主协同优化发电策略，是优化流域水资源利用、实现流域可持续发展的需要。因此，围绕电力市场下信息不完全性和主体行为有限理性等因素引起的梯级水库群运营模式的转变，分析梯级发电量、发电质量、水能利用、电网安全等多种相互竞争与冲突的因素和目标，解析水库群动态博弈演化与合作调度决策响应过程，建立水库群发电效益最大的动态均衡和有效竞争对策决策模型，提出多业主模式下水库群协同优化发电调度策略，形成水库群在不同市场模式组合、运行阶段、市场需求下的协同发电优化运行准则具有现实的科学意义。

1.3 国内外研究概况与发展趋势

近年来，随着全球能源和环境问题日益严峻，电网互联和流域水资源统一调度优势凸显，水电已由单一时空尺度单一区域调度运行转向可变时空尺度跨流域跨区协同优化运行发展，迈入大规模跨区调度和运行阶段。与就地消纳方式不同，现阶段单一流域梯级需要同时为多个省级电网或者区域电网输送电力，满足这些受端地区的用电特别是高峰电力需求。传统的水库群单站单区域单电网优化发展不能满足跨区多电网的联合调峰消纳和多级协同的要求，如果缺乏统一的调度手段和有效的协调机制，水库群无序调度将严重影响流域水资源利用的综合效益。

目前，已有联合调度理论与方法多集中于单一流域、单一业主、单一调度层级以及单一尺度的水库群发电调度模式研究，往往忽略互联大电网格局下混联水电站群优化调度呈现的多电网负荷特性差异、调度主体多元、电站调节性能和机组动态特性各异等诸多特点，无法统筹水库群跨区发电调度机制，存在未考虑互联电网差异化特性与跨区水库群协调运行模式耦合互馈机制的局限性，限制了已有理论与方法在实际工程中的应用。与此同时，全球气候变化带来的区域水文过程时空演变、新能源大量并网、负荷剧烈波动等问题对流域梯级水库群优化调度提出了更高要求，导致水库群跨网调峰消纳、电能异步馈入、源网协同调度的运行、控制和管理等问题十分突出，由此形成了一系列亟待解决的国际学术前沿和工程技术难题。因此，围绕长江中上游巨型水库群及其互联电网调度需求，以提升流域水能资源综合效益和电网调峰适应性为目标，以调度运行过程中物质流、能量流和信息流的映射关系为载体，攻克水库群实时发电调度自寻优调控、流域梯级水库群联合调蓄优化、面向水电跨网消纳的丰水期水库群水能资源优化配置、水库群多维时空尺度嵌套精细调度、面向电力市场的梯级水库群多业主协同优化发电调度等关键科学技术瓶颈，打破以往的网省自我平衡模式，着眼于区域电网、省级电网、巨型流域梯级三者各自运行特点和相互之间的耦合互馈关系，统筹规划、合理利用，从而达到提升流域水能资源综合效益、优化流域水资源综合配置的目的。

本节将依据研究框架，从水库群多维时空尺度优化调度、流域梯级水库群联合调蓄优化、水库群跨区多电网调峰消纳调度以及电力市场环境下水库群优化发电调度四个方面，综述水库群跨区发电调度协同优化理论与方法的国内外研究概况与发展趋势。

1.3.1 水库群多维时空尺度优化调度

水库群多维时空尺度优化调度是一类多随机变量耦合的复杂优化问题，旨在通过对入库径流或电力负荷在电站、机组间的优化分配调度，在保障电力系统、水电站及其水利设施等安全运行的基础上，从中长期、短期、实时等多维时间尺度上合理充分利用水能资源和水资源，满足水利电力部门和其他综合调度需求，包括发电、防洪、供水、航运、生态环境等。

国外对水电站水库优化调度的研究始于 20 世纪 50—60 年代对径流调度计算的研究，1946 年美国学者 Massé 将优化概念引入水库调度中，Little 于 1955 年提出了 Markov 随机径流描述方法，并建立了离散随机动态规划水库优化调度模型，标志着系统科学方法在水库调度领域的应用已拉开了帷幕。随后，美国数学家 Bellman 发表著作《Dynamic Programming》，提出运用动态规划方法（Dynamic Programming，DP）对多阶段决策优化问题进行求解（Bellman 等，1966），为水库优化调度提供了重要的理论研究手段。此后，水库优化调度理论与方法迅速发展和完善（Maass 等，1962；Loucks 等，1981；Tung 等，1992；Wurbs，1996；ReVelle，1999）、线性规划（Linear Programming，LP）（Needham 等，2000）、网络流优化（Network Flow Optimization）（I.F 等，1996）、非线性规划（Nonlinear Programming）（Barros，M T L 等，2003）、动态规划类〔DDDP（Heidari 等，1971）；IDP（Larson，1968）；DPSA（Dreyfus 等，1962）〕、机会约束规划（Chance-Constrained Programming）（Loucks 等，1975）、随机线性规划（Stochastic Linear

Programming)（Jacobs 等，1995）、随机动态规划（Stochastic Dynamic Programming）（Stedinger 等，1984）等一系列建模方法在处理确定性和随机性水库群调度模型方面取得了突破性进展，并且随着进化算法在计算机领域的提出，一些智能优化算法如遗传算法（Genetic Algorithm）（Savic 等，1999）、差分进化算法（Differential Evolution Algorithm）（Glotic 等，2014）、粒子群算法（Particle Swarm Optimization）（Kennedy 等，2002）等在水库优化调度领域崭露头角并得到推广。

国内水库优化调度起步稍晚，20 世纪 60 年代初，吴沧浦（1960）运用动态规划方法进行了年调节水库优化调度研究；谭维炎等（1963）运用 DP 方法与 Markov 随机过程理论，建立了水库长期随机优化调度模型。20 世纪 80 年代，张勇传等先后提出了并联水库群联合调度分解协调模型（张勇传等，1981）和基于确定性来水的水库群优化调度状态极值逐次优化解法（张勇传等，1987），开创了水库群联合优化调度理论发展的新局面。此后，库群联合调度迅速成为研究热点，董子敖（1989）研究并归纳了传统水库优化理论及其应用；张玉新、冯尚友（1988）提出了一种多目标动态规划迭代方法并应用于求解水沙联合多目标调度模型；陈守煜（1990）提出了多阶段多目标决策系统模糊优选理论，并开创性地将模糊集理论与水资源应用相结合，出版了《系统模糊决策理论与应用》（陈守煜等，1993）。进入 21 世纪，随着我国水电建设事业的迅猛发展，以及水文气象预报、计算机应用等技术手段日渐成熟，我国的水库优化调度研究逐渐从理论研究走向工程实际应用研究。武新宇等（2012）分析了中国水库发电调度面临的新挑战，为解决大规模水库群调度建模和求解、优化调度不确定分析等关键科技问题，指明了研究思路；周建中等（2015）以长江上游水库群面临的复杂调度问题为基础，对大规模水库群优化调度建模求解、多目标调度等关键问题提出了新的解决方法，并在长江流域得到应用；王本德等（2016）从水库调度的调度模型构建及求解技术等方面展望了水库调度工程实践面临的问题和发展趋势，越来越多的研究学者们开始致力于解决水库调度实际工程问题。考虑梯级水电站短期调度中水流时滞带来的问题，钟平安等（2012）建立了考虑调度期和滞后期综合效益的优化模型，对梯级水电站日计划编制提供了参考；针对我国西南水电富集、汛期大量小水电弃水窝电的现象，刘本希等（2015）以水电可消纳电量期望值最大为目标，建立了大小水电短期协调优化模型，对提高水电富集地区大小水电协调利用有很好的指导意义。

然而，在现有水库群优化调度研究中，水库群不同调度尺度下的运行工况对径流预报误差、水位过程偏差、入库流量坦化和系统负荷变化等因素的复杂响应机理尚未得到充分认识，亟待提出一套耦合不同调度周期与不同运行工况的水库群多维时空尺度嵌套精细调度理论与方法，实现水库群全周期变尺度优化发电调度过程的精确描述，将水库优化运行从传统固定型水位控制发展至全流域多要素精细化联合调控新阶段。

1.3.2 流域梯级水库群联合调蓄优化

受季风气候影响，我国绝大多数流域径流年内分布极不均匀，汛期水量占全年 70% 以上，且径流年际变化较大，存在典型的丰水期和枯水期。针对我国水资源时间分配严重不均匀的问题，我国绝大多数流域控制性水电站多设计为"高坝大库"（周建平等，

2010），且一般按照如下方式运行：汛期维持在汛限水位，按防洪调度方式运行，汛末开始拦蓄洪水，水电站蓄水完成后（一般蓄至正常蓄水位，但也存在径流偏枯蓄不满的情况），在枯水期动用兴利库容进行水量补偿调度，以满足发电、供水、生态、航运和灌溉等综合用水需求，并在汛期来临前有序消落至汛限水位。在早期的水电站规划设计中，枯水期兴利库容的动用方式及汛前水位消落方式多从水电站自身以及下游经济社会发展的角度考虑。随着流域大规模水电站群的建成和投运，流域梯级水电站群已初具规模，梯级各水电站仍按已有方式运行可能带来一些问题：一方面，枯水期水电站的水量补偿调度仅考虑局部地区的用水需求，易导致径流偏枯年份下游兴利各部门用水保证率破坏，且缺乏统筹规划的补偿调度方式难以充分发挥梯级水电站的联合补偿效益；另一方面，汛前集中消落易导致下游弃水现象频发，且若汛期提前并与下游区间洪水遭遇，将人为提高下游防洪风险。由此可见，现有水电站枯水期和汛前运行方式已不能满足流域水电能源安全、高效开发利用的实际需求，亟待从流域整体的角度出发，综合考虑梯级各水电站的调蓄特性以及流域不同区域不同兴利部门用水需求，开展流域梯级水库群联合调蓄优化研究。

枯水期水量补偿调度是指在保证流域各部门供水安全的前提下，充分利用流域水文预报信息，统筹安排流域梯级水电站兴利库容的运用方式，在保证梯级水电站和电力系统安全、稳定运行的同时，最大化水能资源的能量转换效率，实现流域水资源综合利用效益最大化。针对该问题研究学者已开展大量研究，并取得了一定的成果，总体来看，关于枯水期水量补偿调度的研究主要集中在以下两个方面。一部分研究学者从水电站枯水期历史运行资料分析入手，在综合考虑枯水期水电站各项用水需求的基础上，通过分析各竞争性用水目标在不同径流情景下用水矛盾的剧烈程度，提炼枯水期水量补偿调度准则。蔡旭东等（2005）针对飞来峡电站已有规则难以满足下游通航需求的实际工程问题，探讨了枯水期航运用水和发电用水的矛盾关系，并提出了协调航运和发电效益的枯水期调度规则；赵南山、张雅琦（2009）分析了三峡水电站实际航运补偿运用方式，提出了三峡电站初期运行阶段提高枯水期运行水位以补偿下游航运用水的运行方式，以保障来水特枯情景下下游游河道的航运能力；刘永权、武建洁（2009）从察尔森水库枯水期实际兴利运行过程分析入手，探讨了干旱地区水电站均衡灌溉、发电效益的枯水期运行模式；刘艳芳、崔强（2013）针对径流特枯情景下下游灌溉、城市供水等竞争性用水需求，在分析历史同期资料的基础上，提出了集中供水的补偿调度方式，保障了灌区春灌顺利完成；陈桂亚（2013）综合分析了长江上游控制性水电站群的历史运行过程，提出了"蓄水量大且无出力约束的水电站优先补偿，其次按蓄水量比例同时补偿"的梯级水电站枯水期水量补偿调度准则。以水电站历史运行资料为基础的枯水期水量补偿调度研究，成功应用于实际生产调度中，取得了较大的经济和社会效益。然而，该类研究多针对特定的流域和水电站，成果也仅适用于所研究流域的特定调度情景，缺乏普适性的理论支撑，难以推广应用。因此，另一部分研究学者考虑通过建立枯水期水量补偿调度模型，模拟不同径流情景下梯级水电站的运行方式，以提炼梯级水电站枯水期水量补偿调度准则。付永锋、王煜等（2007）针对黄河下游枯水期断流频发的问题，建立了总供水缺额最小的月、旬、日调度模型，并在模型中引入径流的线性演进模型，实现了枯水期水量补偿精细化调度，并通过模拟计算精细化调控小浪底水电站补偿流量，有效缓解了黄河断流问题；钟平安、蔡杰等（2008）通过分析龙头电站在梯级水电站中的补偿作用，建立了梯级水电站实时发电补偿调度风险分析模型，并进一步提出龙头电站期望增益最优补偿流量方案的决策优选方法；随后，又针对来水预报误差对泄流补偿调度的影响，建立了基于决策树的梯级水电站泄流补偿调度的风险决策过程，为梯级水电站开展泄流补偿调度提供决策依据（钟平安等，2012）；翁文林、王浩等（2014）提出了梯级水电站联合调度图的逐步优化编制方法，研究了龙头水库的补偿效益及其调节库容的敏感性，并据此分析了龙头水库在梯级水电站补偿调度中的重要作用。上述研究以优化建模理论为基础，通过实时调度、模拟调度、风险决策等技术手段，提炼了梯级水电站的枯水期水量补偿调度准则，并在实际工程应用中得到验证，为制定梯级水电站联合枯水期水量补偿方式提供了诸多有效的模型和方法。

然而，已有研究多针对单一水电站或控制性水电站较少的中小型梯级水电站，针对长江上游等控制性水电站较多的大规模梯级水电站群的研究较少，且缺乏系统性的理论分析，尚需开展进一步研究。

1.3.3　水库群跨区多电网调峰消纳调度

水电机组启停灵活，出力调整范围大，是电力系统中优质的调峰能源，流域水电站群联合调峰是保证电网安全稳定运行的重要措施，然而，受水库调节能力和发电、防洪、灌溉、航运需求等影响，水力发电调峰能力受到了极大限制。为此，尹明万等（1997）综合分析了三峡梯级电站的防洪、发电、航运和冲沙利用要求，提出了梯级水电站群日调峰的多层次目标优化方法，探讨了三峡梯级电站调峰能力及其影响因素；吴正佳等（2007）建立了同时考虑调峰和发电效益的梯级水电站优化调度模型，在发挥三峡梯级电站调峰效益的同时也得到最大的电量效益；牛文静等（2016）建立了综合梯级水电站群调峰和通航需求的多目标优化调度模型，为缓解电网日益严重的调峰压力和实现流域水库群水资源综合利用提供了借鉴和参考。同时，针对大规模水电站群多电网调峰求解难题，葛晓琳等（2013）利用模糊隶属度函数和混合整数建模方法，将梯级水电站群发电-调峰多目标调度模型转换为单目标混合整数线性规划问题，并利用 MILP 软件包进行求解；王金文等（2003）在求解大规模水电调峰量最大模型时，采用一种替代目标形式，并提出了一种考虑电站出力波动、机组安全运行和系统备用等约束的局部修正策略进行求解，该方法在福建电力系统实际运行中得到有效验证。此外，武新宇（2012）、王华为（2015）、冯仲恺（2017）等在调峰调度模型高效求解方面也提出了诸多思路。

随着"西电东送""一特四大"格局的形成，为满足水电跨网调度需求，大量学者对跨区多电网特大型水库群的多电网优化调峰开展了研究，并取得一些成果。武新宇等（2012）以我国南方电网巨型水电站群面临的实际调度问题为背景，构建了多电网水电调峰模型和求解该模型的关联搜索算法，能有效解决南方电网大规模水电站群实际调度问题。卢鹏（2016）提出了一种水电站群跨区多电网调峰优化调度和电力跨省区协调分配方法，为华中区域国调及直调水电站群制定了能均衡响应多电网调峰需求的水电站出力计划。申建建等（2014）以跨省送电梯级水电站群调峰问题为背景，提出一种两阶段搜索方法，通过华东电网新安江—富春江梯级和中国南方电网红水河干流梯级水电站群调度得到验证。针对多电源多电网的跨区调峰调度问题研究，Lu（2015）通过对各电网负荷之间互补特性进行分析，提出了一种面向多电网的梯级水电站群跨区调峰优化调度与电力跨省网协调分配方法，并以受端电网剩余负荷均方差最小为目标，构建了梯级电站群跨区多电网调峰调度模型，利用所提出的改进实数编码蜂群算法进行求解。程春田等（2010）在已有的水库群发电优化调度问题求解技术基础上，结合计算机科学与人工智能理论，提出了能够求解面向省级电网的跨流域梯级水电站发电优化调度系统的时空解析技术。紧接着该团队结合南方电网中的实际问题，以多电网剩余负荷最大值最小为目标，建立了跨流域巨型水电站群多电网调峰调度模型，并为简化求解过程、加快计算效率，利用凝聚函数法与多目标模糊优选法对原有目标函数进行了转换。孟庆喜等（2014）针对电网剩余负荷局部频繁波动问题，利用 N 近邻平滑法与分段平滑法平滑多个相邻时段余荷，从而构建电网理想余荷过程，并以求解得到余荷与理想余荷偏差最小为目标，建立华东电网直调水火电站调峰调度模型。程雄（2015）针对特高压直流水电跨区跨省输送问题，基于大系统分解协调原理，提出了满足实际运行要求的直流水电受端电网多电源短期协调调峰方法，并将其应用在华东电网多层级一体化调度平台中，验证了该调峰方法的有效性。针对多电网协调调峰问题，该团队（程雄等，2014；Cheng 等，2015）以抽水蓄能电站为调峰电源，提出了多电网短期启发式调峰方法，在研究中以负荷重构法得到多电网总体负荷过程，并以该负荷过程的峰谷负荷值为启发信息确定电站的发电与抽水位置及大小，利用出力切分与组合优化方法进行出力网间分配，以实现各电网余荷方差最小。Wu 等（2015）针对多电源多电网跨区跨省协调调峰送电问题，构建了水电站跨区送多电网调峰模型，该模型由双层多目标调峰及出力网间分配模型与电量波动平衡模型构成。

虽然现有水库群调峰调度研究取得了较为丰富的研究成果，但由于受研究对象和理论方法局限性的影响，往往忽略了区域电网复杂拓扑结构、电网潮流安全约束以及多电网负荷特性差异和流域水文径流过程的随机性，其在实际工程应用中仍面临诸多技术问题，因此，亟须综合考虑水库群面向跨区多电网的联合调峰消纳减弃及多级协同调度需求，进一步深入研究复杂水库群优化调度问题的精确建模与高效求解方法，发展和完善跨区多电网多层级水库群调峰消纳优化控制的理论体系。

1.3.4   电力市场环境下水库群优化发电调度

电力市场环境下，水电系统的优化调度是水电商参与市场竞争的基础工作，须依据市场及水电系统的特征进行优化求解，其研究可归纳为以下三个方面：①梯级水电站竞价策略；②梯级水电站联盟博弈；③联盟的效益分配模型。下面将从以上三个方面分别阐述其国内外研究概况与发展趋势。

1.3.4.1   梯级水电站竞价策略

在现实的重复市场竞争中，交易中心公布信息的有限性，以及竞争对手对报价信息的保密，导致发电企业在重复竞价过程中对相关信息获取不完整。在竞价策略研究过程中，各方专家、学者也逐渐意识到了现实电力市场竞争中的不完全信息特征和重复特性，研究围绕着发电企业市场竞价的信息不完全性和动态重复性两个问题展开。Ferrero 等（1998）认为 POOL 模式电力市场中，市场竞争属于不完全信息博弈，可研究使用纳什均衡予以解决。易伟等（2003）针对电站在无限次重复竞价中采用的合作策略，进行了动态博弈研究。Pettersen 等（2005）提出首先由电力零售商和电网向消费者提供激励，促使负荷从高峰时期转移到非高峰时期，并研究了信息不完全背景下三方的重复博弈行为和 Nash 均衡。杨根等（2006）统筹运用概率模型和不完整信息的静态博弈模型，再分析公司竞标成功的可能概率，将其效益最大化作为目标准则，构建了竞标数学模型。同年，任玉珑等（2006）认为发电企业需准确预测对手信息才能应对电力市场竞价的不完全信息，因此提出基于多主体平台的二阶段演化博弈模型，根据获取的信息量把博弈过程分为两阶段，描述了发电企业充分利用所获信息来循环修正自身策略行为的演化过程。Soleymani 等（2008）针对日前电力市场研究构建了双层模型，预测电力需求及市场出清价格应对电力市场竞争的不完全信息，并求解 Nash 均衡得到最优竞价策略。同年，张庆辉等（2008）建立了完全信息多寡头动态模型，求解 Nash 均衡、判断系统稳定性。吴军友（2011）基于发电企业竞价过程的有限理性，应用最优反应动态机制构建了发电企业竞价策略模型。Sheikhalishahi 等（2012）从两个不同的角度研究竞价策略这一问题，一是不考虑竞争对手的利润函数的发电企业利润最大化，二是考虑竞争对手的竞价和利润函数的发电企业利润最大化，并进一步进行了不完全信息下的最优竞价策略研究。杨珊珊等（2014）把电力竞标看作是一个不完整信息的静态竞争过程，并利用暗标拍卖原理建立了相应的 Bayes 博弈模型，最终求解了 Bayesian - Nash 均衡。同年，王一鸣（2014）认为，发电企业的市场竞价属于进化博弈的研究范围，并引用了遗传算法予以问题求解，并分别在 PAB 和 MCP 竞标机制下进行了电力竞标行为的仿真。任利成等（2015）辨析得出了电力市场竞价过程的不完全信息和动态重复性，并为此构建了最优反应动态模型，但也是仅针对单个电站进行的模型构建和算例验证。刘琼（2015）从静态和动态两方面，结合期望效用理论和累积前景模型，引入竞价方的风险厌恶因子，建立了暗标拍卖 Bayes 博弈模型和最优反应动态模型。陈俊（2015）在完全信息模型研究基础上，假设高低发电成本两种情况，构建了双寡头 Cournot 扩展模型，并求解了 Bayes 均衡解。赵会茹等（2017）构建了发电商报价决策模型、ISO 市场出清模型和适应性学习模型，并结合以上 3 个模型构建了不完整信息的动态博弈模型，运用改进的 harmony - search 算法模拟竞价策略动态调整过程及 Nash 均衡，但研究也并非针对多业主梯级电站群。蒋玮等（2019）针对日前电力市场构建了不完整信息电力供需双边博弈模型，该模型重点预测直购电价和电量，引入发电成本因子构建了考虑误差修正的直购电价与发电成本的关系模型，并利用相似日法预测直购电量。

1.3.4.2　梯级水电站联盟博弈

我国对战略联盟的相关研究始于 20 世纪末，研究范畴涉及社会、经济和军事多方面。在市场环境下，多业主梯级电站群不但是发电侧的竞标主体，而且还是流域水电综合管理的本体，因此在电力市场中，多业主梯级电站群之间既存在竞争矛盾又具有合作可能性。因此，除了考虑以单个电站为主体参与到市场竞争中，也有相关文献将战略联盟概念引入到流域梯级水电站的合作中。

程笑薇（2005）研究了电力市场环境下不同发电集团之间的联盟可能性，并把合作博弈理论构建模型用于联盟时机的判断。程成（2007）针对参与市场竞争的所有电厂，考虑非协作、协作和部分协作等不同的情形，运用博弈论分析发电企业的竞价策略和市场力。但是，Hafalir 等（2007）认为内生性激励自发形成的联盟比外部因素促成的联盟具有更高的效率。同一个发电集团内部的电站出于相同利益，促成联盟的内部动因更为坚实可靠，所以研究趋向于同一发电集团内部电站的联盟：黄志坚（2006）提出同一发电集团的电站构建联盟参与市场竞争，并给出了发电集团联盟合作博弈报价模型和阻塞条件发电集团联盟报价策略。刘玮（2011）提出将发电集团同属同一区域的电站看作一个虚拟竞价者，构建联盟参与市场竞争，并相应给出了基本竞价体系、机制和策略等。针对不同业主建设运营的梯级水电站，主要是考虑流域内同一业主下属电站的联盟（尹修明，2008）。李清清（2010）给出了梯级水电站与电网企业的联盟合作。刘悦等（2018）则提出对流域内所有电站，分河段构建联盟并参与市场竞价。除了联盟形式的探索，更多的文献侧重研究联盟形成动态以及联盟竞价过程。He 等（2003）基于电力库模式，考虑了不同联盟方式对发电企业竞价策略的影响，构建了基于 IPOPF 的最优联盟竞价模型，并用 IEEE30 节点系统测试了模型，得到最佳竞标策略和联盟优先次序。李刚等（2007）针对寡头市场，从量和价的角度出发建立了相应的 Cournot 和 Bertrand 模型，分析了发电企业联盟与否的博弈行为以及效益影响。Sorrentino 等（2008）运用 Near - Nash - equilibrium 概念建立演化博弈模型，分析了联盟形成的行为动态，并模拟了两个及以上发电企业在同一个电力市场上运行时的行为。Morais 等（2011）提出了一种建立和管理电站联盟的新手段，并将虚拟发电厂商（VPP）设置为电站联盟代理人，最后通过 Multi - Agent 系统对该方法进行了测试、对联盟形成的行为变化进行了建模和仿真。

但是，战略联盟受到内部和外部多重因素的合力作用，联盟也就受到诸多不稳定因素的影响，因此联盟的动态稳定性问题也需要重点关注，国内外各领域的学者均意识到这一点并进行了相关研究，目前，对于联盟的稳定性研究，基础理论和数学方法主要出自合作博弈论、管理经济学和运筹学等相关概念，例如：乔晗等（2009）运用合作博弈探讨了在联盟动态过程中协作模式的变动，针对固定点的联盟结构变动，运用合作博弈构建了分析模型。另外，为了更加准确的描述联盟的动态过程，Chwe（1994）和 Kawasaki（2010）提出了"最大一致集"的概念，并从行为远见出发，不仅考虑联盟成员此刻的策略，还考虑了其他参与者后面的行为；Fiestras - Janeiro 等（2011）则证明了"最大一致集"的非空性及存在性。Vartiainen（2011）得出了"最大一致集"精炼集合，并构建了确立联盟动态过程的步骤。将"随机"概念引入联盟的格局变动也是联盟动态性探索的一个方向，采用马尔科夫链来表述不同联盟的迁移概率。具体到协同发电联盟的稳定性研究，宋恒力（2013）构建了针对性的分析模型，剖析了单次竞价下联盟的不稳定原因，和多次竞价下联盟稳定性的实现可能。莫莉等（2013）引入"生态共生理论"，应用 Nash 均衡博弈求解左右电站联盟决策条件的临界点，并构建模型评价多业主梯级电站共生联盟的稳定性。汪朝忠等（2016）识别出了电力联盟稳定性的风险因子，并采用网络层次分析法评估电力交易风险，最后考虑通过风险补偿机制保障电力联盟的稳定性。

1.3.4.3　联盟的效益分配模型

Meade 等（1997）指出合理的效益分配机制是动态联盟构建和运营的重点，Mahvi 等（2011）也认为保障战略联盟稳定性的至关因素是合理的效益分配机制。因此，国内外各领域的学者也做了大量的研究。Kruś等（2000）求解联合博弈，探讨了协同成员之间的效益分配事项。Flåm 等（2003）研究了企业联盟在成本最小化目标下的效益分配。杜河建（2006）基于 Shapley 值法，对于动态协同事前和事后的效益分配事项，分别构建了合作博弈模型和随机博弈模型。谭娟（2008）针对开发型动态协同，给出了 3 进程效益分配模型，首先基于投入和风险去估算分配比例，其次是考虑激励去修正分配比例，然后根据实际贡献去改善分配方案。孙艳艳（2009）分析成本、风险和付出等给效益分配带来的效应，在改进 Shapley 值法的基础上给出了"基于风险差异界定的分配方法"，其次提出了"最优系数分配方法"并进一步作出了改进。张春梅（2012）剖析 Shapley 值法对合同能源管理的适用性，并从风险担当、投入比例、节能功效和贡献程度 4 个角度展开修正，然后给出对应联盟的效益分配方案。幸丽娟（2012）采用"平均树分配"作为供应链联盟效益分配的新方法，对比证明了该方法相对 Shapley 值效益分配法的优势性。王轶杰（2012）针对物流联盟的效益分配事项，运用经典的 Shapley 值法模型予以计算。胡朝娣（2014）基于 Shapley 值法和均值法，提出了联盟效益分配的 Shapley -权益值法。李豪（2014）阐述了影响效益的相关参数，进一步探索改进了 Shapley 值效益分配模型，并相应给出了影响参数的系数计算方法。杨冠华（2015）基于协同效益分配的 Shapley 值法，以企业协同意愿大小修正 Shapley 值，使改进 Shapley 值法更符合实际。汪翔（2016）认为传统 Shapley 值法没有考虑风险因素和不确定因素，首先在确定性假设下，引入第三方监督机构给出了研发联盟的 Shapley 值效益分配法，然后在不确定性假设下，给出了 Shapley 值效益分配法。张凯等（2018）引入投资额度和单位水资源效率因子，用于改良 Shapley 值法，得到了针对流域水权协作联盟的效益分配新方法。

随着对发电联盟研究的深入，部分学者也意识到了效益分配的重要性，逐步开展了对发电联盟效益分配的研究。Jia 等（2003）构建了发电企业联盟博弈模型，给出多种效益分配方案并开展了综合对比。程笑薇（2004）借助 Shapley 值法解决了不同发电集团和同一集团内部的效益分配问题。伍永刚等（2006）为了保障电力市场下梯级水电站内部补偿调节的顺利实施，给出了基于 Shapely 值的补偿效益分配模型。艾学山等（2009）针对梯级水电站三种统一调度模式下获得的收益，对比分析了分配系数法和 Shapley 值分配方法。李清清（2010）针对自己提出的梯级水电站与电网的联盟，给出了厂网效益分配模型。董文略（2016）针对"风光水虚拟电站"与配电企业之间的联合调度，开展了效益分配事项研究。

在已有的水电竞价策略研究中，大部分学者侧重于单个水电站和价格接受者的角度，部分文献也对梯级水电站的竞标策略进行了初步探索，大多模型仍在等待现实市场的进一步检验，但并未着重针对多业主梯级电站群的特殊性、典型性和难点性做出相关的竞价策略研究；在联盟博弈方面，研究主要集中在发电集团内部、同区域不同发电集团和同流域同一投资主体这几类中，对多业主梯级电站群之间联盟形式的探索尚处于初步阶段，缺乏对联盟的实际构建和运作流程的进一步研究，且并未解析发电联盟的动态演化特性，未将演化博弈的思想引入研究发电联盟稳定性的研究；在效益分配模型方面，少有人引入与实际运行相关的参数去构建效益分配模型，同时综合考虑发电任务、技术约束、合作效率和安全生产等因素，使之更符合电力竞争和联盟协作实际。因此，亟须开展多业主梯级电站群的协同合作研究，以效益为"粘合剂"实现流域整体化，并在协同竞价过程中逐步实现流域的联合调度、上下游水电站的信息共享、水能资源的科学利用和整体效益的有效发挥。

1.4 研究目标与研究内容

通过开展相关研究，力求提高对水库群协同优化调度的认知水平，解决我国长江上游巨型水库群跨区发电调度协同优化面临的若干核心科学问题和关键技术难题，为长江上游水能资源充分开发利用及电力外送与消纳提供科学依据和技术支持。具体研究目标和研究内容如下。

1.4.1 研究目标

通过分析梯级水库群中长期调度模式存在的共性和差异，解析不同时空尺度调度模式之间的耦合特性，研究各层调度模型逐级耦合、相互嵌套的多维时空尺度分层嵌套优化技术；解析梯级水库群复杂水力、电力联系，分析流域梯级水库群联合优化调度建模理论，探究梯级水库群蓄放方式与综合效益的函数响应关系，推求普适性的梯级水库群蓄放规则，提出梯级水库群枯水期水位消落联合调控技术；辨识流域梯级水库群区域分布特征、隶属电网关系以及电站间的水力、电力补偿关系，建立流域梯级电站群分层、分区、分级精细化调度模型，提出流域梯级水库群跨区多电网调峰优化调度和电力跨省区协调分配方法；分析电力市场下水库群发电效益和发电风险间的对立统一关系，量化不确定性条件下水库群发电效益和风险，建立面向电力市场的梯级水库群发电效益-风险均衡优化模型；提出多业主模式下水库群协同优化发电调度策略，形成水库群在不同市场模式组合、运行阶段、市场需求下的协同发电优化运行准则，解决我国长江上游大规模水库群分层分区优化控制、电力跨网调峰消纳存在的主要科学问题，为实现长江上游巨型水库群协同优化调度运行提供理论依据。

1.4.2 研究内容

针对长江上游巨型水库群跨区多电网联合发电调度面临的重大科学问题和关键技术难题，以水文径流和负荷需求随机演化为核心，研究复杂运行条件下水电站群实时发电调度自寻优调控技术及联合调峰技术，建立水库群多维时空尺度嵌套精细调度模型，提出水库群枯水期水位消落联合调控模式和面向水电跨网消纳的丰水期库群水能资源优化配置方案，解决水库群跨电网发电调度分区优化控制技术难题，实现梯级水库群发电调度的协同优化和流域水能资源的高效利用。

1.4.2.1 水库群多维时空尺度优化调度

面向电力市场需求和来水的不确定性，综合考虑短期和长期调度关系以及影响实时优化调度的因素，针对固定调度期无法体现不确定性因素对水库优化调度的影响，推演固定时空尺度模式下，多维时空尺度调度模式存在的共性和差异，理清不同时空尺度调度模式之间的耦合特性，探寻可能的耦合途径和方式，建立根据信息获取的可能性和精度差异分层设计优化调度模型，阐明分层嵌套优化技术根据信息获取的可能性和精度差异分层设计优化调度模型的动态机理，为巨型水库群联合优化调度方案制定提供有效的理论支撑。

1. 梯级水库群中长期嵌套精细调度研究

以梯级电站自身所在流域和所处电网中担任的角色和发挥的作用为出发点，综合考虑中长期水文预报信息、中长期电网负荷需求预报信息以及枢纽自身的运行检修计划等因素，以旬或月为调度时段，研究调度周期内电站的优化运行方式、水位控制方式及目标，结合来水趋势、年度检修计划及用电负荷分析预测等信息，建立考虑水力、电力多重约束条件的梯级电站中长期优化调度模型，阐明梯级水库群中长期优化调度机理。

2. 水库群多维时空尺度精细化发电调度

探明流域水库群长中短期发电调度的耦合方式和途径，建立梯级水库群长中短期循环嵌套联合优化调度模型，探明短期发电计划编制与厂内经济运行一体化调度格局，提出基于全局优化理论、能有效处理复杂约束的高效智能求解算法，优化分配水库群在各调度时段的发电量，实现多维时空尺度水库群发电优化调度模型自适应匹配和无缝嵌套。

1.4.2.2 流域梯级水库群联合调蓄优化

从流域梯级水电站调度模型本身的理论基础入手，探究梯级水库群泄流方式与梯级综合效益的函数响应关系，推求普适性的梯级水库群联合消落规则，提取梯级水库群的联合水位运用方式，准确揭示梯级水库群间的补偿关系，优化控制枯水期梯级水库群水位消落的时机、次序和深度，协调梯级水库群消落过程中的水头效益和水量效益，最大化流域梯级水能资源综合效益。

1. 梯级水库群联合蓄放水调度研究

围绕梯级大规模控制性水库群汛末竞争性蓄水这一实际工程问题，将长江中上游流域骨干性水库群作为研究对象，均衡考虑水库群汛期防洪风险和兴利效益等因素，在不降低流域相应防洪标准的前提下，建立考虑极限风险的骨干性水库群汛限水位优化设计模型，制定各水库汛限水位优化设计方案，提出一种全流域控制性水库群分级分期联合蓄水策略；在此基础上，以水库群汛末蓄满度最大为目标，建立基于蓄水调度图的水库群联合蓄水优化调度模型，制定同时兼顾保障流域防洪安全和缓解流域上下游蓄水矛盾的长江中上游大规模水库群联合蓄水优化调度方案，完善科学的水库群蓄水管理体制和机制，为研究和制定统一的全流域大规模控制性水库群汛末蓄水方案提供一种新的思路和方法。

2. 水库群枯水期水位消纳联合调控

分析金沙江下游枯水期径流年际变化和期内变化特性，以梯级水电站两阶段优化问题理论分析为切入点，推求影响流域梯级水电站消落时机、次序和深度的消落判据，提出梯级水电站联合消落期理论消落规则的制定方法，在综合分析理论分析成果与长系列径流演算最优调度方案的基础上，提炼金沙江下游梯级水电站枯水期联合运用方式，研究河段枯水期各月逐旬来水规律，辨识影响梯级水电站枯水期调度的关键时段，综合考虑金沙江下游不同来水情景，揭示不同初始消落水位与消落方式组合对枯期发电的响应机理，探索远景水平下乌东德、白鹤滩、溪洛渡、向家坝梯级电站群消落运用方式，为金沙江下游梯级水电站制定枯水期联合调控运行方案提供理论依据和技术支持。

1.4.2.3　水库群跨区多电网调峰消纳调度

针对长江上游巨型水库群各调度层级相对独立、多级协同工作机制不健全等问题，以大系统分解协调理论为指导，探究大规模水库群分层分区逻辑与准则，综合考虑多调度层级水库群空间分布及互联电网的能源与负荷结构特征，建立面向跨电网水库群短期发电调度的多级协同控制模式及其规范下的大规模水库群短期发电计划编制方法，实现长江上游巨型水库群跨区多电网调峰调度及电力消纳。

1. 水库群跨区多电网分区优化控制研究

针对不同区域分布特征、不同隶属电网关系下流域大规模水库群发电调度系统的异质异构特性，解析巨型水库群间复杂的水力、电力补偿关系，研究隶属不同调度层级水库空间信息的相关性和关键控制变量之间的数据信息交互特性，引入大系统分解协调理论与方法，探究厂网协调模式下水库群分层、分区、分级规则，建立流域巨型水库群分区优化发电调度模型，将大规模混联水库群系统分成若干子系统并逐级优化，实现对大规模水库群协同优化调度问题的降维。

2. 水库群多电网联合调峰调度

以流域大规模水库群分层、分区优化控制理论为基础，综合考虑多调度层级水电站群空间分布及互联电网的能源与负荷结构特征，以满足电网安全约束为前提，兼顾电站发电公平为原则，制定梯级水电站群面向分区电网的联合调峰及电力跨省区协调分配方案，建立面向跨电网水电站群短期发电调度的多级协同控制模式及其规范下的大规模水电站群短期发电计划编制方法，将跨区域水电站群多电网调峰调度问题转化为逻辑分区（电网级）和子分区（流域级和电站级）多个水电子系统间和各子系统内的协同运行问题。

1.4.2.4　电力市场环境下水库群优化发电调度

针对多开发主体模式形成的多业主梯级水库群协同调度管理复杂的问题，系统剖析梯级水库群多业主特征，探究梯级水库群的互利共生关系及其复杂适应系统，全面总结多业主梯级水库群协同竞价的内外动因，确立多业主梯级水库群协同竞价模式、具体流程和运行机制，建立基于协同的稳定性分析模型。

1. 面向电力市场的水库群效益-风险均衡调度

根据共生行为模式的定义，结合上下游电站在共生过程中可能出现的效益-风险均衡方式，提出流域梯级多业主电站可能出现寄生模式、偏利共生模式、非对称互惠共生模式和对称互惠共生模式四种均衡方式。简要分析比较此四种均衡方式，并以黄河上游某梯级电站和广东某流域水电站为实例进行计算，验证分析的合理性和可行性，可实现梯级流域效益最大化。为此，梯级上下游电站存在相互依赖关系，而且此种依赖程度较为对等，平衡了合作双方之间的谈判能力，有利于共生同盟的稳定。

2. 梯级水库群多业主协同优化调控研究

针对水库群竞价特性，系统分析系统的主要形式，研究多业主梯级水库群主要的 3 种协同方式；通过模型假设、约束条件以及目标函数分析，建立完全信息下协同的动态博弈模型；深入分析不完全信息下协同动态博弈的影响因素，研究基于 GM（1，1）的电价预测模型及其改进模型，并据此建立不完全信息动态协同博弈模型。论述最优反应动态和复制动态理论，解构演化博弈分析框架，通过研究博弈策略调整规则和最优反应动态模拟技术，制定演化均衡及其演化稳定策略。

1.5 研究方法与思路体系

研究工作针对长江上游复杂水资源系统优化调控中水资源科学与复杂性科学交叉的前沿问题，以水库群跨区发电调度协同优化理论与方法研究为主线，以水库群实时发电调度自寻优调控、流域梯级水库群联合调蓄优化、丰水期库群水能资源优化配置、水库群多维时空尺度嵌套精细调度、水库群跨区多电网分区优化控制及联合调峰、面向电力市场的梯级水库群多业主协同优化发电调度等问题为核心，突破研究范式的壁垒，建立并发展统筹流域水情信息、电网负荷信息和水库运行状态等因素的水库群多维时空尺度跨区发电调度协同优化技术理论与方法体系。为实现此目标，本节给出了理论研究与技术攻关相结合的具体研究方法，详细阐明了研究方法的思路体系和实施方案。

1.5.1 研究方法

本项研究拟采取水电能源科学与系统论、信息论、对策论、控制论、协同论等多学科综合交叉的研究方法，以复杂系统科学理论为基础，以长江上游水资源系统优化调控问题的物质、能量和信息转换关系为切入点，以水文径流和负荷需求随机演化为核心，研究复杂运行条件下水电站群实时发电调度自寻优调控技术及联合调峰技术，建立水库群多维时空尺度嵌套精细调度模型，提出水库群枯水期水位消落联合调控模式和面向水电跨网消纳的丰水期水库群水能资源优化配置方案，解决水库群跨电网发电调度分区优化控制技术难题，实现梯级水库群发电调度的协同优化和流域水能资源的高效利用。项目研究将对实际工程问题进行归纳和总结，从中凝练出关键科学问题，采用理论研究与数值仿真分析相结合的研究方法，研究这些规律在长江上游复杂水资源系统优化调控中的适应性和普适性。

研究方法强化研究范式的转换，以水库群实时发电调度自寻优调控、枯水期水位消落联合调控和丰水期水库群水能资源优化配置成果为基础，突破面向水电跨网消纳的水库群多维时空发电调度精细化建模技术；以巨型水库群电力跨省区协调配置复杂动力系统演化建模为核心，提出考虑水库群间水力、电力峰谷补偿效应的跨区多电网流域巨型水库群联合调峰优化调度方法；通过解析发电量、水能利用、电网安全等多种相互竞争与冲突因素间的影响，发展多业主模式下梯级水库群协同优化发电调度策略。

1.5.2 思路体系

研究工作强化科学问题和工程问题的凝练，采用多学科综合和跨学科交叉的研究方法，引入合作博弈与动态演化理论，分析复杂水电能源系统在多主体变和博弈与双赢对局决策中产生不同动态行为的条件，运用随机线性规划、Markov 动态决策与合作博弈求解方法，解析合作调度动态博弈的期望收益和综合效益变化规律，从而为水库群发电效益最大化动态均衡和合作调度对策决策的实现排除首要理论障碍；以实时水情信息、电网负荷信息和水库运行状态信息为数据基础，建立水库群实时智能发电控制模型，发展巨型水库群水能优化配置自适应修正技术，实现流域巨型水库群发电调度运行的自寻优实时控制；揭示流域水库群跨区多电网水力、电力补偿调节规律，从而有望探明不同调度周期、不同运行工况组合下水库群多维时空尺度发电调度模型的耦合途径和方式，突破发电调度模型自适应匹配和无缝嵌套模式理论障碍；辨识水文过程、发电控制和电力负荷等多种随机变量相互作用的关键因子，攻克面向跨区多电网的水库群分区优化控制联合调峰策略制定难题，最终形成一整套适合长江上游水库群跨区发电调度协同优化的核心理论与方法体系。研究总体思路体系见图1.1。

图 1.1 水库群跨区发电调度协同优化理论与方法研究思路体系框图

1.6 研究特色与理论创新

长江上游巨型水库群水力、电力联系紧密且拓扑关系复杂，同时受入库径流、系统负荷、电网安全等诸多因素影响，其联合发电调度是一类多层次、多阶段、多决策变量和多重约束的复杂优化决策问题，被国内外学者视为水利科学与复杂系统科学交叉发展的前沿问题之一。现代水库群跨区发电调度涉及随机来水、调控模式、系统负荷、电网安全等诸多复杂因素互馈协变，是大规模、多尺度、多目标优化调控问题，现有的单一流域、单一业主、单一调度层级以及单一尺度调度模型在准确刻画互联大电网格局下混联水电站群跨区发电调度机制这一随机动力过程时缺乏足够的能力，迫切需要从新的理论、模型、方法和技术层面开展深入的系统研究。在此背景下，本书的研究特色和理论创新点归纳如下。

1.6.1 研究特色

国内外相关领域研究为本项目的开展提供了一定的理论基础，但已有研究尚未全面建立多维时空尺度、多维广义耦合、多目标、跨区域、跨电网的水电能源系统优化运行的理论与方法体系，系统性的综合研究在国内尚属空白。本项目拟对水库群跨区发电调度面临的基础理论与关键方法问题进行创新性研究，与国内外同类研究相比具有如下特色：

（1）研究规模和难度大、系统复杂。项目无论是研究的时空尺度，还是研究对象的多属性、研究问题的多维目标和多重约束条件，就其研究规模、难度和复杂程度，在国内外同类研究和应用中尚无先例。

（2）前瞻性与探索性。长江上游水库群跨区发电调度协同优化理论与方法的综合研究是水电能源系统优化运行中的重要内容，是水利科学、控制科学的前瞻性研究方向，具有很强的多学科交叉特征，以调度运行过程中物质流、能量流和信息流的映射关系为载体，解决水库群联合调度分区优化控制、多时空尺度精细嵌套调度建模、水库群跨区跨网调峰消纳调度、水库群动态博弈演化与合作调度决策等关键科学技术难题，是跨学科研究的前沿领域。

（3）系统性、综合性和交叉性。针对长江上游水库群及其互联电网调度需求，以提升流域水能资源综合效益和电网调峰适应性为目标，将水利科学、系统科学、控制科学和信息科学等交叉学科综合运用于水库群跨区发电调度协同优化理论与方法研究，实现集成创新，可以形成一套长江上游水库群跨区协同调度的理论与方法体系。

（4）学术特色鲜明。主要研究特色包括：①水库群实时发电调度自寻优调控；②流域梯级水库群联合调蓄优化；③丰水期水库群水能资源优化配置；④水库群多维时空尺度嵌套精细调度；⑤水库群跨区多电网分区优化控制及联合调峰；⑥面向电力市场的梯级水库群多业主协同优化发电调度。

1.6.2 理论创新

研究工作的理论创新在于针对国家需求与基础理论之间存在的突出矛盾开展探索性前沿研究，以不同调度周期流域巨型水库群发电调度的耦合方式分析为切入点，将单一时空尺度水库群发电调度建模拓展到分层多时空尺度嵌套精细化建模理论，建立具有"宏观总控、长短嵌套、滚动修正、实时决策"特点的水库群长中短期循环优化调度模型，并通过研究巨型水库群水能优化配置及负荷实时调整策略，首次提出实时自寻优调控方法，从而可望从多维时空尺度实现巨型水库群发电优化调度模型的自适应匹配和无缝嵌套；将水库群发电调度优化问题研究范式从传统单一发电侧优化推广至考虑多电网调峰及其电力跨省区协调配置的均衡优化，建立一套统筹流域水情信息、电网负荷信息和水库运行状态等因素的水库群跨区多电网发电调度协同优化技术理论与方法体系，为解释和解决长江上游梯级水库群协同发电调度所面临的科学问题和技术难题开辟新途径。研究工作不仅可以填补该领域研究空白，对丰富、完善和发展现有复杂系统分析的理论与应用具有重要意义，而且研究成果可以直接应用于指导我国长江上游水库群跨区发电调度，具有显著的经济效益，具体技术创新如下：

（1）以实时水情信息、电网负荷信息和水库运行状态信息为数据基础，引入复杂系统科学、系统分析理论对水库群联合优化运行域边界进行精确描述，建立库群实时智能发电控制模型，以此提出水库群实时发电调度方案快速滚动生成及实时调整方法，并以水库群余留时段运行过程最优为目标，研究巨型水库群水能优化配置自适应修正技术，实现流域巨型水库群发电调度运行的自寻优实时控制。

（2）以梯级水库群两阶段优化问题理论分析为切入点，研究梯级水库群枯水期及汛前消落时机、次序和深度的消落判据，提出水库群关键调度时段分旬控制消落方法，量化不同频率来水、不同消落方式对梯级总发电量、弃水量的影响程度，提取梯级水库群枯水期联合消落规则。

（3）根据电网短期负荷预测以及网内电源出力计划进行电能平衡分析，建立以弃水最小为目标的丰水期水库群联合发电调度模型并求解，运用跨区电网水火电互济、丰枯电置换、跨流域补偿调节、错峰调节等非工程电力资源优化配置措施，最大程度地消纳水电。

（4）依据短期径流预报、负荷预测和水库短期调度的信息反馈，从系统整体优化的角度出发，建立梯级电站群多时空尺度嵌套精细调度模型，并提出实时滚动修正方法；研究随机变量状态离散、目标时段分解和序贯逼近形成有效约束廊道的方法，建立基于径流状态转移概率矩阵的流域梯级水库群联合发电调度随机优化模型，给出梯级电站群随机优化调度时序过程，实现面临时段至余留期期望效益最大。

（5）辨识水文过程、发电控制和电力负荷等多种随机变量相互作用的关键因子，采用复杂系统方法论，建立跨区多电网流域梯级电站群联合调峰优化调度模型，运用大系统分解和协调理论提出水电站群子系统的解耦方法，设计针对特大型水电站群发电调度分区优化控制的逻辑区划和邻接矩阵有向图，建立满足电网潮流最优分配的流域概化模型，提出长江上游梯级电站群电网分区安全建模理论与方法，制定梯级电站群发电"统一调度，分级、分区控制"的优化控制方案。

（6）引入合作博弈与动态演化理论，分析复杂水电能源系统在多主体变和博弈与双赢对局决策中产生不同动态行为的条件，提出有效多赢竞争模式下的合作策略；运用随机线性规划、Markov 动态决策与合作博弈求解方法，推求多业主水库群在变和博弈与双赢对局决策中产生不同动态行为的条件，解析合作调度动态博弈的期望收益和综合效益变化规律，从而为水库群发电效益最大化动态均衡和合作调度对策决策的实现排除首要理论障碍。

第 2 章

水库群跨区发电调度研究区域概况

随着我国"西电东送"和"一特四大"发展战略的实施，金沙江、雅砻江、大渡河等江河流域的大型水电基地陆续建成，中国水电已逐步迈入大规模联合优化调度及其电力跨省跨区消纳的新阶段。水电能源大规模、跨流域、跨省区优化配置的新需求为梯级水电站群联合优化调度带来一系列复杂调度和运行难题，因此亟须考虑水电站群优化调度方式和电力系统运行间的协同关系，而华中电网作为全国水电装机容量最大、水电装机比例最高的区域电网，其水电装机容量与装机比例将持续稳步增加。相对于其他能源，水电具有典型的季节性特征，且调峰能力突出，立足华中电网的区域电网水电联合优化运行，增强各省级电网的水电互补协调，将成为华中电网贯彻落实国家清洁能源发展战略的新任务。与此同时，由于华中电网电源具有多元特性，如何充分发挥水电的快速调节优势，提升各级电网的水火互济水平，加强水电机群参与电网调度运行调整的机网协调控制技术，提高多元电源的互动配合能力，是保障电网安全稳定运行的重要技术手段。本章将简要介绍长江上游流域的控制性水库分布情况、华中区域电力系统基本情况、电网水电安全运行约束条件以及跨区多电网分区优化原则。

2.1　长江上游控制性水库

长江流域，是指长江干流和支流流经的广大区域，横跨中国东部、中部和西部三大经济区，共计 19 个省（自治区、直辖市），是世界第三大流域。流域自然资源丰富，气候温暖，雨水充足，水资源丰富，多年平均年径流量约 9600 亿 m^3，占我国河川径流总量的 36％。长江全长约 6397km。长江干流宜昌以上为上游，长 4504km，流域面积为 100 万 km^2，其中直门达至宜宾称为金沙江，长 3464km；宜宾至宜昌河段均称川江，长 1040km。宜昌至湖口为中游，长 955km，流域面积为 68 万 km^2。湖口至长江入海口为下游，长 938km，流域面积为 12 万 km^2。

而长江上游干支流是我国水电能源集中地区，加快开发利用长江上游干支流水力资源势在必行。改革开放以来，我国的经济建设取得了巨大成就，国家综合国力不断增强，社会经济可持续发展对长江流域水资源开发利用的要求迫切。随着我国"西电东送"能源开发战略格局的形成，国家加快了对长江上游干支流水电的开发和建设。一些建设条件好、勘测设计工作有一定深度的电站相继立项或开工建设。包括三峡工程在内的一批具有防洪、发电、供水功能的大型水库已陆续投入运行。长江上游控制性水库总调节库容为 575 亿 m^3、防洪库容为 415 亿 m^3（金兴平，2017）。长江上游水库群承担着防洪、发电、供水等综合利用任务，其调度过程受多种因素影响，既要考虑上下游、左右岸等不同区域供水、用电需求，又要考虑水利、交通、电力、环保、国土等多部门和多行业的需要，同时还要考虑汛期、非汛期等不同时段的不同要求。为此，本节简要介绍长江上游水库群的基本情况。

2.1.1　长江上游水库群概况

2.1.1.1　长江上游水库群开发现状与需求

在我国规划的 13 大水电基地中有 5 个处在长江上游地区，分别是金沙江水电基地、雅砻江水电基地、大渡河水电基地、乌江水电基地和长江上游水电基地。随着近期一大批大型水电站开工建设，尤其是 2009 年年底三峡工程建成发电，以三峡工程为骨干的长江上游干支流梯级水电站群已初具规模。据不完全统计，截至 2020 年年底，在建及已建的大型水电站总装机容量高达 8.8 万 MW，主要集中在金沙江中下游、雅砻江和大渡河，相应年均发电总量将增加 3800 亿 kW·h。另外，预计在 2021—2030 年期间，在金沙江上游、雅砻江和大渡河上，还将有装机容量达到 3 万 MW 的大型水电站群建成。届时长江上游地区大型梯级水电站总装机容量将达到 15.6 万 MW，年均发电总量将超过 7200 亿 kW·h。项目研究从在长江中上游 100 多个大小水库中，选取了 12 个骨干性水库作为研究对象，主要包括锦屏一级、二滩、乌东德、白鹤滩、溪洛渡、向家坝、紫坪铺、瀑布沟、亭子口、构皮滩、彭水、三峡，这些电站的基础数据见表 2.1。

表 2.1　　　　　　　　　　　　长江上游 12 座水库基本特性数据

电站名称	兴利库容/亿 m³	装机容量/万 kW	保证出力/万 kW	调节性能
锦屏一级	49.1	360	108.6	年
二滩	33.7	330	100	季
乌东德	30.2	870	321.9	季
白鹤滩	104.36	1305	405.8	季
溪洛渡	64.6	1386	339.5	不完全年
向家坝	9.03	640	200.9	不完全季
紫坪铺	7.76	76	16.8	不完全年
瀑布沟	38.82	360	92.6	不完全年
亭子口	17.32	110	20	年
构皮滩	31.5	300	74.64	多年
彭水	5.18	175	37.1	不完全年
三峡	165	2240	499	季

截至 2014 年年底，金沙江中游的"一库八级"已完成梨园至观音岩 6 梯级的开发；金沙江下游 4 梯级中的溪洛渡和向家坝已建成投运，乌东德和白鹤滩正在建设；雅砻江下游 5 梯级均已建成投运，雅砻江中游梯级水库正在建设；大渡河干流已有黄金坪、大岗山、瀑布沟和深溪沟等 8 个水库建成投运，干流双江口以下的其他水库均在建设；乌江干流除白马航电枢纽正在建设以外，其他梯级水库均已建成投运；长江干流的三峡和葛洲坝

已经建成投运，长江上游混联水电系统的格局基本形成。

在长江上游大规模混联水电系统中，金沙江、雅砻江、大渡河、乌江和长江干流 5 大水电基地的装机容量比重大，各流域水电开发的建设运营主体相对单一，且大部分水库均已建成或正在建设。

根据各子流域规划和实际水库建设情况，长江上游混联水库群拓扑结构见图 2.1。

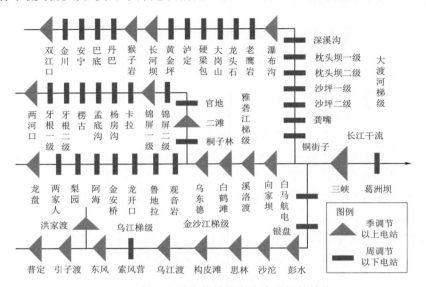

图 2.1　长江上游大规模混联水库群拓扑结构

水电能源的综合开发与利用是国际学术前沿和我国可持续发展的重要战略方向，关系到经济、社会以及生态环境可持续发展等诸多方面，水资源匮乏与供需矛盾、能源短缺与环境恶化以及水电能源可持续发展问题已经成为影响国家水资源和能源安全、制约国家国民经济发展和科技竞争力的重大问题。在我国，西电东送、全国混合电网互联和流域水资源统一调度格局逐步形成，流域梯级水库群不仅担负着区域洪旱灾害防御、电网系统基荷、调峰调频和事故备用以及流域生活、生态、生产用水等重要任务，而且在缓解局部地区生态环境退化、流域一体化水量调度中发挥关键作用。雨洪资源化利用、流域梯级补偿调节和联合调度以及区域环境改善潜力与效益巨大。尤其是长江上游梯级干支流特大型水库群联合优化调度能有效节约一次能源，降低污染排放，时空上合理分配水资源，具有显著的经济、社会和环境效益。

长江上游水库群系统联合优化问题是水利科学与复杂性科学交叉发展的前沿问题之一。在这一研究领域中，一个极富挑战性的问题是如何针对流域一体化水量调控模式下长江上游水库群所构成的复杂系统，对其动力学特性进行系统研究，从而使系统在现实世界最优运作。与这一目标相联系的关键问题之一在于探索和建立一种全新的、基于复杂性科学理论、运用现代信息科学方法和技术手段的优化理论与方法，解决长江上游水库群优化运行的关键科学问题和技术难题。

然而，由于长江上游水库群是一个开放的复杂巨系统，其运行管理不是孤立的，而是处在一定的自然环境和社会经济环境之中，受气候循环、水文过程、发电控制、电网潮流、用水需求等随机因素影响，呈现多维广义耦合特性。系统交织着各种物质流与信息流的映射关系，这些作用关系相互耦合极为复杂，其演化过程对参数极端敏感，具有高度非线性、时变、随机、不确定和强耦合等特性，使人们描述其动力学行为的精确性和有效性的能力下降，建立在牛顿力学范式基础上的经典的优化理论与方法已经不能圆满地解释和解决长江上游水库群大规模复杂非线性动力系统优化运行面临的复杂现象和科学问题。因此，围绕我国长江上游水库群高效、安全运行的工程应用背景，研究水电能源系统联合优化与风险决策的理论与方法，突破相关理论和技术瓶颈，不仅可深化学科内涵，拓展学科外延，为我国流域梯级复杂水库群联合运行提供科学指导，促进流域水资源优化配置，而且还能为其他复杂约束优化问题的模型描述与求解开辟一条新途径，研究工作具有重要的科学意义和工程应用价值。

随着全球气候异常变化和水电能源大规模开发，流域水资源综合配置矛盾日益突出，流域梯级复杂水库群运行、控制和管理面临严峻挑战；气候变化和人类活动的双重影响导致极端水文事件频繁发生，加剧了流域水资源的时空分布不均，并引发一系列严重的洪旱问题；长江流域在变化环境的强烈影响下，将逐渐出现无序蓄放水、局部水资源短缺、生态系统明显退化的危机；同时，新能源的大规模开发与并网显著增加了电网调峰压力，给强电网扰动条件下水电能源安全经济运行提出了新的挑战；此外，由于流域水资源综合利用引发多个目标相互竞争与冲突，流域水量调蓄、雨洪资源化利用、多目标联合发电调度、水利枢纽工程综合效益最大化等问题十分突出。

长江上游大规模水利枢纽的建成投运，使流域水文特性和水资源时空分布规律发生了深远变化，现有径流预报技术尚不能完全满足流域水库群联合调度对其精度期望水平的要求。同时，由于流域各水库运行缺乏一体化调度和管理机制，使上下游用水冲突问题日趋凸显，防洪、发电和生态调度目标并行协同优化极为困难，流域多个业主追求自身利益最大化和资源优化利用之间存在难以协调的矛盾。此外，新能源快速发展和能源结构发生巨大变化，负荷峰谷差加剧，电网调峰、多能源协同运行问题十分突出。因此，面向长江流域水资源综合利用和可持续发展这一重大国家需求，迫切需要提高变化环境下的水文预报预测精度，充分发挥水库群补偿调节作用，合理转变调度方式，综合考虑防洪、发电、生态、供水、航运等多个目标，科学安排梯级水库群水量调蓄过程，最大化水量利用综合效益。

长江流域蕴藏我国约 36% 的水资源，是我国水资源配置的战略水源地、实施能源战略和改善我国北方生态与环境的重要支撑点。然而，最近的迹象表明，长江在全球升温背景下，特枯水情事件在增加，加之人类活动的强烈影响，很可能出现局部水资源短缺的危机。特别是一旦遭遇特枯水情，势必造成上游提前蓄水、中游截水、下游无序引水、河口区咸潮上溯提前，届时长江沿岸可能出现严峻的水资源短缺问题。因此，如何实现长江水资源的科学配置与合理调度，使水利工程应对长江出现旱年及枯季严重缺水时段能蓄洪补枯，保障长江径流过程基本稳定，实现上游蓄水安全、中游拦水安全以及下游引水安全和中下游城市供水安全，不仅是长江流域，也是全国经济社会可持续发展的重要支撑，具有非常重要的战略意义。

为此，亟须针对流域一体化调控中长江上游水库群系统的复杂性特征以及系统中多个互相制约的目标和多种约束的耦合与协同关系，研究系统调控演化特征和相互作用机理，尤其是针对系统动力学行为机理的描述与表达，探索新的理论与方法，集成一种多学科交叉的系统演化分析方法，发展长江上游水库群复杂系统动力学演化机理分析与优化调控的理论与方法体系，从而为实现长江上游水资源的高效利用和优化配置提供理论依据和技术支撑。

2.1.1.2 长江上游流域水库群的功能和作用

长江流域水系发达，支流众多，且河道天然落差大，水能资源丰富，理论蕴藏量达2.68 亿 kW，可开发量达 1.97 亿 kW。其中，长江上游水能资源尤其丰富，其理论蕴藏量和可开发量分别占全流域总量的 90％ 和 87％，在长江流域乃至我国经济社会发展中，占据着重要的战略地位。按照《长江流域综合利用规划》，长江上游规划建设的装机容量300MW 以上的大型水电站有 80 余座，总装机容量超过 17 万 MW；1000MW 以上的水电站有 48 座，总装机容量超过 15 万 MW。在我国规划建设的"十三大水电基地"中，长江上游独占五席，分别是雅砻江、金沙江、大渡河、乌江和长江干流水电基地。随着近些年来一大批大型水电站开工建设和建成投运，尤其是 2009 年年底三峡工程建成发电，2013年和 2014 年金沙江下游溪洛渡、向家坝电站相继建成投运，以三峡工程为骨干的长江上游梯级水电站群已初具规模。

在防洪减灾方面，长江流域综合规划在上游规划布局了长江三峡、金沙江溪洛渡、向家坝等一批库容大、调节能力好的综合利用水利水电枢纽工程。现阶段长江上游 21 座水库划分为 1 个核心（即三峡水库）、2 个骨干（溪洛渡和向家坝水库）、5 个群组（金沙江中游群、雅砻江群、岷江群、嘉陵江群和乌江群），其中三峡水库主要承担长江中下游地区的防洪，溪洛渡和向家坝水库主要承担川渝河段的防洪；大渡河下游河段的防洪以瀑布沟水库为主；嘉陵江中下游河段的防洪以亭子口水库为主。相较于水库各自进行防洪调度，水库群的联合调度不仅减轻了长江中下游的防汛压力，还减少了下游地区超额洪量，有效减免了蓄滞洪区的运用，极大程度地减少了洪灾损失。长江上游流域水库群的建成将为流域防洪工作带来巨大效益。

在生态保护方面，水电属于绿色清洁能源；水力发电基本不消耗水量，对水质也基本没有影响，水库还可以通过调度对其进行综合利用，提高了水资源的利用效率。而长江上游流域水库群的建立在充分利用流域水能资源的同时，间接减少了火力发电带来的大量有害气体以及温室气体排放，一定程度上改善了空气质量，减少了酸雨等有害天气，如三峡集团下辖金沙江下游和三峡梯级电站建成至今发出绿色电能超过 2.46 万亿 kW·h，减少二氧化碳排放超过 20 亿 t。此外，水库的建成对库区周围的植被以及气候有一定的改善作用，对局部生态环境有一定改善作用。

在泥沙防治方面，水库淤积对大型水库的长久使用非常不利，随着以三峡水库为核心的控制性水库群的逐步形成，上游水库群的拦沙效应巨大。如金沙江中游干流梨园、阿海、金安桥、龙开口、鲁地拉、观音岩水电站陆续建成运用后，年均拦沙约 0.50 亿 t，其下游攀枝花站年均输沙量由蓄水前的 0.597 亿 t 减小至 2013—2016 年的 0.052 亿 t，减幅91％；金沙江下游溪洛渡、向家坝水库基本上将三峡入库泥沙的主要来源金沙江的泥沙全部拦截在库内，导致三峡入库泥沙减少，2013—2016 年三峡年均入库沙量为 0.650 亿 t，较 2003—2012 年均值减少了 66％，水库年均淤积量也减少至 0.501 亿 t（金兴平等，

2018）。今后随着上游金沙江等梯级水库陆续建成，三峡水库入库沙量在相当长时期内将维持在较低水平，三峡水库淤积会进一步减缓，有利于三峡水库长期使用。

而在航运保障方面，长江素有"黄金水道"之称，长江上游干线航道从宜宾至宜昌1044km，是典型的山区河流航道。其中重庆朝天门至宜昌（简称渝宜段）航道长660km，天然情况下的渝宜段航道复杂，有滩险139处以及礁石数处，水上交通事故多发，限制了大型船只的通航能力。葛洲坝以及三峡电站兴建以后，三峡库区水位范围上升，支流航道数量明显增加，库区港口快速发展。高水位淹没了大量浅滩，尤其在枯期，航运条件改善明显，减少了事故发生率。三峡通航建筑物中的双线五级船闸以及升船机也为船只通航提供了良好条件。2017年三峡船闸过闸货运量达到12972万t，相比2002年新增6.10倍。三峡工程蓄水后，三峡库区航道成为世界上通航条件最好、通过能力最大的山区航道（姚育胜，2019）。

2.1.2 长江上游关键控制性水库简介

长江流域水系众多，星罗棋布，据统计，长江干流拥有700多条一级支流，其中流域面积为1万km²以上的支流有40多条，5万km²以上的支流有9条，10万km²以上的支流有4条。水量大是长江支流的一大特点，汉江、雅砻江、岷江、嘉陵江、乌江、沅江、湘江和赣江等8条支流的多年平均流量都在1000m³/s以上，构成了长江八大支流。本书主要研究区域为长江上游支流，包括雅砻江、岷江、嘉陵江、乌江和金沙江上的水库。截至2009年年底，长江上游已建成大型水电站总装机容量为3.8万MW，年均发电量超过1700亿kW·h。且近期该地区正处于水电大规模开发建设阶段，在建的预计2020年前能完成的大型水电站总装机容量更是高达8.8万MW，主要集中在金沙江中下游、雅砻江和大渡河，相应年均发电总量将增加3800亿kW·h。另外，预计在2021—2030年，在金沙江上游、雅砻江和大渡河上，还将有装机容量达到3万MW的大型水电站群建成。届时长江上游地区大型梯级水电站总装机容量将达到15.6万MW，年均发电总量将超过7200亿kW·h。从长江中上游100多个大小水库中，选取了如图2.2所示较为关键的控制性水库进行详细介绍，主要包括两河口、锦屏一级、二滩、乌东德、白鹤滩、溪洛渡、向家坝、双江口、瀑布沟、洪家渡和三峡水库。

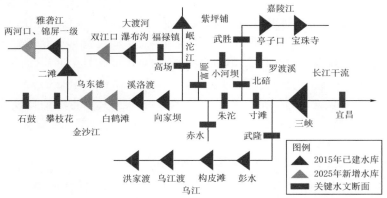

图2.2　长江上游关键控制性水库群和水文断面拓扑结构

2.1.2.1　两河口水库

两河口水电站为雅砻江中游的龙头梯级水电站，电站位于四川省甘孜州雅江县境内，是雅砻江干流中游规划建设的 7 座梯级电站中装机规模最大的水电站，两河口水库正常蓄水位为 2865m，相应库容为 101.54 亿 m^3，调节库容 65.6 亿 m^3，具有多年调节能力。枢纽建筑物由土质心墙堆石坝、溢洪道、泄洪洞、放空洞、发电厂房、引水及尾水建筑物等组成。土心墙堆石坝最大坝高为 295m，发电厂房采用地下式，电站采用"一洞一机"布置，安装 6 台单机容量为 50 万 kW 水轮发电机组，总装机容量为 300 万 kW，设计多年平均年发电量为 110.0 亿 kW·h。工程于 2014 年 9 月获得国家核准，2015 年 11 月 29 日实现大江截流并开始围堰填筑。目前电站正全面开展主体工程建设，计划 2021 年底首台机组发电，2023 年底工程竣工。

2.1.2.2　锦屏一级水库

锦屏一级水电站位于四川省凉山彝族自治州盐源县和木里县境内，是雅砻江干流下游河段（卡拉至江口河段）的控制性水库工程。锦屏一级水电站坝址以上流域面积为 10.3 万 km^2，占雅砻江流域面积的 75.4%；坝址处多年平均流量为 1220m^3/s，多年平均年径流量为 385 亿 m^3。电站总装机容量为 360 万 kW（6×60 万 kW），枯期平均出力为 180.6 万 kW，多年平均年发电量为 166.2 亿 kW·h。水库正常蓄水位为 1880m，死水位为 1800m，属年调节水库。枢纽建筑由挡水、泄水及消能、引水发电等永久建筑物组成，其中混凝土双曲拱坝坝高 305m，为世界第一高坝。锦屏一级水电站建设总工期 9 年 3 个月。锦屏一级水电站作为雅砻江干流下游河段的控制性"龙头"梯级电站，电站下闸蓄水将对雅砻江下游锦屏二级、官地、二滩和桐子林水电站产生显著的补偿效益，使"一个主体开发一条江"的优势进一步凸显。锦屏一级水电站正常发电后，每年可节约原煤 768.2 万 t，减少排放二氧化硫 10.5 万 t，减少排放二氧化碳 1371.2 万 t，对促进节能减排、实现清洁能源发展具有重要的意义，而且将使四川电网枯水期平均出力增加 22.5%，极大优化川渝电网电源结构；每年使雅砻江下游梯级电站增加发电量 60 亿 kW·h，使金沙江溪洛渡、向家坝、长江三峡和葛洲坝水电站增加发电量 37.7 亿 kW·h。

2.1.2.3　二滩水库

二滩水电站地处中国四川省西南边陲攀枝花市盐边与米易两县交界处，处于雅砻江下游，系雅砻江水电基地梯级开发的第一个水电站，上游为官地水电站，下游为桐子林水电站。水电站最大坝高 240m，水库正常蓄水位高程 1200m，装机总容量为 330 万 kW，保证出力 100 万 kW，多年平均发电量为 170 亿 kW·h，投资 286 亿元。工程以发电为主，兼有其他等综合利用效益。1991 年 9 月开工，1998 年 7 月第一台机组发电，2000 年完工，是中国在 20 世纪建成投产最大的电站。二滩水电站最大坝高 240m，水库正常蓄水位海拔 1200m，总库容为 58 亿 m^3，调节库容 33.7 亿 m^3，装机总容量为 330 万 kW，保证出力 100 万 kW，多年平均发电量为 170 亿 kW·h，投资 286 亿元。工程以发电为主，兼有其他综合利用效益。

2.1.2.4　乌东德水库

乌东德水电站位于四川省会东县和云南省禄劝县交界处金沙江河道上，是金沙江下游干流河段梯级开发的第一个梯级电站。乌东德水电站是流域开发的重要梯级工程，有一定的防洪、航运和拦沙作用；建设乌东德水电站有利于改善和发挥下游梯级的效益，增加下游梯级电站的保证出力和发电量。枢纽工程主体建筑物由挡水建筑物、泄水建筑物、引水发电建筑物等组成。挡水建筑物为混凝土双曲拱坝，坝顶高程为988m，最大坝高为270m。泄洪采用坝身泄洪为主，岸边泄洪洞为辅的方式。电站厂房布置于左右两岸山体中，均靠河床侧布置，各安装6台单机容量为850MW的混流式水轮发电机组，安装12台单机容量为85万kW的水轮发电机组，装机总容量为1020万kW，年发电量为389.1亿kW·h。电站计划于2020年7月下闸蓄水、8月首台机组发电，2021年12月全部机组投产发电。

2.1.2.5 白鹤滩水库

白鹤滩水电站位于四川省宁南县和云南省巧家县境内，是金沙江下游干流河段梯级开发的第二个梯级电站，具有以发电为主，兼有防洪、拦沙、改善下游航运条件和发展库区通航等综合效益。水库正常蓄水位为825m，地下厂房装有16台机组，初拟装机容量为1600万kW，多年平均发电量为602.4亿kW·h。电站计划2013年主体工程正式开工，2021年首批机组发电，2022年工程完工。电站建成后，将仅次于三峡水电站成为中国第二大水电站，具有拦沙、发展库区航运和改善下游通航条件等综合利用效益，是"西电东送"的骨干电源点之一。建成后将主要供电华东电网、华中电网和南方电网，并兼顾当地电网的用电需要。同时，可增加下游溪洛渡、向家坝、三峡、葛洲坝等梯级水电站的年发电量24.3亿kW·h，并可增加下游各梯级水电站枯水期（12月至次年5月）发电量92.1亿kW·h，明显改善下游各梯级水电站的电能质量，发电效益巨大。

2.1.2.6 溪洛渡水库

溪洛渡水电站是国家"西电东送"骨干工程，位于四川和云南交界的金沙江上。工程以发电为主，兼有防洪、拦沙和改善上游航运条件等综合效益，并可为下游电站进行梯级补偿。电站主要供电华东、华中地区，兼顾川、滇两省用电需要，是金沙江"西电东送"距离最近的骨干电源之一，也是金沙江上最大的一座水电站。水库正常蓄水位为600m，汛期限制水位为560m，死水位为540m，具有不完全年调节能力。电站装机容量为13860MW，多年平均年发电量为649.83亿kW·h，与原来世界第二大水电站——伊泰普水电站（1400万kW）相当，是中国第二、世界第三大水电站。电站年均可提供571.2亿～640亿（近期～远景）度电，相当于每年减少燃煤消耗2200万t、减排CO_2约4000万t、SO_2近40万t。溪洛渡电站现为不完全年调节。上游梯级电站建成后，保证出力可达665.7万kW，年发电量640亿kW·h。同时，该电站建成后，可增加下游三峡、葛洲坝电站的保证出力37.92万kW，增加枯水期电量18.8亿kW·h。

溪洛渡水电站枢纽由拦河坝、泄洪、引水、发电等建筑物组成。拦河坝为混凝土双曲拱坝，坝顶高程为610m，最大坝高为285.5m，坝顶弧长698.07m；左、右两岸布置地下厂房，各安装9台水轮发电机组，电站总装机容量为1386万kW，多年平均发电量为571.2亿kW·h。

2.1.2.7 向家坝水库

向家坝水电站位于云南省水富市与四川省宜宾市叙州区交界的金沙江下游河段上，是金沙江水电基地最后一级水电站。电站拦河大坝为混凝土重力坝，坝顶高程为384m，最大坝高为 162m，坝顶长度为 909.26m。坝址控制流域面积 45.88 万 km²，占金沙江流域面积的 97%。电站装机容量为 775 万 kW（8 台 80 万 kW 巨型水轮机和 3 台 45 万 kW 大型水轮机），保证出力为 2009MW，多年平均年发电量为 307.47 亿 kW·h，是中国第三大水电站，世界第五大水电站，也是西电东送骨干电源点。向家坝水电站是金沙江水电基地 25 座水电站中唯一兼顾灌溉功能的超级大坝，也是金沙江水电基地中唯一修建升船机的大坝，其升船机规模与三峡相当，属世界最大单体升船机。

2.1.2.8 双江口水库

双江口水电站是大渡河流域水电梯级开发的上游控制性水库工程，是大渡河流域梯级电站开发的关键项目之一。双江口水电站坝址位于大渡河上源足木足河与绰斯甲河汇口处以下 2km 河段，地跨马尔康、金川两县，上距马尔康县城约 44km，下距金川县城约 48km。枢纽工程由土心墙堆石坝、洞式溢洪道、泄洪洞、放空洞、地下发电厂房、引水及尾水建筑物等组成。土心墙堆石坝坝高 314m，居世界同类坝型的第一位。可研阶段推荐水库正常蓄水位为 2500m，死水位为 2330m，最大坝高为 312m，为年调节水库。电站装机容量为 200 万 kW，年发电量为 83.41 亿 kW·h。2019 年 3 月 25 日，双江口水电站砾石土心墙堆石坝首仓混凝土浇筑启动，标志着该电站大坝工程由基础开挖全面进入主体混凝土浇筑阶段，预计于 2024 年首台机组实现发电目标。

2.1.2.9 瀑布沟水库

瀑布沟水电站位于四川省雅安市汉源县和凉山州甘洛县交界处，是国家"十五"重点工程和西部大开发标志性工程。水库的主库区在汉源的瀑布沟水电站，目前库区已蓄水到设计最高蓄水位 850m 高程，在汉源、石棉、甘洛三县境内形成 84km² 水面的西南最大人工湖。水库正常蓄水位为 850m，具有季调节能力。装设 6 台混流式机组，单机容量为 600MW，多年平均年发电量为 147.9 亿 kW·h。

2.1.2.10 洪家渡水库

洪家渡水电站位于贵州西北部黔西、织金两县交界处的乌江干流上，是乌江水电基地 11 个梯级电站中唯一对水量具有多年调节能力的"龙头"电站，电站大坝高 179.5m。电站安装 3 台立轴混流式水轮发电机组，装机总容量为 60 万 kW。由于水库的调节作用，枯水期调节流量增加，汛期减少下游梯级调峰弃水，可大幅度提高乌江干流发电效益。近期可提高东风、乌江渡两电站保证出力 239MW，增加电量（水力补偿加电力补偿）11.79 亿 kW·h，包括洪家渡本身电量共计 27.73 亿 kW·h，其中 59% 为枯期电量，45% 为高峰电量，电能质量优良。远期可增加全梯级保证出力 833MW，年增发电量 15.96 亿 kW·h。乌江渡电站和东风电站也可适当增加装机容量约 520MW。还可改善下游东风和乌江渡的运行条件，分别提高东风、乌江渡运行死水位 14m 和 15m，减少乌江渡受阻容量 210MW，避免水轮发电机组在震动区运行，对机组的安全十分有利。由此可见，电站对下游的补偿效益大于本身效益。

2.1.2.11 三峡水库

三峡水电站，即长江三峡水利枢纽工程，又称三峡工程。位于中国湖北省宜昌市境内的长江西陵峡段，与下游的葛洲坝水电站构成梯级电站。三峡水电站是世界上规模最大的水电站，也是中国有史以来建设最大型的工程项目。三峡大坝为混凝土重力坝，大坝长

2335m，底部宽 115m，顶部宽 40m，高程为 185m，正常蓄水位为 175m。整个工程的土石方挖填量约 1.34 亿 m^3，混凝土浇筑量约 2800 万 m^3，耗用钢材 59.3 万 t。水库全长 600 余 km，水面平均宽度 1.1km，总面积 1084km^2，调节能力为季调节型。三峡水电站于 1992 年获得中国全国人民代表大会批准建设，1994 年正式动工兴建，2003 年 6 月 1 日下午开始蓄水发电，2009 年全部完工。大坝高程为 185m，蓄水高程为 175m，水库长 2335m，安装 32 台单机容量为 70 万 kW 的水电机组、2 台单机容量为 5 万 kW 的电源机组，总装机容量为 2250 万 kW，位居世界第一，年设计发电量为 882 亿 kW·h，是我国"西电东送"和"南北互供"的骨干电源点。

2.2　华中电网概述

　　华中电网涵盖河南、湖北、湖南、江西四省，与西北、华北、华东、南方电网相联。截至 2007 年年底，华中电网统调水电装机总容量为 4683.5 万 kW，占全网统调装机容量的 37.2%，其中绝大多数水电站装机容量较小或水库调节性能差而具有一定调节性能的大中型水库数目较少，其功能设计基本以发电和防汛为主，仅有黄河小浪底水库由黄河水利委员会统一调配水量，以治理黄河生态为主、发电为辅。随着我国"西电东送"和国家电网公司"一特四大"发展战略的稳步实施，"十二五"期间，长江上游的金沙江、雅砻江、大渡河等三大水电基地将逐步形成。华中电网作为全国水电装机容量最大、水电装机比例最高的区域电网，其水电装机容量与装机比例将持续稳步增加。华中电网下辖湖北、湖南、河南、江西四个省级电网，并与华北、华东、西北、南方电网等区域电网互联。华中电网内的绝大多数水电站装机容量偏小、水库调节性能较差，而具有一定调节性能的大中型电站较少，其功能多以发电和防洪为主（表 2.1）。

2.2.1　华中区域水电站类型划分

　　华中区域区域内水电资源主要集中在湖北、湖南两省，为确保境内水电能源外送通畅，通过三峡—常州±500kV 直流、三峡—上海±500kV 直流、三峡—广东±500kV 直流、葛洲坝—上海±500kV 直流通道，向华东区域各电网送电。在实际运行中，华中区域内直调水电站以及部分国调电站需要同时向多个省网送电，由于电站送电范围和送电比例各不相同，且不同电网负荷存在很大差异，使得电网与水电站的协同运行显得十分重要。因此，在当前水电跨区外送及跨区联网互动形势下，立足华中区域电网水电联合优化运行，增强各省级电网的水电互补协调能力，已成为华中电网贯彻落实国家清洁能源发展战略的新任务，也将为推动区域电力系统互联和全国联合电网的形成发挥重要的作用。华中、华东、南方区域间联络线及高压输电线路概化图如图 2.3 所示。

　　按照电站的送电范围和电网运行方式，表 2.2 中各电站主要分为以下三种类型：

　　第一类水电站：送电范围覆盖多个区域电网，这类电站包括三峡、葛洲坝梯级水电站。三峡电站的送电范围涵盖华东、华中和南方三个区域电网，葛洲坝送电范围涵盖华东、华中电网，两个电站的电力电量由各区域电网按一定比例分配。该类型水电站由于送电范围广、装机规模大，电力电量安排主要依赖于购售电合同，计划一旦制定则难以更

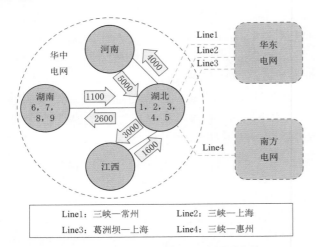

| Line1：三峡—常州 | Line2：三峡—上海 |
| Line3：葛洲坝—上海 | Line4：三峡—惠州 |

图 2.3　华中、华东、南方区域间联络线及
高压输电线路概化图

改，因此，本书的研究范围暂不考虑这一类电站。

第二类水电站：送电范围覆盖多个省级电网，这类电站仅包括二滩水电站，其电力电量分别送往四川、重庆两个电网，送电比例则根据三者签订的购售电合同确定。通常情况下二滩电站供重庆的电量比例较小，主要发电量送往四川省网。

第三类水电站：送电范围仅为单个省网。华中电网下辖大部分直调水电站均属于此类电站，如梯级电站的水布垭、隔河岩、高坝洲三座电站（郭富强等，2011），以及沅水梯级的三板溪、五强溪、白市、托口四座电站。该类型电站大部分属于中小型电站，且电站送电范围仅限于单个省网，因此对其他电网和电站的影响较小（张祥，2008）。

表 2.2　　　　　　　　　　　　　　华中电网部分水电站主要特性表

省份	流域	电站	调节性能	正常蓄水位 /m	主汛期	装机容量 /MW	电站类型
湖北	长江	三峡	季调节	175	6—9月	18420	Ⅰ
		葛洲坝	三峡反调节	66	6—9月	2715	Ⅰ
	清江	水布垭	多年调节	400	5—7月	1840	Ⅲ
		隔河岩	年调节	200	5—7月	1212	Ⅲ
		高坝洲	隔河岩反调节	80	5—7月	252	Ⅲ
湖南	沅水	三板溪	多年调节	475	4—7月	1000	Ⅲ
		五强溪	季调节	108	5—7月	1200	Ⅲ
		白市	季调节	300	4—7月	420	Ⅲ
		托口	不完全年调节	250	4—7月	80	Ⅲ

2.2.2　华中区域水电站运行问题

综合来看，华中电网各类型水电站中，第一、三类水电站装机容量在全网占据绝对比例，而第二类水电站容量明显偏小。其中，第一类水电站装机容量大、供电对象多、牵涉利益广，对电网的影响力和影响范围最大，但运行方式调整缺乏灵活性，主要依靠合同计划运行，其运行方式过于固化，难以同其他类型的水电站进行联合跨网调峰调度；第二类水电站装机容量较大，能够同时向多个电网送电，发电空间和调整方式均比较灵活，能同时为多个电网送电调峰，但由于多个送电电网负荷量级、峰谷时段、峰谷差存在较大差异，很难制定出既满足电站约束条件又满足送电量比例要求的电站出力计划，使得第二类水电站调峰能力难以充分发挥，所以目前的研究主要局限在提高发电效益目的目标上；第三类电站数量最多，运行方式较灵活，但单站装机容量相对第一、二类电站较小，发电空间较小，由于第三类水电站送电范围局限在单个省网内，且大部分调节性能较差，当负荷需求不足时或者电站处于汛期时，水电站容易因窝电而被迫弃水调峰，无法充分发挥其调峰容量效益。

总体来说，目前华中电网水电站群运行方式主要存在以下三方面问题：

（1）第三类水电站弃水调峰损失电量较多。近几年电源建设飞速发展远高于用电负荷增长水平。火电建设期较短，在新投产容量中占较大比例且多为单机容量 60 万 kW 机组，而新投运第三类水电站大多为调节性能较差的中小型水电站，受售电范围和售电电价政策等限制，特别是低谷时段在火电已无压减空间时水电被迫弃水调峰。

（2）限制或弱化了水电站在系统中的作用。受售电范围限制，调节性能优良、以调峰调频为主的水电站对系统的作用被大大限制或弱化。如清江流域隔河岩水电站及上游的水布垭水电站，其售电范围基本限制在湖北省网内，主汛期弃水时受发电空间约束不能按装机容量满发，而枯水期调峰幅度偏小又造成容量闲置，不能充分发挥其容量效益。

（3）三峡水库供水期运行方式对电网的影响。三峡水库在供水期末集中消落水位的方式加大了网内其他水电站弃水损失，增大了电网安全风险。2006 年 9 月三峡开始汛后蓄水至 156m 进行枯水期补水调度，2008 年汛后蓄至正常高水位 175m。目前三峡水库运行方式仅考虑三峡—葛洲坝梯级优化调度，即在供水期三峡水库尽量保持高水位运行，在长江流量最小的 1—4 月基本按保证出力发电或按下游航运最低水位要求向下游补水，水位消落集中在 5 月中下旬和 6 月上旬两个阶段。三峡水库 5 月至 6 月上旬集中消落水位时，长江流域和四川境内来水已明显加大，湖南、江西和湖北南部已进入主汛期，水电已开始弃水，此时三峡加大出力消落水位既影响川电东送，也抢占了三省水电发电空间，增加了全网水电弃水损失。另外，5—6 月长江发生小洪水概率增大，流量的变化使三峡消落水位期间出力波动频繁，如 2007 年 5 月三峡消落水位期间就曾发生 5d 内出力变化幅度高达 200 万 kW 的先降后升过程，而 5 月电网负荷相对较轻，此时三峡加大出力，加剧了电网发电侧矛盾，迫使电网尽量减少火电开机压减火电空间来消纳。电网内发电空间调节范围非常狭小，三峡出力频繁波动使火电频繁开停机组，增加了资源损耗，再者三峡输出线路较为集中，其与华东电网、南方电网间联络线一旦发生故障将加重华中电网的运行困境，也增加了三峡梯级本身的弃水风险（何光宇等，2003）。

因此，针对华中电网拥有大型水电站群和送电情形复杂的特性，开展水电站短期调峰优化调度关键技术研究，对于提高水电发电效益、消除网源不协调的安全隐患，提高电力系统稳定运行能力，具有十分重要的现实意义。

2.3　电网水电运行安全约束

随着现代电网规模的扩大及发电与用电区域差异的增大，在水电优化调度中考虑电网安全约束已必不可缺。水电站优化调度方案制定及机组负荷分配等问题需考虑电力网络输送容量限制、电网运行方式等方面因素对调度的影响，但电网安全约束的引入加剧了水电站运行约束的处理难度，提升了对水电站调度方案制定方法稳定性的要求。而电网安全约束下的负荷分配方法主要以电网对梯级电站的调压、备用、外送断面限制约束为切入点，以电站总耗流最小为目标，研究基于全动力特性曲面的负荷分配方法和基于精细化分配策略的负荷分配方案，以寻求高效精确的负荷分配方法，为日前发电计划编制、非实时优化、负荷实时分配仿真模型求解提供基础（孙正运等，2003）。

2.3.1　电网对梯级电站安全约束

调压约束：根据梯级电站运行经验，当电网对梯级电站下达调压指令时，梯级电站仅选定单站一台机组小出力运行即可满足电网调压需求（张勇传，1998）。当第 k 号机组作为调压机组时：

$$\begin{cases} N_k^{\min} \leqslant N_k \leqslant N_k^{\text{avc}} \\ Order(k) = Order^{\max} \end{cases} \tag{2.1}$$

式中：N_k 为调压机组的时段出力；N_k^{avc} 为机组调压允许最大出力值；$Order(x)$ 为选定水电站机组开机优先级别函数，$Order(k)$ 为调压机组在选中水电站中的开机优先级别，并将其设置为水电站机组开机顺序的最高优先级别 $Order^{\max}$。

备用约束：电网对梯级电站下达的备用约束有两种情况，机组停备和旋备。停备指令是为减少水电站机组小出力时间维持机组良好运行工况而下达的指令，即指令对象机组停机，不带负荷；旋备则是电网为平衡随时出现的负荷波动向水电站下达的指令，即指令对象机组不满发以达到随后增加出力完成电网相关调整指令的目的。根据梯级电站运行规律，旋备任务只需要单站一台机组承担即可，同时旋备机组的出力需维持在梯级电站给定的经验范围内。

停备约束：当第 k 号机组作为停备机组时，

$$Order(k) = Order^{\min} \tag{2.2}$$

式中：$Order^{\min}$ 为机组停备的标志位，取值为负整数，通常取 -1。

旋转备用约束：当第 k 号机组作为旋备机组时，

$$\begin{cases} N_k^{\text{splower}} \leqslant N_k \leqslant N_k^{\text{spupper}} \\ Order(k) = Order^{\max} \end{cases} \tag{2.3}$$

式中：N_k^{spupper} 和 N_k^{splower} 分别为旋备机组推荐出力范围上、下边界。

根据梯级电站的运行规律，当水电站同时承担调压和旋备的任务时，为减少小出力机组台数，通常让旋备机组承担调压任务。

外送断面限额约束：梯级电站水电站电力输送需要通过近网的输电线路，而输电线路的容量固定，若达到最大容量将会抑制梯级电站的发电能力。并且梯级电站入网方式复杂，尤其是水电站存在"一站多电压等级外送断面"的情况。

单电站约束：

$$\sum_{k=1}^{K} N_k \leqslant N^{\text{limit}} \tag{2.4}$$

式中：K 为机组台数；N^{limit} 为电站外送断面限制出力值。

多电站约束：

$$\begin{cases} \sum_{k \in (1,2)} N_k \leqslant N^{\text{limit1}} \\ \sum_{k \in (3,4)} N_k \leqslant N^{\text{limit2}} \end{cases} \tag{2.5}$$

式中：N^{limit1} 为接入 220kV 母线的隔河岩水电站 1 号、2 号机组的外送断面限制出力值；N^{limit2} 为接入 500kV 母线的 3 号、4 号机组的外送断面限制出力值。

2.3.2　常规约束

时段总出力约束：

$$N_{\text{total}} = \sum_{k=1}^{K} N_k \tag{2.6}$$

式中：N_{total} 为电站时段总出力；N_k 为第 k 台机组出力。

电站出力约束：

$$N^{\text{min}} \leqslant \sum_{k=1}^{K} N_k \leqslant N^{\text{max}} \tag{2.7}$$

式中：N^{max} 和 N^{min} 分别为电站出力上、下限。

机组出力约束：

$$N_k^{\text{min}} \leqslant N_k \leqslant N_k^{\text{max}} \tag{2.8}$$

式中：N_k^{max} 和 N_k^{min} 分别为第 k 台机组出力上、下限。

机组不可出力运行区约束：

$$N_k \leqslant N_k^{\text{lower}} \text{ 或 } N_k \geqslant N_k^{\text{upper}} \tag{2.9}$$

式中：N_k^{upper} 和 N_k^{lower} 分别为第 k 台机组不可出力运行区上、下边界。

机组流量约束：

$$Q_k^{\text{min}} \leqslant Q_k \leqslant Q_k^{\text{max}} \tag{2.10}$$

式中：Q_k、Q_k^{max} 和 Q_k^{min} 分别为第 k 台机组耗流量及其上、下限。

机组水头耦合约束：

$$h_1 = \cdots = h_k = \cdots = h_K \tag{2.11}$$

式中：h_k 为第 k 台机组水头，其中 $k \in (1, K)$。

水位约束：

$$Z^{\min} \leqslant Z \leqslant Z^{\max} \qquad (2.12)$$

式中：Z、$Z^{\max}$ 和 $Z^{\min}$ 分别为电站的水位及其上、下限。

水位变幅约束：

$$|Z' - Z''| < \Delta Z \qquad (2.13)$$

式中：Z' 和 Z'' 分别为电站的时段初末水位；ΔZ 为水位变幅最大允许值。

2.4 跨区多电网分区优化原则

目前，针对水电站群短期联合优化调度的探索已从理论研究转向实际应用，研究对象由单一水电系统逐渐扩展至水、火、新能源互联大系统，研究范围也从单一省级电网拓展至区域互联大电网（申建建，2011）。在此新形势下，进一步开展大型水电站跨区跨省电力消纳方式研究已成为贯彻落实国家清洁能源发展战略的新任务。与常规水电仅针对同一电网送电的情形不同，目前已投运的大型国调或区域直调水电站如三峡、葛洲坝、溪洛渡、向家坝、锦屏等，其电力电量分配需同时兼顾送端电网以及各直流工程落点地的负荷需求，以迅速响应不同层级电网调度区域的调峰任务。

2.4.1 水电站群跨区多电网分区优化问题

随着水电站装机规模的逐步扩大以及电力跨网配置能力的逐步增强，电力系统对水电调峰、调频和事故备用的需求日益突出，如何充分利用调节性能好的大型水电站对电力消纳地电网负荷进行调节，以缓解受端电网调峰压力，是我国已建成的三峡梯级、金沙江下游溪洛渡—向家坝梯级以及部分建成的雅砻江、澜沧江等干流大规模梯级水电系统共同面临的现实问题。然而，与小规模梯级电站仅面向单一电网送电的方式不同，上述梯级水电系统中涉及的大型水电站如三峡、溪洛渡、向家坝、锦屏等，其电力需同时向多个省（自治区、直辖市）范围内输送，由于各受端电网用电负荷总量、尖峰、峰谷差存在差异，且负荷变化规律和峰谷出现时间也不一致，使得同时协调梯级电站最优出力与多个电网的调峰需求十分困难。以溪洛渡—向家坝梯级电站为例（图2.4），依托金沙江一期直流输电以及南网溪洛渡直流输电平台，该梯级电能主要通过向家坝—上海 $\pm 800\mathrm{kV}$ 直流、溪洛渡左—浙西 $\pm 800\mathrm{kV}$ 直流、溪洛渡左—株洲 $\pm 800\mathrm{kV}$ 直流（筹建）以及溪洛渡右—广东 $\pm 500\mathrm{kV}$ 直流四条远距离输电线路进行外送消纳。中国长江三峡集团有限公司《关于溪向梯级电能消纳方案征求意见》中规定：溪洛渡丰水期全部电量由浙江、广东两省消纳，而枯水期存留部分电量由四川、云南消纳，电站调峰容量主要送浙江、广东电网加以利用；向家坝丰水期全部电量主送上海，枯水期存留部分电量由四川、云南消纳，电站调峰容量主要送上海电网加以利用（注：由于向家坝电站与云南电网无电气联系，故其枯水期存留云南电量与溪洛渡存留四川电量进行置换）。然而，上述规定仅对溪—向梯级长时间尺度（如年、月）的电量平衡方式作了限定，却未涉及日内逐时段电力平衡方式，由于溪—向梯级多电网联合调峰机制尚未建立，使得上述四条跨区直流输电线路日输送电力均按固定送电协议执行，电网受电出力通常不能适应负荷变化趋势，达不到好的调峰效果，甚至会造成反调峰问题（陈汉雄等，2007）。因此，为有效发挥梯级调峰能力，合理安排梯级电力消纳方案以缓解受端电网调峰压力，进行多电网送电需求下的梯级短期发电计划编制研究十分必要。

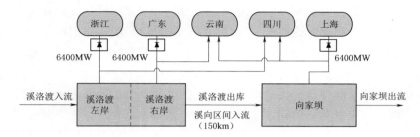

图2.4　溪洛渡、向家坝梯级水电系统送电范围

此外，上述问题在三峡梯级、锦屏梯级等大型水电系统中也普遍存在。总的来说，特高压输电技术的发展虽为大规模水电远距离输送、跨省区协调配置提供了有利条件，突破了大型梯级水电站联合调度运行的电力传送瓶颈，使得水电站群跨区、跨网协同以及面向多电网联合调峰成为可能，但传统面向单一电网的厂网协同方式却不适用于新形式调峰需求，亟须探索跨区域、跨省级电网受送电条件下水电站群联合调峰调度新模式。为此，需打破以往的网省自我平衡模式，开展水电站群跨区多电网联合调峰调度研究，科学地构建水电站群跨省区发电调度的模式体系（包括多电网调峰调度模型、多电网联合调峰及电能跨省区协调分配方法），利用受端电网间的负荷互济特点，进行水电大规模、远距离、跨省区联合调峰调度，充分发挥优质水电资源的调节性能，实现各区域乃至全国范围内水电资源优化配置。

2.4.2　水电站群跨区多电网分区优化调度原则

同一负荷平衡区域内包含属于国调、区域直调、省调、地调等不同调度层级的水电站，由于当前各调度层级的相对独立性、多级协同工作机制的不健全以及信息的不对称，阻碍了全区域多层级水电联合调度的进一步开展，难以全面发挥水电站群联合调度优势。为此，综合考虑多调度层级水电站群空间分布及互联电网的能源与负荷结构特征，以满足电网安全约束为前提，兼顾电站发电公平为原则，保证充分发挥电站调峰作用，提出一种面向跨电网水电站群短期发电调度的多级协同控制模式及其规范下的大规模水电站群短期发电计划编制方法，该方法以独立编制、联合调整为基本思路，在松弛部分约束的前提下，从全流域水资源高效利用的角度出发，利用联合优化调度模型编制各电站初始出力计划，通过在平衡区域内开展整体可行性分析，设置不同约束的调整代价对越限分区出力进行调整，在保证各级调度计划自主权的基础上提高全区域范围内水电站统一调节能力。

根据华中电网辖下水电站群的空间分布及多级调度权，将电站按照分层分区优化调度的原则划分成6个地理分区、16个电网层级，其拓扑图如图2.5所示，其中各电网层级包含的电站见表2.3。地理分区主要依据电站间的水力联系划分，将水力联系紧密的电站群划分为统一分区，不同分区间的水力联系较弱。通过梯级水电站群或混联水电站群的优化调度实现水资源高效利用。而电网层级的划分主要依据电站的调度权，若水力联系紧密的相邻电站调度权相同，则同属同一电网层级，否则单独划为一个电网层级。电网层级的划分，有助于在建模过程中保证各电网层级的相对独立性，同时考虑不同电网层级的优先级，促进多级协同工作。大规模水电系统位置分布具有很强的区域性，同一流域上下游水电站既存在仅向单一电网送电的情形（"多站单网"送电模式），也面临单一水电站或梯级同时向多个电网送电的问题（"单站多网"或"多站多网"送电模式），这使得水电站群多电网联合调峰调度问题求解十分复杂。同时，考虑到电网结构、水力、电力等制约因素，若将水电站群作为一个整体进行优化调度，不仅各电站自身运行要求无法满足，而且会因决策变量维数高、约束复杂导致问题难以求解。为此，本章在进行水电站群多电网调峰调度问题求解时，结合水电站群区域分布特征、隶属电网关系以及梯级电站间的水力、电力联系，对水电站群层级进行了划分。水电站层级划分旨在保证优化结果质量的前提下降低整体优化过程中决策变量和约束的维度，将跨区域水电站群多电网调峰调度问题转化为逻辑分区（电网级）和子分区（流域级和电站级）多个水电子系统间和各子系统内的协同运行问题，使复杂问题简单化且能够适用于工程实际（李钰心，1999）。本书提出的水电站群层级划分原则如下：

按照电网网架和水电站在电网中的接入点将水电站群进行逻辑分区，通过网间联络线可输送最大功率对各逻辑分区外送电力进行限制。

同一逻辑分区内的水电站群所处河系、布局及群落结构可能不同，可根据水电站所处地理位置、上下游梯级水力联系、水位衔接和流量衔接关系以及下游电站的反调节作用，以干支流流域为单元进一步将逻辑分区划分为一系列子分区。

在同一流域子分区内，可按送电范围对流域梯级电站进行再分区，将具有相同送电对象的水电站归并在相同的子分区内。

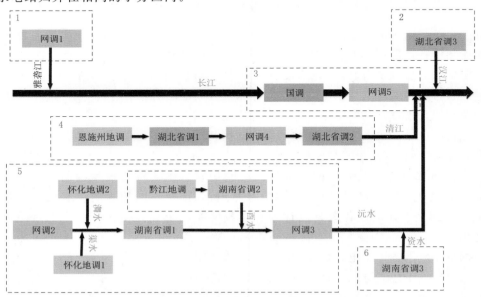

图 2.5　华中电网辖下水电站群分层分区拓扑结构图

表 2.3　　　　　　　　　　　　　电网层级划分及其包含的电站列表

序　号	电网层级	电站名	地理分区	所属河流
1	国调	三峡	分区 3	长江
2	网调 1	二滩	分区 1	雅砻江
3	网调 2	三板溪、白市、托口	分区 5	沅水上游
4	网调 3	五强溪	分区 5	沅水下游
5	网调 4	水布垭、隔河岩（1 号、2 号）	分区 4	清江
6	网调 5	葛洲坝	分区 3	长江
7	湖北省调 1	洞坪、老渡口	分区 4	清江
8	湖北省调 2	隔河岩（3 号、4 号）、高坝洲	分区 4	清江
9	湖北省调 3	丹江口	分区 2	汉江
10	湖南省调 1	安江、铜湾、清水潭、大洑潭	分区 5	沅水中游
11	湖南省调 2	凤滩	分区 5	酉水
12	湖南省调 3	柘溪	分区 6	资水
13	恩施州地调	大龙潭、野三河	分区 4	清江
14	黔江地调	酉酬、石堤、宋农	分区 5	酉水
15	怀化地调 1	螺丝塘、朗江	分区 5	渠水
16	怀化地调 2	蟒塘溪、三角滩、牌楼	分区 5	潕水

为保证各级调度计划自主权，充分发挥电厂运行人员的调度经验，提高电厂在日计划编制中的积极性和主动性，提出一种"自下而上逐级上报，由上往下协调发布"的区域电网水电多级协同优化调度方法。其优化调度原则为：按照电网调度层级自下而上的顺序进行地调水电站、省调水电站响应调峰需求的日计划编制，并将调度计划依次上报至上级调度部门；区域调度中心根据各省级调度计划汇总结果，考虑各省网调峰需求和调峰能力将平衡区域内的跨区直流水电存留本地的送电过程在各省网之间进行合理的负荷分配；综合网省协调分配和省地级日计划编制结果，结合不同受端电网剩余负荷的调峰需求，进行区域直调水电站的多目标日计划编制；对各级计划进行校核，由上往下协调发布各层级编制计划（王永强，2012）。

第 3 章

水库群实时发电调度自寻优调控

传统梯级电站做日计划方案编制时仅向电网上报每个电站的次日电量计划和流域电量计划，电网综合考虑全网负荷情况后再结合上报的日电量计划给出清江流域及电站次日负荷计划（麦紫君，2018）。然而，此种方式制定的计划仅从电网的角度考虑，未能充分利用流域水能，为进一步挖掘流域发电潜力，研究工作以清江梯级作为对象，开展了电网对清江梯级电站影响规律分析，在电网对梯级发电调度约束条件的基础上建立日前发电计划编制模型。

3.1 水库群实时发电调度滚动优化研究

水电站实时发电调度是水库优化调度的重要研究内容，它以短期和实时经济运行方式（计划）为指导，根据负荷或入库流量可能变化情况，考虑水库群综合发电或调峰效益，结合水电站当前运行机组状态、机组检修计划及输电线路等限制因素，应用全站最优动力特性或其他优化方法确定各电站机组最优开机台数、组合及启停次序，以及机组间负荷分配，实时滚动调整水电站群实时和余留期短期运行方式（王永强，2012）。

3.1.1 水头-出力-流量全动力特性空间曲面建模

3.1.1.1 机组流量特性曲面

在寻优过程中，水电站水头的确定与各台机组的发电引用流量密切相关，任意一台机组的出力变化都会引起其他机组的耗流变化，传统的定发水头计算模式所得结果与实际运行情况偏差较大，难以保证计算结果的可靠性。而用线性、分段线性、最小二乘等方法进行简化容易从内部降低了模型的准确性。为保留数据精度，建立机组流量特性曲面以描述不同水头 H 下机组 j 的预想出力 N_j 及对应耗流 Q_j 三者关系，不同型号机组对应不同流量特性曲面，表示为

$$Q_j = u(H, N_j) \tag{3.1}$$

式中：Q_j 为耗流；H 为水头；N_j 为预想出力；$u(\cdot)$ 为两者之间的函数关系。

3.1.1.2 机组安全性能曲面

影响水电机组安全的因素主要集中在机组振动，一些较成熟方法通过数学组合和集合运算确定不同开机情况下的水电站振动区边界，在理论上使机组在负荷分配过程中避免落入振动区（李树山等，2015）。这类方法虽能有效避开振动区，但存在以下问题：

根据机组特性，振动量往往是一个连续变化量，一些振动区边界附近出力也需尽量避开，且机组振动区会随水头变化小幅变化。固定振动区上下边界方法使机组出力避开或修正至边界，使修正后的值可能并不是备选组合中的最优分配。

在组合求解不同开机状态下的振动区时，可能存在不可调控区，如隔河岩以 5 万～30万 kW 为单机常用出力范围，8 万～18 万 kW 为单机禁止运行区，四台机组组合得出 8万～10 万 kW 全站避免运行区。在规避过程中，若电网下达指令落入全站振动区则容易导致寻优无解的情况。

除振动区外，还有其他如尾水脉动、汽蚀等安全因素衡量机组的安全运行状态，因此，将机组安全因素量化为关于机组出力和水头的安全性能指标，进而折算为罚耗流，与机组流量特性曲面进行线性叠加建立安全性能曲面，从方法上规避机组安全问题，见式（3.2）。

$$Q_j^s = \mu_j Q_j^{\max} k , \mu_j(N_j, H) = \begin{cases} 0, N_j \in (\overline{E}, \underline{E}) \\ 1, N_j \in (\overline{B}, \underline{B}) \\ f(N_j, H), 其他 \end{cases} \tag{3.2}$$

式中：$\overline{E}$、$\underline{E}$ 为机组高效运行区上、下界；$\overline{B}$、$\underline{B}$ 为禁止运行区上、下界；$Q_j^{\max}$ 为机组最大耗流；k 为缩放系数；$f(N_j, H)$ 为根据试验得出关于出力和水头的量化函数。

3.1.1.3 水电站全动力特性曲面

根据机组流量特性与安全性能的叠加曲面 $Q_j^{\text{temp}} = Q_j^u + Q_j^s$，运用动态规划法、最优性原理及组合理论生成反映水电站不同开机组合下的全站最优负荷分配组合，即不同水头、不同开机组合下，水电站各出力值所对应的最优耗流，将以机组形式存储的数据表征为电站形式数据，以此为水电站全动力特性曲面（张仁贡，2006）。在负荷分配过程中，直接以电站最优耗流作为决策变量。

采用动态规划生成全站最优负荷分配组合的递推关系见式（3.3）。

$$\begin{cases} Q_j^*(\overline{N}_j) = \min[Q_j^{\text{temp}}(N_j) + Q_{j-1}^*(\overline{N}_{j-1})] \\ \overline{N}_{j-1} = \overline{N}_j - N_j \quad (j = 1, 2, \cdots, J) \\ Q_0^*(\overline{N}_0) = 0, \forall \overline{N}_0 \end{cases} \tag{3.3}$$

式中：$Q_j^*(\overline{N}_j)$ 表示在 1～j 号机组之间优化分配负荷 $\overline{N}_j$ 时电站耗流量；$Q_0^*(\overline{N}_0)$ 为边界条件。

其中，机组台数 j 为阶段变量；j 台机组的总负荷 $\overline{N}_j$ 为状态变量；第 j 号机组的出力 N_j 为决策变量；j 号机组的叠加耗流 $Q_j^{\text{temp}}(N_j, H)$ 为代价函数；总耗流量最小 $\min \sum_{j=1}^{j} Q_j(N_j)$ 为目标函数，状态转移方程为 $\overline{N}_{j-1} = \overline{N}_j - N_j$。

水电站全动力特性可以表示为水电站开机台数 n、水电站工作水头 H、水电站给定出力 N_C 与水电站最优耗流 Q_{best} 四个变量的非线性函数，已知前三个，可唯一确定 Q_{best}，因此可将其表征为笛卡尔坐标系 $\Omega_m^{(4)}$ 中的空间曲面 $Q_{\text{best}} = m(n, H, N_C)$。考虑到 $\Omega_m^{(4)}$ 中的空间曲面无法用图形表述，将开机台数 n 作为参变量，转换为给定开机台数下，最优耗流与水头、出力的曲面。

为避免厂间计算过程中频繁地进行机组组合优化及负荷分配计算，通过分析电站机组组合特性，在电站空间最优分配表基础上，采用双三次 B 样条方法拟合电站全动力特性空间曲面（王永强，2012）。全动力特性空间曲面将电站虚拟为一台机组，使得全电站最优耗流成为水头迭代试算过程中的决策变量，避免了水头折算或线性插值繁琐的求解步骤，同时避免了频繁的机组组合运算，有效克服了非线性、多约束、混合整型优化问题求解效率不高的技术难题，其特征参数可直接在厂间负荷分配时使用。

B 样条曲面在保留了 Bezier 曲面的优点同时，克服了 Bezier 曲面忽略局部性质的不足，是目前工程应用较多的一种曲面。而均匀双三次 B 样条曲面避免了 B 样条递推定义的繁琐算法，具有重要的工程意义。将电站虚拟为一台机组，采用双三次 B 样条插值方法获得电站全动力特性空间曲面。利用该空间曲面，实现输入电站特征参数水头 H 和出力 N，得到最优耗流 Q，在每次水头迭代试算过程中直接以电站最优耗流作为决策变量，避免了折算水头或对数据先取整后线性插值等做法，更避免了频繁的机组组合运算，有效提高计算效率。基于双三次 B 样条插值的电站全动力特性空间曲面构建过程如下：

（1）以电站全动力特性模块中水电站最优负荷分配表的出力 N、水头 H、耗流 Q 一一对应的 $n \times m$ 维数据为型值点矩阵 F，取水电站水头变化方向为型值点阵的 u' 方向，在 u' 方向反求曲面控制点阵，连续的双三次 B 样条曲线控制点列 $d_i(i = 0, 1, 2, \cdots, n+1)$ 满足如下矩阵方程：

$$
\begin{bmatrix}
-1 & 0 & 1 & & & & \\
1 & 4 & 1 & & & & \\
& 1 & 4 & 1 & & & \\
& & & \ddots & & & \\
& & & & 1 & 4 & 1 \\
& & & & -1 & 0 & 0
\end{bmatrix}
\begin{bmatrix}
d_0 \\
d_1 \\
d_2 \\
\vdots \\
d_{nn} \\
d_{nn+1}
\end{bmatrix}
=
\begin{bmatrix}
2e'_1 \\
6e_1 \\
6e_2 \\
\vdots \\
6e_{nn} \\
2e'_{nn}
\end{bmatrix}
\tag{3.4}
$$

对第 $i = 1, 2, \cdots, nn$ 个水头对应的流量-出力曲线，其型值点为 F 中的第 i 行，由上式反求出每条曲线的控制点，获得 $nn \times (mm+2)$ 的控制点阵 E。

（2）以水电站出力变化方向为型值点阵的 v' 方向，在 v' 方向反求曲面控制点阵；以控制点阵 E 为型值点阵，对 $j = 1, 2, \cdots, mm+2$，依次以 E 阵的第 j 列为型值点，由上式反求出每列的控制点，求出 $(nn+2) \times (mm+2)$ 的控制点阵 d。

（3）由控制点阵插值。根据所求数据与控制点阵的对应关系快速求得数据对应的阵列下标进行双三次 B 样条的计算插值。

连续的双三次 B 样条曲面见图 3.1，可表示为

$$p_{ij}(u,v)=UP_3DP_3^TV,0\leqslant u'\leqslant 1,0\leqslant v'\leqslant 1 \tag{3.5}$$

其中

$$U=[u'^3,u'^2,u',1];V=[v'^3,v'^2,v',1]^T \tag{3.6}$$

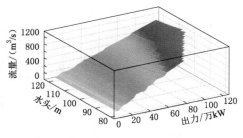

图 3.1　某电站全动力特性曲面

$$P_3=\frac{1}{6}\begin{bmatrix} -1 & 3 & -3 & 1 \\ 3 & -6 & 3 & 0 \\ -3 & 0 & 3 & 0 \\ 1 & 4 & 1 & 0 \end{bmatrix} \tag{3.7}$$

$$D=\begin{bmatrix} d_{i,j} & d_{i,j+1} & d_{i,j+2} & d_{i,j+3} \\ d_{i+1,j} & d_{i+1,j+1} & d_{i+1,j+2} & d_{i+1,j+3} \\ d_{i+2,j} & d_{i+2,j+1} & d_{i+2,j+2} & d_{i+2,j+3} \\ d_{i+3,j} & d_{i+3,j+1} & d_{i+3,j+2} & d_{i+3,j+3} \end{bmatrix} \tag{3.8}$$

3.1.2　梯级水库群实时滚动优化调度

在实际调度计划的执行过程中，给定实时出力计划和实时入库流量预测数据，每小时检测水电站及水库运行优化条件是否发生变化，如果没有变化则继续执行原来的计划方案；否则，根据当前运行状态重新进行优化分配，对水电站群实时和余留期短期运行方式进行实时滚动修正，并可通过人工交互方式制定水库群发电调度方案集。水库群实时优化调度模型根据实际调度需求，按"电量控制模式"或"末水位控制模式"对余留期发电策略进行滚动优化，并对梯级水电站及水库运行趋势、安全经济裕度具有一定的预测功能，其建模思路见图 3.2。

1. 电量控制模式

电量控制模式主要针对实际运行过程中产生的电量偏差，即实际运行发电量与计划发电量的偏差，在余留期内对已产生的电量偏差进行调整，实现"电量控制模式"下的实时及余留期优化，其过程包括站间电量（或负荷）分配和厂内经济运行两层优化问题（陈森林，2004）。

梯级站间电量（或负荷）分配模型以余留期梯级耗水量最小或梯级蓄能最大为目标重新分配梯级电量（或负荷），并得到梯级电站发电流量、弃水、出力及水库运行水位过程。

从节水增发且减小电站耗水率的角度考虑，以梯级水电站耗水量最小为目标建立梯级水电站经济调度控制模型，梯级电站耗水量最小目标形式如下：

$$W=\min\sum_{t=1}^{T}\sum_{i=1}^{I}\sum_{k=1}^{K}\{u_{i,k,t}\cdot q_{i,k,t}[h_{i,k,t},N_{i,k,t}]\cdot\Delta T$$
$$+u_{i,k,t}(1-u_{i,k,t-1})\cdot q_{i,k,\text{sk}}+u_{i,k,t-1}(1-u_{i,k,t})\cdot q_{i,k,\text{ck}}\} \tag{3.9}$$

式中：W 为在给定负荷任务下梯级的总耗水量；I 为电站数；K 为机组台数；T 为时段数；ΔT 为时段长；$N_{i,k,t}$ 为 i 电站机组 k 在 t 时段的出力；$h_{i,k,t}$ 为 i 电站机组 k 在 t 时段净水头；$q_{i,k,t}$ 为 i 电站 t 时段机组 k 在净水头 $h_{i,k,t}$ 下当出力为 $N_{i,k,t}$ 时的发电流量；

$q_{i,k,\text{sk}}$、$q_{i,k,\text{ck}}$ 分别为机组开、停机耗水量；$u_{i,k,t}$ 为 t 时段机组 k 的启停机状态变量（停机时 $u_{i,k,t}=0$，开机时 $u_{i,k,t}=1$）。

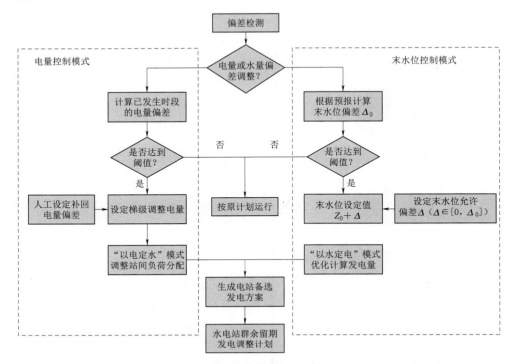

图 3.2　水库群实时优化调度模型

梯级电站耗水量最小目标存在放空上游水库或使龙头水库低水位运行的缺陷，当下游存在调节能力较弱的水电站时多使用该调度目标，其在保证下游电站不弃水的情况下尽量使用上游电站存水。

从发挥梯级水电站上下游水头效应且提高梯级蓄能量的角度考虑，以梯级水电站蓄能最大为目标建立梯级水电站经济调度控制模型，梯级电站蓄能最大目标形式如下：

$$\begin{cases} E = \max \sum\limits_{i=1}^{T} \sum\limits_{i=1}^{I} HP_{i,t} \cdot \Delta Q_{i,t} \\[2mm] \Delta Q_{i,t} = I_{i,t} - Q_{i,t} - S_{i,t} \\[2mm] HP_{i,t} = \sum\limits_{j=1}^{i} K_j H_{j,t} \\[2mm] Q_{i,t} = \sum\limits_{k=1}^{K} \{ u_{i,k,t} \cdot q_{i,k,t} + [u_{i,k,t}(1-u_{i,k,t-1}) \cdot q_{i,k,\text{sk}} + u_{i,k,t-1}(1-u_{i,k,t}) \cdot q_{i,k,\text{ck}}]/\Delta T \} \end{cases}$$

(3.10)

式中：E 为给定负荷任务下的梯级蓄能值；I 为电站数；T 为时段数；$I_{i,t}$、$Q_{i,t}$ 和 $S_{i,t}$ 分别为 i 电站 t 时段入库流量、发电流量和弃水流量；K_j 为 j 电站出力系数；$H_{j,t}$ 为 j 电站

t 时段平均水头。

由于梯级电站上下游水库水头存在差异，相同的水量在上游库中拥有更大的势能，这导致以梯级蓄能最大目标进行调度时存在放空下游水库的缺陷。通常，当流域梯级包含两个以上调节能力较强水库时应用该目标较为合理，其能全面反映水库的调节能力及蓄能变化。

水电站厂内经济运行问题具有高维、非凸、离散、非线性等特点（张勇传，1984），且同时具有表示机组启停状态的 0/1 整型变量和机组间分配负荷的连续变量，是一类难以快速高效求解的复杂混合整型非线性优化问题。其耗水量最小数学模型描述为

$$\min W = \sum_{t=1}^{T} \sum_{i=1}^{N} \left[Q_i^t(H^t, P_i^t) \cdot \Delta T \cdot u_i^t + u_i^t(1 - u_i^{t-1}) Q_{\mathrm{up},i} + u_i^{t-1}(1 - u_i^t) Q_{\mathrm{dn},i} \right]$$

$$(3.11)$$

式中：W 为电站总耗水量，m^3；$Q_i^t(H^t, P_i^t)$ 为时段 t 第 i 台机组在工作水头为 $H_t(\mathrm{m})$、负荷为 P_i^t 时的发电流量，m^3/s；ΔT 为时段时长；u_i^t 为机组 i 在时段 t 的状态，停机时 $u_i^t = 0$，运行时 $u_i^t = 1$；$Q_{\mathrm{up},i}$，$Q_{\mathrm{dn},i}$ 分别为开机和停机过程的耗水量，包括机组在开停机过程中所发生的机械磨损等所折合的水量；N 为水电站机组台数；T 为调度期时段数。模型约束条件如下：

电站电量约束为

$$\sum_{i=1}^{I} \Delta W'_{i,t^*} = \sum_{i=1}^{I} \Delta W_{i,t^*}$$

$$(3.12)$$

式中：$\Delta W'_{i,t^*}$ 为 i 电站余留期的电量修正总量，初始值按电量偏差分配，其值可人工设定；$\Delta W_{i,t^*}$ 为 i 电站在计划执行至 t^* 时段时产生的总电量偏差。

水库之间的水力联系为

$$I_{i,t} = Q_{i-1,t-\tau} + S_{i-1,t-\tau} + R_{i,t}$$

$$(3.13)$$

式中：$I_{i,t}$ 为 i 电站 t 时段的入库流量；$Q_{i-1,t-\tau}$ 为 $i-1$ 电站 $t-\tau$ 时段发电流量；$S_{i-1,t-\tau}$ 为 $i-1$ 电站 $t-\tau$ 时段的弃水流量；τ 为 $i-1$ 与 i 电站间水流时滞；$R_{i,t}$ 为 $i-1$ 与 i 电站之间的区间入流。

电站出力约束为

$$N^{\min} \leqslant \sum_{k=1}^{K} N_k \leqslant N^{\max}$$

$$(3.14)$$

式中：$N^{\max}$ 和 $N^{\min}$ 分别为电站出力上、下限。

水库水位约束为

$$Z^{\min} \leqslant Z \leqslant Z^{\max}$$

$$(3.15)$$

式中：Z、$Z^{\max}$ 和 $Z^{\min}$ 分别为电站的水位及其上、下限。

机组出力约束为

$$\begin{cases} N_k^{\min} \leqslant N_k \leqslant N_k^{\max} \\ N_k \geqslant \underline{N_{kQS}} \ \text{或} \ N_k \leqslant \overline{N_{kQS}} \end{cases} \tag{3.16}$$

式中：$N_k^{\max}$ 和 $N_k^{\min}$ 分别为第 k 台机组出力上、下限；$\overline{N_{kQS}}$ 和 $\underline{N_{kQS}}$ 分别为第 k 台机组的气蚀区上、下限。

机组流量约束为

$$Q_k^{\min} \leqslant Q_k \leqslant Q_k^{\max} \tag{3.17}$$

式中：Q_k、$Q_k^{\max}$ 和 $Q_k^{\min}$ 分别为第 k 台机组耗流量及其上、下限。

机组最小开停机时间约束为

$$X_{i,jK} \geqslant \underline{T_{i,jK}} \ \text{或} \ X_{i,jG} \geqslant \underline{T_{i,jG}} \tag{3.18}$$

式中：$X_{i,jK}$ 为 i 电站第 j 台机组的开机时间；$\underline{T_{i,jK}}$ 为 i 电站第 j 台机组的开机时间下限；$X_{i,jG}$ 为 i 电站第 j 台机组的停机时间；$\underline{T_{i,jG}}$ 为 i 电站第 j 台机组的停机时间下限。

2. 末水位控制模式

末水位控制模式主要针对由于突降大雨或上游下泄流量突然变化等造成的下游水库水位偏离或即将偏离计划的问题，在余留期内通过对时段末水位的控制进行发电计划优化调整，实现"末水位控制模式"下的实时及余留期优化，并可根据末水位允许变化范围计算多组发电方案集，其过程包括梯级站间水量分配和电站空间流量最优化分配两层优化问题。

梯级站间水量分配过程根据预测来水情况，在保证电站的安全稳定运行前提下，控制时段下泄流量，使得时段末水位与设定水位相同，以余留期梯级发电量最大为目标：

$$E = \max \sum_{i \in \Omega_m}^{i} \sum_{t=1}^{T} A_i \cdot Q_{i,t} \cdot H_{i,t} \cdot \Delta t \tag{3.19}$$

式中：E 为梯级总发电量；A_i 为电站综合出力系数；$Q_{i,t}$ 为第 i 个电站 t 时段的发电耗流量；$H_{i,t}$ 为第 i 个电站 t 时段的水头；Δt 为时段长度。

电站空间流量最优化分配需综合考虑机组各水头下发电效率、机组出力流量特性、机组稳定运行出力限制以及机组引水管道水头损失等各方面因素。当电站某一时段出库流量给定时，机组间最优流量分配以总出力最大为准则，通过动态规划法进行求解。若以机组台数 k 为计算阶段号，以 k 台机组的总流量 $\overline{Q_k}$ 为状态变量，第 k 号机组发电流量 Q_k 为决策变量，则寻找电站最优流量分配的过程即为按机组台数和电站发电流量由小到大的顺序，逐阶段递推计算电站最优出力 $N_k^*(\overline{Q_k}, H)$ 的过程。按最优化原理建立的顺向递推计算式如下：

$$\begin{cases} N_k^*(\overline{Q_k}, H) = \max[N_k(Q_k, H) + N_{k-1}^*(\overline{Q_{k-1}}, H)] \\ \overline{Q_{k-1}} = \overline{Q_k} - Q_k \quad k = 1, 2, \cdots, n \\ N_0^*(\overline{Q_0}, H) = 0 \quad \forall \overline{Q_0} \end{cases} \tag{3.20}$$

式中：$N_0^*(\overline{N_0}, H)$ 为边界条件，即在起始阶段以前出力为 0。

遍历求解所有水头 H 及发电流量 Q 组合下的最优流量分配方案，保存优化结果集，形成电站空间最优流量分配结果表。

模型约束条件如下：

末水位控制约束为

$$Z_{i,T} = Z_i^c \tag{3.21}$$

式中：$Z_{i,T}$ 和 Z_i^c 分别为第 i 个水电站调度期末水位及控制水位值。

其他约束条件与"电量控制模式"中式（3.12）～式（3.18）相同。

3.1.3 区域电网直调水火电实时发电控制

梯级电站实时自动发电控制（Automatic Generation Control，AGC）需考虑时空分布、水文补偿和库容补偿，且发电过程必须服从电网需求。水电站在电网中多承担调峰、调频和事故备用等任务，其短期（日）发电计划制定是依据相应时间尺度的电网负荷预测和径流来水预报进行计算的（袁柳，2018），但由于来水预报和电网负荷预测存在误差，不能准确反映负荷以及水库水位变化的实际情况，且电站机组也会因多种原因而偏离原有发电计划。在实际运行中为避免水库弃水或电站拉空运行，通常要求水调值班人员 24h 实时监视水库水位的运行情况，并对可能出现的异常情况凭经验临时做出处理。而在电网端，水电站作为电源端的一员，电网调度对其出力的实时调整一般是根据电网的实际需求情况，由调度员及时调整，而调度员对水库来水情况和梯级电站间的水力联系情况并不掌握，有时不利于水电站的经济运行，甚至发生不必要的开停机操作。因此，需要不断根据面临时段电网的实际运行工况进行超短期（5～15min）负荷预测，开展电网梯级水电站群实时发电调度研究，对日经济调度进行有效补充和完善，也有利于提高水电站调度水平、充分利用水能资源，为电网安全稳定运行提供保障。

流域梯级电站实时自动发电控制是水电调度自动化领域的重要发展方向之一，其主要研究内容分为两个方面：一方面是根据不断更新的水情信息、电站工况信息、来水预报信息和电网下达的负荷信息，对各水库的未来短时运行趋势进行跟踪调节；另一方面是根据实时水情、电站工况、和电网实时信息等，结合电网给定超短时段内水电站的负荷，综合考虑中短期运行指导水位控制线、机组运行状态、检修计划安排以及电气接线要求等限制因素，确定该时段内开机机组组合、台号和开机机组间的最优负荷分配方案。其功能是在电网用户负荷瞬时变化的条件下，准确及时调整电力系统电站出力，维持系统功率平衡和频率稳定，实现负荷和频率的实时控制，与电网实时负荷需求、电站实时出力紧密关联，是保证整个电网以及电站安全、稳定、经济运行的基础。

水电站实时自动发电控制是协调电网需求与电站出力匹配、实现水电站实时发电调度的主要技术手段，其模型研究以水量、电量平衡为基础，分析电网调度对水电实时发电调度的运行要求，如负荷实时调整、调峰、调频及负荷备用等，从梯级电站中长期水库调度计划的指导和梯级电站间水流时滞等后效性、电网与电站间的协调方式、调度方案的实用性和可操作性等方面开展研究。

3.1.3.1　电网自动发电控制

电网自动发电控制系统是能量管理系统（Energy Management System，EMS）的关键组成部分，通过维持区域联络线交换功率为计划值来使电网频率维持 50Hz 额定值恒定，以此来消除电力系统中由于负荷波动所引起的频率偏差以及相邻区域电网的交换功率偏差，同时将能量管理系统发出的指令下达至各电网中承担调频任务的相关电站和机组，实现电力系统中发电的自动控制，并达到运行成本最小。

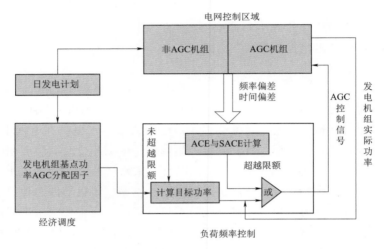

图 3.3　电网 AGC 系统功能结构图

电网自动发电控制功能的实现主要通过负荷频率控制（Load Frequency Control，LFC）和经济调度（Economic Dispatch，ED）两子部分完成。电网 AGC 系统功能结构见图 3.3。

控制区的电网调度中心根据电力系统的负荷预测、联络线交换计划和电站的可用出力安排次日的发电计划，并下达到各级电站。在实际运行中，电网调度中心根据电网负荷预测值以及机组实际工况，进行优化调度计算，对参与自动发电控制机组进行机组间的最优负荷分配。

1. 电网 AGC 控制方式

电网 AGC 作为一个闭环控制系统主要分为两个控制层：其一为电力调度中心直接控制机组负荷分配的闭合回路，AGC 通过现地控制单元（Local Control Unit，LCU）、通道和电力系统数据采集与监视系统（Supervisory Control And Data Acquisition，SCADA）获得所需的实时监测数据，如频率、时差、频差、联络线功率、机组功率、上下限功率、机组开停机状态等，由 AGC 程序计算出各受控电站或机组的所需有功功率，发出的控制指令经过 SCADA、通道、LCU 送到各级电站控制器；其二为电站内部控制回路，由电站控制器进行调节，实现 AGC 下达的控制命令，AGC 下达命令可以是设定功率，也可以是调节增量。

根据电网控制不同的目的，电网 AGC 可以分为以下几种控制方式：联络线功率偏差控制、定频率控制、定净交易功率控制、时差校正控制、交换电能校正控制、自动修正时差及交换电能差控制方式。

区域控制误差（Area Control Error，ACE）由下式决定：

$$\text{ACE} = (P_A - P_S) - 10B[(f_A - f_S) + K_T(T_A - T_S)] \qquad (3.22)$$

式中：T_A 为实际电钟时间，s；T_S 为实际标准时间，s；P_A 为实际输电线功率，MW；P_S 为预定输电线功率，MW；f_A 为实际系统频率，Hz；f_S 为预定标准频率，Hz；$10B$ 表示系统频率偏置，其中 B 为负值，MW/Hz；K_T 为系数。

规定本区域向外送功率为正，即本区域内发电功率超过负荷时需要 ACE 为正，此时，要减少发电功率。然而，如果频繁调整机组出力会缩短电站机组的运行寿命，因此，在实际运行过程中要对 ACE 信号进行适当处理。同时，电力系统中有些快速变化分量会自动恢复平稳，无须做出响应。ACE 需要响应的变化有：反映系统日负荷变化和实际负荷与预期负荷之间差别的系统较慢负荷变化；反映失去机组或负荷等情况的系统较大负荷变化。通过对电力系统负荷变化的合理快速响应可以使发电和负荷之间恢复平衡。

2. 电网 AGC 控制下的机组运行状态

在电网 AGC 中，各电站机组的控制方式主要反映机组所处状态的可控性能。水电站机组主要有 7 种运行状态，具体包括：机组不可用状态，机组处于检修过程或发生故障；机组离线状态，机组停机，而工况性能完好，可以随时投入发电运行；现地单元控制状态，现地单元控制控制机组；自动发电控制控制状态，水电机组执行自上一级调度部门的 AGC 控制指令；人工设点状态，机组接受上级电力调度工作人员的手动控制；机组经济调度状态，按照电站经济运行方案安排机组运行；计划调度状态，机组按照发电计划负荷曲线运行。

电网实际运行过程中，使用机组的高效运行点和 ACE 偏差来计算机组有功功率值，如此可在消除 ACE 偏差的同时使水电站机组的耗流量最小。但在应用过程中，由于同一水电站不同机组的耗量曲线可能相差较大，并且不是严格的单调凹曲线，呈现非凸、非线性等特点，无法使用传统数学规划法。此外，随着"厂网分开，竞价上网"电力体制的逐渐实施，电网经济调度目标也随之发生改变。出于电网运行安全因素，可将重点放在 ACE 偏差的快速消除上。当 ACE 长时间越限时，由调度中心调整一部分未受控机组的出力，给 AGC 可调机组留出可备用空间，同时也加快 ACE 的调整速度。

3.1.3.2　单一水电站实时自动发电控制（AGC）

水电站实时自动发电控制（AGC）是一种保证电能安全优质生产的技术手段，在给定来水、水电站负荷要求的前提下，考虑不同丰、枯来水特性及相应边界约束差异性，制定出合理的开停机计划、机组最优组合方式和开机机组间负荷的最优分配方案，使水电站按最优化方式运行。水电站不同调度时期内在电网中对应的运行方式不同，水电站实时自动发电控制（AGC）应能够根据日天然入库流量、水库不同起始水位、弃水情况以及所承担的发电任务合理地制定机组的发电方案。汛期来水较大，水电站在电网负荷图中承担基荷和腰荷，在一天内水电站发电水头以及承担的负荷波动不大，面临时段的发电方案可参考前一时段，避免机组不必要的启停；枯水期，水电站运行在电网负荷尖峰时段，承担电网的调峰调频任务，水电站水头波动较大，需综合考虑库容状况以及来水情况，合理分配机组负荷，防止机组频繁穿越低效运行区和汽蚀振动区，确保机组的稳定、高效运行。研究工作中的水电站实时自动发电控制（AGC）计算既保证了日计划的精确执行，又支撑梯级水电站实时自动发电控制（AGC）。

1. 模型描述

水电站实时自动发电控制（AGC）的主要任务是在各调度时段内，根据既定优化准则，确定水电站参与 AGC 的机组台数、机组启停次序、机组组合及该机组组合下各台机组承担的负荷。求解过程中不仅要求根据电网下达给电站的日负荷要求，合理分配机组间负荷，还需考虑时段之间由于机组承担负荷的变化而可能产生的机组开停机引起的开停机耗流量以及其他以水当量的损耗。

（1）目标函数：

$$Q^*(T) = \min \sum_{t=1}^{T} \left\{ \sum_{k=1}^{n} Q_k [H(t), N_k(t)] \cdot T_t + S_k(t)(1 - S_k(t-1)) \cdot \right.$$
$$\left. Q_{sk} + S_k(t-1)(1 - S_k(t)) \cdot Q_{ck} \right\} \tag{3.23}$$

式中：$Q^*(T)$ 为水电站在 T 时段内给定出力时的总耗水量；$Q_k[H(t), N_k(t)]$ 为 t 时段平均水头是 $H(t)$ 的条件下，第 k 台机组出力为 $N_k(t)$ 时的引用流量；T_t 为 t 时段时间长；$S_k(t)$ 为第 t 时段第 k 台机组的开停机状态变量（取"1"表示开机状态；取"0"表示停机状态）；Q_{sk} 为第 k 台机组开机耗水量；Q_{ck} 为第 k 台机组停机耗水量；$N(t)$ 为 t 时段电站给定总出力。

（2）约束条件：

负荷平衡约束为

$$\sum_{k=1}^{n} S_k(t) N_k(t) = N(t) \tag{3.24}$$

式中：$S_k(t)$ 为第 t 时段第 k 台机组的开停机状态变量；$N_k(t)$ 为第 t 时段第 k 台机组出力；$N(t)$ 为 t 时段电站给定总出力。

出力范围约束为

$$S_k(t) N_{k,\min} \leqslant N_k(t) \leqslant S_k(t) N_{k,\max} \tag{3.25}$$

式中：$N_{k,\min}$ 为第 k 台机组稳定区最小出力；$N_{k,\max}$ 为第 k 台机组稳定区最大出力。

振动区约束为

$$(N_{k,t} - N_{k,t,s}^{up})(N_{k,t} - N_{k,t,s}^{down}) \geqslant 0 \tag{3.26}$$

式中：$N_{k,t,s}^{up}$、$N_{k,t,s}^{down}$ 分别为 k 号机第 s 组振动区的上、下限。

电站运行水头约束为

$$H_{\min} \leqslant H \leqslant H_{\max} \tag{3.27}$$

式中：H 为电站的运行水头；$H_{\min}$ 为电站最小稳定运行水头；$H_{\max}$ 为电站最大稳定运行水头。

最小开停机时间约束为

$$T_{k,\mathrm{on}}(t) \geqslant T_{k,\mathrm{up}}, T_{k,\mathrm{off}}(t) \geqslant T_{k,\mathrm{down}} \tag{3.28}$$

式中：$T_{k,\mathrm{on}}(t)$、$T_{k,\mathrm{off}}(t)$ 分别为机组 k 的连续开机、停机累计时间；$T_{k,\mathrm{up}}$、$T_{k,\mathrm{down}}$ 分别为机组 k 的最小开机、停机时间。

备用容量约束为

$$\sum_{k=1}^{n} S_k(t) N_{k,\max} \geqslant N(t) + R(t) \tag{3.29}$$

式中：$N(t)$ 为 t 时段电力系统预报的负荷和备用电量需求；$R(t)$ 为 t 时段电力系统的旋转备用容量。

2. 求解算法及计算流程

本书中八个直调电站的实时自动发电控制（AGC）问题均具有高维、非凸、离散、非线性等特点，且各电站特性不同，在总体原则不变情况下，需针对不同电站采用与其相适应的求解方法。

（1）外层机组组合优化和内层机组间最优化分配子问题。在此，将该问题分解为外层机组组合优化和内层机组间最优化分配两个子问题。其中，外层采用改进二进制粒子群优化算法，依据水库水位、来水等信息，在给定的日负荷曲线要求下，以总耗水量最小为目标，合理安排机组启停次序、开机台数、台号，从而实现水电站机组间负荷的最优分配。在内层计算中，白市、托口水电站由于缺乏 NHQ 曲线数据且无须考虑机组振动区，采用 K 值法计算；三板溪、隔河岩、高坝洲水电站有 NHQ 曲线数据且无须考虑机组振动区，采用动态规划算法生成最优负荷分配总表；二滩、水布垭、五强溪水电站有 NHQ 曲线数据且需考虑机组振动区，采用考虑规避振动区的动态规划算法生成最优负荷分配总表。此外，针对水电站运行过程中的机组最短开停机时长、出力限制等约束条件，采用机组启停修补策略进行有效处理，进而获得当日给定负荷曲线情形下的厂内经济运行负荷分配表。

（2）改进二进制粒子群优化算法（IBPSO）。改进二进制粒子群优化算法（IBPSO）主要对粒子概率变化和位置更新模式进行改进，形成搜索能力更强、收敛速度更快、更易于找到全局最优值的算法（王赢，2012）。算法主要描述如下：

构建粒子编码方式，随机初始化种群中所有粒子，每个粒子对应水电站所有 N 台机组在 T 个时段内的启\停状态（用 0\1 表示），表达为

$$U = \begin{bmatrix} u_1^1 & u_1^2 & \cdots & u_1^N \\ u_2^1 & u_2^2 & \cdots & u_2^N \\ \vdots & \vdots & \vdots & \vdots \\ u_T^1 & u_T^2 & \cdots & u_T^N \end{bmatrix} \tag{3.30}$$

式中：U 为种群中的粒子；u_T^N 为第 N 台机组在第 T 个时段的运行状态，取 1 为开机运行，取 0 为停机。

速度与位置更新：

$$v_i^{k+1} = wV_i^k + c_1 rand_1 * (P_{ibest}^k - X_i^k) + c_2 rand_2 * (G_{best}^k - X_i^k) \tag{3.31}$$

$$x_{i,d}^k = \begin{cases} 0 & \text{如果 } v_{i,d}^k < 0 \text{ 且 } r \leqslant s \sim (v_{i,d}^k) \\ 1 & \text{如果 } v_{i,d}^k > 0 \text{ 且 } r \leqslant s \sim (v_{i,d}^k) \\ x_{i,d}^k & \text{其他} \end{cases} \tag{3.32}$$

式中：r 为区间 $[0，1]$ 上的随机数；$s \sim (v_{i,d}^k)$ 为修改后的概率映射函数，当 $v_{i,d}^k \leqslant 0$ 时 $s \sim (v_{i,d}^k) = 1 - 2/[1 + \exp(-v_{i,d}^k)]$，当 $v_{i,d}^k \geqslant 0$ 时 $s \sim (v_{i,d}^k) = 2/[1 + \exp(-v_{i,d}^k)] - 1$。

（3）改进二进制粒子群算法求解步骤。

步骤 1：设置粒子群规模 M，并在解空间范围内随机初始化 M 个粒子，设置惯性权重 w，学习因子 c_1、c_2，最大飞行速度 $V_{\max}$，最大迭代次数 K；输入机组特性参数、初始启停状态、连续开停机时长及系统给定负荷。

步骤 2：采用两种修补策略对每个粒子进行修补使其满足最短开停机时长和系统旋转备用容量要求，形成满足机组组合约束的可行解；设定当前迭代次数 $k = 1$。

步骤 3：对各粒子采用查询经济运行总表的方法进行各时段机组间的负荷最优分配，同时使系统负荷达到平衡，并保证机组运行于稳定区。

步骤 4：计算各粒子的总耗水量，将每个粒子当前解与历史自身最优解作比较取最优者为粒子自身局部最优解，取所有粒子局部最优解中的最小值对应的解作为全局最优解。

步骤 5：计算下一代粒子飞行速度，更新粒子位置。

步骤 6：判断当前迭代次数是否达到最大值 K，若未达到，$k = k + 1$，转至步骤 2；反之，停止计算，输出全局最优解。

（4）改进二进制粒子群算法求解流程如图 3.4 所示。

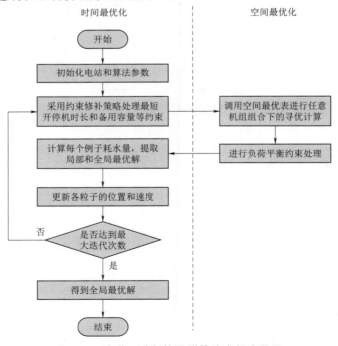

图 3.4　改进二进制粒子群算法求解流程图

3. 计算结果与分析

本书分别针对八个直调水电站选取典型日负荷曲线，进行单站实时自动发电控制（AGC）计算。各电站的日负荷曲线采用典型的"三峰"型曲线，这里以二滩为例，给出日负荷曲线图如图 3.5 所示。各电站入库流量选取数据库中某典型日实际来水，这里选用 2014 年 5 月 1 日来水。

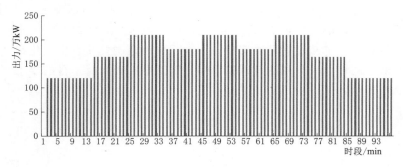

图 3.5　二滩电站日负荷曲线图

选用"以电定水"优化原则，采用动态规划算法，计算各站最低至最高水头所有可能出力情形下各台机组的出力，从而获得经济运行总表，以备在负荷优化分配阶段直接查询相应情形下的负荷分配情况。并以时段平均耗水率为主要指标，将计算结果与实际运行结果对比如下表，对比表明，相同水头下本项目的 AGC 计算所得耗水率低于实际耗水率，优化结果有效减少了耗水量，提高了水资源利用率（表 3.1）。

表 3.1　　　　　实时自动发电控制计算结果和实际运行结果指标对比表

电　站	水头/m	经济运行耗水率/[m³/(kW·h)]	实际耗水率/[m³/(kW·h)]
二滩	184.00	2.14	2.24
水布垭	169.70	2.27	2.49
隔河岩	120.70	3.47	3.60
高坝洲	36.10	10.96	11.00
三板溪	118.10	3.37	3.53
五强溪	54.80	7.38	8.20

3.1.3.3　实时负荷调整原则

（1）当负荷变化频繁或者是突然来水的情况下需对实时负荷（日前计划，即华中电网下达给各直调电站的出力计划）进行调整。例如：5 月、6 月突然来水，气温下降，导致用电负荷发生变化（负荷减小，水多了），此时需对负荷进行调整；另外，三峡送华中比例较大，当其出力变化过大（大发时）时一般会安排火电停机，省间联络线出力调整（龚传利等，2009）。

（2）实时调整除需满足输电断面约束以外，其他的没作具体要求；比较典型的是，三板溪、白市、托口、黔东（火电）出力总和不超过 200 万 kW，而黔东电站计划安排从库中读取；隔河岩、高坝洲、水布垭主要按照湖北省内具体需求来调节。

（3）忽然来水，若电站按原电网下达计划发电时存在某些约束（如期末水位、水位变幅、产生弃水等）破坏的情况，则需对电站负荷进行重新调整，并且这些校核约束由外部设置。

（4）在进行出力调整时，优先调火电，火电出力不能再压时（50％）再调整水电出力；调整的原则是，先省内再省间，先压火电再调水电（水电以有调节能力的优先）。

（5）枯水期（冬季）：水电保水，若负荷增加，则优先加火电，火电出力不足时才增加水电出力用于顶峰；汛期：减出力时优先减火电；蓄水期：负荷增加则先加火电出力，以保证水电蓄水要求；消落期：负荷减小时则先减火电出力，以保证水电水位消落要求。

项目工作将直调水电站负荷需要调整的原因，分为电网负荷发生变化和来水情势发生变化两种。针对这两种原因分别制定调整策略，以满足工程实时运行的要求。实施负荷调整原则如图 3.6 所示。

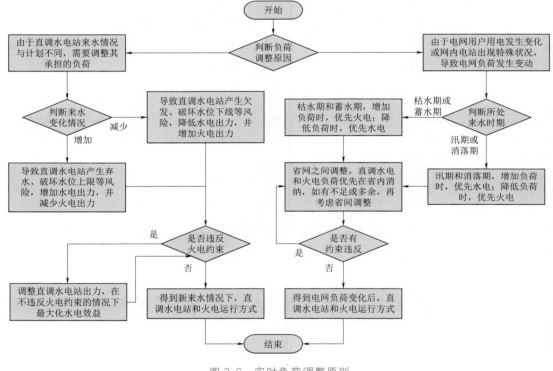

图 3.6　实时负荷调整原则

3.1.3.4　负荷变化情形下的水火电实时自动发电控制（AGC）

在电网负荷变化情形下，传统经验调控方式难以满足梯级水电站不同时期工况要求，制定的实时调整方案易导致枯水期电网负荷增加时水电站低水位运行，而丰水期负荷减少时水电站大量弃水的问题。为此，研究工作建立负荷变化情形下的水火电实时自动发电控制（AGC）模型，根据梯级水电站不同调度时期（汛期、蓄水期、枯水期、消落期）的控制方式及来水情况，提取水火电实时调整原则，自动匹配对应的负荷实时调整策略，通过水火电联合调度降低因电网负荷瞬时变化带来的梯级水电站运行水位破坏或弃水的风险。

1. 模型描述

研究工作针对各水电站水库来水情况及梯级水力传播关系，合理分配各水电站需承担的系统负荷，实现库群总蓄能最大。以控制时段末梯级电站蓄能最大为目标建立数学模型，相比于梯级电站耗水量最小模型，结合了水电能转换过程，考虑了梯级电站上下游电站间的水头差异，具体如下：

（1）目标函数：

时段末梯级电站蓄能最大：

$$E_n = \text{Max} \sum_{i=1}^{M} (Z_{\text{up},i} - Z_{\text{dn},i})(Q_{\text{in},i} - Q_{\text{out},i}) \tag{3.33}$$

式中：E_n 为当前时段末梯级电站总蓄能；$Z_{\text{up},i}$ 为第 i 个电站在当前时段的上游平均水位；$Z_{\text{dn},i}$ 为第 i 个电站在当前时段下游平均水位；$Q_{\text{in},i}$ 为第 i 个电站在当前时段的入库流量；$Q_{\text{out},i}$ 为第 i 个电站在当前时段的出库流量；M 为水电站个数。

（2）约束条件：

运行水位、下泄流量、出力限制约束：

$$\begin{cases} Z_{i,t}^{\min} \leqslant Z_{i,t} \leqslant Z_{i,t}^{\max} \\ Q_{i,t}^{\min} \leqslant Q_{i,t} \leqslant Q_{i,t}^{\max} \\ N_{i,t}^{\min} \leqslant \sum_{g=1}^{G} N_{i,t}^{g} \leqslant N_{i,t}^{\max} \end{cases} \tag{3.34}$$

式中：$Z_{i,t}^{\max}$、$Z_{i,t}^{\min}$ 分别为第 i 个水电站 t 时段水位上、下限；$Q_{i,t}^{\max}$、$Q_{i,t}^{\min}$ 分别为第 i 个水电站 t 时段下泄流量上、下限；$N_{i,t}^{\max}$、$N_{i,t}^{\min}$ 分别为第 i 个水电站 t 个时段出力上、下限。

水量平衡约束：

$$V_{i,t} = V_{i,t-1} + (I_{i,t} - Q_{i,t}) \cdot \Delta t \tag{3.35}$$

式中：$V_{i,t}$ 为第 i 个水电站 t 时段蓄水量；$I_{i,t}$，$Q_{i,t}$ 分别为第 i 个水电站入库流量和下泄流量。

水力联系：

$$I_{i+1,t} = Q_{i,t-\tau} + B_{i+1,t} \tag{3.36}$$

式中：$I_{i+1,t}$ 为第 $i+1$ 个水电站 t 时段的入库流量；$B_{i+1,t}$ 为第 $i+1$ 个水电站 t 时段的区间入流；τ 为水流时滞；$Q_{i,t-\tau}$ 为第 $i+1$ 个水电站 $t-\tau$ 时段的下泄流量。

末水位控制：

$$Z_{i,T} = Z_{i,\text{end}} \pm \Delta_i \tag{3.37}$$

式中：$Z_{i,T}$ 与 $Z_{i,\text{end}}$ 分别为第 i 个水电站 T 时段水位及调度期末水位控制值；Δ_i 为第 i 个水电站水位允许变幅。

水位/流量（小时、日）变幅：

$$\begin{cases} \mid Z_{i,t} - Z_{i,t-1} \mid \leqslant \Delta Z_i \\ \mid Q_{i,t} - Q_{i,t-1} \mid \leqslant \Delta Q_i \end{cases} \tag{3.38}$$

式中：ΔZ_i、ΔQ_i 分别为第 i 个水电站时段允许最大水位变幅和流量变幅。

负荷平衡约束：

$$\sum_{i=1}^{M} N_{i,t} + P_t = N_{\text{total},t} \tag{3.39}$$

式中：$N_{i,t}$、P_t 分别为第 i 个水电站和火电 t 时段的等效出力；M 为梯级水电站总数目；$N_{\text{total},t}$ 为 t 时段的省网的总负荷。

振动区约束：

$$(N_{k,t} - N_{k,t,s}^{\text{up}})(N_{k,t} - N_{k,t,s}^{\text{down}}) \geqslant 0 \tag{3.40}$$

式中：$N_{k,t,s}^{\text{up}}$、$N_{k,t,s}^{\text{down}}$ 分别为 k 号机第 s 组振动区的上、下限。

最小开停机时间约束：

$$T_{k,\text{on}}(t) \geqslant T_{k,\text{up}}, T_{k,\text{off}}(t) \geqslant T_{k,\text{down}} \tag{3.41}$$

式中：$T_{k,\text{on}}(t)$、$T_{k,\text{off}}(t)$ 分别为机组 k 的连续开机、停机累计时间；$T_{k,\text{up}}$、$T_{k,\text{down}}$ 分别为机组 k 的最小开机、停机时间。

等效火电出力带宽约束：

$$\alpha P_{\text{max}} \leqslant P_t \leqslant P_{\text{max}} \tag{3.42}$$

式中：P_{max} 为省网等效火电装机容量；α 为火电可压缩比例，$0 < \alpha < 1$。

送电电网约束：根据湘西南 500kV 电源群（三板溪、白市和黔东电厂）稳定规定，受湘西南 500kV 外送断面约束，牌楼主变上网功率与湘西南 500kV 电源群出力存在相互制约关系，因而电网存在多种运行工况及相应约束。

2. 模型求解方法及计算流程

负荷发生变化时的水火电实时自动发电控制（AGC）主要包括电网水火电实时负荷调整策略及梯级水电站实时经济调度两部分。具体技术方案如下：

（1）不同工况下的电网水火电实时负荷调整策略。

1）负荷调整原则。

a. 汛期：因来水较丰，应最大限度吸收水电出力以减少水电弃水。当电网实时负荷增加时，在火电出力可压缩范围内，优先增大水电出力；当电网负荷减小时，优先减小火电出力。

b. 蓄水期：需首先保证水电站蓄水要求，在中期调度制定的水位运行控制范围内进行水电出力调整操作。当电网负荷增加时，优先增大火电出力；当电网负荷减小时，优先减小火电出力。

c. 枯水期：在满足基本供水要求基础上，水电站尽量维持在高水位运行。当电网负荷增加时，优先增大火电出力，以降低水位破坏风险，火电出力不足时才增加水电出力用于顶峰；当电网负荷减小时，优先减小火电出力。

d. 消落期：需首先保证水电站水位消落要求，在中期调度制定的水位运行控制范围内进行水电出力调整操作。当电网负荷增加时，在火电出力可压缩范围内，优先增大水电出力；当电网负荷减小时，优先减小火电出力。

2）水火电实时负荷调整步骤。

a. 计算电网实时下达负荷与前一日计划负荷差值 ΔP，若 ΔP 在梯级水电站出力调节死区以外，则转入 b. 进行水火电负荷实时调整；否则，转入 e.。

b. 确定水电站当前所处调度期，提取水火电负荷调整原则；根据短期径流预报成果及电网前一日下达发电计划，从上游至下游依次进行梯级各水电站面临时段"以电定水"计算，获得水电站时段末水位及流量；若实时负荷增加，则转入 c.；若实时负荷减小，则转入 d.。

c. 负荷增大时的出力调整。

汛期：水电站维持在汛限水位运行，出入库流量保持平衡，此时判断各水电站在当前下泄情况下是否均达到应有最大出力。

若是，则水电维持原有出力，ΔP 全部均由火电承担。

若否，则增大未满足要求的水电站出力，计算水电出力增值 $\overline{\Delta P_s}$；根据系统负荷平衡要求，将 ΔP 与 $\overline{\Delta P_s}$ 的差值作为火电出力增值。

判断火电是否满足出力带宽限制及爬坡率要求，若否，火电按出力限值运行；若是，火电出力维持当前值不变。

蓄水期/枯水期：判断当前火电是否具有增发能力。

若是，则计算火电当前可提高出力 $\overline{\Delta P_h}$；假如 $\Delta P > \overline{\Delta P_h}$，火电出力不足，需通过增大水电出力用于顶峰，为满足负荷平衡约束，将 ΔP 与 $\overline{\Delta P_h}$ 的差值作为梯级水电站出力增值，梯级水电站根据新的出力计划，通过梯级水电站实时经济调度方法重新进行站间负荷优化分配；假如 $\Delta P < \overline{\Delta P_h}$，$\Delta P$ 均由火电承担，水电出力维持不变。

若否，则 ΔP 全部由水电承担，梯级水电站根据新的出力计划，通过梯级水电站实时经济调度方法重新进行站间负荷优化分配。

消落期：判断当前时段水电站出力是否已达到满发出力。

若是，则 ΔP 全部由火电承担，若火电达到出力下限则按下限运行。

若否，则在中期调度制定的水位运行控制范围内，定水位"以水定电"计算各水电可增出力，累加得到梯级可增出力 $\overline{\Delta P_s}$；假如 $\Delta P > \overline{\Delta P_s}$，水电发电能力不足，需增大火电出力以满足负荷平衡要求，将 ΔP 与 $\overline{\Delta P_s}$ 的差值作为火电出力增值，若火电达到出力上限则按上限运行；假如 $\Delta P < \overline{\Delta P_s}$，火电维持原计划运行，$\Delta P$ 全部由水电承担，梯级水电站根据新的出力计划，通过梯级水电站实时经济调度方法重新进行站间负荷优化分配。

d. 负荷减小时的出力调整。计算火电当前可压缩出力 $\overline{\Delta P_h}$，假如 $\Delta P > \overline{\Delta P_h}$，则将 ΔP 与 $\overline{\Delta P_h}$ 的差值作为梯级水电站出力减小值，梯级水电站根据新的出力计划，通过梯级水电站实时经济调度方法重新进行站间负荷优化分配；否则，火电出力降低 ΔP，水电出力维持不变。

e. 获得电网水火电实时负荷调整结果。

（2）梯级水电站实时经济调度。研究工作采用粒子群算法对梯级电站厂间负荷分配进行求解。粒子群优化算法（Particle Swarm Optimization，PSO）是根据鸟群觅食行为而提出的一种优化技术，该算法基于群智能优化理论，利用群体中各粒子间的合作与竞争关系为指导，使得粒子跟随当前最优解而群体移动的智能优化搜索。PSO 算法对优化问题无可微、可导等要求，能够有效解决非线性优化问题。

$$v_{i,d}^{k+1} = w \cdot v_{i,d}^{k} + c_1 \cdot r_1 \cdot (pbest_{i,d}^{k} - x_{i,d}^{k}) + c_2 \cdot r_2 \cdot (gbest_{d}^{k} - x_{i,d}^{k}) \quad (3.43)$$

$$x_{i,d}^{k+1} = x_{i,d}^{k} + v_{i,d}^{k+1} \quad (3.44)$$

式中：w 为惯性权重因子；c_1，c_2 为正的加速常数（通常取值 2.05）；r_1，r_2 为 $[0, 1]$ 之间的均匀分布的随机数。粒子更新公式由三部分组成：粒子当前速度，可平衡算法的全局和局部搜索能力；认知部分，驱使粒子具有较强的全局搜索能力而避免陷入局部极值点；社会部分，使粒子之间能够共享位置信息。种群中的粒子在这三个部分的共同作用下，根据历史经验和共享的信息，不断在进化过程中调整粒子自身位置，直至获得问题的最优解。具体流程见图 3.7。

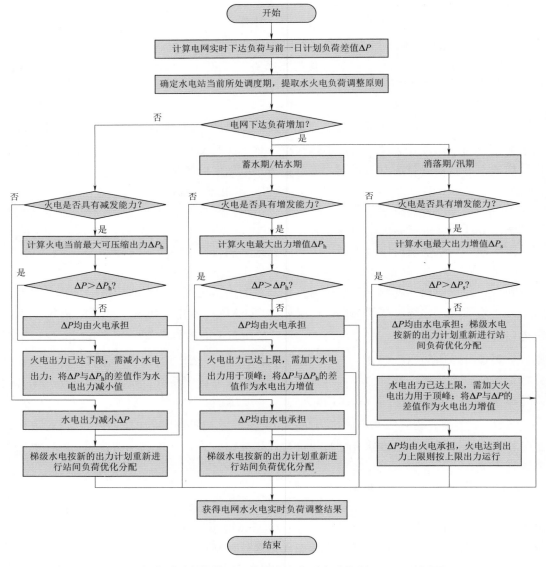

图 3.7　负荷瞬时变化情形下的水火电实时自动控制（AGC）流程图

使用经典 PSO 算法进行给定发电计划下的梯级水电站最优负荷分配计算，在满足各类复杂约束的前提下，制定水电站间最优负荷分配方案。计算流程如下：

1）构建决策变量。随机初始化种群中的所有个体，每个个体对应梯级各水电站当前时段出力。

2）约束处理。对于随机初始化和位置更新后所产生的个体，水电站时段出力、水位或者流量可能不满足约束，研究使用一种计算决策变量可行搜索空间的方法：根据水电站的初水位和来水，分别按照最大出力、最小出力、最大下泄、最小下泄进行正向运算，得到多个水位特征点，将水位特征点与水电站不同时期水位控制范围求交集，得到水电站水位运行上下限，并将其换算为水电站出力上下限；在出力可行搜索空间内随机生成水电站面临时段出力，这样生成的解既保证了其可行性，又能很好地实现后期进化。

3）算法寻优。按个体表示的负荷分配结果进行梯级水电站"以电定水"仿真模拟；为体现梯级联合调度的经济性，根据梯级水电站蓄能最大目标计算个体适应度；通过式（3.43）与式（3.44）实现个体的更新，并使用2）中方法进行约束处理，记录种群最优解；当算法已经收敛到最优值或达到设置的最大迭代次数时获得优化结果。

梯级水电站厂间负荷分配计算流程如图 3.8 所示。

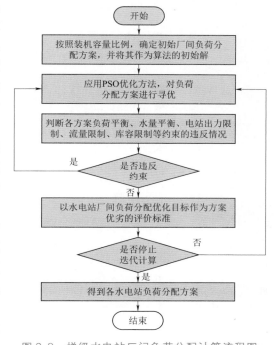

图 3.8　梯级水电站厂间负荷分配计算流程图

3. 计算结果及分析

汛期工况，以沅水梯级为例，在给定的初始水位和来水情形下，可以由水位变幅的限制得到各电站的出力调整范围，由于汛期来水颇丰，基本上电站保证当前允许的最大出力运行，所以在得到水电站允许的出力调整范围后，可以从上游至下游依次按允许的最大范围来重新分配出力。当负荷增加时，优先考虑水电调节，首先由水位限制得到各电站的最大、最小出力范围，确定水电调节能力，不足的由火电来调节。当负荷减少时，优先考虑减少火电出力，如果火电的出力调节不足，则调整水电出力。确定水电站的总负荷后，如果水电站应该承担的总负荷小于水电站总调节范围的最小值则从上游至下游，按照各电站的最小出力来分配；如果水电站应该承担的总负荷介于水电站总调节范围的最大、最小值之间，则优先按照各电站最小出力分配，然后剩余的负荷再从上游至下游依次让电站达到当前最大允许出力。取汛期某日来水作为当前来水，假定三板溪、白市、托口、五强溪四个水电站当前运行水位分别为 425m、294m、235m 和 90m，并设定允许的水位变幅为 0.1m。采用所提方法进行沅水梯级水电站不同负荷要求下的梯级负荷分配计算，所得结果见表 3.2。表 3.2 中结果表明，所得负荷分配策略可以最大限度地利用水电站的调节能力，同时兼顾火电站的调节能力，达到水火电联合调整，保证了整个水火电系统的安全稳定经济运行。

表 3.2   沅水梯级汛期不同负荷要求下的梯级站间负荷分配结果   单位：MW

实际总负荷	三板溪	白 市	托 口	五强溪	火电负荷增量
700	699.85	0.15	0	0	0
800	699.85	100.15	0	0	0
900	699.85	200.15	0	0	0
1000	699.85	244.19	55.96	0	0
1100	699.85	244.19	144.42	11.54	0
1200	699.85	244.19	144.42	111.54	0
1300	699.85	244.19	144.42	211.54	0
1400	699.85	244.19	144.42	311.54	0
1600	699.85	244.19	144.42	511.54	0
1700	699.85	244.19	144.42	611.54	0
1710	699.85	244.19	144.42	621.54	0
1720	708.41	244.19	144.42	622.98	0
1750	738.41	244.19	144.42	622.98	0
1760	748.41	244.19	144.42	622.98	0
1770	758.41	244.19	144.42	622.98	0
1780	760.84	251.76	144.42	622.98	0
1790	760.84	261.76	144.42	622.98	0
1800	760.84	264.08	152.1	622.98	0
1810	760.84	264.08	162.1	622.98	0
1820	760.84	264.08	172.1	622.98	0
1830	760.84	264.08	172.52	632.56	0
1840	760.84	264.08	172.52	642.56	0
1850	760.84	264.08	172.52	652.56	0
1860	760.84	264.08	172.52	662.56	0
1870	760.84	264.08	172.52	663.24	9.32
1880	760.84	264.08	172.52	663.24	19.32
1890	760.84	264.08	172.52	663.24	19.32
1900	760.84	264.08	172.52	663.24	29.32

    非汛期工况下，水火电负荷调整策略与汛期相同，但是考虑到非汛期来水没有汛期丰沛，所以在水电站之间的负荷分配采用优化算法来分配可以更加有效地提高水电的经济运行效率。此处采用梯级蓄能最大为优化目标对梯级水电站进行负荷分配优化调整策略，实现厂间经济运行。选取 2014 年 5 月 1 日来水作为当前来水，假定三板溪、白市、托口、五强溪四个水电站当前运行水位分别为 465m、297m、245m 和 100m，并设定允许的水位变幅为 0.1m。采用所提方法进行非汛期沅水梯级水电站不同负荷要求下的梯级负荷分配计算，所得结果见表 3.3。表 3.3 中结果表明，在消落期负荷增加的时候，优先考虑水电

调节，不足的部分由火电承担调节任务，最大限度地利用水电站的调节能力，同时兼顾火电站的调节能力，达到水火电联合调整，保证了整个水火电系统的安全稳定经济运行。此外，随着梯级水电站负荷增加，结果显示优先承担调节作用的是三板溪电站和五强溪电站，此处三板溪电站作为龙头电站，优先增加三板溪电站的出力，充分考虑梯级水电站的蓄能效应，在满足各类水力、电力约束的前提下合理分配梯级水电站间负荷，验证了模型中采用蓄能最大为优化目标来进行厂间负荷优化分配调整。在实际的调度过程中可以自行设定不同来水、不同初始水位等工况进行计算。

表 3.3 　　　　沅水梯级非汛期不同负荷要求下的梯级站间负荷分配结果　　　　单位：MW

实际总负荷	三板溪	白　市	托　口	五强溪	火电负荷增量
2200	864.04	142.91	128.9	1064.14	0
2250	882.44	142.91	128.9	1095.7	0
2300	900.3	142.91	128.9	1127.88	0
2350	964.44	142.91	128.9	1113.75	0
2400	964.74	142.91	128.9	1163.45	0
2450	975.65	142.91	128.9	1200	0
2500	1000	142.91	155.98	1200	0
2550	997.86	142.91	206.61	1200	0
2600	1000	142.91	255.19	1200	0
2650	1000	142.91	305.21	1200	0
2700	1000	142.91	354.56	1200	0
2750	1000	189.21	358.01	1200	0
2800	1000	257.25	341.4	1200	0
2850	1000	291.06	358.01	1200	0
2900	1000	353.57	344	1200	0
2950	1000	385.59	358.01	1200	6.4
3000	1000	385.59	358.01	1200	56.4
3050	1000	385.59	358.01	1200	106.4

3.1.3.5　来水变化情形下的水火电实时自动发电控制（AGC）

当来水预报不准确或者流域上游及区间来水变化时，水电站实际入流可能产生的发电出力与日前计划（华中电网下达给各直调电站的出力计划）不匹配，若水电站发电计划不进行调整，易导致水电站发电过程中水位约束遭到破坏或产生大量弃水，为此需要对直调水电站的运行方式进行重新调整，实现实时自动发电控制，充分发挥水电效益，并避免由于来水变化产生的风险。

首先，判断各水电站是否会因为来水变化而导致水电约束破坏，若不会破坏水电约束（如来水增多，水位上升，但低于调度期最高水位限制），则在满足火电约束的情况下，调整水电站的出力（整体抬升水电出力）；若可能导致水电站约束破坏，则对水电运行方式进行调整，使其回到约束范围内。得到调整后的直调水电出力后，应用厂内分配方式，对各电站内机组运行方式进行优化。来水变化情形下的水火电实时自动发电控制（AGC）流程见图 3.9。

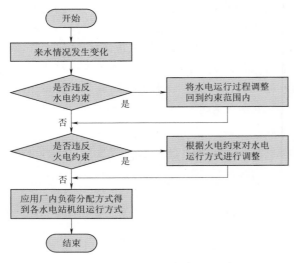

图 3.9 来水变化时水电站 AGC 流程

1. 模型描述

根据华中电网直调水电站的水力和电力联系，将所有 8 个直调电站（二滩、水布垭、隔河岩、高坝洲、三板溪、白市、托口、五强溪）分为二滩电站 AGC、清江梯级电站 AGC 和沅水梯级电站 AGC 3 个子系统进行建模求解。二滩、清江梯级、沅水梯级电站分别送电四川、湖北、湖南电网，等效火电约束考虑相应的送电电网约束。模型从电网水火电联合调度的角度出发，在来水增加情况下，以不弃水或尽量少弃水为原则增加水电出力，并通过降低火电出力以充分吸纳水电出力，有效提高水能利用率，减少火电煤耗；在来水减少时，充分考虑梯级水电站的蓄能效应，对梯级水电站负荷进行合理分配，并在水电发电能力不足时及时调整火电出力以使总出力满足电网下达计划要求，保证电网的安全稳定运行。

约束条件与负荷变化情形下的水火电实时自动发电控制相同。

2. 模型求解方法及计算流程

实时自动发电控制 AGC 模型以电网下达的计划出力为初始值，以保证调整后的出力尽量满足计划，每 15min 做一次滚动修正计算，每次调整后的出力过程为 96 点全过程。AGC 模型求解流程见图 3.10，具体调整步骤如下：

（1）根据流域最新径流预报成果，以电网调度部门下达的日前出力计划作为梯级水电站次日实时发电出力设定值，采用电站流量精细化分配方法从上游至下游依次进行梯级全时段"以电定水"运行仿真模拟，获得各电站出力、水位以及流量过程，并根据调度期末水位判断来水增加或减少。若末水位大于计划水位，则为来水增加，转入（2）；若末水位小于计划水位，则为来水减少，转入（5）。

（2）判断（1）中电站各时段计算结果是否违反流量约束：若均满足流量约束，则转至（3）；否则，将违反约束时段的电站出力按一定步长加大，其他时段出力保持不变，并根据调整后的出力过程采用电站流量精细化分配方法重新进行全时段"以电定水"计算，调整时段出力直至满足流量约束为止，转入下一步。

（3）判断（2）中计算结果是否违反末水位约束：若水位满足要求，则转至（4）；否则，当水位超过上限水位时，按一定步长加大电站时段出力，将水位降至控制水位；若出力增至满发仍存在弃水，此时电站按上限水位控制，电站根据换算后的给定下泄流量进行发电，获得新的时段出力方案，转入下一步。

（4）累加梯级各电站时段出力，计算水电出力增幅。依据电网时段负荷平衡约束计算火电出力，若火电出力在带宽限制要求内，则转入（5）；否则，火电按最小出力限额发电，此时为满足电网负荷平衡约束，将省网总负荷与火电出力之差作为梯级水电站出力设

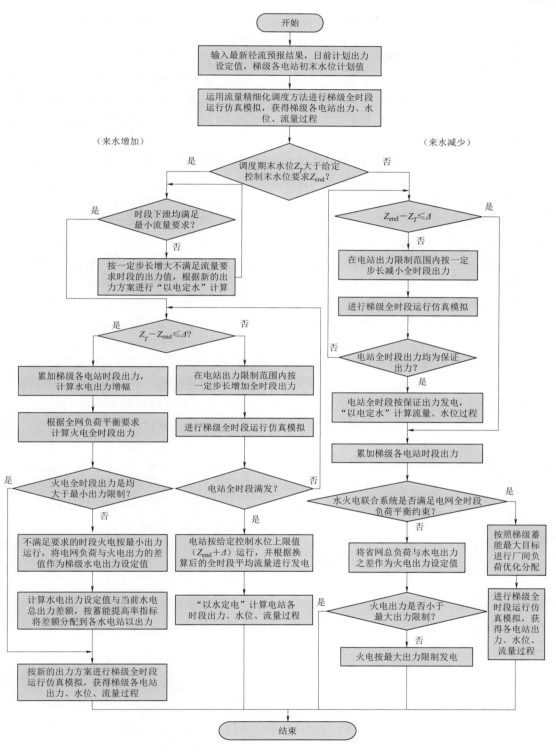

图 3.10　AGC 模型求解流程

定值；计算水电出力设定值与当前水电总出力差额，并按蓄能提高率指标将差额分配到各水电站，相应减小各水电站出力；根据调整后的出力过程采用电站流量精细化分配方法重新进行"以电定水"全时段计算。转至（7）。

（5）判断（1）中计算结果是否违反末水位约束：若水位满足要求，则转至（6）；否则，当水库水位低于控制水位，通过减小电站时段出力的方式将水位升至控制水位；若出力减至下限仍未能满足水位约束要求，此时电站按最小出力运行，获得新的时段出力方案。转入下一步。

（6）累加梯级各电站时段出力，计算电站出力变化量；判断各时段水火电联合出力是否满足电网全时段负荷平衡约束。

1）若由于水电出力降低导致负荷平衡约束不能满足，则将电网总负荷与水电出力之差作为火电出力设定值；此时，判断火电出力设定值是否在出力带宽限制以内，若超出火电最大出力，则火电按最大出力运行，转至（7）。

2）若负荷平衡约束能够满足，则按日计划出力进行调度；为发挥梯级各电站蓄能效应，体现调度的经济性，按蓄能目标进行梯级水电站间负荷优化分配，并对调整后的出力过程采用电站流量精细化分配方法重新进行全时段"以电定水"计算。转入下一步。

（7）获得梯级水电站出力实时调整方案和电网等效火电出力过程。

3. 计算结果及分析

选取 2014 年 5 月 1 日的电站历史水位、出力数据作为华中电网下达给各直调电站的计划，2014 年 5 月 1 日的历史来水数据作为计划来水，自定义多组来水数据（来水增加和减少）模拟实际情况，输入模型计算，将输出的水位、出力过程结果数据与计划数据（历史水位、出力过程）作对比，研究较为满意的实时自动发电控制 AGC 方案，分析所建模型的有效性。

（1）二滩电站结果及分析。

1）选取历史来水的 0.5 倍为新的来水数据模拟来水减少情形，末水位允许变幅 Δ 分别选取 0.1m 和 0，四川电网的火电约束 $P_{min}=0$、$P_{max}=1356$ 万 kW。模型计算结果如图 3.11、图 3.12 所示。

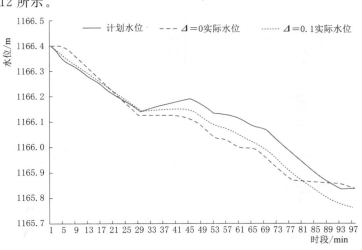

图 3.11 二滩电站水位过程线

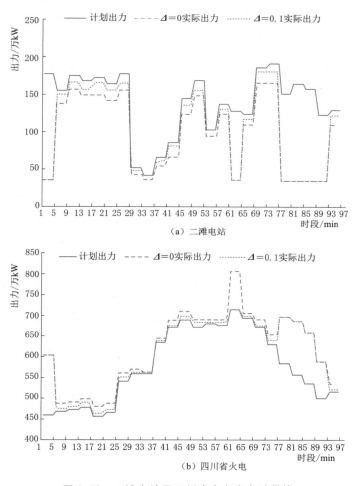

图 3.12　二滩电站及四川省火电出力过程线

由图 3.11 可知，当来水较少时，可以通过合理设定末水位允许变幅使末水位满足约束条件。由图 3.12 可知，来水减少的情形下，实际水电出力相比于计划出力基本呈减少趋势。当末水位允许变幅 $\Delta_1 = 0$ 和 $\Delta_2 = 0.1$ 时，计算结果均可满足此外部设定条件，但是就出力而言，Δ_2 的条件下出力值更接近日前发电计划（由图 3.12 可反映），其结果更令人满意。如果来水过小而末水位允许变幅 Δ 值的设定也较小，计算结果将可能无法满足外部设定条件，但模型会在尽量满足日前发电计划的同时尽可能地接近末水位的设定要求。因此末水位允许变幅 Δ 值的设定尤为重要，在来水偏少的情形下，既希望能满足计划发电又能尽可能接近计划末水位值。实际调度过程中，可多次设定不同的 Δ 值，比较计算结果，选出最满意方案。

2）选取历史来水的 1.5 倍为新的来水数据模拟来水增加情形，末水位允许变幅 Δ 分别选取 0.1m 和 0，四川电网的火电约束 $P_{\min} = 0$、$P_{\max} = 1356$ 万 kW。模型计算结果如图 3.13、图 3.14 所示。

由图 3.13 可知，来水增加的情形下，实际水电出力相比于计划出力会增多。因此我

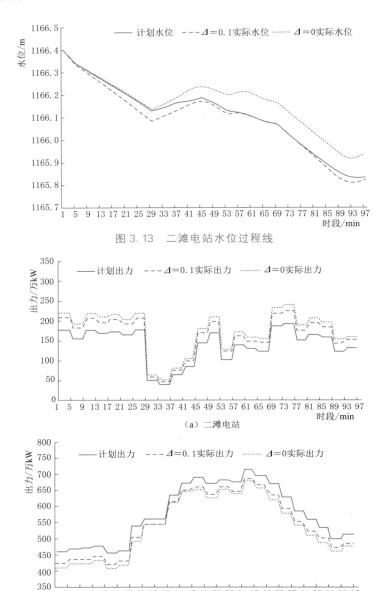

图 3.13 二滩电站水位过程线

（a）二滩电站

（b）四川省火电

图 3.14 二滩电站及四川省火电出力过程线

们要选择最充分利用水能，水电出力尽可能多的方案作为实际调度方案。由图 3.14 可知，此时的来水情形下，末水位允许变幅 $\Delta_1 = 0.1$ 和 $\Delta_2 = 0$ 都能算出满足此条件的解。但是由图 3.14 出力过程可见其出力过程有所不同。$\Delta = 0$ 的二滩电站出力更多，相应的四川省火电出力更少，显然此结果比 $\Delta_1 = 0.1$ 的结果更优，更能充分利用水能，因此就这两种方案而言，实际调度中我们会选择 "$\Delta_2 = 0$" 的方案。

3）选取历史来水的 2 倍作为新的来水数据模拟来水增加情形，末水位允许变幅 $\Delta = 0$。考虑火电存在可压缩范围，此例中将四川省火电可压比例设定为 0.299，即四川电网的火

电约束 $P_{min} = 0.299 \times 1356 = 405.44$ 万 kW、$P_{max} = 1356$ 万 kW。模型计算结果如图 3.15、图 3.16 所示。

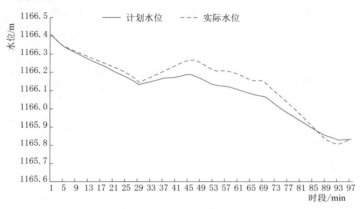

图 3.15　二滩电站水位过程线

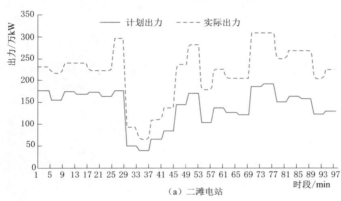

（a）二滩电站

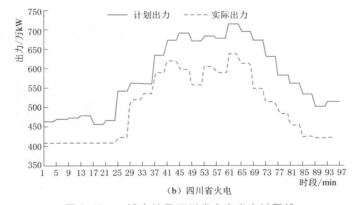

（b）四川省火电

图 3.16　二滩电站及四川省火电出力过程线

考虑火电可压缩下限时，如果火电已经达到最小值，水电站减小当时段出力以使火电站的出力增加到约束范围以内。在设定的此种情形下，第 1～24 个时段的水电站出力减少，同时蓄水以备后期发电。由图 3.16 可知火电实际出力值均控制在其允许最小值 405.44 万 kW 以上。同时由图 3.16 知二滩电站的末水位满足约束。

（2）清江梯级电站结果及分析。

1）选取历史来水的 0.5 倍作为新的来水数据模拟来水减少情形，水布垭、隔河岩和高坝洲梯级电站末水位允许变幅 Δ 分别选取 $\{0.3，0.3，0.1\}$ 和 $\{0.3，0.1，0.1\}$，湖北电网的火电约束 $P_{min}=0$、$P_{max}=2017$ 万 kW。模型计算结果如图 3.17～图 3.20 所示。

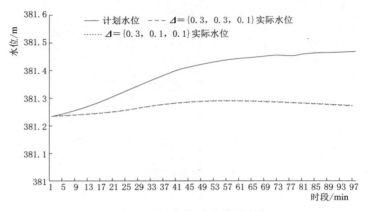

图 3.17　水布垭电站水位过程线

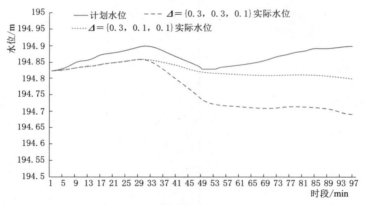

图 3.18　隔河岩电站水位过程线

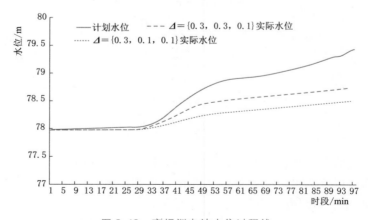

图 3.19　高坝洲电站水位过程线

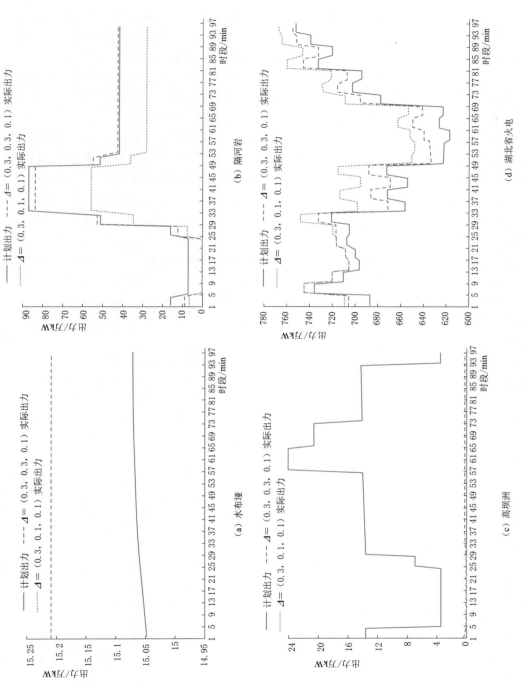

图 3.20　清江梯级电站及湖北省火电出力过程线

　　由图 3.17～图 3.20 可见，来水减少情形下，电站的末水位有可能不满足约束。当电站末水位允许变幅 Δ 设定为 $\{0.3, 0.3, 0.1\}$ 和 $\{0.3, 0.1, 0.1\}$ 时，上游水布垭、隔河岩电站末水位均能满足约束，而下游高坝洲不能满足，且两种条件下其末水位值有差异，这种差异是有梯级电站的水力联系产生的。由图 3.20 高坝洲出力过程线可见，其实际出力已接近于最小出力限制 0，因此其水位无法抬升，因而无法满足末水位限制约束。$\Delta_1 = \{0.3, 0.3, 0.1\}$ 相比于 $\Delta_2 = \{0.3, 0.1, 0.1\}$，隔河岩的末水位允许变幅设定值较大，因此隔河岩会在此设定范围内尽可能发电，下泄流量较大，而对下游高坝洲而言即来水较大，入库流量较多，其末水位值将更能接近设定值（见图 3.19）。

　　由图 3.20 出力过程线可见，拥有较大调节库容的水布垭电站可以通过降低水位（在设定末水位约束范围内）增加发电量以满足日前发电计划，而隔河岩、高坝洲由于调节库容较小，末水位允许变幅较小，无法满足日前发电计划。由湖北省火电出力过程可知，其实际出力比计划增加。即在此来水情形下，由于来水过少，通过小范围调整末水位允许变幅仍然无法满足日前发电计划。实际调度中，可增加 Δ 值，多次调整，选出最满意解，尽可能利用梯级电站的库容补偿效应，接近甚至实现日前发电计划。

　　2）选取历史来水的 1.2 倍作为新的来水数据模拟来水增加情形，水布垭、隔河岩和高坝洲梯级电站末水位允许变幅 Δ 分别选取 $\{1, 0.5, 0.1\}$ 和 $\{0, 0, 0\}$，湖北电网的火电约束 $P_{\min} = 0$、$P_{\max} = 2017$ 万 kW。模型计算结果如图 3.21～图 3.24 所示。

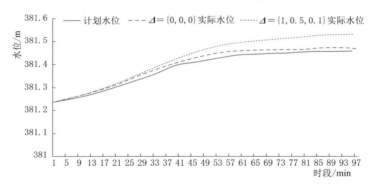

图 3.21　水布垭电站水位过程线

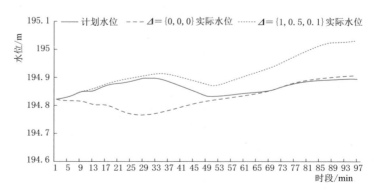

图 3.22　隔河岩电站水位过程线

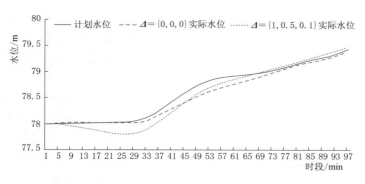

图 3.23 高坝洲电站水位过程线

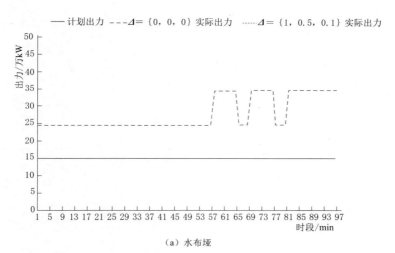

（a）水布垭

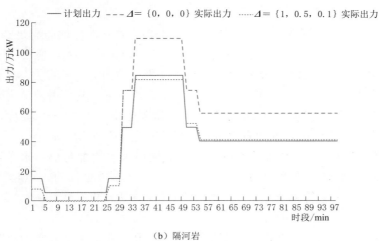

（b）隔河岩

图 3.24（一） 清江梯级电站及湖北省火电出力过程线

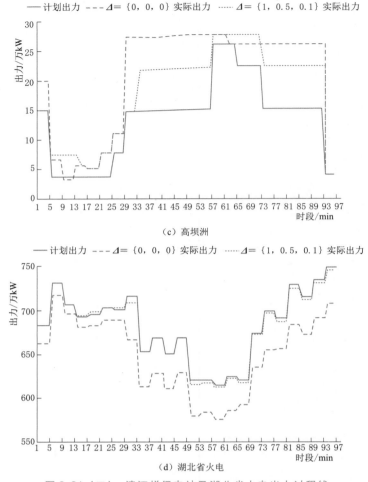

（c）高坝洲

（d）湖北省火电

图 3.24（二） 清江梯级电站及湖北省火电出力过程线

由图 3.21～图 3.24 可知，来水增加时梯级各电站的末水位均能满足约束。$\Delta_1 = \{1, 0.5, 0.1\}$ 与 $\Delta_2 = \{0, 0, 0\}$ 相比，由于末水位变幅设定值较大，使得末水位约束更加宽松，水库基本按照计划出力就能满足水位约束。因电站出力并没有大幅增加，增加的来水量主要存于库中，水位上升。在 $\Delta_2 = \{0, 0, 0\}$ 情况下，利用增加的来水各电站出力增加，更好地发挥水电效益。两种方案相比，实际调度中"Δ_2 方案"更优，此方案下梯级水电站总的出力大大增加，湖北省火电相应减少，是较优方案。

3）选取历史来水的 1.2 倍作为新的来水数据模拟来水增加情形，水布垭、隔河岩和高坝洲梯级电站末水位允许变幅 Δ 选取 $\{0, 0, 0\}$，若湖北省的火电可压比例设定为 0.3，即湖北电网的火电约束 $P_{min} = 0.3 \times 2017 = 605.1$ 万 kW、$P_{max} = 2017$ 万 kW。模型计算结果如图 3.25～图 3.28 所示。

考虑火电可压缩下限时，如果火电已达到最小值，则水电站采取弃水措施以减少发电量。由图 3.25 可知湖北省火电实际出力值均控制在其允许最小值 605.10 万 kW 以上，对比图 3.25 湖北省实际火电出力过程，将看到更明显的调整效果。调整时段主要在 49～69 时段，

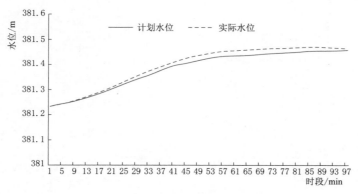

图 3.25　水布垭电站水位过程线

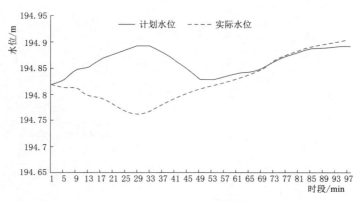

图 3.26　隔河岩电站水位过程线

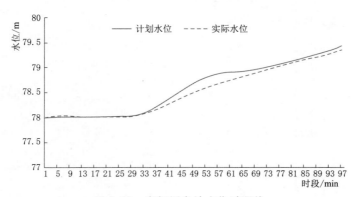

图 3.27　高坝洲电站水位过程线

在这个时间段内，高坝洲由于耗水率值最大，其出力值减少最为明显。同时由图 3.28 知梯级各电站的末水位均满足约束。

（3）沅水梯级电站结果及分析。

1）选取历史来水的 0.8 倍作为新的来水数据模拟来水减少情形，三板溪、白市、托口和五强溪梯级电站末水位允许变幅 Δ 分别选取 {1,0.3,0.1,0.1} 和 {0,0,0,0}，湖南电网的火电约束 $P_{min}=0$、$P_{max}=1584$ 万 kW。模型计算结果如图 3.29～图 3.31 所示。

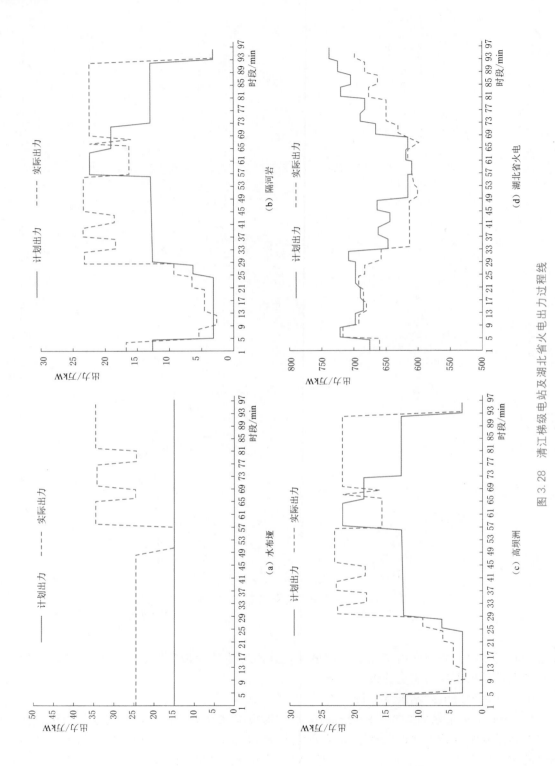

图 3.28　清江梯级电站及湖北省火电出力过程线

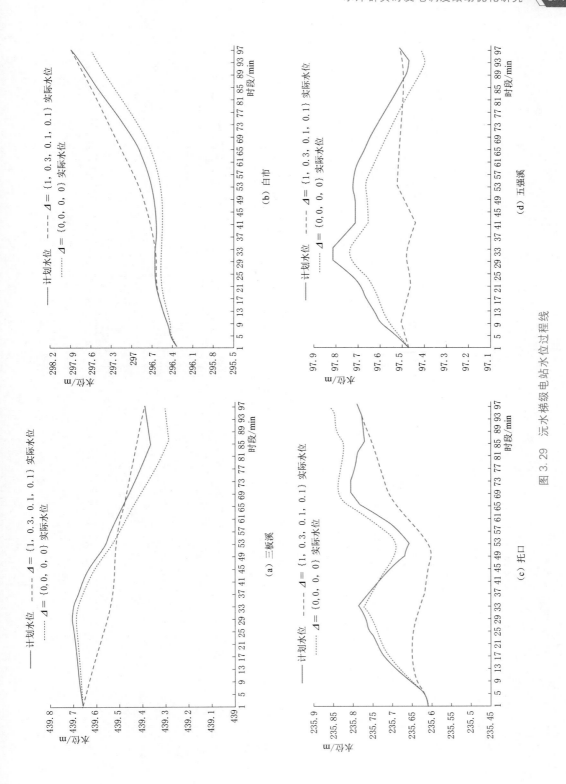

图 3.29　沅水梯级电站水位过程线

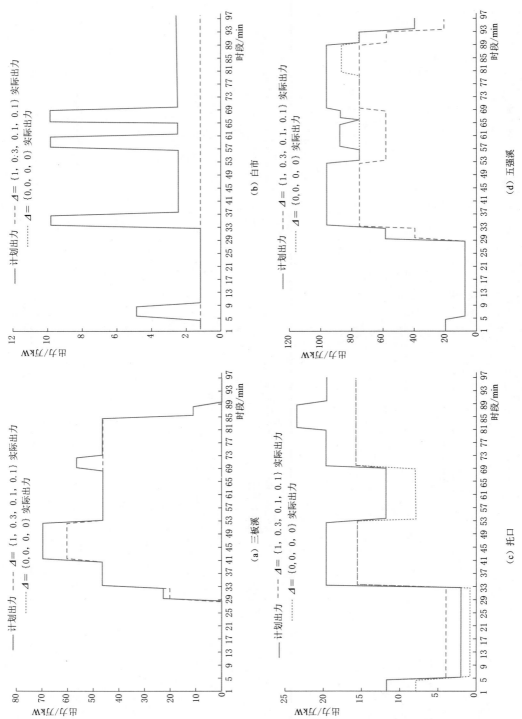

图 3.30 沅水梯级电站出力过程线

由图 3.29 各梯级电站水位过程线可见，此时的来水情形下，电站的末水位均能满足预定约束。当 $\Delta_1 = \{1, 0.3, 0.1, 0.1\}$ 时，我们注意到相比计划水位而言只有托口的末水位增加。这是因为上游三板溪、白市的下泄流量增加，在约束允许范围内末水位上升，由于它们之间紧密的水力联系使得下游托口电站的入库流量增加，故尽管其区间入流减少，但总入库流量增加，末水位上升。当 $\Delta_2 = \{0, 0, 0, 0\}$ 时，第 5～33 时段托口水位下降出力略有增加。五强溪由于与其他电站的水力联系较弱，属于单独调整型，当电站末水位允许变幅 Δ 设定为 $\{1, 0.3, 0.1, 0.1\}$ 时出力过程更加接近日前计划。实际调度中，可多次调整 Δ 值，选出最满意解，尽可能利用梯级电站的库容补偿效应和具有较大调节库容及装机容量的龙头水库，接近甚至实现日前发电计划。

2）选取历史来水的 1.2 倍作为新的来水数据模拟来水增加情形，三板溪、白市、托口和五强溪梯级电站末水位允许变幅 Δ 分别选取 $\{1, 0.3, 0.1, 0.1\}$ 和 $\{0, 0, 0, 0\}$，湖南电网的火电约束 $P_{\min} = 0$、$P_{\max} = 1584$ 万 kW。模型计算结果如图 3.32～图 3.34 所示。

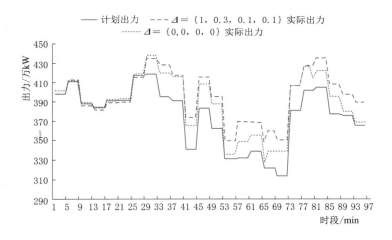

图 3.31　湖南省火电出力过程线

由图 3.32 可知，来水增加时，梯级各电站的末水位均能满足约束。由图 3.33 可知，梯级各电站的出力呈增加趋势，其中，托口电站在第 69 时段以后出力猛增，是由于水流时滞的影响，上游的下泄量对其产生了影响。$\Delta_1 = \{1, 0.3, 0.1, 0.1\}$ 与 $\Delta_2 = \{0, 0, 0, 0\}$ 两种方案相比，实际调度中将选择"Δ_2 方案"，此方案下梯级水电站总的出力大大增加，湖南省火电相应减少，是较优方案。

3）选取历史来水的 1.2 倍作为新的来水数据模拟来水增加情形，三板溪、白市、托口和五强溪梯级电站末水位允许变幅 Δ 选取 $\{0, 0, 0, 0\}$，若将湖南省火电的可压比例设定为 0.195，即湖南电网的火电约束 $P_{\max} = 1584$ 万 kW、$P_{\min} = 0.195 \times 1584 = 308.88$ 万 kW，设定黔东火电 $Pq_t = 0$，湘西南外送稳控系统状态处于稳控投运，牌楼 2 台主变

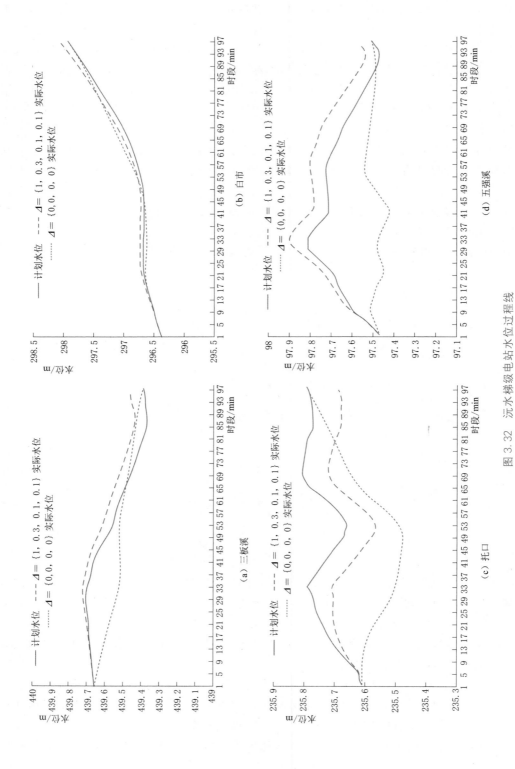

图 3.32　沅水梯级电站水位过程线

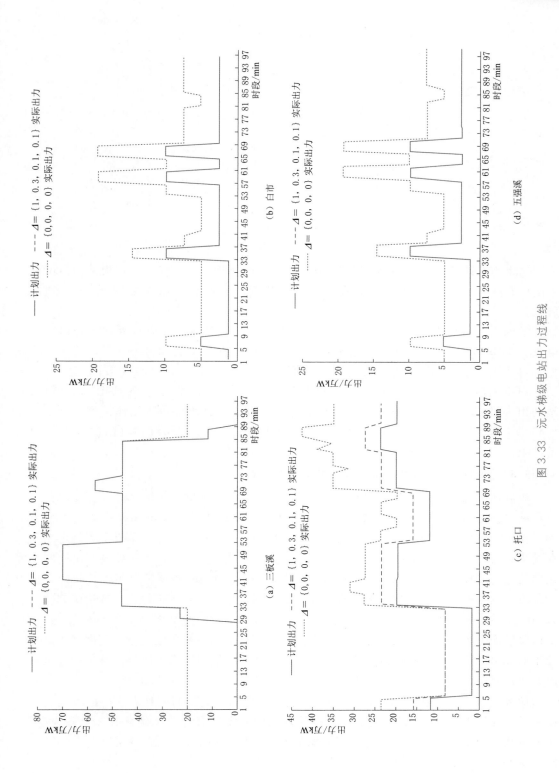

图 3.33 沅水梯级电站出力过程线

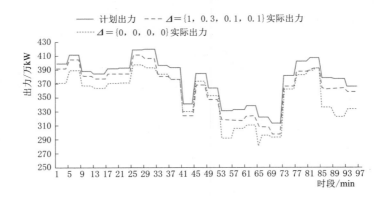

图 3.34　湖南省火电出力过程线

下网功率为－10 万～80 万 kW，根据湘西南 500kV 电源群稳定规定，三板溪、白市和黔东电厂并网机组出力之和应限制在 200 万 kW 内。模型计算结果如图 3.35～图 3.37 所示。

考虑火电可压缩下限时，如果火电已达到最小值，则水电站采取弃水措施以减少发电量。由图 3.37 可知湖南省火电实际出力值均控制在其允许最小值 308.88 万 kW 以上，对比图 3.35 湖南省实际火电出力过程，将看到更明显的调整效果；且满足三板溪、白市和黔东电厂并网机组出力之和不大于 200 万 kW。图 3.35 对比图 3.37 中各电站的出力过程可见，在同样的外部条件和约束条件下，当火电可压缩比例增加（由 0 增加到 0.195）时，水电出力的增幅将减少。同时由图 3.36 知梯级各电站的末水位均满足约束。

3.1.3.6　流域梯级电站联合实时自动发电控制模型

流域梯级电站联合实时自动发电控制的主要功能在于实时追踪并响应电网负荷变化，且在满足各电站安全稳定运行条件下，使得梯级电站整体耗水量达到最小或期末蓄能最大。在实时自动发电控制过程中，结合电网超短期负荷预测，需充分考虑上下级电站间的水量协调与反调节作用和电站间的水流时滞影响。梯级电站 AGC 是梯级电站短期发电优化调度的重要环节之一。国内外学者对梯级电站 AGC 问题的研究经历了较长时间，但由于各级水电站的功能性差异及电力市场体制的不同，目前大多数仍停留在理论研究阶段或只局限于某个单体电站，不具有普适性（李亮等，2009）。梯级电站实时自动发电控制，不仅要保证各级电站机组在设计水头范围内稳定运行，还要避免电站分开调度时机组经常处于低效率区运行，大幅度减少机组的磨损程度和其他损坏因素，以提高整个梯级电站的出力运行范围。

梯级电站 AGC 调节有梯级调度中心控制和水电站独立控制两种方式。梯级调度中心控制时，梯级电站 AGC 将电网给定发电计划或即时需发有功功率优化分配至各级电站；水电站独立控制时，各级电站将负荷分配至各 AGC 运行机组，在满足系统要求的同时达到调度期末蓄能最大或电站经济效益最大。

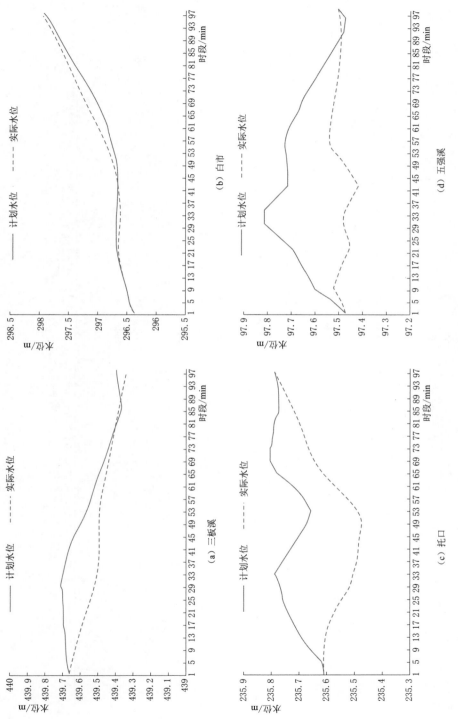

图 3.35　沅水梯级电站水位过程线

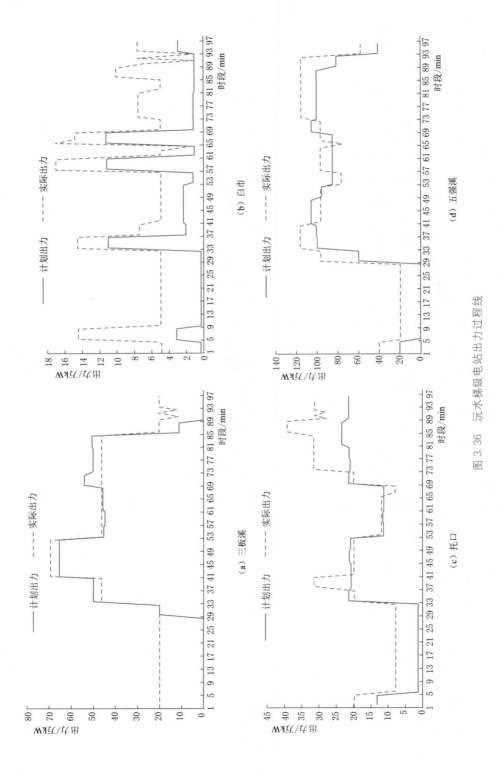

图 3.36　沅水梯级电站出力过程线

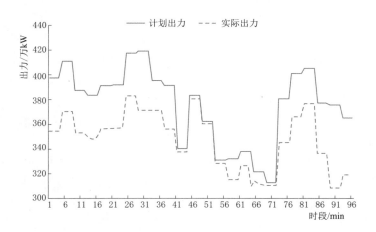

图 3.37　湖南省火电出力过程

1. 单时段梯级电站 AGC 数学模型

电网运行过程中，负荷或频率突然变化，根据电力系统 EMS 提供的短期负荷预测，梯级电站 AGC 迅速响应，进行单时段梯级电站负荷的调整，之后仍按原发电计划运行（卢有麟，2012）。以控制时段末梯级电站蓄能最大为目标建立数学模型，相比于梯级电站耗水量最小模型，结合了水电能转换过程，考虑了梯级电站上下游电站间的水头差异，具体如下：

（1）目标函数：

时段末梯级电站蓄能最大：

$$E_n = \text{Max} \sum_{i=1}^{M} (Z_{\text{up},i} - Z_{\text{dn},i})(Q_{\text{in},i} - Q_{\text{out},i}) \tag{3.45}$$

式中：E_n 为当前时段末梯级电站总蓄能；$Z_{\text{up},i}$ 为第 i 个电站在当前时段的上游平均水位；$Z_{\text{dn},i}$ 为第 i 个电站在当前时段下游平均水位；$Q_{\text{in},i}$ 为第 i 个电站在当前时段的入库流量；$Q_{\text{out},i}$ 为第 i 个电站在当前时段的出库流量；M 为水电站个数。

（2）约束条件：

负荷平衡：

$$P_{\text{Load}} = \sum_{i=1}^{M} \sum_{j=1}^{N_h} N_{i,j} \tag{3.46}$$

式中：P_{Load} 为电网调度中心下达的所需调节的有功功率值；$N_{i,j}$ 为第 i 个水电站参与 AGC 运行的第 j 台机组的出力；N_h 为电站机组台数。

水量平衡：

$$V_{e,i} - V_{b,i} = (Q_{\text{in},i} - Q_{\text{out},i}) \cdot \Delta t \tag{3.47}$$

式中：$V_{e,i}$ 为第 i 个水电站在当前时段的初始库容；$V_{b,i}$ 为第 i 个水电站在当前时段的末库容；Δt 为当前时段时长。

机组出力限制：

$$N_{i,j}^{\text{max}} \leqslant N_{i,j} \leqslant N_{i,j}^{\text{min}} \tag{3.48}$$

式中：$N_{i,j}^{\text{max}}$ 为第 i 个水电站第 j 台机组的稳定运行区出力上限；$N_{i,j}^{\text{min}}$ 为第 i 个水电站第 j 台机组的稳定运行区出力下限。

电站下泄流量限制：

$$Q_i^{\max} \leqslant Q_{\text{out},i} \leqslant Q_i^{\min} \tag{3.49}$$

式中：$Q_i^{\max}$，$Q_i^{\min}$ 分别为第 i 个水电站下泄流量的上、下限。

库容限制：

$$V_i^{\max} \leqslant V_i \leqslant V_i^{\min} \tag{3.50}$$

式中：V_i 为第 i 个水电站的库容；$V_i^{\max}$，$V_i^{\min}$ 分别为第 i 个水电站的库容上、下限。

2. 当前时段至余留期梯级电站 AGC 数学模型

电力系统运行过程中，如果系统负荷波动过大，则单一时段的负荷调整难以满足系统要求。同时，梯级电站间水力、电力耦合紧密，约束条件众多，此时单个时段的最优控制仅为局部最优，不能保证整个周期的最优。因此，在单时段梯级电站 AGC 数学模型的基础上，将计算时段扩展至余留期，以期达到全局最优。同样以梯级水电站期末总蓄能最大为原则，实时优化分配当前时段的同时优化余留期各水电站间负荷，数学模型如下：

(1) 目标函数：

$$E_{\text{end}} = \text{Max} \sum_{t=1}^{T} \sum_{i=1}^{M_h} (Z_{\text{up},i}^t - Z_{\text{dn},i}^t)(Q_{\text{in},i}^t - Q_{\text{out},i}^t) \tag{3.51}$$

式中：E_{end} 为梯级电站整体期末总蓄能；M_h 为梯级电站个数；T 为计算时段数目；$Z_{\text{up},i}^t$，$Z_{\text{dn},i}^t$ 分别为第 i 个电站水库在 t 时段的初始平均水位和时段末平均水位；$Q_{\text{in},i}^t$，$Q_{\text{out},i}^t$ 分别为第 i 个水电站在 t 时段的入库流量和出库流量。

(2) 约束条件：与单时段梯级电站 AGC 相同，有电网负荷平衡、水库水量平衡、水电站出力限制、水库库容限制和水电站下泄流量限制等。在水量平衡约束中，考虑梯级电站间的水流时滞问题，可由如下公式表示：

$$Q_{\text{in},i}^t = Q_{f,i}^t + Q_{i-1}^{\tau_{i-1}} \quad (i \geqslant 1) \tag{3.52}$$

式中：$Q_{f,i}^t$ 为第 i 个水电站第 t 个时段的区间径流；τ_{i-1} 为第 $i-1$ 个水电站到第 i 个水电站的水流流达时间；$Q_{i-1}^{\tau_{i-1}}$ 为第 $i-1$ 个水电站到第 i 个水电站的流量。通常，梯级电站 AGC 仅考虑各电站间负荷的最优分配和总蓄能最大，而不考虑机组的启停机问题。机组启停机功能一般由各级电站 AGC 完成。

3.1.3.7 梯级电站实时自动发电控制模型求解方法

梯级电站实时自动发电控制求解的关键在于如何将梯级电站 AGC 与电站 AGC 有机结合，并选择合适的算法快速求解以满足电力系统的实时性要求。梯级电站实时发电调度分为两个阶段：首先梯级电站 AGC 分配电站间的负荷，然后电站 AGC 将分得负荷优化分配至参与 AGC 运行的机组。水电站 AGC 的难点在于确定合理的机组开停机次序，同时在开机机组间进行最优负荷分配。水电站 AGC 同时包含表示机组启、停状态的 0/1 整型变量和表示机组出力的连续变量，是一个复杂的多约束混合整数非线性规划问题，具有高维、离散、非凸、非线性等特点。传统求解算法有关联预估与微增率逐次逼近相结合法和基于等微增率原则的可行搜索迭代法等。然而，这些算法虽然理论严谨，但时效性较差，难以满足梯级电站功率实时控制的要求。本节提出粒子群算法求解梯级电站间的负荷分配问题；提出改进蚁群算法求解水电站 AGC 机组组合和负荷分配问题，以满足系统实时性要求。

1. 多种群蚁群优化算法

蚁群优化算法是意大利学者 Marco Dorigo 在对自然界真实蚁群集体行为研究的基础上于 20 世纪 90 年代初提出的。它是一种基于种群模拟进化、用于解决难解的离散优化问题的元启发式算法。将计算资源分配到一群人工蚂蚁上，蚂蚁之间通过信息素进行间接通信相互协作来寻找最优解（Dorigo，1991）。该算法实际为正反馈原理与启发式相结合的优化算法，但由于后期的正反馈过程在强化最优解的同时却容易陷入局部最优，使算法停滞（Dorigo，1992），因此不断有学者对该算法进行完善，提出了许多改进算法，如最大最小蚂蚁系统（max - min ant system，MMAS）（STUTZLE，1998）、蚁群系统（ant colony system，ACS）等。

针对电站 AGC 问题提出的多种群蚁群算法在 ACS 基础上增加了种群个数以提高其多样性，并在收敛过程中以前期最优解集不断替代进化种群，保证其快速向最优方向收敛。该算法维持一个具有 M 个蚂蚁群体的初始解集合 $G1$，每个群体中包含 Nh 个蚂蚁对应机组台数 Nh，即每个蚂蚁固定对应一台机组。从初始时段 ts 开始，在每个蚁群内，随时段节点的推移蚂蚁在开机停机 2 种状态之间变换，到末时段 te 结束，N 个蚂蚁在 T 个时段内对应机组的启停机状态的变化过程组成了蚁群路径，即机组优化组合的外层解，确定了机组在每个时段的机组开停机台数和台号；之后，机组间进行最优负荷分配。则该群蚂蚁所对应的 T 个时段 N 台机组的路径和对应的开机机组负荷值构成机组优化问题的一个可行解。M 群蚂蚁中的全局最优解用于更新信息素矩阵。在迭代过程中，全局最优解的蚁群将被加入到同样规模为 M、初始为空的最优解群体 $G2$，每当一个最优解进入群体，$G1$ 的信息素矩阵中每一个构造解时用到的信息素增加 $\Delta\tau_{ij}$，$\Delta\tau_{ij}^{bs}=1/C^{bs}$。每当 $G2$ 被填满时，$G2$ 群体取代 $G1$ 作为候选解继续进行迭代直至迭代结束（Dorigo 等，1997）。

（1）路径构建。在 MCAS 中，位于节点 i 的蚂蚁 k，根据伪随机比例规则选择节点 j 作为下一个要访问的节点。具体规则如下：

$$j=\begin{cases}\arg\max_{l\in N_i^k}\{\tau_{il}[\eta_{il}]^\beta\},q\leqslant q_0 \\ \dfrac{\tau_{ij}[\eta_{ij}]^\beta}{\sum\limits_{l\in N_i^k}\tau_{il}[\eta_{il}]^\beta},j\in N_i^k\end{cases} \tag{3.53}$$

式中：τ_{ij} 为节点 i、j 对应边的信息素值；η_{ij} 为启发式信息素值，$\eta_{ij}=1/d_{ij}$，d_{ij} 为节点 i、j 之间的距离；β 为决定启发式信息影响力的参数；q 为均匀分布在区间 $[0，1]$ 中的一个随机变量；$q_0(0\leqslant q_0\leqslant1)$ 为一个参数。

（2）全局信息素更新。在迭代过程中，只有最优蚂蚁被允许在每一次迭代之后释放信息素。全局信息素更新规则如下：

$$\tau_{ij}=(1-\rho)\tau_{ij}+\rho\Delta\tau_{ij}^{bs},(i,j)\in T^{bs} \tag{3.54}$$

式中：ρ 为信息素的挥发率；$\Delta\tau_{ij}$ 为第 k 只蚂蚁向它经过的边释放的信息素量，$\Delta\tau_{ij}^{bs}=1/C^{bs}$，$C^{bs}$ 为最优节点间的长度；T^{bs} 为最优路径。

（3）局部信息素更新。在路径构建过程中，每个蚁群的蚂蚁在每个时段选择完机组开停机状态，都将立刻调用局部信息素更新规则更新群蚂蚁所经过边上的信息素。

$$\tau_{ij} = (1 - \varepsilon)\tau_{ij} + \varepsilon\tau_0 \tag{3.55}$$

式中：ε 和 τ_0 为 2 个参数，$0 < \varepsilon < 1$，τ_0 为信息素的初始值。

2. 多种群蚁群优化算法在电站 AGC 中的应用

（1）蚁群路径构建。

每台机组分配一只蚂蚁，初始时段蚂蚁被随机赋予开机或停机状态，之后以时段为序依次建立路径，每个时段节点有开机或停机两种状态选择，直至最终时段，见图 3.38。

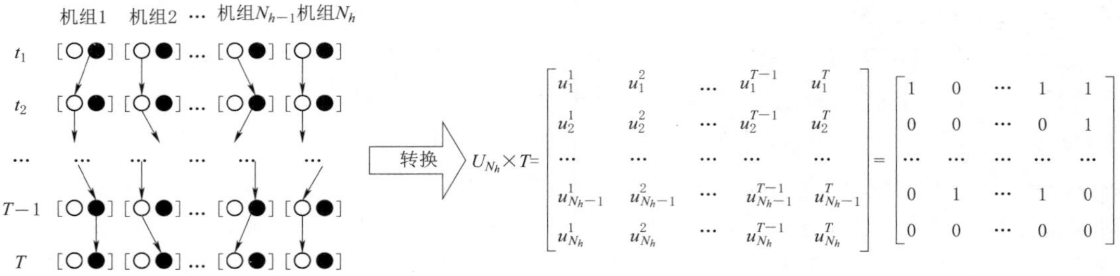

图 3.38 多种群蚁群算法求解水电站 AGC 路径构建过程图

（2）PSO 最优负荷分配与约束处理。

1）粒子群算法求解最优负荷分配。开机机组间的最优负荷分配运用粒子群算法（Particle Swarm Optimization，PSO）进行求解。

基本原理：粒子群优化算法是由学者 Kennedy 和 Eberhart 于 1995 年根据鸟群觅食行为而提出的一种优化技术。该算法基于群智能优化理论，利用群体中各粒子间的合作与竞争关系为指导，使得粒子跟随当前最优解而群体移动的智能优化搜索。PSO 算法对优化问题无可微、可导等要求，能够有效解决非线性优化问题。

$$v_{i,d}^{k+1} = w \cdot v_{i,d}^{k} + c_1 \cdot r_1 \cdot (pbest_{i,d}^{h} - x_{i,d}^{k}) + c_2 \cdot r_2 \cdot (gbest_{d}^{k} - x_{i,d}^{k}) \tag{3.56}$$

$$x_{i,d}^{k+1} = x_{i,d}^{k} + v_{i,d}^{k+1} \tag{3.57}$$

式中：w 为惯性权重因子；c_1，c_2 为正的加速常数（通常取值 2.05）；r_1，r_2 为 $[0, 1]$ 之间的均匀分布的随机数。粒子更新公式由三部分组成：粒子当前速度，可平衡算法的全局和局部搜索能力；认知部分，驱使粒子具有较强的全局搜索能力而避免陷入局部极值点；社会部分，使粒子之间能够共享位置信息。种群中的粒子在这三个部分的共同作用下，根据历史经验和共享的信息，不断在进化过程中调整粒子自身位置，直至获得问题的最优解。

编码方式：以每个时段开机机组所耗流量或所发出力作为粒子，停机机组忽略不计。具体形式如下：

$$[Q_1 \quad Q_2 \quad \cdots \quad Q_n] \text{或} [N_1 \quad N_2 \quad \cdots \quad N_n] \tag{3.58}$$

式中：Q 为机组耗流量；N 为机组出力；n 为处于开机状态的机组数。

2）约束处理。与等微增率、拉格朗日算子等传统算法相比，PSO 能有效克服初值难以确定、目标函数须连续可微等问题。将所有开机机组所承担的负荷向量组成一个粒子，维数等于开机机组台数；将每个粒子值随机初始化在机组出力上下限内；迭代过程中，如果负荷超出限制区域则将其设置为边界值，如果各粒子负荷之和不等于总负荷，则将差值平均分配至每个粒子，直至满足最小误差为止。该算法在满足时段负荷平衡的前提下使机组出力严格控制在稳定运行区内，可迅速跨越机组汽蚀和振动区，获得全局最优值。

（3）水头迭代。水电站发电水头与水电站入库流量和下泄流量相关。入库流量由水库调度方案给出，下泄流量由机组发电流量和水电站弃水流量组成，无弃水流量时，只计入机组发电流量。入库流量和下泄流量决定水电站上游水位，下泄流量决定下游尾水位，通过历史数据拟合可得到它们之间的函数关系。采用迭代方法计算每个时段的平均水头（无弃水情况）方法如下：时段初始水头为 H_{ini}^t，假设时段末水头（即下一时段的初始水头）为 H_{ini}^{t+1}，为其赋值，则时段平均水头 $H_{avg}^t = (H_{ini}^t + H_{ini}^{t+1})/2$。利用平均水头 H_{avg}^t 下的机组参数进行机组间负荷分配，求得发电下泄流量 Q_d，确定下游水位。再利用水量平衡可求得上游时段末水位，进而得到时段末水头 $\overline{H}_{ini}^{t+1}$。如果 $H_{ini}^{t+1} \neq \overline{H}_{ini}^{t+1}$，则令 $H_{avg}^t = (H_{ini}^t + \overline{H}_{ini}^{t+1})/2$，重复上述计算直至二者相等，即可确定时段内的平均 H_{avg}^t。

（4）计算流程。具体计算流程如图 3.39 所示。

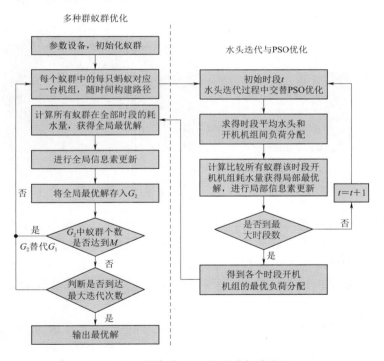

图 3.39　水电站 AGC 问题求解流程图

3.1.3.8　实例研究与应用

为了验证本书所提多种群蚁群优化算法应用于大型水电站 AGC 机组优化组合的可行性与有效性，以三峡—葛洲坝梯级 5 月某日单个时段及其后续时段实际发电过程为例进行计算比较。三峡水电站安装 32 台 700MW 和 2 台 50MW 水轮发电机组，总装机容量 22500MW，年发电量超过 1×10^9 MW 时。由于地下电站 6 台机组未投产运行，2 台 50MW 为厂用电机组，现今实际投入电网运行机组为三峡左右岸 26 台机组。葛洲坝水电站投入电网运行机组 21 台，总装机容量 2715MW。当日入库流量、时段负荷见表 3.4 和图 3.40。

表 3.4 三峡水库当日各时段入库流量

时段	00：00—01：00	01：00—02：00	02：00—03：00	03：00—04：00	04：00—05：00	05：00—06：00
入库流量/(m³/s)	10348	10348	10209	10209	10501	10501
时段	06：00—07：00	07：00—08：00	08：00—09：00	09：00—10：00	10：00—11：00	11：00—12：00
入库流量/(m³/s)	9941	9941	9927	9927	10692	10692
时段	12：00—13：00	13：00—14：00	14：00—15：00	15：00—16：00	16：00—17：00	17：00—18：00
入库流量/(m³/s)	9634	9634	9963	9963	9746	9746
时段	18：00—19：00	19：00—20：00	20：00—21：00	21：00—22：00	22：00—23：00	23：00—00：00
入库流量/(m³/s)	9991	9991	10231	10231	10595	10595

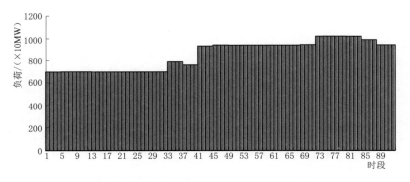

图 3.40 三峡—葛洲坝梯级当日负荷曲线

在所提多种群蚁群优化和标准粒子群优化算法中，蚁群优化采用 0/1 编码，粒子群采用实数编码。其中，蚁群种群数 $M=30$，每个蚁群的蚂蚁个数为机组台数 $N=21$，迭代次数为 500 次。优化参数 α、β、ρ 和 q_0 对算法的性能有直接影响，对每个参数都进行 30 次仿真测试，在一定范围内改变其中一个参数，其他参数保持不变，分析其对结果的影响，以最优结果对应参数值为最优参数。由此确定 $\alpha=2$，$\beta=3$，$\beta=0.6$，$q_0=0.8$ 时可达到最优。此外，机组负荷分配中的标准粒子群优化参数 $c_1=c_2=2.05$，粒子群 $p_m=30$，最大速度 $v=8$，迭代次数为 300 次。

1. 单时段梯级电站实时发电优化控制实例

以该日第一个时段为例进行实时发电优化控制仿真计算，上一时段机组开停机状况已知，见表 3.5。运用第 2 章节水电站机组综合状态评价方法与电站运行规程，可得到该时段三峡—葛洲坝机组开停机优先顺序表见表 3.6。

表 3.5　　　　　三峡—葛洲坝机组初始开停机状态（0 表示停机/1 表示开机）

三　峡　机　组				葛　洲　坝　机　组			
机组台号	开停机状态	机组台号	开停机状态	机组台号	开停机状态	机组台号	开停机状态
1 号	0	14 号	0	1 号	0	14 号	1
2 号	0	15 号	0	2 号	1	15 号	0
3 号	0	16 号	0	3 号	1	16 号	0
4 号	0	17 号	0	4 号	1	17 号	0
5 号	1	18 号	1	5 号	1	18 号	0
6 号	0	19 号	0	6 号	0	19 号	0
7 号	1	20 号	0	7 号	1	20 号	1
8 号	0	21 号	0	8 号	0	21 号	0
9 号	0	22 号	1	9 号	1		
10 号	0	23 号	0	10 号	1		
11 号	1	24 号	1	11 号	1		
12 号	0	25 号	0	12 号	1		
13 号	1	26 号	1	13 号	1		

表 3.6　　　　　　　　　三峡—葛洲坝机组开停机优先顺序表

三　峡　机　组						葛　洲　坝　机　组					
开机顺序	停机顺序	机组台号	开机顺序	停机顺序	机组台号	开机顺序	停机顺序	机组台号	开机顺序	停机顺序	机组台号
1	26	5 号	14	13	8 号	1	21	14 号	14	9	15 号
2	25	13 号	15	12	1 号	2	20	4 号	15	7	16 号
3	24	11 号	16	11	9 号	3	19	5 号	16	6	17 号
4	23	22 号	17	10	2 号	4	18	6 号	17	5	18 号
5	22	21 号	18	9	3 号	5	17	7 号	18	4	3 号
6	21	19 号	19	8	17 号	6	16	9 号	19	3	13 号
7	20	20 号	20	7	18 号	7	15	10 号	20	2	21 号
8	19	13 号	21	6	15 号	8	14	12 号	21	1	1 号
9	18	6 号	22	5	16 号	9	13	11 号			
10	17	14 号	23	4	26 号	10	12	8 号			
11	16	12 号	24	3	23 号	11	11	20 号			
12	15	4 号	25	2	24 号	12	10	19 号			
13	14	10 号	26	1	25 号	13	8	2 号			

　　实时发电优化控制针对单时段进行机组间的负荷分配，采用粒子群优化算法进行求解。由于葛洲坝电站对三峡电站具有反调节作用，该梯级具有水头联系，因此，在遵循水量平衡的前提下，首先确定葛洲坝上游 5 号站最优平均控制水位为 64.53m，同时已知初

始时段凤凰山上游水位为 160.05m。以耗水量最小为目标，该时段总负荷为 6981.2MW，实时发电调度优化结果见表 3.7，三峡电站和葛洲坝电站发电引用流量如图 3.41 和图 3.42 所示。

表 3.7　　　　　　　　　　三峡—葛洲坝机组实时发电优化控制出力　　　　　　　单位：×10MW

三 峡 机 组				葛 洲 坝 机 组			
机组台号	机组出力	机组台号	机组出力	机组台号	机组出力	机组台号	机组出力
1 号	0	14 号	0	1 号	0	14 号	12.23
2 号	0	15 号	0	2 号	15.28	15 号	0
3 号	0	16 号	0	3 号	0	16 号	0
4 号	0	17 号	0	4 号	11.37	17 号	0
5 号	68.84	18 号	70.41	5 号	11.13	18 号	0
6 号	0	19 号	0	6 号	11.30	19 号	10.55
7 号	69.12	20 号	0	7 号	11.15	20 号	10.64
8 号	0	21 号	0	8 号	11.02	21 号	0
9 号	0	22 号	69.14	9 号	10.55		
10 号	0	23 号	0	10 号	10.55		
11 号	69.20	24 号	69.49	11 号	10.48		
12 号	0	25 号	0	12 号	10.46		
13 号	69.12	26 号	66.09	13 号	0		

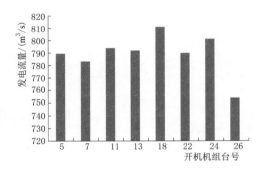

图 3.41　三峡电站开机机组发电流量

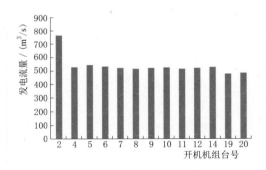

图 3.42　葛洲坝电站开机机组发电流量

综合分析上述结果可知，由于时段负荷的变动，电站机组开停机基于电站开停机优先顺序表，可有效避免时段间由于负荷的变动而引起机组的频繁启停问题。对比表 3.5～表 3.7 中的机组开停机状况，得出三峡电站时段间机组启停次数为 0，葛洲坝电站机组开停机次数为 3，效果显著。相比于梯级电站该时段实际发电耗流量 14121m³/s，优化后该时段发电耗流量 13304m³/s，减少消耗水量 2.9412×10⁶ m³。由此可知，所提方法在单时段优化调度过程中，能够优化电站机组出力，保证负荷的稳定输出，且减少水量消耗，提高了水能利用率。

2. 面临时段至余留期梯级电站 AGC 实例

水电站 AGC 既可以针对电站周期内所有时段进行优化控制，也可响应电网负荷需求而投入机组参与运行，前者如果所有机组参与 AGC 则与水电站厂内经济运行效用相同，后者则主要针对面临时段至余留期的电站发电优化控制。本章节研究以当日 12：00 开始，三峡—葛洲坝梯级机组参与 AGC 运行，进行梯级电站 AGC 优化控制至当天结束。该期间时段负荷如图 3.43 所示，电站入库流量如表 3.8 所示。以梯级电站耗水量最小为目标进行 AGC 优化控制，具体结果见表 3.9 和表 3.10。

表 3.8　　　　　　　　　　　　三峡电站 AGC 优化结果

时段	机组出力/(×10MW)									
12：00	1～4 号	5 号	6～7 号	8～11 号	12～13 号	14 号	15～16 号	17～24 号	25 号	26 号
	70	0	70	0	70	0	68	0	64.5	0
12：15	1～4 号	5 号	6～7 号	8～11 号	12～13 号	14 号	15～16 号	17～24 号	25 号	26 号
	70	0	70	0	70	0	68	0	64.5	0
12：30	1～4 号	5 号	6～7 号	8～11 号	12～13 号	14 号	15～16 号	17～24 号	25 号	26 号
	70	0	70	0	70	0	68	0	64.5	0
12：45	1～4 号	5 号	6～7 号	8～11 号	12～13 号	14 号	15～16 号	17～24 号	25 号	26 号
	70	0	70	0	70	0	68	0	64.5	0
13：00	1～3 号	4～5 号	6～7 号	8～12 号	13～14 号	15～17 号	18～24 号	24 号	25 号	26 号
	70	0	70	0	70	68.5	0	0	64.9	0
13：15	1～3 号	4～5 号	6～7 号	8～12 号	13～14 号	15～17 号	18～24 号	24 号	25 号	26 号
	70	0	70	0	70	68.5	0	0	64.9	0
13：30	1～3 号	4～5 号	6～7 号	8～12 号	13～14 号	15～17 号	18～24 号	24 号	25 号	26 号
	70	0	70	0	70	68.5	0	0	64.9	0
13：45	1～3 号	4～5 号	6～7 号	8～12 号	13～14 号	15～17 号	18～24 号	24 号	25 号	26 号
	70	0	70	0	70	68.5	0	0	64.9	0
14：00	1～3 号	4～5 号	6 号	7～12 号	13～14 号	15～17 号	18～22 号	23 号	24 号	25～27 号
	70	0	70	0	70	69.7	0	65.9	65.9	0
14：15	1～3 号	4～5 号	6 号	7～12 号	13～14 号	15～17 号	18～22 号	23 号	24 号	25～27 号
	70	0	70	0	70	69.7	0	65.9	65.9	0
14：30	1～3 号	4～5 号	6 号	7～12 号	13～14 号	15～17 号	18～22 号	23 号	24 号	25～27 号
	70	0	70	0	70	69.7	0	65.9	65.9	0
14：45	1～3 号	4～5 号	6 号	7～12 号	13～14 号	15～17 号	18～22 号	23 号	24 号	25～27 号
	70	0	70	0	70	69.7	0	65.9	65.9	0
15：00	1～3 号	4～5 号	6 号	7～10 号	11～14 号	15～22 号	23 号	24 号	25 号	26 号
	70	0	70	0	70	0	66.7	66.7	0	66.7
15：15	1～3 号	4～5 号	6 号	7～10 号	11～14 号	15～22 号	23 号	24 号	25 号	26 号
	70	0	70	0	70	0	66.7	66.7	0	66.7

续表

时段	机组出力/(×10MW)									
15：30	1~3号	4~5号	6号	7~10号	11~14号	15~22号	23号	24号	25号	26号
	70	0	70	0	70	0	66.7	66.7	0	66.7
15：45	1~3号	4~5号	6号	7~10号	11~14号	15~22号	23号	24号	25号	26号
	70	0	70	0	70	0	66.7	66.7	0	66.7
16：00	1~3号	4~5号	6~10号	11~17号	18号	19号	20~22号	23号	24号	25~26号
	70	0	70	0	70	68	0	62.1	0	0
16：15	1~3号	4~5号	6~10号	11~17号	18号	19号	20~22号	23号	24号	25~26号
	70	0	70	0	70	68	0	62.1	0	0
16：30	1~3号	4~5号	6~10号	11~17号	18号	19号	20~22号	23号	24号	25~26号
	70	0	70	0	70	68	0	62.1	0	0
16：45	1~3号	4~5号	6~10号	11~17号	18号	19号	20~22号	23号	24号	25~26号
	70	0	70	0	70	68	0	62.1	0	0
17：00	1~3号	4~6号	7~9号	10~11号	12号	13~17号	18~19号	20~22号	23~24号	25~26号
	70	0	70	0	70	0	69.3	0	65.6	0
17：15	1~3号	4~6号	7~9号	10~11号	12号	13~17号	18~19号	20~22号	23~24号	25~26号
	70	0	70	0	70	0	69.3	0	65.6	0
17：30	1~3号	4~6号	7~9号	10~11号	12号	13~17号	18~19号	20~22号	23~24号	25~26号
	70	0	70	0	70	0	69.3	0	65.6	0
17：45	1~3号	4~6号	7~9号	10~11号	12号	13~17号	18~19号	20~22号	23~24号	25~26号
	70	0	70	0	70	0	69.3	0	65.6	0
18：00	1~3号	4~5号	6~9号	10~15号	16~17号	18~22号	23号	24号	25号	26号
	70	0	70	0	69.4	0	65.7	65.7	0	0
18：15	1~3号	4~5号	6~9号	10~15号	16~17号	18~22号	23号	24号	25号	26号
	70	0	70	0	69.4	0	65.7	65.7	0	0
18：30	1~3号	4~5号	6~9号	10~15号	16~17号	18~22号	23号	24号	25号	26号
	70	0	70	0	69.4	0	65.7	65.7	0	0
18：45	1~3号	4~5号	6~9号	10~15号	16~17号	18~22号	23号	24号	25号	26号
	70	0	70	0	69.4	0	65.7	65.7	0	0
19：00	1~4号	5~6号	7~9号	10~15号	16~17号	18~19号	20~23号	24号	25号	26号
	70	0	70	0	67.7	70	0	64.2	0	0
19：15	1~4号	5~6号	7~9号	10~15号	16~17号	18~19号	20~23号	24号	25号	26号
	70	0	70	0	67.7	70	0	64.2	0	0
19：30	1~4号	5~6号	7~9号	10~15号	16~17号	18~19号	20~23号	24号	25号	26号
	70	0	70	0	67.7	70	0	64.2	0	0

续表

时段	机组出力/(×10MW)									
19：45	1～4号	5～6号	7～9号	10～15号	16～17号	18～19号	20～23号	24号	25号	26号
	70	0	70	0	67.7	70	0	64.2	0	0
20：00	1～4号	5～6号	7～9号	10～15号	16～17号	18号	19～22号	23～24号	25号	26号
	70	0	70	0	70	69.3	0	65.5	0	0
20：15	1～4号	5～6号	7～9号	10～15号	16～17号	18号	19～22号	23～24号	25号	26号
	70	0	70	0	70	69.3	0	65.5	0	0
20：30	1～4号	5～6号	7～9号	10～15号	16～17号	18号	19～22号	23～24号	25号	26号
	70	0	70	0	70	69.3	0	65.5	0	0
20：45	1～4号	5～6号	7～9号	10～15号	16～17号	18号	19～22号	23～24号	25号	26号
	70	0	70	0	70	69.3	0	65.5	0	0
21：00	1～4号	5～6号	7～9号	10～15号	16～17号	18号	19～22号	23号	24～25号	26号
	70	0	70	0	70	66.8	0	70	0	0
21：15	1～4号	5～6号	7～9号	10～15号	16～17号	18号	19～22号	23号	24～25号	26号
	70	0	70	0	70	66.8	0	70	0	0
21：30	1～4号	5～6号	7～9号	10～15号	16～17号	18号	19～22号	23号	24～25号	26号
	70	0	70	0	70	66.8	0	70	0	0
21：45	1～4号	5～6号	7～9号	10～15号	16～17号	18号	19～22号	23号	24～25号	26号
	70	0	70	0	70	66.8	0	70	0	0
22：00	1～3号	4～6号	7～9号	10～14号	15～16号	17～18号	19～20号	21～22号	23～24号	25～26号
	69.3	0	69.3	0	64.7	0	65	0	60.6	0
22：15	1～3号	4～6号	7～9号	10～14号	15～16号	17～18号	19～20号	21～22号	23～24号	25～26号
	69.3	0	69.3	0	64.7	0	65	0	60.6	0
22：30	1～3号	4～6号	7～9号	10～14号	15～16号	17～18号	19～20号	21～22号	23～24号	25～26号
	69.3	0	69.3	0	64.7	0	65	0	60.6	0
22：45	1～3号	4～6号	7～9号	10～14号	15～16号	17～18号	19～20号	21～22号	23～24号	25～26号
	69.3	0	69.3	0	64.7	0	65	0	60.6	0
23：00	1～3号	4～6号	7～8号	9～10号	11～12号	13～14号	15～17号	18～23号	24号	25～26号
	70	0	70	0	70	0	68.5	0	64.9	0
23：15	1～3号	4～6号	7～8号	9～10号	11～12号	13～14号	15～17号	18～23号	24号	25～26号
	70	0	70	0	70	0	68.5	0	64.9	0
23：30	1～3号	4～6号	7～8号	9～10号	11～12号	13～14号	15～17号	18～23号	24号	25～26号
	70	0	70	0	70	0	68.5	0	64.9	0
23：45	1～3号	4～6号	7～8号	9～10号	11～12号	13～14号	15～17号	18～23号	24号	25～26号
	70	0	70	0	70	0	68.5	0	64.9	0
24：00	1～3号	4号	5～6号	7～9号	10～11号	12～13号	14号	15～23号	24号	25～26号
	70	69.6	0	70	69.6	0	69.6	0	61.9	0
总耗水量：3.4159亿 m³										

91

表 3.9　　　　　　　　　　　　　葛洲坝电站 AGC 优化结果

时段	机组出力/(×10MW)																	
	1号	2号	3号	4号	5号	6号	7号	8号	9号	10号	11号	12号	13~15号	16号	17~18号	19号	20号	21号
12:00	15.28	14.99	0	11.06	11.15	11.21	11.23	11.75	11.80	11.67	11.17	11.43	0	11.73	0	11.84	11.71	11.84
12:15	15.28	14.99	0	11.06	11.15	11.21	11.23	11.75	11.80	11.67	11.17	11.43	0	11.73	0	11.84	11.71	11.84
12:30	15.28	14.99	0	11.06	11.15	11.21	11.23	11.75	11.80	11.67	11.17	11.43	0	11.73	0	11.84	11.71	11.84
12:45	15.28	14.99	0	11.06	11.15	11.21	11.23	11.75	11.80	11.67	11.17	11.43	0	11.73	0	11.84	11.71	11.84
13:00	15.18	14.82	0	11.02	10.85	11.02	11.06	11.77	11.61	11.61	11.92	11.80	0	11.56	0	11.77	11.62	11.17
13:15	15.18	14.82	0	11.02	10.85	11.02	11.06	11.77	11.61	11.61	11.92	11.80	0	11.56	0	11.77	11.62	11.17
13:30	15.18	14.82	0	11.02	10.85	11.02	11.06	11.77	11.61	11.61	11.92	11.80	0	11.56	0	11.77	11.62	11.17
13:45	15.18	14.82	0	11.02	10.85	11.02	11.06	11.77	11.61	11.61	11.92	11.80	0	11.56	0	11.77	11.62	11.17
14:00	15.04	14.91	0	10.94	10.74	11.06	11.11	11.69	11.71	11.68	11.90	11.60	0	11.72	0	11.54	11.77	11.84
14:15	15.04	14.91	0	10.94	10.74	11.06	11.11	11.69	11.71	11.68	11.90	11.60	0	11.72	0	11.54	11.77	11.84
14:30	15.04	14.91	0	10.94	10.74	11.06	11.11	11.69	11.71	11.68	11.90	11.60	0	11.72	0	11.54	11.77	11.84
14:45	15.04	14.91	0	10.94	10.74	11.06	11.11	11.69	11.71	11.68	11.90	11.60	0	11.72	0	11.54	11.77	11.84
15:00	15.07	14.91	0	10.85	10.78	11.04	11.02	11.69	11.58	11.67	11.99	11.95	0	11.62	0	11.88	11.77	11.71
15:15	15.07	14.91	0	10.85	10.78	11.04	11.02	11.69	11.58	11.67	11.99	11.95	0	11.62	0	11.88	11.77	11.71
15:30	15.07	14.91	0	10.85	10.78	11.04	11.02	11.69	11.58	11.67	11.99	11.95	0	11.62	0	11.88	11.77	11.71
15:45	15.07	14.91	0	10.85	10.78	11.04	11.02	11.69	11.58	11.67	11.99	11.95	0	11.62	0	11.88	11.77	11.71
16:00	15.18	14.96	0	10.94	10.76	11.06	11.04	11.62	11.72	11.65	11.90	11.72	0	11.64	0	11.62	11.84	12.18
16:15	15.18	14.96	0	10.94	10.76	11.06	11.04	11.62	11.72	11.65	11.90	11.72	0	11.64	0	11.62	11.84	12.18
16:30	15.18	14.96	0	10.94	10.76	11.06	11.04	11.62	11.72	11.65	11.90	11.72	0	11.64	0	11.62	11.84	12.18
16:45	15.18	14.96	0	10.94	10.76	11.06	11.04	11.62	11.72	11.65	11.90	11.72	0	11.64	0	11.62	11.84	12.18
17:00	15.15	14.77	0	10.79	10.89	10.91	10.95	12.23	11.58	11.60	11.97	11.69	0	12.14	0	11.58	11.77	11.82
17:15	15.15	14.77	0	10.79	10.89	10.91	10.95	12.23	11.58	11.60	11.97	11.69	0	12.14	0	11.58	11.77	11.82
17:30	15.15	14.77	0	10.79	10.89	10.91	10.95	12.23	11.58	11.60	11.97	11.69	0	12.14	0	11.58	11.77	11.82
17:45	15.15	14.77	0	10.79	10.89	10.91	10.95	12.23	11.58	11.60	11.97	11.69	0	12.14	0	11.58	11.77	11.82
18:00	15.09	14.91	0	10.74	10.65	10.95	11.04	12.10	12.11	12.20	12.31	12.12	0	12.16	0	12.12	12.23	11.84
18:15	15.09	14.91	0	10.74	10.65	10.95	11.04	12.10	12.11	12.20	12.31	12.12	0	12.16	0	12.12	12.23	11.84
18:30	15.09	14.91	0	10.74	10.65	10.95	11.04	12.10	12.11	12.20	12.31	12.12	0	12.16	0	12.12	12.23	11.84
18:45	15.09	14.91	0	10.74	10.65	10.95	11.04	12.10	12.11	12.20	12.31	12.12	0	12.16	0	12.12	12.23	11.84

时段	机组出力/(×10MW)																	
	1号	2号	3号	4号	5号	6号	7号	8号	9号	10号	11号	12号	13~15号	16号	17~18号	19号	20号	21号
19:00	16.20	16.44	0	11.97	12.05	11.82	11.84	11.92	11.88	11.9	11.84	11.95	0	11.90	0	12.07	12.03	11.92
19:15	16.20	16.44	0	11.97	12.05	11.82	11.84	11.92	11.88	11.9	11.84	11.95	0	11.90	0	12.07	12.03	11.92
19:30	16.20	16.44	0	11.97	12.05	11.82	11.84	11.92	11.88	11.9	11.84	11.95	0	11.90	0	12.07	12.03	11.92
19:45	16.20	16.44	0	11.97	12.05	11.82	11.84	11.92	11.88	11.9	11.84	11.95	0	11.90	0	12.07	12.03	11.92
20:00	16.28	16.50	0	12.01	11.90	11.84	11.73	12.01	11.88	11.97	12.03	12.07	0	11.86	0	11.49	11.49	11.99
20:15	16.28	16.50	0	12.01	11.90	11.84	11.73	12.01	11.88	11.97	12.03	12.07	0	11.86	0	11.49	11.49	11.99
20:30	16.28	16.50	0	12.01	11.90	11.84	11.73	12.01	11.88	11.97	12.03	12.07	0	11.86	0	11.49	11.49	11.99
20:45	16.28	16.50	0	12.01	11.90	11.84	11.73	12.01	11.88	11.97	12.03	12.07	0	11.86	0	11.49	11.49	11.99
21:00	16.31	16.06	0	11.92	11.99	11.73	11.73	11.95	11.88	11.85	11.90	12.05	0	12.07	0	11.30	11.49	11.17
21:15	16.31	16.06	0	11.92	11.99	11.73	11.73	11.95	11.88	11.85	11.90	12.05	0	12.07	0	11.30	11.49	11.17
21:30	16.31	16.06	0	11.92	11.99	11.73	11.73	11.95	11.88	11.85	11.90	12.05	0	12.07	0	11.30	11.49	11.17
21:45	16.31	16.06	0	11.92	11.99	11.73	11.73	11.95	11.88	11.85	11.90	12.05	0	12.07	0	11.30	11.49	11.17
22:00	16.31	16.25	0	11.94	11.99	11.73	11.82	11.88	11.98	11.90	12.07	12.03	0	11.86	0	12.25	12.23	11.24
22:15	16.31	16.25	0	11.94	11.99	11.73	11.82	11.88	11.98	11.90	12.07	12.03	0	11.86	0	12.25	12.23	11.24
22:30	16.31	16.25	0	11.94	11.99	11.73	11.82	11.88	11.98	11.90	12.07	12.03	0	11.86	0	12.25	12.23	11.24
22:45	16.31	16.25	0	11.94	11.99	11.73	11.82	11.88	11.98	11.90	12.07	12.03	0	11.86	0	12.25	12.23	11.24
23:00	16.06	15.71	0	11.52	11.56	11.71	11.77	11.32	11.47	11.32	11.30	11.77	0	11.31	0	11.17	11.73	11.13
23:15	16.06	15.71	0	11.52	11.56	11.71	11.77	11.32	11.47	11.32	11.30	11.77	0	11.31	0	11.17	11.73	11.13
23:30	16.06	15.71	0	11.52	11.56	11.71	11.77	11.32	11.47	11.32	11.30	11.77	0	11.31	0	11.17	11.73	11.13
23:45	16.06	15.71	0	11.52	11.56	11.71	11.77	11.32	11.47	11.32	11.30	11.77	0	11.31	0	11.17	11.73	11.13
24:00	16.04	15.63	0	11.65	11.43	11.77	11.86	11.17	11.39	11.30	11.56	11.17	0	11.19	0	11.43	11.73	11.62
总耗水量:3.4162亿 m³																		

表 3.10　　不同求解方法所得三峡—葛洲坝梯级 AGC 耗水量比较

求解方法	总耗水量/亿 m³			平均计算时间/s
	最优解	平均解	最差解	
实际耗水量	6.8929	—	—	—
二进制粒子群算法	6.8604	6.8749	6.8973	28.13
蚁群算法	6.8537	6.8633	6.8805	17.25
多种群蚁群算法	6.8321	6.8409	6.8571	14.32

从表 3.10 中所求解数据可以看出，在 30 次计算测试中，多种群蚁群算法优化最优解为 6.8321 亿 m^3，优于原始蚁群算法的优化结果 6.8537 亿 m^3 和二进制粒子群算法的优化结果 6.8604 亿 m^3，同时远低于三峡—葛洲坝梯级电站从面临时段至余留期实际耗水量 6.8929 亿 m^3，可节省当日耗水量 0.0608 亿 m^3，约占当日耗水量的 0.88%。由平均解、最差解可知，多种群蚁群算法每次计算所得到的总耗水量变化在较小的范围内，表示该求解方法具有很强的鲁棒性和收敛性。从时效性角度分析，可比较不同求解方法的计算时间，三峡—葛洲坝梯级电站共有可投运机组 47 台，常规数学规划法和动态规划难以有效求解，而表 3.10 中的智能优化算法均能在 1min 内快速获得求解方案，蚁群算法和多种群蚁群算法求解时间远远小于二进制粒子群算法，能够满足自动发电控制的实时性要求；相比于原始蚁群算法，改进后的多种群蚁群算法的求解时间大大减少。由上述结果分析可知，多种群蚁群优化方法应用于梯级电站自动发电控制的优化求解，提高了计算结果质量，使得梯级电站运行周期内的耗水量下降，充分利用了水能资源，同时该算法显示出其快速收敛的优越性，能够在较短的时间内收敛于全局最优解。

为进一步表明本章节所提方法的正确性，图 3.43 显示葛洲坝电站下泄流量过程，图 3.44 显示系统的电网频率变化曲线。从二者变化过程与电站规程要求可知，三峡—葛洲坝梯级下泄流量与运行周期内的系统频率均满足要求，可表明所提方法的工程实用性。

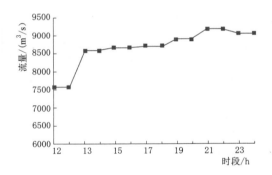

图 3.43 葛洲坝电站下泄流量过程

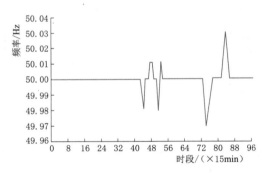

图 3.44 系统电网频率变化曲线

3.2 水库群发电调度非实时优化及滚动修正

梯级发电调度非实时优化策略研究主要在电网给定单站日电量计划和梯级日负荷曲线的条件下，结合当前径流预报结果，进行梯级水电站厂间负荷优化分配，制定机组启停及出力计划优化梯级耗能和机组运行工况，并通过自动预警机制对异常情况进行响应，实现非实时优化策略滚动修正，为实时负荷优化分配提供依据。同时，通过安全运行评价、事前评价体系分别对机组安全运行状态和非实时优化策略进行综合评价，供调度员决策参考。此外，该模块还能对水位等越限预警，并提供交互式优化计算功能，可生成多组可行方案供运行时选择。

3.2.1　梯级水库群发电调度非实时优化模型

水电系统需承担的总负荷过程是已知的，调度人员针对各水电站水库来水情况及梯级水力传播关系，合理分配各水电站需承担的系统负荷，旨在按照预期目标追求总负荷过程的优化分配策略，其中预期目标为梯级总耗能最小，该目标反映了节能需求，除考虑水量因素外，还考虑了水头效应，即根据库群来水情况，在满足电力系统负荷需求的前提下，要求各水电站在调度期内的总耗能量最小。

1. 目标函数

$$F = \min \sum_{t=1}^{T} \sum_{i=1}^{I} K_i \cdot H_{i,t} \cdot Q_{i,t} \cdot \Delta t \qquad (3.59)$$

式中：K_i 为 i 电站综合出力系数；$Q_{i,t}$ 为 i 电站 t 时段的发电流量；$H_{i,t}$ 为 i 电站 t 时段的水头；Δt 为时段长度。

2. 约束条件

（1）水库之间的水力联系：

$$I_{i,t} = Q_{i-1,t-\tau} + S_{i-1,t-\tau} + R_{i,t} \qquad (3.60)$$

式中：$I_{i,j}$ 为 i 电站 t 时段的入库流量；$Q_{i-1,t-\tau}$ 为 $i-1$ 电站 $t-\tau$ 时段发电流量；$S_{i-1,t-\tau}$ 为 $i-1$ 电站 $t-\tau$ 时段的弃水流量；τ 为 $i-1$ 与 i 电站间水流时滞；$R_{i,t}$ 为 $i-1$ 与 i 电站之间的区间入流。

（2）梯级总负荷平衡约束：

$$P_t = P_{1,t} + \cdots + P_{i,t} + \cdots + P_{I,t} \qquad (3.61)$$

式中：P_t 为 t 时段的水电系统总负荷；$P_{i,t}$ 为 i 电站 t 时段出力。

（3）水库水量平衡约束：

$$V_{i,t} = V_{i,t-1} + (I_{i,t} - Q_{i,t} - S_{i,t}) \cdot \Delta t, \forall t \in T \qquad (3.62)$$

式中：$V_{i,t}$ 为 t 时段末 i 水库的蓄水量。

（4）电站运行水头约束：

$$H_{\min} \leqslant H \leqslant H_{\max} \qquad (3.63)$$

式中：H 为电站的运行水头；$H_{\min}$ 为电站最小稳定运行水头；$H_{\max}$ 为电站最大稳定运行水头。

（5）电站上游水位约束：

$$Z_{\min} \leqslant Z \leqslant Z_{\max} \qquad (3.64)$$

式中：Z 为电站的运行水头；$Z_{\max}$、$Z_{\min}$ 分别为电站上游水位在各个时期的上、下限。

（6）电站负荷平衡约束：

$$P_{i,t} = P_{i,1,t} + \cdots + P_{i,j,t} + \cdots + P_{i,n,t} \qquad (3.65)$$

式中：$P_{i,t}$ 为在 t 时段内 i 电站的总负荷；$P_{i,j,t}$ 为在 t 时段内负荷要求下第 j 台机组承担的负荷。

（7）电站日电量计划约束：

$$W_i = \int_{t=1}^{T} P_{i,t}\, \mathrm{d}t \tag{3.66}$$

式中：W_i 为 i 电站的日电量计划值。

（8）电站旋转备用容量约束：

$$\sum_{j=1}^{n} P_{i,j\max} - \sum_{j=1}^{n} P_{i,j} \geqslant N_{i\min} \tag{3.67}$$

式中：$\sum_{j=1}^{n} P_{i,j\max}$ 为 i 电站 j 台机组装机容量总和；$\sum_{j=1}^{n} P_{i,j}$ 为 i 电站 j 台机组出力总和；$N_{i\min}$ 为 i 电站的旋转备用容量下限。

（9）电站机组检修约束：

$$Num En_{i,t} \leqslant Num \mathrm{Max}_{i,t} \tag{3.68}$$

式中：$Num En_{i,t}$ 为 i 电站 t 时段可用机组台数；$Num \mathrm{Max}_{i,t}$ 为 i 电站考虑检修计划后 t 时段的最大可用机组台数。

（10）电站出力变幅约束：

$$N_{i,t} - N_{i,t-1} \leqslant NCH_i \tag{3.69}$$

式中：$N_{i,t}$ 为 i 电站 t 时段平均出力；NCH_i 为 i 电站允许的时段最大出力变幅。

（11）电站水位变幅约束：

$$Z_{i,t} - Z_{i,t-1} \leqslant ZCH_i \tag{3.70}$$

式中：ZCH_i 为 i 电站允许的时段最大库水位变幅。

（12）电站出库流量变幅约束：

$$Q_{i,t} - Q_{i,t-1} \leqslant QCH_i \tag{3.71}$$

式中：QCH_i 为 i 电站允许的时段最大出库流量变幅。

（13）机组出力约束：

$$P_{i,j\min} - P_{i,j,t} \leqslant P_{i,j\max} \tag{3.72}$$

式中：$P_{i,j\min}$、$P_{i,j\max}$ 为 i 电站第 j 台机组的单机出力下、上限。

（14）机组发电流量约束：

$$Q_{i,j\min} - Q_{i,j,t} \leqslant Q_{i,j\max} \tag{3.73}$$

式中：$Q_{i,j\min}$、$Q_{i,j\max}$ 为 i 电站第 j 台机组的最小、最大发电流量。

（15）机组气蚀振动区约束：

$$P_{i,j,t} \geqslant \overline{P_{i,jQS}} \text{ 或 } P_{i,j,t} \leqslant \underline{P_{i,jQS}} \tag{3.74}$$

式中：$P_{i,jQS}$、$\overline{P_{i,jQS}}$ 分别为 i 电站第 j 台机组的气蚀区下、上限。

（16）机组最小开停机时间约束：

$$X_{i,jK} \geqslant \underline{T_{i,jK}} \text{ 或 } X_{i,jG} \geqslant \underline{T_{i,jG}} \tag{3.75}$$

式中：$X_{i,jK}$ 为 i 电站第 j 台机组的开机时间；$\underline{T_{i,jK}}$ 为 i 电站第 j 台机组的开机时间下限；$X_{i,jG}$ 为 i 电站第 j 台机组的停机时间；$\underline{T_{i,jG}}$ 为 i 电站第 j 台机组的停机时间下限。

由于问题的复杂性，要设定一个非空的可行域往往非常困难，我们把电站出力下限约束、出力变幅约束、机组最小开停机时间约束、机组气蚀振动区约束设定为软约束，这样当不存在可行解时可按电站出力下限约束、出力变幅约束、机组最小开停机时间约束、机组气蚀振动区约束的顺序逐级破坏，其他约束条件为刚性约束。

3. 模型求解方法

将梯级负荷优化分配问题分解为外层厂间负荷分配和内层厂内机组优化运行两个子问题。外层采用切负荷结合改进的 POA 算法，依据当前水库水位、次日来水等信息，在给定的次日梯级日负荷曲线、单站日电量要求以及电网调压、旋备等需求下，以梯级总耗能最小为目标，将梯级总负荷优化分配至梯级各电站，即确定单站日负荷过程。内层计算中，针对水布垭、隔河岩、高坝洲的厂内机组优化问题，采用考虑规避振动区的精细化算法，在此基础上，对电站运行过程中机组出力限制、机组启停机优先级等约束条件进行有效修补，进而获得给定日负荷曲线下的厂内机组间负荷的最优分配。

3.2.2 梯级水库群日运行优化调度及滚动修正方法

非实时优化策略滚动修正在执行过程中，需考虑当日负荷量级、已运行时长、运行时期（消落期、汛期、蓄水期、枯水期）、运行目标等因素，动态确定阈值及阈值调整时段（单时段、多时段、余留期），在此基础上实现滚动修正。非实时滚动修正策略执行思路如图 3.45 所示。

针对计划执行过程中电站产生的电量偏差 $\Delta W_{i,t^*}$，若其达到阈值限定，则通过电量调整原则在阈值调整时段内对发电计划进行滚动修正。

$$\Delta W_{i,t^*} = W_{i,t^*} - \int_{t=0}^{t^*} P_{i,t}^* \, \mathrm{d}t \tag{3.76}$$

其中

$$W_{i,t^*} = \int_{t=0}^{t^*} P_{i,t} \, \mathrm{d}t \tag{3.77}$$

式中：$\Delta W_{i,t^*}$ 为 i 电站在计划执行至 t^* 时段时产生的总电量偏差；$P_{i,t}$、$P_{i,t}^*$ 分别为 i 电站在 t 时段的计划负荷、实际负荷。

阈值调整时段内的发电计划调整仍然以梯级总耗能最小为目标，见式（3.78）。其约束条件除了电量约束需要修正以外，其他约束不变。

$$F = \min \sum_{t=t^*}^{T} \sum_{i=1}^{I} K_i \cdot H_{it} \cdot Q_{it} \cdot \Delta t \tag{3.78}$$

电量约束：

$$\int_{t=t^*}^{T} P_{i,t}' \, \mathrm{d}t = \int_{t=t^*}^{T} P_{i,t} \, \mathrm{d}t - \Delta W_{i,t^*}' \tag{3.79}$$

式中：$\Delta W'_{i,t*}$ 为 i 电站阈值调整时段的电量修正总量，初始值按电量偏差分配，其值可人工设定；$P'_{i,t}$ 为修正后 i 电站在 t 时段的计划负荷。

其中，梯级水电站总电量修正量需满足：

$$\sum_{i=1}^{I} \Delta W'_{i,t*} = \sum_{i=1}^{I} \Delta W_{i,t*} \tag{3.80}$$

为了兼顾后效性，阈值调整时段修正以后必须重新进行当日余留期及第二日的梯级负荷优化分配，其分配方法与 3.2.1 节相同。

非实时滚动修正策略如图 3.45 所示。

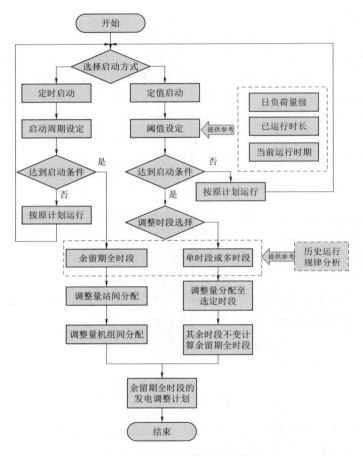

图 3.45 非实时滚动修正策略

非实时滚动修正过程可由矩阵 $A_{T,2T}$ 表示，其中 $\{A_{1,i}\}$（$i=1$，2，$\cdots$，T，$T+1$，$\cdots$，$T+T$）表示梯级水电站运行的初始最优策略，随着实时策略的滚动修正，矩阵 $\{A_{i,2T}\}$ 实时更新，即下一行是对上一行余留时段的运行策略的修正。为了保持实时动态优化策略矩阵 $A_{T,T}$ 的完整性，当第 i 时段不需要修改运行计划时，则将矩阵中上一行从第 i 列起的所有元素移到第 i 行。

$$\begin{bmatrix} A_{1,1} & A_{1,2} & \cdots & A_{1,T} & \cdots & A_{1,2T} \\ & A_{2,2} & \cdots & A_{2,T} & \cdots & A_{2,2T} \\ & & \cdots & \cdots & \cdots & \cdots \\ & & & A_{T,T} & \cdots & A_{T,2T} \end{bmatrix} \tag{3.81}$$

3.2.2.1　交互式优化计算

为避免不确定因素（天气、电网）和负荷预测偏差导致优化结果脱离实际，对异常情况进行预警，并提供交互式优化计算功能，可在基准优化调度方案的基础上进行调度计划修改，调整部分电站负荷分配曲线，生成多种调度方案，并进行多方案试算，给出每个方案的调度结果，如：水位过程、下泄流量过程、机组起停机计划、开机机组间负荷分配结果以及各方案的事前评价结果；对生成的方案进行人工复核，经调度人员确认后形成符合实际情况的优化方案，作为方案集存入优选方案数据库，供运行时选择。清江梯级非实时优化模块实现流程图如图3.46所示。

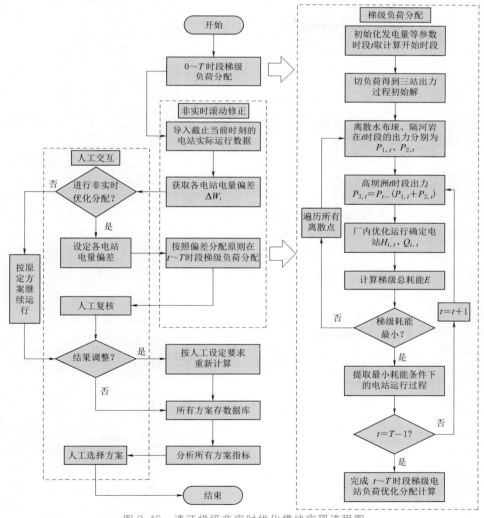

图 3.46　清江梯级非实时优化模块实现流程图

3.2.2.2 计算结果及分析

1. 梯级负荷优化分配模型

选取 2012 年 1 月 2 日水布垭、隔河岩、高坝洲计划出力数据进行测试。计划、经优化后的梯级出力及梯级负荷过程对比如图 3.47 所示，发电量见表 3.11。

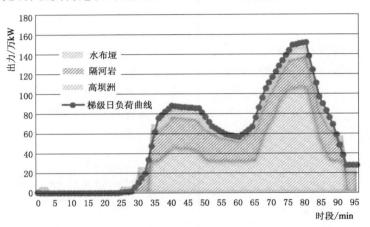

图 3.47　梯级负荷分配过程对比图

表 3.11　　　　　梯级水电站日发电量对比表　　　　　单位：万 kW·h

指　　标	水布垭发电量	隔河岩发电量	高坝洲发电量	梯级总发电量
计划	740.886	463.884	148.585	1353.358
优化后	742.1516	463.6754	149.136	1354.963
增量	1.2656	−0.208	0.551	1.605

从图 3.47 可看出，优化后的梯级负荷过程基本与原计划梯级日负荷曲线过程相吻合。从表 3.11 看出，梯级各站日电量基本满足计划要求，梯级总电量仅相差 0.11%。

为进一步分析梯级优化的效果，表 3.12 给出了梯级水电站优化与单站计算的出力过程和耗能指标对比结果，其中梯级总耗能按照式（3.43）计算，水布垭 K 值取 8.6，隔河岩 K 值取 8.6，高坝洲 K 值取 8.5。

表 3.12　　　　2012 年 1 月 2 日梯级水电站优化与单站计算的对比结果　　　　单位：万 kW

时　段	梯　级　优　化			单　站　计　算			梯级日负荷
	水布垭	隔河岩	高坝洲	水布垭	隔河岩	高坝洲	
0	0.00	70.78	15.00	13.77	50.33	22.50	85.78
1	0.00	64.80	15.00	12.52	46.83	22.50	79.80
2	0.00	58.81	15.00	11.28	43.32	22.50	73.81
3	0.00	52.83	15.00	10.03	39.82	22.50	67.83
4	0.00	46.84	15.00	8.78	36.31	16.75	61.84
5	0.00	41.79	15.00	7.71	35.00	14.08	56.79
6	0.00	36.74	15.00	6.64	33.69	11.42	51.74

时 段	梯 级 优 化			单 站 计 算			梯级日负荷
	水布垭	隔河岩	高坝洲	水布垭	隔河岩	高坝洲	
7	0.00	31.69	15.00	5.56	32.37	8.75	46.69
8	0.00	26.64	15.00	4.49	31.06	7.50	41.64
9	0.00	25.88	15.00	4.00	32.83	7.50	40.88
10	0.00	25.12	15.00	4.00	34.61	7.50	40.12
11	0.00	24.36	15.00	4.00	36.39	7.50	39.36
12	0.00	23.60	15.00	4.00	38.17	7.50	38.60
13	0.00	22.60	15.00	4.00	37.28	7.50	37.60
14	0.00	21.60	15.00	4.00	36.39	7.50	36.60
15	0.00	20.61	15.00	4.00	35.50	7.50	35.61
16	0.00	19.61	15.00	0.00	34.61	0.00	34.61
17	0.00	19.61	15.00	0.00	34.61	0.00	34.61
18	0.00	19.61	15.00	0.00	34.61	0.00	34.61
19	0.00	19.61	15.00	0.00	34.61	0.00	34.61
20	0.00	19.61	15.00	0.00	34.61	0.00	34.61
21	0.00	19.62	15.00	0.00	34.62	0.00	34.62
22	0.00	19.63	15.00	0.00	34.63	0.00	34.63
23	0.00	19.64	15.00	0.00	34.64	0.00	34.64
24	0.00	19.64	15.00	0.00	34.64	0.00	34.64
25	0.00	19.76	15.00	4.00	34.63	0.00	34.76
26	0.00	19.88	15.00	4.00	34.61	0.00	34.88
27	0.00	20.00	15.00	4.00	34.60	0.00	35.00
28	0.00	20.11	15.00	4.00	34.58	0.00	35.11
29	0.00	23.14	15.00	4.00	34.60	0.00	38.14
30	0.00	26.17	15.00	6.56	34.61	0.00	41.17
31	0.00	29.20	15.00	9.57	34.63	0.00	44.20
32	0.00	32.22	15.00	12.58	34.64	0.00	47.22
33	0.00	35.94	15.00	12.98	37.23	7.50	50.94
34	0.00	39.65	15.00	13.37	39.82	7.50	54.65
35	0.00	43.37	15.00	13.76	42.42	7.50	58.37
36	0.00	47.09	15.00	14.16	45.01	7.50	62.09
37	0.00	52.72	15.00	14.72	47.95	7.50	67.72
38	0.00	58.35	15.00	15.29	50.90	7.50	73.35
39	0.00	63.99	15.00	15.85	53.85	9.29	78.99
40	0.00	69.62	15.00	16.42	56.79	11.41	84.62

续表

时 段	梯 级 优 化			单 站 计 算			梯级日负荷
	水布垭	隔河岩	高坝洲	水布垭	隔河岩	高坝洲	
41	0.00	74.21	15.00	19.49	57.39	12.33	89.21
42	0.00	78.79	15.00	22.55	57.98	13.26	93.79
43	0.00	83.37	15.00	25.62	58.57	14.18	98.37
44	29.40	58.56	15.00	28.69	59.16	15.11	102.96
45	35.68	58.56	15.00	33.54	58.76	22.50	109.24
46	41.97	58.56	15.00	38.39	58.35	22.50	115.53
47	48.26	58.56	15.00	43.25	57.95	22.50	121.82
48	52.98	60.13	15.00	48.10	57.54	22.50	128.10
49	50.79	60.13	15.00	45.01	58.45	22.50	125.91
50	48.60	60.13	15.00	41.92	59.36	22.50	123.72
51	46.41	60.13	15.00	38.83	60.27	22.50	121.53
52	44.22	60.13	15.00	35.74	61.18	22.50	119.34
53	47.35	60.13	15.00	37.34	62.70	22.50	122.48
54	50.48	60.13	15.00	38.95	64.21	22.50	125.61
55	53.62	60.13	15.00	40.56	65.73	22.50	128.74
56	59.88	56.99	15.00	42.17	67.24	22.50	131.88
57	60.61	56.99	15.00	42.95	67.22	22.50	132.61
58	61.34	56.99	15.00	43.74	67.20	22.50	133.33
59	61.30	57.76	15.00	44.53	67.18	22.50	134.07
60	61.24	58.56	15.00	45.31	67.16	22.50	134.80
61	60.76	60.05	15.00	46.34	67.16	22.50	135.81
62	61.78	60.05	15.00	47.37	67.16	22.50	136.83
63	61.30	61.55	15.00	48.40	67.16	22.50	137.85
64	61.47	62.39	15.00	49.43	67.16	22.50	138.86
65	60.97	63.11	15.00	49.61	67.16	22.50	139.08
66	61.19	63.11	15.00	49.80	67.16	22.50	139.30
67	61.41	63.11	15.00	49.98	67.17	22.50	139.52
68	61.62	63.11	15.00	50.17	67.17	22.50	139.74
69	61.64	63.11	15.00	50.17	67.16	22.50	139.75
70	61.65	63.11	15.00	50.16	67.16	22.50	139.76
71	61.66	63.11	15.00	50.16	67.16	22.50	139.77
72	61.67	63.11	15.00	50.16	67.16	22.50	139.79
73	61.82	61.62	15.00	50.08	65.91	22.50	138.44
74	61.97	60.13	15.00	49.99	64.65	22.50	137.09

时 段	梯 级 优 化			单 站 计 算			梯级日负荷
	水布垭	隔河岩	高坝洲	水布垭	隔河岩	高坝洲	
75	60.62	60.13	15.00	49.91	63.40	22.50	135.75
76	61.06	58.34	15.00	49.82	62.14	22.50	134.40
77	60.91	56.84	15.00	47.55	62.79	22.50	132.76
78	60.76	55.35	15.00	45.28	63.44	22.50	131.11
79	60.61	53.86	15.00	43.01	64.09	22.50	129.47
80	54.27	58.56	15.00	40.74	64.74	22.50	127.83
81	60.42	58.56	15.00	46.80	64.85	22.50	133.98
82	61.32	63.81	15.00	52.86	64.96	22.50	140.13
83	61.40	69.89	15.00	58.92	65.07	22.50	146.29
84	49.11	88.33	15.00	64.98	65.17	22.50	152.44
85	50.95	88.33	15.00	66.83	65.17	22.50	154.28
86	59.72	88.33	8.08	68.69	65.17	22.50	156.12
87	61.56	88.33	8.08	70.54	65.17	22.50	157.96
88	61.83	89.89	8.08	72.40	65.17	22.50	159.81
89	61.71	89.89	8.08	72.29	65.17	22.50	159.68
90	61.58	89.89	8.08	72.18	65.16	22.50	159.56
91	61.46	89.89	8.08	72.07	65.16	22.50	159.43
92	61.33	89.89	8.08	71.96	65.16	22.50	159.31
93	61.33	89.89	8.08	71.96	65.16	22.50	159.31
94	61.33	89.89	8.08	71.96	65.16	22.50	159.31
95	61.33	89.89	8.08	71.96	65.16	22.50	159.31
梯级能耗 /(万 kW·h)	2.27×10^3			2.37×10^3			

由表 3.12 可知，梯级优化计算的梯级总耗能为 2.27×10^3 万 kW·h，相比于单站计算的结果较优，提高了水能利用率，同时梯级负荷曲线也能基本吻合。因此，以梯级为整体的非实时优化模型能提高水资源的利用率。

该模型可实现以 15min 为调度时段、日为调度尺寸的非实时计算，见表 3.13。

表 3.13   **15min 非实时优化方案的评价指标**

电 站 指 标				
指标	水布垭	隔河岩	高坝洲	
水量利用率/%	100	100	88.2	
单站耗能/(万 kW·h)	866.93	574.3	166.18	
发电耗水率/[m³/(kW·h)]	2.29	3.76	11.21	

续表

电 站 指 标			
发电负荷率/%	16.84	16.56	24.57	
装机利用小时数/h	4.04	3.97	5.9	
机 组 指 标			
指标	水布垭 1 号	水布垭 2 号	水布垭 3 号	水布垭 4 号
机组穿越振动区次数/次	4	2	2	0
高效区运行时间/h	10	4	1	0
不推荐运行区运行时间/h	4	6	1	0
机组开停机次数/次	4	10	2	0
小负荷运行时间/h	1.5	3	1	0
指标	隔河岩 1 号	隔河岩 2 号	隔河岩 3 号	隔河岩 4 号
机组穿越振动区次数/次	1	4	0	0
高效区运行时间/h	0	0	0	0
不推荐运行区运行时间/h	0	0	0	0
机组开停机次数/次	1	6	0	0
小负荷运行时间/h	0.5	5.75	0	0
指标	高坝洲 1 号	高坝洲 2 号	高坝洲 3 号	
机组穿越振动区次数/次	0	0	0	
高效区运行时间/h	0	0	0	
不推荐运行区运行时间/h	0	0	0	
机组开停机次数/次	2	0	0	
小负荷运行时间/h	0	0	0	

此外，该模型也可实现以 1min 为调度时段、日为调度尺度的非实时计算，提供更精细化的非实时负荷优化分配方案。以 2013 年 1 月 1 日为例，其梯级负荷分配过程如图 3.48 所示，该方案的相应评价指标见表 3.14。

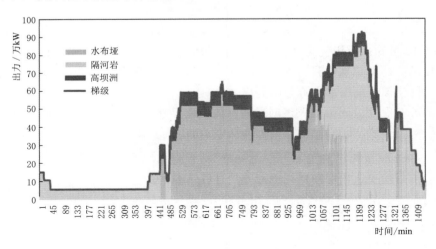

图 3.48 梯级负荷分配过程

表 3.14 1min 非实时优化方案的评价指标

电 站 指 标			
指 标	水布垭	隔河岩	高坝洲	
水量利用率/%	100	100	74.37	
单站耗能/(万 kW·h)	8837.4	6401.37	1747.08	
发电耗水率/[m³/(kW·h)]	2.5	4.3	12.27	
发电负荷率/%	1.31	10.9	17.15	
装机利用小时数/h	2.71	2.62	4.12	

机 组 指 标			
指 标	水布垭 1 号	水布垭 2 号	水布垭 3 号	水布垭 4 号
机组穿越振动区次数/次	72	2	0	0
高效区运行时间/h	0.68	0	0	0
不推荐运行区运行时间/h	0.07	0.53	0	0
机组开停机次数/次	135	114	0	0
小负荷运行时间/h	0.33	2.02	0	0
指 标	隔河岩 1 号	隔河岩 2 号	隔河岩 3 号	隔河岩 4 号
机组穿越振动区次数/次	84	52	28	0
高效区运行时间/h	0	0	0	0
不推荐运行区运行时间/h	0	0	0	0
机组开停机次数/次	109	87	50	14
小负荷运行时间/h	8.32	2.75	0.45	0.22
指 标	高坝洲 1 号	高坝洲 2 号	高坝洲 3 号	
机组穿越振动区次数/次	0	0	0	
高效区运行时间/h	0	0	0	
不推荐运行区运行时间/h	0	0	0	
机组开停机次数/次	4	0	0	
小负荷运行时间/h	0	0	0	

2. 非实时优化策略滚动修正

选取 2012 年 5 月 23 日，以余留期非实时滚动修正为例验证模型的正确性及优越性。选择第 50 时段查询电量及水位偏差情况，根据偏差完全补回原则输入电量调整量，执行非实时滚动修正策略。水布垭、隔河岩、高坝洲三个电站原计划出力过程及修正后的单站出力过程分别如图 3.49（a）～（c）所示，由第 50 时段开始计算的电量分配结果见表 3.15，发电量对比情况见表 3.16。

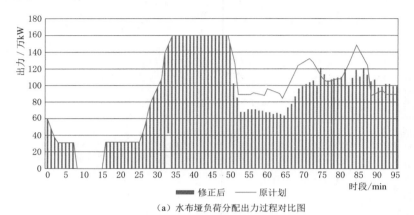

（a）水布垭负荷分配出力过程对比图

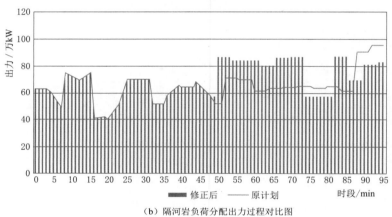

（b）隔河岩负荷分配出力过程对比图

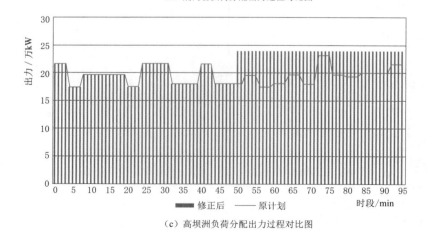

（c）高坝洲负荷分配出力过程对比图

图 3.49　负荷分配出力过程对比图

表 3.15　　　　　　　"偏差补回"策略中 50～96 时段出力过程　　　　单位：万 kW

时　段	原　计　划				余　留　期　修　正			
	水布垭	隔河岩	高坝洲	梯级	水布垭	隔河岩	高坝洲	梯级
50	143.77	51.79	17.95	213.51	102.98	86.89	23.98	213.85
51	126.52	51.79	17.95	196.26	85.73	86.89	23.98	196.60
52	88.45	71.02	19.55	179.02	68.48	86.89	23.98	179.36
53	88.35	71.02	19.55	178.92	68.38	86.89	23.98	179.26
54	88.25	71.02	19.55	178.82	71.22	83.95	23.98	179.16
55	88.15	71.02	19.55	178.72	71.12	83.95	23.98	179.06
56	91.05	70.02	17.55	178.62	71.02	83.95	23.98	178.96
57	90.21	70.02	17.55	177.78	70.18	83.95	23.98	178.12
58	89.38	70.02	17.55	176.94	69.34	83.95	23.98	177.28
59	88.54	70.02	17.55	176.11	68.51	83.95	23.98	176.45
60	95.76	61.57	17.95	175.27	67.67	83.95	23.98	175.61
61	93.82	61.57	17.95	173.33	65.73	83.95	23.98	173.67
62	91.87	61.57	17.95	171.39	67.49	80.26	23.98	171.73
63	89.93	61.57	17.95	169.45	65.55	80.26	23.98	169.79
64	84.75	63.21	19.55	167.51	63.60	80.26	23.98	167.85
65	94.48	63.21	19.55	177.24	73.33	80.26	23.98	177.58
66	104.21	63.21	19.55	186.97	77.23	86.09	23.98	187.31
67	113.93	63.21	19.55	196.69	86.96	86.09	23.98	197.03
68	124.46	64.01	17.95	206.42	96.69	86.09	23.98	206.76
69	127.21	64.01	17.95	209.16	99.43	86.09	23.98	209.50
70	129.95	64.01	17.95	211.91	101.37	86.89	23.98	212.25
71	132.69	64.01	17.95	214.65	104.12	86.89	23.98	214.99
72	129.51	64.73	23.15	217.39	106.86	86.89	23.98	217.73
73	122.04	64.73	23.15	209.92	99.39	86.89	23.98	210.26
74	114.57	64.73	23.15	202.45	121.47	57.33	23.98	202.79
75	107.10	64.73	23.15	194.98	114.00	57.33	23.98	195.32
76	104.75	63.21	19.55	187.51	106.53	57.33	23.98	187.85
77	105.69	63.21	19.55	188.45	107.47	57.33	23.98	188.79
78	106.63	63.21	19.55	189.39	108.41	57.33	23.98	189.73
79	107.58	63.21	19.55	190.34	109.36	57.33	23.98	190.68
80	107.80	64.33	19.15	191.28	110.30	57.33	23.98	191.62

续表

时　段	原　计　划				余　留　期　修　正			
	水布垭	隔河岩	高坝洲	梯级	水布垭	隔河岩	高坝洲	梯级
81	117.36	64.33	19.15	200.84	119.86	57.33	23.98	201.18
82	126.93	64.33	19.15	210.41	99.88	86.89	23.98	210.75
83	136.50	64.33	19.15	219.98	109.44	86.89	23.98	220.32
84	148.03	61.57	19.95	229.55	119.01	86.89	23.98	229.89
85	140.21	61.57	19.95	221.73	111.19	86.89	23.98	222.07
86	132.40	61.57	19.95	213.91	120.99	69.28	23.98	214.25
87	124.58	61.57	19.95	206.10	113.18	69.28	23.98	206.44
88	87.85	90.48	19.95	198.28	105.36	69.28	23.98	198.62
89	89.84	90.48	19.95	200.27	107.35	69.28	23.98	200.61
90	91.83	90.48	19.95	202.26	97.60	81.02	23.98	202.60
91	93.82	90.48	19.95	204.25	99.59	81.02	23.98	204.59
92	89.24	95.45	21.55	206.24	101.57	81.02	23.98	206.58
93	89.24	95.45	21.55	206.24	101.57	81.02	23.98	206.58
94	89.24	95.45	21.55	206.24	99.40	83.19	23.98	206.58
95	89.24	95.45	21.55	206.24	99.40	83.19	23.98	206.58

表 3.16　　　　　　　　　"偏差补回"策略中 50~96 时段发电量对比表　　　　　　　　单位：万 kW·h

电　站	水布垭	隔河岩	高坝洲	梯　级
电量偏差	−153	106	51	4
原计划发电量	1229.422	795.486	224.827	2249.735
余留期发电量	1076.327	901.486	275.827	2253.64
完成调整电量	−153.095	106	51	3.905

从图 3.49 可看出，修正后各单站的余留期出力过程与原计划出力过程相比，有显著的随调整电量增减的变化趋势，如水布垭电站因余留期调整电量为负，修正后出力过程较原计划偏小，隔河岩及高坝洲电站因余留期调整电量为正，修正后出力过程较原计划偏大。从表 3.16 可看出，"偏差补回"策略在余留期将各电站已产生的电量偏差（−153 万 kW·h、106 万 kW·h、51 万 kW·h）修正至（−153.095 万 kW·h、106 万 kW·h、51 万 kW·h），同时满足余留期梯级总负荷要求。经过修正以后，单站及梯级电量偏差补回完成度接近 100%，其中水布垭、隔河岩都发挥了重要作用。

3. 清江梯级电站开机规律分析

以 2012 年全年梯级发电实况为样本，统计优化计算后水布垭、隔河岩、高坝洲电站时段出力大小及相应开机台数，分析电站出力范围与开机台数的潜在联系，为调度方案制定提供决策依据，各电站在不同出力条件下常见开机台数结果见表 3.17。

表 3.17　　　　　　　梯级电站不同出力的开机台数统计表　　　　　单位：万 kW

开机台数	出 力 范 围		
	水布垭	隔河岩	高坝洲
1	(4，15) ∪ (30，46)	(5，8) ∪ (18，30)	(7.5，8.4)
2	(15，30) ∪ (40，92)	(10，16) ∪ (30，60)	(15，16.8)
3	(80，138)	(16，18) ∪ (60，90)	(22.5，25.2)
4	(115，184)	(8，10) ∪ (90，120)	—

由表 3.17 可知，由于水布垭、隔河岩电站机组存在振动区（表 3.18），运行时为联合躲避振动区，其开机情况较高坝洲更复杂。

表 3.18　　　　　　　　　　梯级电站振动区分析　　　　　　　　单位：万 kW

电站	水布垭	隔河岩	高坝洲
单机出力范围	[4，46]	[5，30]	[3，8.4]
单机振动区	(15，30)	(8，18)	—
全站振动区	—	(8，10)	—

水布垭电站：①水布垭单机振动区为 15 万～30 万 kW，全站无振动区；②当全站出力要求在 15 万～30 万 kW 时，可通过开两台机组联合躲避振动区。

隔河岩电站：①隔河岩单机振动区为 8 万～18 万 kW，全站出力振动区为 8 万～10 万 kW；②当全站出力要求在 8 万～10 万 kW 时，采用了开四台机组的策略避开全站振动区，亦可开两台或三台，最好是避免全站出力在 8 万～10 万 kW；③当全站出力要求在 10 万～16 万 kW 时，可通过开两台机组联合躲避振动区；④当全站出力要求在 16 万～18 万 kW 时，若开一台或两台机组则至少有一台机组会落入振动区，可通过开 3 台机组联合躲避振动区。

高坝洲电站：高坝洲单机出力范围为 3 万～8.4 万 kW，推荐运行区为 7.5 万～8.4 万 kW，全站无振动区，可直接根据电站出力要求确定开机台数。

第 4 章

流域梯级水库群联合调蓄优化研究

具有年（季）调节能力的水库通过蓄丰补枯，在汛末蓄水至正常蓄水位，可以发挥水库在枯水期的供水、航运、发电、灌溉及生态等综合效益，实现河川径流在时间上的再分配，从而有效协调水资源的时空分布不均。针对水库（群）汛末蓄水期联合蓄水调度和枯水期水位消落联合调控问题，国内外学者从多个角度展开了研究，在确定单个水库的蓄水方式、时机，水库群枯期联合水位运用方式等方面取得较为丰富的成果。然而，已有研究工作多集中在蓄水策略的探讨、枯期消落规则的提取上，且研究尺度稍显单一，难以准确揭示梯级各水库间的补偿关系，且缺乏相应的理论支撑，较少涉及流域水库群联合蓄水调度、枯期联合消落建模和模型高效求解技术等更具工程实用性的问题。为此，本章从流域梯级水库群联合调蓄模型的理论分析入手，进一步研究汛末蓄水期全流域水库群联合蓄水调度问题，并推求普适性的梯级水库群联合消落规则，为梯级水库群蓄水期和消落期联合运行方式的制定提供理论依据。

4.1　梯级水库群联合蓄放水调度研究

长江中上游已建和在建水库群的总库容在 800 亿 m³ 以上，其调节库容在 400 亿 m³ 以上，且大规模控制性水库群多属于季调节水库，在汛后两个月内集中蓄水，使汛末长江中上游控制性水库群之间出现竞争性蓄水问题和蓄泄矛盾。与水库群规划设计阶段相比，在水文情势、流域拓扑结构等方面流域水库群运行环境正发生着巨大变化。而现有流域水库群的蓄水调度规程和汛限水位规划设计方案，少有充分考虑上游大规模新建水库的影响，已严重制约了流域水库群综合效益的发挥。以三峡水库为例，三峡水库是上游水库群调蓄后长江干流具有调节能力的末级枢纽，对满足长江中下游供水、航运以及生态等需求具有至关重要的作用。随着长江中上游大规模水库群陆续建成与投运，三峡水库蓄水难度日益增加，若遇来水较枯年份，按原规划的汛末蓄水调度方案进行集中蓄水则难以完成水库蓄水任务，影响水库蓄满率和枯水期供水、发电等综合效益。因此，亟须开展长江中上游大规模控制性水库群联合蓄水优化调度研究，建立统一、协调的蓄水方案，在保障流域整体防洪安全的基础上提高流域水库群汛末蓄满率，减少水库群汛末弃水量，以缓解流域水库群汛末竞争性蓄水压力和水资源供需矛盾。

4.1.1　梯级水库群蓄放水时机、次序组合研究

4.1.1.1　K 值判别式法

传统的流域梯级水库群统一联合调度多采用 K 值判别式法来确定上下游水库蓄放水

次序，进而指导梯级水库联合运行。K 值判别式法以梯级水库群的调度期内整体水能损失最小为基本原则，从而推求上下游各水库的蓄、供水次序。作为目前较成熟的梯级水库群联合调蓄策略，K 值判别式法具有明确的物理意义，与常规调度相比，其判别条件简单，可充分满足发电、防洪、航运等综合利用需求。K 值判别式法在梯级水库群联合蓄水调度中各水库 K 值判别式法如下所示：

$$K_i = \frac{W_i + \sum_i V}{F_i \sum_i H} \tag{4.1}$$

式中：W_i 为梯级水库群中第 i 个水库的入库总水量；$\sum_i H$ 和 $\sum_i V$ 分别为第 i 个水库及其所有下游水库的总水头和上游梯级各水库可供发电的总蓄水量；F_i 为第 i 个水库的水面面积。判别式（4.1）反映了梯级水库群中第 i 个水库为增发单位电能所引起的梯级能量损失，K_i 值大的水库应优先蓄水。

4.1.1.2　流域水库群蓄水原则

参考借鉴有关文献中提出的流域水库群蓄水四条原则：

（1）在同一流域中，单库蓄水方案需服从所属梯级库群联合蓄水方案，而梯级库群蓄水必须服从流域整体水库群蓄水规划方案（申建建，2014）。

（2）在流域水库群蓄水调度方案制定中，应遵循流域上游水库优先蓄水、下游水库后蓄水的原则，同样由于流域支流水库运行的影响多为局部性的，而干流水库运行影响则是全局性的，故而应遵循流域支流水库优先蓄水、干流水库后蓄水的原则（Wang，2016）。

（3）为保证流域防洪安全，应遵循未预留防洪库容或不具有防洪任务的水库优先蓄水、防洪库容较大的流域控制性水库后蓄水的原则，将汛末来水主要供给防洪库容较大、防洪任务重的大型控制性水库，错开与其他水库的蓄水时间，利于流域大规模水库群汛末统一蓄水调配。

（4）由于多年调节和年调节水库所具有的兴利库容占河道年径流比例较大，大多分布在流域来水较少的支流上，若规划在来水较枯的汛末进行蓄水，需要较长时间，所以此类水库可以优先蓄水，而季调节水库多分布于流域干流上，可以考虑后蓄水。

4.1.1.3　流域水库群蓄水策略

K 值判别式反映了单位电能所引起的能量损失，与常规调度相比，在联合调度时，能够充分考虑当前时段梯级库群各水库的水位、库容和径流状态，选择水能利用效率最高的方式运行，使流域梯级补偿效益最大化（李玮等，2007）。然而，K 值判别式法也存在不可忽视的缺点：①K 值判别式法未能兼顾水库是否承担流域防洪、供水、航运任务，并忽略了上下梯级之间的水力、电力补偿关系，仅仅对系统总蓄水电能进行优化并不能有效缓解流域汛末竞争性蓄水问题；②K 值判别式法忽略了各水库有限库容量及汛末蓄水任务等因素，容易导致一部分水库蓄满后弃水，而其他水库汛末无法蓄满的问题，如 K 值较小的水库过多承担放水任务，致使可能无法完成汛末蓄水任务，降低了水库汛末蓄满率，而 K 值较大的水库因过多承担蓄水储能任务，而导致汛期水库可能提前达到正常蓄水位，产生弃水。

因此，为实现全流域控制性水库群一体化蓄水管理，本节引入前文描述的流域水库群蓄水原则来克服 K 值判别式法所存在的缺陷，采取对全流域水库群进行蓄水等级划分的方法，提出了一种新的控制性水库群分级分期联合蓄水策略来判定库群中各水库汛末蓄水的起蓄时机及次序。其具体实现过程如下：首先，计算流域水库群中各水库汛期 K 值大小。其次，根据前文描述的流域水库群蓄水原则，对流域库群的蓄水等级进行划分，其中未承担流域防洪任务、未预留防洪库容或处于流域上游支流的水库优先蓄水，蓄水等级为 1 级；承担有流域防洪任务但防洪任务较轻的水库次级蓄水，其蓄水等级为 2 级；全流域水库群体系中关键控制性节点、预留有巨大防洪库容或承担有流域重大防洪任务的水库最后蓄水，其蓄水等级为 3 级。在此基础上，结合全流域水库群蓄水等级划分结果及各水库汛期 K 值大小，对具有相同蓄水等级的水库依据各自 K 值大小进行排序，K 值较大的水库优先蓄水，确定同一蓄水等级中各水库蓄水次序（欧阳硕，2014）。

4.1.1.4　实例研究

本书以锦屏一级、二滩、紫坪铺、瀑布沟、亭子口、构皮滩、彭水、乌东德、白鹤滩、溪洛渡、向家坝和三峡等 12 个水库联合蓄水调度为实例，采用雅砻江流域、岷江流域、大渡河流域、嘉陵江流域、乌江流域、金沙江流域和三峡河段的 1998 年 8 月、9 月日均径流过程为来水，以本节提出的分级分期联合蓄水策略确定全流域水库群中各水库的蓄水时机和蓄水次序。其实现过程的详细步骤如下：

步骤 1：依据流域水库群蓄水原则，对三峡及以上 12 个水库群进行属性对比，对比结果见表 4.1。

表 4.1　　　　　　　　　　梯级水库群分级属性对比表

水库名称	上下游关系	防洪任务	兴利库容/亿 m³	调节性能	水库名称	上下游关系	防洪任务	兴利库容/亿 m³	调节性能
锦屏一级	上游支流	否	49.1	年	彭水	中游支流	否	5.18	不完全年
二滩	上游支流	否	33.7	季	紫坪铺	上游支流	否	7.76	不完全年
乌东德	中游干流	否	30.2	季	瀑布沟	上游支流	否	38.82	不完全年
白鹤滩	中游干流	否	104.36	季	亭子口	上游支流	否	17.32	年
溪洛渡	下游干流	是	64.6	不完全年	构皮滩	上游支流	否	31.5	多年
向家坝	下游干流	是	9.03	不完全季	三峡	库群末级	是	249	季

步骤 2：梯级库群未分级前，在 10％ 频率来水（1999 年）和 95％ 频率来水（1997 年）情况下，以 8—9 月为蓄水调度期，对流域水库群各水库的 K 值进行计算，得到各水库蓄水调度期内 K 值的取值范围，见表 4.2。

表 4.2　　　　　　　　10％、95％ 频率来水时模拟的梯级水库 K 值（$\times 10^{-1}$）

水库名称	10％ 频率来水		95％ 频率来水		水库名称	10％ 频率来水		95％ 频率来水	
	最大值	最小值	最大值	最小值		最大值	最小值	最大值	最小值
锦屏一级	2.89	0.48	1.48	0.34	紫坪铺	14.86	2.80	17.43	5.16
二滩	3.86	0.79	1.97	0.60	瀑布沟	9.05	1.87	9.29	1.95
乌东德	10.44	1.55	4.80	1.57	亭子口	10.51	1.56	2.81	0.93
白鹤滩	7.91	1.52	4.61	1.54	构皮滩	2.68	0.69	1.94	1.06
溪洛渡	23.16	4.57	16.27	5.07	彭水	21.80	3.23	18.69	4.69
向家坝	56.83	16.62	42.06	18.05	三峡	33.98	8.85	32.10	11.85

表中值得指出的是：由于 K 值计算公式的原因，调度期内各水库 K 值均逐步减小，即起始时段水库 K 值最大，水库终止时段的 K 值最小。由表中数据对比可知，一方面，下游向家坝水库 K 值为流域水库群的最大值，其原因是该水库的库面面积较小、下游总水头较低，加上该库的天然来水较大，按照 K 值的计算公式该水库的 K 值是应该最大的；另一方面，由于天然来水小、下游总水头高，且水面面积居中，处于流域上游的锦屏一级、二滩和构皮滩等三个水库的 K 值基本上是流域水库群中最小值。三峡水库虽然处在下游，水库断面流量最大，但由于其库容很大，库面面积是其他水库的 10 倍以上，所以其 K 值并不是最大的；相反溪洛渡和彭水水库虽然处在上游，但由于其水面面积较小，其 K 值反而较大。

步骤 3：依据步骤 1 中梯级库群蓄水调度属性对比结果，对金沙江下游四库梯级和三峡水库进行分级，分级结果见表 4.3。

表 4.3　　　　　　　　　　　　　　梯级水库群分级结果

水库名称	蓄水等级	水库名称	蓄水等级	水库名称	蓄水等级	水库名称	蓄水等级
锦屏一级	1	瀑布沟	1	彭水	1	溪洛渡	2
二滩	1	亭子口	1	乌东德	2	向家坝	3
紫坪铺	1	构皮滩	1	白鹤滩	2	三峡	3

其中，锦屏一级、二滩、紫坪铺、瀑布沟、亭子口、构皮滩、彭水等 7 个水库处于整体流域库群的支流上游，且不直接承担流域防洪任务，为第 1 级；乌东德、白鹤滩、溪洛渡处于整个梯级中游，距下游向家坝水库 157km，且不直接承担防洪任务，但由于其防洪库容较大，总防洪库容约为 143 亿 m^3，需要配合向家坝、三峡水库对川江河段和荆江河段等下游防护区防洪，其蓄水时机、次序及方式对下游向家坝、三峡等水库汛期防洪和汛末蓄水任务影响较大，故其蓄水等级为第 2 级；向家坝、三峡均具有重大防洪任务，其中向家坝水库距宜宾市区 33km，需要预留 9.03 亿 m^3 的库容直接承担川江防洪；而三峡水库防洪库容为 221.5 亿 m^3，需对下游荆江防洪，且三峡为流域整体控制性水库，故向家坝、三峡水库的蓄水等级为第 3 级。

步骤 4：在此基础上，结合全流域水库群蓄水等级划分结果及各水库汛期 K 值大小，对具有相同蓄水等级的水库依据各自 K 值大小进行排序，K 值较大的水库优先蓄水，确定同一蓄水等级中各水库蓄水次序。

步骤 5：在步骤 4 基础上，综合分析各水库控制的流域范围及历史径流特性，分析了长江上游水库群联合蓄水时机、次序与速率的组合规律，按照水库群运行尽量靠近各自最优水位控制参考线的原则，拟定了长江中上游水库群蓄水策略，水库群的起蓄时机和蓄水时间见表 4.4。

表 4.4 中值得指出的是：在第 2 蓄水等级中，作为金沙江下游四库梯级的最上级水库，乌东德既未直接承担防洪任务，且防洪库容较小，可以考虑在 8 月末开始蓄水，至 9 月末蓄至正常蓄水位；根据《长江流域防洪规划报告》，位于乌东德下游的白鹤滩、溪洛渡水库具有较大的防洪库容，需要配合下游向家坝和三峡水库对下游进行防洪，承担有部

表 4.4　　　　　　　　　　　　　梯级水库群蓄水策略

水　库	起蓄时间	蓄满时间	水　库	起蓄时间	蓄满时间
锦屏一级	8 月上旬	9 月中旬	彭水	8 月上旬	9 月中旬
二滩	8 月上旬	9 月中旬	乌东德	8 月下旬	9 月下旬
紫坪铺	8 月上旬	9 月中旬	白鹤滩	9 月上旬	9 月下旬
瀑布沟	8 月上旬	9 月中旬	溪洛渡	9 月上旬	10 月中旬
亭子口	8 月上旬	9 月中旬	向家坝	9 月中旬	9 月下旬
构皮滩	8 月上旬	9 月中旬	三峡	9 月中旬	10 月下旬

分川江和荆江地区防洪任务，其蓄水时机、次序及方式对流域整防洪安全具有一定影响，本书从流域整体综合效益最优考虑，将白鹤滩、溪洛渡水库设定为 9 月上旬起蓄，至 10 月中旬蓄满；向家坝水库承担有川江防洪任务，故其蓄水等级为第 3 级，安排在 9 月中旬起蓄，至 9 月末蓄满；雅砻江流域锦屏一级、二滩水库安排在 8 月初开始蓄水，至 9 月中旬蓄至正常蓄水位；岷江流域的紫坪铺、大渡河流域的瀑布沟、嘉陵江的亭子口水库安排在 8 月初开始蓄水，至 9 月中旬蓄至正常蓄水位；乌江流域的构皮滩、彭水梯级水库蓄水时间则从 8 月初开始，至 9 月中旬结束；最后，承担有保证长江中下游荆江河段等地区防洪安全等防洪任务的三峡水库蓄水等级为第 3 级，其汛末蓄水压力较大，安排在 9 月中旬起蓄，至汛末 10 月 31 日蓄至正常蓄水位。

综上所述，本书以保障流域防洪安全为前提，采用本节提出的全流域水库群分级分期联合蓄水策略拟定的长江中上游三峡等 12 个水库群联合蓄水方案，充分考虑长江中上游三峡等 12 个水库各自的流域上下游地理位置、汛期防洪任务、水库兴利库容、调节性能以及历史径流特性等蓄水相关特征参数，以缓解流域水库群汛末竞争性蓄水问题为目标，适当延长并提前了长江流域大型水库群的蓄水期，规划制定了水库群分级分期联合蓄水调度方案，减少上游水库蓄水对流域供水需求以及下游水库蓄水产生的影响，有效缓解了长江中上游流域水库群汛末集中蓄水压力。

4.1.2　梯级水库群联合蓄放水优化调度

水库调度图通过设置出力控制线等曲线将水库运行工况划分为若干出力区，对水库发电调度进行运行规划。同理，针对全流域水库群蓄水调度问题，可以考虑参考发电调度图思想，选取不同频率来水过程，设定相应频率来水条件下的水库群蓄水调度控制线，通过对承担有防洪任务水库的蓄水控制线集合进行防洪风险检验及兴利优化计算来调整蓄水控制水位及蓄水控制线（欧阳硕等，2013）。本文综合考虑汛期流域防洪体系安全、汛末蓄水需求量较大以及下游航运、供水等多方面需求，构建了不利于流域水库群汛末蓄水的极端来水和下游需水组合情景，建立了基于蓄水调度图的全流域水库群联合蓄水调度模型，并设定了两库联合三峡、四库联合三峡和上游库群联合等 3 个不同调度情景，运用文化自适应仿电磁学算法（Cultural Self-adaptive Electromagnetism-like Mechanism，CSEM）求解模型，对 3 个不同情景的蓄水方案进行对比分析，得到了基于蓄水调度图的全流域水库群蓄水优化调度方案，在保障流域防洪体系安全的前提下，制定了可有效缓解流域上下游蓄水矛盾的全流域水库群蓄水优化调度方案，研究成果具有重要的理论价值与工程实用性。

4.1.2.1 长江中上游流域竞争性蓄水问题分析

1. 流域竞争性蓄水问题分析

长江中上游 12 水库群规划蓄水时间均集中于汛末，故水库蓄水与下游用水矛盾也主要发生在汛末蓄水期，在保障流域防洪安全的基础上，库群蓄水调度期下泄流量约束主要需要考虑长江中下游供水、航运以及生态等用水要求。其中，三峡水库是长江中上游水资源综合利用的最末级关键骨干控制性水利枢纽工程，下游用水需求以三峡为控制断面进行分析。因此，本书首先从对比分析三峡坝址断面蓄水期来水、库群蓄水任务以及下泄流量需求等方面出发，对长江流域竞争性蓄水问题进行研究，并依据上述流域水资源蓄泄平衡分析结果，进行长江中上游 12 水库群蓄水期来水和下泄流量的情景设置。表 4.5 给出了三峡水库 9—11 月的来水情况。

表 4.5　　　　　　　　　三峡水库 9—11 月的天然径流统计表

来 水 条 件		月平均流量/(m³/s)		
年份	来水频率	9 月	10 月	11 月
1959	枯水年（96%）	13600	12000	8940
2006	枯水年（98%）	12500	12900	7090
1996	偏枯水年（65%）	17760	12820	14213
2003	偏枯水年（75%）	29900	14100	7850
1998	典型大洪水年	28436	13731	7775
多年平均流量		26000	19000	10300

由表 4.5 分析可见，三峡水库汛末蓄水期 9—11 月来水呈逐步减少，多年平均情况下，10 月较 9 月流量减幅达 27%。在同等蓄水情势下，10 月完成蓄水任务难度要大于9 月。

依据《长江三峡水利枢纽初步设计报告（枢纽工程）》，三峡水库原规划设计蓄水方案如下：汛期 6 月 10 日至 9 月 30 日，三峡以汛限水位 145m 为最高蓄水兴利水位进行调度运行，10 月 1 日三峡水库开始蓄水，逐渐蓄至正常蓄水位 175m。若按三峡初步设计方案进行蓄水，由于 10 月来水较枯，在满足下游供水、航运等需求的最小下泄流量前提下，三峡水库仅能拦蓄来水 4000m³/s 左右，距水库蓄满所需水量尚存在较大差距，蓄水过程将被迫延长至 11 月枯水期，水库将难以继续蓄水。

此外，为应对汛末来水枯的年份，2009 年批复的《三峡水库优化调度方案》中优化蓄水方案适当增加了三峡水库 9 月的蓄水量，具体规程为：三峡汛期起蓄时间提前至 9 月15 日，为保证汛末流域防洪安全，9 月底控制三峡坝前水位不超过 158m，预计 10 月底蓄至正常蓄水位 175m，完成蓄水任务。若按 2009 年设计的优化蓄水方案，三峡水库 10 月

1 日由 158m 开始蓄水，偏枯水年（75%）条件下，10 月拦蓄流量仅为 4000m³/s 左右，总水量约为 103 亿 m³，10 月底坝前水位仍然无法达到 175m。三峡工程于 2008 年汛末开始试验性蓄水，但 2008 年、2009 年的最高蓄水位分别只有 172.8m 和 171.4m，均未达到 175m 的目标（郑守仁，2011）。

上述分析及三峡水库试验性蓄水实践表明：随着长江上游大规模大型水库逐步建成投入使用，长江中上游水库群汛末集中蓄水问题日益凸显，上下游水库蓄水竞争越来越激烈，若遇来水较枯年份，按水库各自蓄水方案进行汛末蓄水则可能使水库群难以完成汛末蓄水任务，降低了流域水库群汛末蓄满率和枯水期综合效益。因此，亟须开展长江上游干支流大规模控制性水库群联合蓄水调度研究，在确保流域防洪安全的基础上，建立统一、协调的蓄水方案，缓解流域水库群集中蓄水和竞争性蓄水问题，提高梯级各水库的汛末蓄满率，充分发挥水库群的综合效益。

2. 蓄水期来水情景设置

本书对长江干流主要水文站点宜昌与武隆站 100 多年（1882—2009 年）的历史径流观测资料进行分析，长江流域洪水可分为全流域型大洪水和区域性大洪水两种类型。1988 年汛期特大洪水过程属于全流域型大洪水，具有典型"连续多峰"的特点，能够反映流域汛期洪水干支流汇流频繁、长江中下游洪水遭遇组成复杂的洪水特征，且1998 年洪水具有水量"前多后少"特点，汛末能体现流域竞争性蓄水问题。1998 年特大洪水从 7 月初第一次洪峰至 8 月底第八次洪峰主要集中在汛前及主汛期，导致主汛期流域防洪安全受到严重威胁，流域水库群需预留足够防洪库容以保证后期防洪安全；而进入 9 月后流域洪水流量迅速减小，至 10 月宜昌站月平均流量为 13731m³/s，仅与偏枯年份同期流量相当，易引发流域水库群汛末竞争性蓄水。由表 4.5 可知，1998 年汛期径流过程中，三峡坝址 9 月、10 月、11 月来水均小于偏枯水年（75%）2003 年三峡坝址处相应月份来水，且汛末 10 月上旬、中旬、下旬径流分别为 [14580，16000，10897]，与设计来水的 90% 枯水年 10 月旬径流 [15100，13800，11400] 较为接近，能够较好地反映流域水库群汛末竞争性蓄水矛盾。故本研究选定 1988 年洪水过程作为典型年来水，采用同频率放大的方法推求下述 7 个频率的流域蓄水期流量过程，分别为90%、75%、50%、20 年一遇（5%）、百年一遇（1%）、千年一遇（0.1%）和万年一遇（0.01%）等 7 种洪水过程。

3. 三峡水库蓄水期下泄流量控制

根据《三峡水库优化调度方案》，三峡水库提前蓄水（刘心愿等，2009）方案具体操作规程如下：①在提前蓄水时期以防范咸水入侵为标准，三峡水库出库流量不得小于8000~10000m³/s；当三峡入流在 8000~10000m³/s 之间时，停止蓄水保持水位不变，按入流下泄；当入库小于 8000m³/s 时，若水库已蓄水，可适当补水至 8000m³/s 下泄；②10 月蓄水期间，模拟天然来水逐步减少的趋势，对三峡水库上旬、中旬和下旬运行的分别设定最小下泄流量约束条件：8000m³/s、7000m³/s 和 6500m³/s，若入流小于所设定最小下泄流量约束，则可按来水下泄。11 月蓄水期间，水库最小下泄流量按不小于保证葛洲坝下游水位不低于 39.0m 和三峡水库保证出力对应的流量控制，一般以三峡水库出库流量不小于 6000m³/s 进行控制（表 4.6）。

表 4.6　　　　　　　　　　三峡水库汛末蓄水期最小下泄流量

时　间	9 月	10 月上旬	10 月中旬	10 月下旬	11 月
下泄流量/(m³/s)	8000~10000	8000	7000	6500	6000

4.1.2.2　文化自适应仿电磁学算法 (CSEM)

文化自适应仿电磁学算法以文化算法为框架，以仿电磁学算法为种群空间群体演进规则，并根据信仰空间中知识信息来指导种群的进化过程（Birbil，2004）。下文结合仿电磁学算法的特点，重新设计了规范知识、形势知识和历史知识三种知识结构（Knowledge Structures），作为信仰空间的知识结构指导种群空间的进化过程。

1. 仿电磁学算法原理

2003 年，Birbil 博士提出了仿电磁学算法（EM）（Birbil 等，2003）这一随机全局智能优化算法。文献中详细描述了仿电磁学算法的实现细节。仿电磁学算法采用实数编码方式对决策变量进行编码，通过模拟电磁学理论中同性相斥和异性相吸的基本原理，以虚拟电荷来刻画每个种群个体与当前代最优个体之间的接近程度，采用经验知识信息共享机制指导种群空间进化过程，从而保证种群空间的多样性和分布性，提高了搜索效率。EM 算法的基本操作为：种群初始化、局部搜索、总矢量力计算、种群移动。

（1）种群初始化（Initialize()）。算法初始化首先确定种群规模、决策变量维度及初始解边界条件等参数，同时采用均匀随机方法从可行域中产生一组初始种群，其表达式如下：

$$X_k^i = L_k + \lambda \cdot (U_k - L_k), i = 1, 2, 3, \cdots, N; k = 1, 2, 3, \cdots, D \tag{4.2}$$

式中：N 和 D 分别为种群个体数和个体决策变量维度；X_k^i 为第 i 个体的第 k 维决策变量；U_k 和 L_k 分别为决策变量第 k 维的上下边界；λ 为均匀分布随机数。

（2）局部搜索（LocalSearch()）。EM 通过局部搜索来提高算法的收敛精度，算法采用等概率的方式对个体决策变量值的变化方向进行选择，同时通过设置不同的迭代次数 $LocalNum$ 等局部搜索参数，来满足不同对象需求，其操作方程如下：

$$X_k^i = \begin{cases} X_k^i + \lambda_1 (\delta \max(U_k - L_k)), & rnd() > 0.5 \\ X_k^i - \lambda_1 (\delta \max(U_k - L_k)), & \text{其他} \end{cases} \tag{4.3}$$

式中：$rnd()$ 和 λ_1 为 [0，1] 之间均匀分布随机数；δ 为步长系数，其大小直接关系着算法的局部搜索步长。

（3）总矢量力计算（CalF()）。EM 算法通过计算种群个体 X^i 的总矢量力 F^i，来确定个体的移动方向和程度，其数学表达式为

$$F^i = \sum_{j \neq i}^{N} \begin{cases} (X^j - X^i) \dfrac{q^i q^j}{\| X^j - X^i \|^2}, & f(X^j) < f(X^i) \\ (X^i - X^j) \dfrac{q^i q^j}{\| X^j - X^i \|^2}, & f(X^j) \geq f(X^i) \end{cases}, \forall i \tag{4.4}$$

式中：$f(X^i)$ 为个体 X^i 的目标函数值；q^i 为个体 X^i 的带电荷量。其计算表达式如下：

$$q^i = \exp\left(-D\ \frac{f(X^i) - f(X^{\text{best}})}{\sum\limits_{j=1}^{N}(f(X^j) - f(X^{\text{best}}))}\right),\forall\ i \tag{4.5}$$

由上式可知，EM 以虚拟电荷来刻画种群个体 X^i 与当前代最优个体 X^{best} 之间的距离，个体 X^i 对应的电荷带电量 q^i 越大表明该个体距离最优个体越近。

（4）种群进化（Move（ ））。EM 算法根据计算获得的个体 X^i 总矢量力 F^i，对种群个体 X^i 进行进化操作，其种群进化的数学模拟模型为：

$$X^i = X^i + \lambda\ \frac{F^i}{\parallel F^i \parallel},\lambda \in U(0,1);i=1,2,\cdots,N \tag{4.6}$$

式中：$U(0,1)$ 为 $[0,1]$ 之间均匀随机数产生函数。

2. 文化算法

文化算法（CA）是由韦恩州立大学人工智能实验室主任 Reynolds 教授于 1994 年提出的群体智能进化算法（Reynolds，1994）。该算法的主要思想是模仿人类社会演化过程，将解决问题的知识存入信仰空间，并利用信仰空间的经验知识依据一定的规则指导种群空间的进化过程，是一种具有双层进化机制的智能算法。

CA 包含种群空间（Population Space，PS）和信仰空间（Belief Space，BS）两部分，并设定相互之间的通信通道对种群进化经验进行提取、管理和利用。种群空间从微观的角度根据特定规则进行群体进化，信仰空间通过接收函数 accept（ ）收集种群空间中精英个体解决问题的经验信息，按照更新规则 Update（ ）进行文化知识比较，对信仰空间中群体经验知识进行更新优化，从宏观角度来模拟种群文化知识的形成。信仰空间形成群体经验知识后，通过影响函数 influence（ ）对种群空间的进化规则进行修改，以提高种群空间的进化寻优效率（Saleem，2001）。文化算法的算法框架如图 4.1 所示。

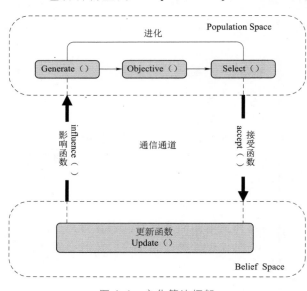

图 4.1　文化算法框架

如图 4.1 所示，种群空间中进化过程依据特定规则进行，通常包含三个步骤函数：种群个体生成/进化函数 Generate（ ），适应度函数 Objective（ ）和精英个体选择函数 Select（ ）。Generate（ ）与 influence（ ）联合生成种群空间中的下一代进化群体，其个体适应度值由 Objective（ ）函数来进行评价，精英个体则是通过 Select（ ）函数和 accept（ ）在种群空间中进行选择。本书采用仿电磁学算法作为种群空间演进过程的进化规则。

3. 文化自适应仿电磁学算法结构

原始文化算法信仰空间中包含四种知识源：规范知识、形势知识、区域知识和地域知识。为便于研究动态环境中文化算法的性能，Saleem（2001）添加了第 5 类知识——历史知识，并指出以正确方式合并五类知识可以提高文化算法的收敛速度和效果。

文化自适应仿电磁学算法以文化算法为框架，以仿电磁学算法为种群空间群体演进规则，并根据信仰空间中知识信息来指导种群的进化过程。下文结合仿电磁学算法的特点，重新设计了规范知识、形势知识和历史知识三种知识结构（Knowledge Structures），作为信仰空间的知识结构指导种群空间的进化过程（Zannoni 等，1997）。

（1）规范知识结构。规范知识（Normative Knowledge）由决策变量的变化区间信息构成，描述了当前种群的可行区间。规范知识结构见表 4.7，[L，U] 为种群的决策变量可行域。

表 4.7　　　　　　　　　　　　规 范 知 识 结 构

可行域	第 1 维	⋯	第 k 维	⋯	第 D 维
上边界 U	u_1	⋯	u_k	⋯	u_D
下边界 L	l_1	⋯	l_k	⋯	l_D

其中，l_k 和 u_k 分别表示第 k 维决策变量的下限和上限，可在进化过程中被新上、下边界更新修改。规范知识对种群空间群体演进的影响方式如式（4.7）所示：

$$x_{i,k}^{g+1} = \begin{cases} l_k, x_{i,k}^{g+1} < l_k \\ u_k, x_{i,k}^{g+1} > u_k \\ x_{i,k}^{g+1}, 其他 \end{cases} \tag{4.7}$$

当种群空间中个体的第 k 维决策变量超出了规范知识给出约束信息时，由式（4.7）将决策变量强制移动到可行域中。

（2）形势知识结构。形势知识（Situational Knowledge）是由一组种群进化过程中所有精英个体组成的群体集合（记为 BP），形成群体进化中的经验知识。这一知识通过特定规则引导种群空间的群体集合朝着信仰空间进化。设计形势知识中精英集合大小为 N_{SK}，其集合结构见表 4.8。

表 4.8　　　　　　　　　　　　形 势 知 识 结 构

精英个体 X^i	第 1 维	第 k 维	第 D 维
决策变量 X_k^i	X_1^i	X_k^i	X_D^i
适应度函数值 F^i	\{f_1, f_2, ⋯, f_m\}		

其中，每个精英个体 X^i 中包含了 D 维决策变量和其对应的适应度函数值。形势知识通过影响 EM 算子的进化操作达到引导种群演进的作用，当进行群体进化时，X^{best} 改为从形势知识中选取。

（3）历史知识结构。历史知识（History Knowledge）用于记录种群进化过程及特征参数等重要知识信息，如种群进化次数、形势知识 BP 中保持静态的次数以及最优个体移动的距离方向等等。由于仿电磁学算法存在着一定的早熟收敛现象，本书中历史知识除了存储种群进化次数等外部参数信息，还包含形势知识中精英集合每代群体中的最优目标函数值和其保持静态的次数。历史知识的设计结构见表 4.9。

表 4.9　　　　　　　　　　　　　　　　历 史 知 识 结 构

历史知识	第 1 代	第 g 代	第 MaxG 代
最优适应度函数值	$F^{best}(BP^1)$	$F^{best}(BP^g)$	$F^{best}(BP^{MaxG})$
维持静态代数	$Fcount^1$	$Fcount^g$	$Fcount^{MaxG}$

其中，$F^{best}(BP^g)$ 为第 g 代形势知识中的最优适应度函数值，$Fcount^g$ 为第 g 代形势知识集合保持静态的代数。如果形势知识集合保持静态的代数 $Fcount^g$ 超过停滞代数阈值 ξ 时，算法可能已经陷入局部极值而无法搜索新的可行域空间，为解决上述问题，对形势知识中的精英个体执行自适应局部搜索算子，使其跳出局部最优解，在一定程度上避免了陷入局部最优解。

本书提出的 CSEM 算法计算流程如下：

步骤 1：初始化，执行 $Initialize$（）操作，初始化种群空间 PS、信仰空间 BS 以及其他算法参数，$g=0$。

步骤 2：种群空间演化，执行 EM 算子进行种群进化。

1）局部搜索：执行 $Self-LocalSearch$（）操作，进而对种群所有个体执行局部搜索操作，更新种群信息。

2）总矢量力计算：执行 $CalF$（）操作，计算所有种群个体的带电电荷 q^i，进而得到总矢量力 F^i。

3）种群进化：执行 $Move$（）操作，对种群按照式（4.6）进行进化移动，得到新的种群。

步骤 3：信仰空间更新：将当前种群进化过程中的重要信息存入信仰空间中，更新规范知识中种群 N 维决策变量可行域空间，将适应度函数值最优的 N_{SK} 个精英个体加入到 BP 中形成知识信息，以及将种群进化次数、形势知识中精英集合保持静态的次数等参数加入历史知识结构中。

步骤 4：如果形势知识集合保持静态的代数 $Fcount^g-\xi\geqslant0$，对 BP 中的精英个体实施自适应局部搜索算子。

步骤 5：用信仰空间 BS 中形势知识集合的最优个体替换种群空间中相同数量的个体。

步骤 6：终止条件判断。若 $g=MaxG$ 或适应度函数的评价次数达到设定值，输出信仰空间中具有最优适应度函数值的精英个体作为问题求解的最终结果；否则，$g=g+1$，转步骤 2。

4.1.2.3　考虑极限风险的骨干性水库群汛限水位优化设计

汛限水位是水库在汛期允许兴利蓄水的上限水位，是协调水库防洪与兴利效益矛盾的关键。随着大规模控制性水库群的建成投运，现有单一水库汛限水位动态控制方法研究未能充分考虑上游大规模新建水库的影响，无法发挥梯级库群的综合补偿效益（张睿，2014）。针对流域水库群汛末汛限水位优化设计问题，本节均衡考虑水库群汛期防洪风险和兴利效益等因素，在不降低流域相应防洪标准的前提下，建立了考虑极限风险的骨干性水库群汛限水位优化设计模型，并以金沙江溪洛渡、向家坝梯级与三峡水库为例，运用

CSEM 算法（文化自适应仿电磁学算法）对模型进行求解，同时运用蒙特卡罗方法，定量分析不同典型年来水条件下所制定的汛限水位优化设计方案对流域水库群防洪风险的影响程度与破坏深度，为流域水库群防洪汛限水位的优化设计及方案制定提供可靠的理论依据和技术支撑。

1. 目标函数

为定量分析汛期上游水库群运行对下游控制性水库的影响，以最下级控制性水库汛限水位最高为目标，建立考虑极限风险的骨干性水库群汛限水位优化设计模型，目标函数如下式：

$$\min Obj = \max(Z_{FL}^{\text{low}}) \tag{4.8}$$

式中：Z_{FL}^{low} 为梯级水库群最末级水库的汛限水位。

2. 约束条件

将梯级水库防洪标准细化为相应防洪高水位和最大下泄流量的约束条件，具体约束条件如下：

（1）水量平衡约束。

水量平衡约束的一般通式为

$$V_{t+1}^k = V_t^k + (I_t^k - Q_{\text{div},t}^k - Q_{\text{aband},t}^k - Q_{\text{loss},t}^k)\Delta t \quad k=1,2,\cdots,K; t=1,2,\cdots,T \tag{4.9}$$

式中：T 为调度期长度；Δt 为时段的时间间隔；V_t^k 和 I_t^k 分别为第 k 个水库 t 时段的水库蓄水量和入库径流量；$Q_{\text{div},t}^k$ 和 $Q_{\text{aband},t}^k$ 分别为第 k 个水库 t 时段的发电引用流量和弃水流量；$Q_{\text{loss},t}^k$ 为第 k 个水库第 t 时段的蒸发、调水和通航等损失流量。在本次计算中未考虑水库蒸发等流量损失。

（2）下泄流量约束条件。

$$Q_{t,\max}^k \geqslant Q_{\text{out},t}^k \geqslant \max(Q_{t,\min}^k, Q_{s,\min}^k, Q_{n,\min}^k) \tag{4.10}$$

式中：$Q_{t,\max}^k$ 和 $Q_{t,\min}^k$ 分别为第 k 个水库 t 时段的最大和最小下泄流量；$Q_{s,\min}^k$ 和 $Q_{n,\min}^k$ 分别为第 k 个水库 t 时段保证的最小供水、航运下泄流量。

（3）最大、最小出力限制。

$$N_{t,\max}^k \geqslant N_t^k \geqslant N_{t,\min}^k \tag{4.11}$$

式中：$N_{t,\max}^k$ 和 $N_{t,\min}^k$ 分别为第 k 个水库 t 时段的最大和最小出力边界。

（4）最高、最低水位约束。

$$Z_{t,\min}^k \leqslant Z_t^k \leqslant Z_{t,\max}^k \tag{4.12}$$

式中：$Z_{t,\min}^k$ 和 $Z_{t,\max}^k$ 分别为第 k 个水库 t 时段的最低和最高水位约束。

（5）满足梯级水库群汛期防洪调度规程。

CSEM 算法的参数设置为：形势知识空间规模 $N_{SK}=30$，种群规模 $N=50$，局部搜索参数 $\delta=0.01$，自适应参数 $\alpha=0.8955$，算法停滞代数阈值 $\xi=5$，局部搜索次数 $L_{\max}$ 为 10，算法迭代次数 $MAXG=1500$。

4.1.2.4 蓄水优化调度模型构建

以前节提出的考虑极限风险的骨干性水库群汛限水位优化设计方法和流域梯级水库群蓄水时机、次序组合策略为基础，以蓄水期末水位最高及发电量最大为目标，建立基于蓄水调度图的全流域水库群联合蓄水优化调度模型。

1. 目标函数

（1）主目标：蓄水期蓄满度最大。

以蓄水期内流域水库群总蓄水量最大 V^* 为目标，即

$$V^* = \max \sum_{i=1}^{N} V^i / \sum_{i=1}^{N} TV^i \quad i = 1, 2, 3, \cdots, NR \tag{4.13}$$

式中：V^i 和 TV^i 为第 i 水库蓄水期末的蓄水量和所需蓄水总量。在模型中水库群蓄满度由蓄水期末水位体现。

（2）次目标：发电量最大。

以调度期内发电量最大 E^* 为目标，即

$$E^* = \max \sum_{t=1}^{T} \sum_{i=1}^{N} P_t^i \cdot \Delta t \quad t = 1, 2, 3, \cdots, T \tag{4.14}$$

式中：P_t^i 为第 i 水库蓄水期第 t 时段的总出力。

2. 约束条件

（1）库容（水位）上下限约束。

$$Z_{t,\min}^i \leqslant Z_t^i \leqslant Z_{t,\max}^i \quad t = 1, 2, 3, \cdots, T \tag{4.15}$$

式中：$Z_{t,\min}^i$ 和 $Z_{t,\max}^i$ 分别为调度期第 i 个水库第 t 个时段最低水位和最高水位约束；Z_t^i 为第 i 个水库第 t 个时段坝前水位。

（2）水库水量平衡约束。

$$V_t^i = I_{t-1}^i + (I_t^i - Q_{\text{out},t}^i)\Delta t \quad t = 2, 3, \cdots, T \tag{4.16}$$

式中：V_t^i、I_t^i 和 $Q_{\text{out},t}^i$ 分别为调度期内第 i 个水库第 t 个时段的库容、来水和下泄流量。

（3）水库下泄能力约束。

$$Q_{\text{out},t}^i \leqslant Q_{\max}^i(Z_t^i) \quad t = 1, 2, \cdots, T \tag{4.17}$$

式中：$Q_{\max}^i(Z_t^i)$ 为第 i 个水库第 t 个时段坝前水位下的最大下泄能力。

（4）出库流量约束。

$$Q_{\text{out},t}^i \leqslant Q_{\max}^i(Z_t^i) \quad t = 1, 2, \cdots, T \tag{4.18}$$

$$|Q_{\text{out},t}^i - Q_{\text{out},t-1}^i| \leqslant \Delta Q^i \quad t = 2, 3, \cdots, T \tag{4.19}$$

式中：$Q_{\max}^i$ 为第 i 个水库出库流量的上限值；ΔQ^i 为第 i 个水库日出库流量变幅的上限值。

（5）出力约束。

$$P_{\min,t}^i \leqslant P_t^i \leqslant P_{\max,t}^i \quad i=1,2,3,\cdots,NR \qquad (4.20)$$

式中：P_t^i 为调度期内第 i 个水库 t 时段的出力；$P_{\min,t}^i$ 和 $P_{\max,t}^i$ 分别为对应水库在相同时段的最小和最大出力约束。

（6）满足梯级水库群各库防洪调度规程要求，且各水库蓄水控制线尽可能保持平稳上升，不出现水位上下波动。

3. 模型求解流程

本书主要分蓄水调度图绘制和不利来水蓄水调度模拟 2 个步骤对全流域水库群蓄水优化调度模型进行求解，如图 4.2 所示。

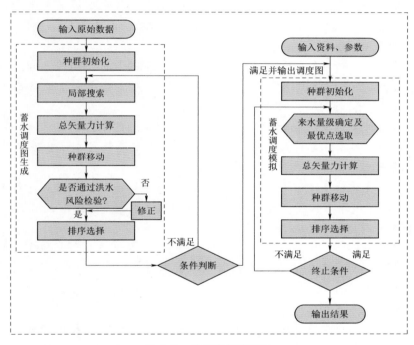

图 4.2　模型求解流程图

（1）蓄水调度图绘制。针对流域水库群汛末蓄水调度问题，本节通过模仿水库发电调度图设置出力控制线的方法，选取不同频率来水过程，设定相应频率来水条件下的水库群蓄水调度控制线，通过对承担有防洪任务水库的蓄水控制线集合进行防洪风险检验及兴利优化计算来调整蓄水控制水位及蓄水控制线，进而绘成蓄水调度图。调度图绘制是在典型年不同频率来水条件下，依据 4.1.1 节全流域水库群分级分期联合蓄水策略拟定的各个水库的蓄水起止时间，以各水库蓄水期末完成蓄水任务为预定目标，引入蓄水期关键控制点的思想，由蓄水终止时段水库为蓄满状态沿关键控制点依次反推至蓄水起始时段，拟定不同来水频率的蓄水调度控制线，为保证各个关键控制点后续蓄水期内水库自身和下游的防护安全，根据本节所提出的考虑极限风险的汛限水位优化设计方法，按蓄水期万年一遇标准推求各个控制点的最高控制水位，并以蓄水期发电量最大为目标，运用文化自适应仿电磁学算法（CSEM）进行优化模拟，循环修正该蓄水调度控制线，最终拟合出典型年不同来水频率的蓄水调度控制线，并以此为基础绘制蓄水调度图。

（2）不利来水蓄水调度模拟。不利来水条件下流域水库群蓄水调度模拟主要是采用不利典型年径流过程依照蓄水调度图进行模拟调度，根据不同频率蓄水控制线水位、流量数据，与当前时刻水库水位与入库流量进行对比，确定入库流量过程所处的蓄水控制线频率，结合不同来水频率下各水库运行策略，从水库蓄水调度图中选取一条合理的蓄水控制线，采用跟随靠近该蓄水控制线的方式，以水库蓄水期蓄满度最大为目标，选取最优的水位、流量过程，进行水库群蓄水调度。其中，合理的蓄水控制线是通过判别该时段来水等级和水库运行状态进行选取，其具体判别方法和详细划分如下：

状态 1：当水库运行水位低于 90％频率蓄水控制线，若来水等级小于 1000 年一遇，则水库蓄满度较低，为保证水库汛末能够蓄水至正常蓄水位，选择 90％频率蓄水控制线；反之，水库保持现有水位运行。

状态 2：当水库运行水位位于 90％频率和 75％频率的蓄水控制线之间，若来水等级小于 1000 年一遇，则水库蓄满度较低，为保证水库汛末能够蓄水至正常蓄水位，选择 75％频率蓄水控制线；反之，水库保持现有水位运行。

状态 3：当水库运行水位位于 75％频率和 50％频率的蓄水控制线之间，若来水等级小于 1000 年一遇，则水库蓄满度较低，为保证水库汛末能够蓄水至正常蓄水位，选择 50％频率蓄水控制线；反之，水库保持现有水位运行。

状态 4：当水库运行水位位于 50％频率和 20 年一遇蓄水控制线之间，若来水等级小于 1000 年一遇，则水库蓄满度较低，为保证水库汛末能够蓄水至正常蓄水位，选择 20 年一遇蓄水控制线；反之，水库保持现有水位运行。

状态 5：当水库运行水位低于 100 年一遇、高于 20 年一遇蓄水控制线，若来水等级小于 100 年一遇，选择 100 年一遇蓄水控制线；若来水等级小于 1000 年一遇、大于 100 年一遇，水库保持现有水位运行；若来水等级大于 1000 年一遇，则选择 20 年一遇蓄水控制线。

状态 6：当水库运行水位低于 1000 年一遇、高于 100 年一遇蓄水控制线，若来水等级小于 20 年一遇，选择 1000 年一遇蓄水控制线；若来水等级小于 100 年一遇、大于 20 年一遇，水库保持现有水位运行；若来水等级大于 100 年一遇，则选择 100 年一遇蓄水控制线。

状态 7：当水库水位低于 10000 年一遇、高于 1000 年一遇蓄水控制线，若来水频率大于 50％，选择 10000 年一遇蓄水控制线；若来水频率小于 50％、大于 5％，水库保持现有水位运行；若来水频率小于 5％，则选择 1000 年一遇蓄水控制线。

状态 8：当水库水位高于 10000 年一遇蓄水调度控制线，若来水频率大于 90％，水库保持现有水位运行；若来水频率小于 90％，选择 10000 年一遇蓄水控制线。

4.1.2.5　水库群蓄水调度图编制

以长江中上游骨干性水库群蓄水调度为实例，根据 5.4.1 节所设置 1998 年的 90％、75％、50％、20 年一遇、100 年一遇、1000 年一遇和 10000 年一遇等不同典型频率的来水资料，采用 CSEM 对不同频率来水下水库群蓄水调度控制线进行优化设计，拟合出不同频率来水的水库群蓄水调度线，绘制成水库蓄水调度图。其中，紫坪铺、瀑布沟、白鹤滩、溪洛渡和三峡水库的蓄水优化调度图如图 4.3～图 4.7 所示。

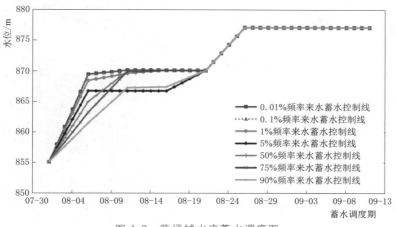

图 4.3　紫坪铺水库蓄水调度图

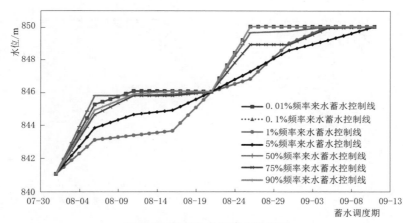

图 4.4　瀑布沟水库蓄水调度图

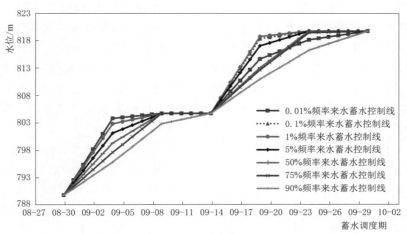

图 4.5　白鹤滩水库蓄水调度图

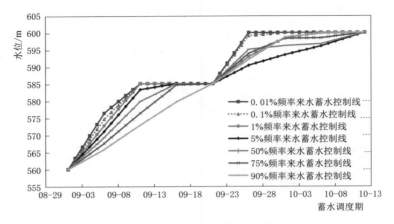

图 4.6 溪洛渡水库蓄水调度图

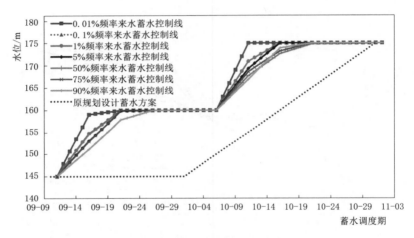

图 4.7 三峡水库蓄水调度图

由图 4.3～图 4.7 可以看出，不同频率来水条件下蓄水控制线具有不同的水位抬升速度，如因 10000 年一遇洪水入库流量最大，水库发电效益和蓄能效益均为最大，故起蓄阶段蓄水控制线的水位上升速率最快，故而需要重点考虑流域防洪安全，对每个蓄水控制点均设置对应的最高安全水位，在到达该控制点之前水库坝前水位均不能超过相应最高安全水位，以保证其后蓄水期水库和流域防洪安全。值得指出的是：由于来水频率计算均以三峡坝址断面为基准，导致上游部分水库蓄水调度图中偏枯来水条件下蓄水控制线高于偏丰来水条件的蓄水控制线。

从图 4.7 可以看出，当为枯水年时，由于水库需保证下游供水、航运等用水需求，需要增加下泄流量，若完全依照原规划设计蓄水方案，则无法满足三峡水库汛末所需蓄水量，导致水库汛末无法完成蓄水任务。为提高三峡水库蓄满率，在保证流域蓄水期防洪安全的同时，三峡水库优化蓄水调度方案充分考虑流域 10 月可能出现较小的汛末尾洪等中小洪水，适当加快了 10 月蓄水控制线水位抬升速度，以提升水库拦蓄中小洪水的速率，使控制线水位能均匀抬升到正常蓄水位，有利于三峡水库汛末蓄满。

综合上述分析可知，在不降低流域防洪标准和增加蓄水期防洪风险的前提下，本书研究设计的水库群优化蓄水调度图能够较好地对水库群上下游水库蓄水期进行调节，适当提前上游、支流和不承担防洪任务水库的起蓄时间和提升蓄水速率，错开下游干流承担流域重大防洪任务水库的汛末蓄水期，有效地避免了大规模水库群集中蓄水和竞争性蓄水问题，为下面全流域水库群联合蓄水优化调度提供了理论依据和调蓄规则。

4.1.2.6　全流域水库群联合蓄水优化调度结果及情景分析

以前节中设计的长江中上游控制性水库群联合蓄水调度图和蓄水规则为基础，选取1999 年和 1997 年来水频率分别为 10％和 95％的历史径流资料，运用 CSEM 算法求解基于蓄水调度图的蓄水优化调度模型，并设置溪洛渡、向家坝梯级水库与三峡水库联合蓄水优化调度、金沙江下游四库梯级与三峡水库联合蓄水优化调度和长江中上游三峡及以上12 个水库联合蓄水调度三种调度情景，制定了相应场景的联合蓄水优化调度方案，并对其流域蓄水效益进行对比分析。

1. 金沙江两库联合三峡水库蓄水调度情景分析

在不考虑上游其他水库蓄水调节的前提下，对三峡原设计方案和金沙江两库联合三峡水库蓄水方案分别进行蓄水调度模拟，其调度结果见表 4.10。

表 4.10　　　　　　金沙江两库联合三峡水库蓄水优化调度结果与设计值的比较

蓄水方案	河流	水库名称	起蓄时间	来水频率/％	蓄满度/％	发电量/(亿 kW·h)	弃水量/亿 m³
联合蓄水方案	金沙江	溪洛渡	9 月 1 日	10	100	122.94	121.98
				95	100	103.82	25.43
		向家坝	9 月 11 日	10	100	29.87	43.95
				95	100	25.43	9.74
		小计		10		152.81	165.93
				95		129.25	35.17
	长江	三峡	9 月 11 日	10	100	146.04	0
				95	100	88.78	0
		总计		10		298.85	165.93
				95		218.03	35.17
规划设计	三峡		10 月 1 日	10	100	126.03	34.23
				95	81.38	96.20	0

由表 4.10 可知，10％来水频率条件下，金沙江两库联合三峡水库蓄水方案中三峡水库实现汛末蓄满目标，蓄水期弃水减少了 34.23 亿 m³，增加发电量 20.01 亿 kW·h；95％来水频率条件下，金沙江两库联合三峡水库蓄水方案中三峡水库实现汛末蓄满目标，比三峡原规划设计方案蓄满度提高了 18.62％。值得注意的是：在蓄水期入流较少时，由于联合蓄水调度方案三峡水库已提前拦蓄来水，而原设计方案蓄水调度尚未开始，故联合蓄水调度方案部分时段出力小于原设计方案，导致联合蓄水调度方案的发电量小于原设计方案。三峡原规划设计方案和金沙江两库联合三峡水库蓄水方案在 10％和 95％频率来水

条件下三峡水位、流量过程如图 4.8 和图 4.9 所示。

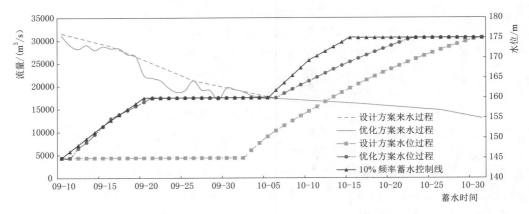

图 4.8　10% 频率来水条件三峡水位、流量过程

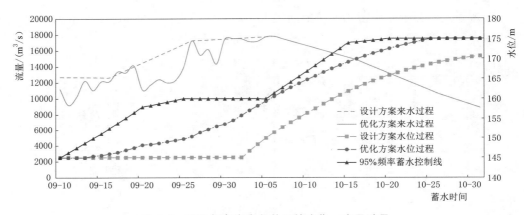

图 4.9　95% 频率来水条件三峡水位、流量过程

由图 4.8 和图 4.9 可知，规划设计方案中三峡汛末蓄水时机过晚、起蓄水位偏低，枯水年份无法完成汛末蓄水任务，且由于 9 月维持汛限水位运行导致弃水增加、发电量减少。与三峡原设计方案相比，联合蓄水调度方案中，三峡水库在满足蓄水期下泄流量要求的情况下，起蓄时间提前，水位逐步增高。如图 4.8 所示，10% 频率来水条件下，流域水量较为丰沛，联合蓄水调度方案三峡水库提前至 9 月 11 日开始蓄水，同时兼顾汛末水库及流域防洪安全，设置蓄水控制水位为 160m，至 10 月 24 日蓄满，此外，水库 10 月下泄流量均大于最小下泄流量限制，满足中下游汛末航运及供水需求；由图 4.9 可知，在 95% 频率来水条件下，由于流域蓄水期来水量较偏枯，为满足下游供水和航运等用水需求，联合蓄水优化调度方案中三峡水库从 9 月 11 日开始蓄水，至 10 月 26 日蓄满，圆满完成了溪洛渡、向家坝和三峡水库蓄水期蓄满任务。

2. 金沙江四库联合三峡水库蓄水调度情景分析

在不考虑上游其他水库蓄水调节的前提下，对金沙江四库联合三峡水库蓄水方案进行蓄水调度模拟，其调度结果见表 4.11。

表 4.11　　　　　　金沙江四库与三峡联合蓄水优化调度结果与设计值的比较

蓄水方案	河流	水库名称	起蓄时间	来水频率/%	蓄满度/%	发电量/(亿 kW·h)	弃水量/亿 m³
联合蓄水方案	金沙江	乌东德	8月20日	10	100	45.28	35.10
				95	100	32.84	0
		白鹤滩	9月1日	10	100	98.19	19.80
				95	100	62.28	1.73
		溪洛渡	9月1日	10	100	117.93	66.42
				95	100	74.07	20.49
		向家坝	9月11日	10	100	26.23	21.37
				95	100	15.94	3.77
		小计		10		287.63	142.69
				95		185.13	25.99
	长江	三峡	9月11日	10	100	138.62	0
				95	96.16	77.66	0
		总计		10		426.24	142.68
				95		262.78	26.00
规划设计		三峡	10月1日	10	100	126.03	34.23
				95	81.38	96.20	0

　　由上表分析得出，10%来水频率条件下，联合蓄水方案中各水库均完成汛末蓄水任务，同时与规划设计方案相比，蓄水期弃水减少了 34.23 亿 m³，增加发电量 12.59 亿 kW·h；95%来水频率条件下，由于流域蓄水期来水较少，且新增上游梯级水库拦蓄水量达 208.19 亿 m³，联合蓄水优化调度方案三峡水库未能达到蓄满目标，但比原规划设计方案蓄满度提高了 14.78%。10%和 95%频率来水条件下金沙江四库联合三峡水库蓄水方案调度结果中三峡水位、流量过程如图 4.10 和图 4.11 所示。

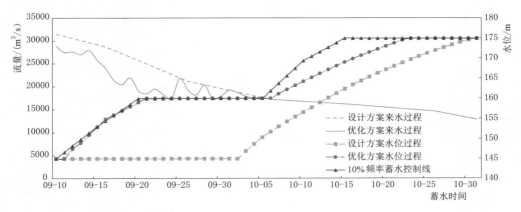

图 4.10　10%频率来水条件三峡水位、流量过程

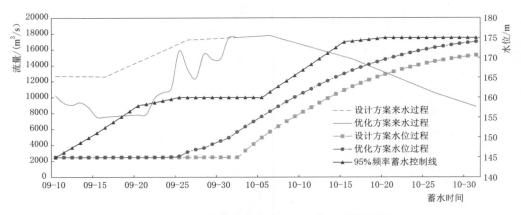

图 4.11　95％频率来水条件三峡水位、流量过程

如图 4.10 所示，10％频率来水条件下，流域水量较为丰沛，金沙江四库联合三峡水库蓄水优化调度方案中三峡水库提前蓄水，在蓄水期水位均匀上升，汛末提前达到正常蓄水位，有利于满足汛末下游用水需求。由图 4.11 可知，95％频率来水条件下，由于流域来水量偏枯，为满足 9 月蓄水时的下游用水需求，三峡优化蓄水方案从 9 月 25 日开始蓄水，蓄水期末接近正常蓄水位，较好地完成了三峡水库蓄水任务。

3. 全流域水库群联合蓄水调度情景分析

在不考虑上游其他水库蓄水调节的前提下，对全流域水库群联合蓄水方案进行蓄水调度模拟，其调度结果如表 4.12 所示。

表 4.12　长江中上游三峡及以上 12 个水库联合蓄水调度结果与设计值的比较

蓄水方案	河流	水库名称	起蓄时间	来水频率/%	蓄满度/%	发电量/(亿 kW·h)	弃水量/亿 m³
联合蓄水方案	雅砻江	锦屏一级	8 月 1 日	10	100	33.98	53.01
				95	100	25.73	3.28
		二滩	8 月 1 日	10	100	30.69	58.04
				95	100	22.42	2.24
	金沙江	乌东德	8 月 20 日	10	100	43.47	34.39
				95	100	29.18	0
		白鹤滩	9 月 1 日	10	100	98.19	19.80
				95	100	62.28	1.73
		溪洛渡	9 月 1 日	10	100	117.93	66.42
				95	100	74.07	20.49
		向家坝	9 月 11 日	10	100	26.23	21.37
				95	100	15.94	3.77
	岷江	紫坪铺	8 月 1 日	10	100	7.73	0
				95	100	5.99	0.13

续表

蓄水方案	河流	水库名称	起蓄时间	来水频率/%	蓄满度/%	发电量/(亿 kW·h)	弃水量/亿 m³
联合蓄水方案	大渡河	瀑布沟	8月1日	10	100	28.60	0
				95	100	28.60	0
	嘉陵江	亭子口	8月1日	10	100	10.35	37.03
				95	100	1.37	
	乌江	构皮滩	8月1日	10	100	21.37	0
				95	100	6.49	0
		彭水	8月1日	10	100	11.68	0
				95	100	6.34	0
	长江	三峡	9月11日	10	100	138.62	0
				95	95.45	77.47	0
		总计		10		568.84	290.06
				95		355.86	31.65
规划设计	三峡		10月1日	10	100	126.03	34.23
				95	81.38	96.20	0

由上表分析得出，长江中上游三峡及以上 12 个水库汛末联合蓄水优化方案中，除三峡水库外其他水库均能实现汛末蓄满，相比于三峡原规划设计方案，联合蓄水方案蓄水期增加上游锦屏一级、亭子口、紫坪铺以及金沙江四库等 11 个库，拦蓄水量达 391.57 亿 m³，达到三峡水库自身所需蓄水量的 1.7 倍。10％频率来水条件下，通过水库群联合蓄水方案，三峡水库蓄水期末达到正常蓄水位，同时蓄水期弃水减少了 34.23 亿 m³，增加发电量 12.59 亿 kW·h；95％来水频率条件下，通过水库群联合蓄水方案，三峡水库蓄水期末虽然未达到正常蓄水位，但比原规划设计方案蓄满度提高了 14.07％。水库群联合蓄水方案及原规划设计方案在 10％和 95％频率来水条件下三峡水位、流量过程如图 4.10 和图 4.11 所示。

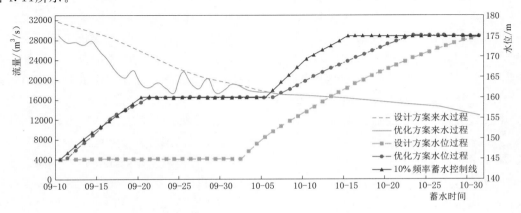

图 4.12　10％频率来水条件三峡水位、流量过程

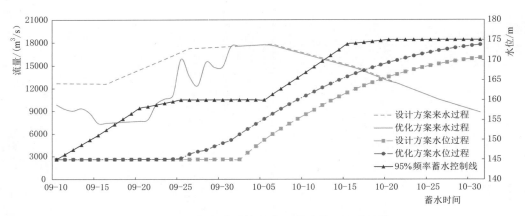

图 4.13　95％频率来水条件三峡水位、流量过程

如图 4.12 所示，10％频率来水条件下，流域水量较为丰沛，全流域水库群联合蓄水方案三峡水库提前蓄水，蓄水期水位均匀上升，汛末提前达到正常蓄水位，然而原设计方案中三峡水库直至蓄水期结束才达到正常蓄水位，存在水库难以蓄满的风险。由图 4.13 可知，在 95％频率来水条件下，由于流域蓄水期来水量较偏枯，为满足 9 月蓄水时的下游用水需求，三峡优化蓄水方案开始蓄水时机提前至 9 月 25 日，相比原设计方案，较好地完成了汛末三峡的蓄水任务。

综合表 4.1、表 4.10、表 4.11 和表 4.12 中数据可知，随着上游水库逐渐增多，联合蓄水优化调度方案水库群所需蓄水量逐步增大，至 12 库联合蓄水方案达到 640 亿 m^3，3 种联合优化方案中相应水库蓄水期发电量存在逐步减少的趋势，但仍能保证各水库实现汛末蓄满目标，且流域库群发电总量依次增大，相应水库弃水量依次减小。

对比分析图 4.8～图 4.13，在 95％频率来水条件下，若不考虑汛末流域防洪安全和航运、供水需求等因素，原设计方案三峡水库从 10 月 1 日严格按照设计汛限水位 145m 起蓄，至 10 月 31 日蓄至 170.81m，未能达到正常蓄水位，且水库 10 月下泄流量偏小，大部分均小于 $6000m^3/s$，难以满足长江中下游航运、供水以及预防咸潮入侵等需求。相反，联合蓄水优化调度方案中三峡水库蓄水期水位、流量过程几乎未受影响，其原因是为缓解下游水库汛末蓄水竞争，全流域水库群联合蓄水方案尽量错开了新增锦屏一级、二滩、瀑布沟、亭子口、紫坪铺、构皮滩、彭水等水库群和金沙江四库梯级水库的汛末蓄水时间，适当提前了蓄水期来水较少的金沙江四库梯级和三峡水库的起蓄时间，从而在一定程度上缓解了梯级水库之间的集中蓄水现象，提高了各水库汛末蓄满度，同时通过蓄水减少了干支流下泄基流及下泄洪峰，进一步保证下游防洪安全。

由上述分析可知，流域干支流水库群蓄水方式对三峡水库汛末蓄水影响较大，雅砻江、金沙江、岷江、大渡河、嘉陵江等支流控制性水库汛末集中蓄水导致下游干流汇流减少，加剧了流域上下游水库之间竞争性蓄水问题，若遭遇流域来水较枯年份，水库群不仅无法完成蓄水任务，而且难以满足长江中下游航运、供水以及预防咸潮入侵等需求。因此，为保证流域梯级水库群蓄满度，联合调度方案运用本章提出的全流域水库群分级分期联合蓄水策略，对全流域水库群进行分层分期设计，错开雅砻江、岷江、大渡河和嘉陵江等上游支流水库群、金沙江下游四库梯级以及下游三峡水库的蓄水时间，并将蓄水优先等级较低、兴利库容较大和承担有重要防洪任务的金沙江四库梯级和三峡水库的起蓄时间适当提前，缓解了流域汛末蓄水期供需水矛盾和水库群竞争性蓄水问题，提高了全流域水库群汛末蓄满度。此外，联合优化调度方案通过设置最高安全水位的方式保证了水库在遭遇设计洪水时能够确保自身防洪安全，在保障流域防洪安全的前提下，增加了流域洪水资源利用率，提高流域综合效益。

4.2 水库群枯水期水位消落联合调控

流域梯级水电站枯水期联合运行的主要任务是，在综合考虑供水、发电、航运、生态等流域综合用水需求下，合理安排流域梯级各水电站泄流方式，在尽可能减少弃水和不增加下游防洪风险的前提下，实现梯级整体综合效益最大化目标。流域梯级水电站枯水期联合运行方式研究的关键是优化控制汛前梯级各水电站水位消落的时机、次序和深度，以协调梯级水电站消落过程中的水头效益和水量效益，最大化流域梯级水能资源综合效益（王超，2016）。已有研究一般多在分析流域径流特性的基础上，通过统计分析不同径流情景下的模拟演算最优调度方案，提取梯级水电站的联合水位运用方式。该种方式能够较为快速地获取梯级水电站的最优消落方式，但由于梯级水电站间复杂的水力、电力联系，依据调度方案提取调度规则的方法难以准确揭示梯级各水电站间的补偿关系，且缺乏相应的理论支撑（Qin，2010）。因此，亟待从梯级水电站模型本身的理论分析入手，探究梯级各水电站泄流方式与梯级综合效益的函数响应关系，推求普适性的梯级水电站联合消落规则，为梯级水电站联合消落期运行方式的制定提供理论依据。

4.2.1 梯级水库群水位消落特性分析

研究首先分析了金沙江下游枯水期径流年际变化和期内变化特性，进而以梯级水电站两阶段优化问题理论分析为切入点，为分析金沙江下游枯水期以及汛前（1—6月）的径流特性，选取了金沙江下游控制站点屏山站1956—2010年（共55年）日径流序列，采用滑动平均法、Mann-Kandall检验法分别对平均径流、最小流量、最大流量的年际变化规律和期内分配特征进行了分析，为金沙江下游梯级开展枯水期联合运行方式研究提供数据基础。

4.2.1.1 枯水期径流年际变化特征

根据屏山站长系列径流资料统计，枯水期以及汛前（1—6月，以下简称枯期）多年平均径流量为 $1960 \text{m}^3/\text{s}$，由线性回归和滑动平均分析（图4.14～图4.16）可知，流域枯期平均径流、最小径流、最大径流呈现周期性的增大和减小，平均径流和最小径流总体为增长趋势，且在1998年后存在较为明显的增长趋势；最大径流总体无增减趋势，周期性较平均径流和最小径流更明显。通过Mann-Kandall突变分析可知（图4.17），平均径流量突变点为1996年，1996年前径流呈现周期性波动，1996年后平均径流呈现持续增长，至2006年已接近0.05置信区间边界，突变较为显著；最小径流量1999年以前呈现减小趋势，且在1978—1988年间呈现显著减小趋势，通过置信度0.05检验，1996年为突变点，1996 年后最小径流呈现持续增长趋势，突变未通过置信度 0.05 检验，为不显著突变；最大径流在 1983 年前呈现增大趋势，1983 年为突变点，1983 年后最大径流呈减小趋势，总体增大和减小的趋势不显著，突变未通过置信度 0.05 检验，为不显著突变。

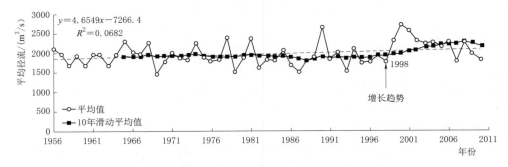

图 4.14　金沙江下游 1—6 月平均径流滑动平均图

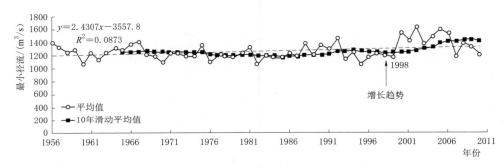

图 4.15　金沙江下游 1—6 月最小径流滑动平均图

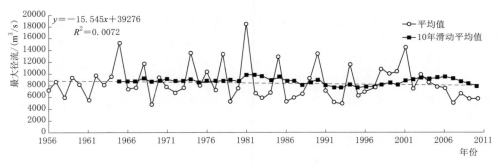

图 4.16　金沙江下游 1—6 月最大径流滑动平均图

4.2.1.2　枯水期径流期内变化特征

受亚热带大陆性季风气候影响，金沙江流域降水年内分配极不均匀，年内降雨丰枯特性显著，丰水期主要集中在 6—10 月，枯水期一般 1—4 月。而在枯期（1—6 月），降雨主要集中在 5—6 月占枯期降雨 53%，其中 6 月占 36% 约为 5 月降雨量的一倍，1—4 月降雨较平稳，单月降雨占枯期的 12% 左右；1—4 月逐旬降雨量维持平稳，4 月下旬降雨量开始稳步增长，至 6 月上旬迅速增大入汛，如图 4.18 所示。枯期最小径流一般出现在 3

月中下旬和 4 月上旬，最大径流集中在 6 月下旬，如图 4.19 所示。

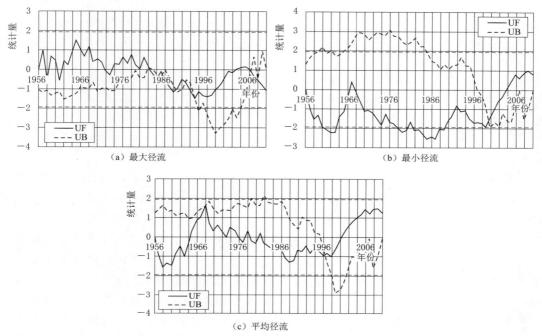

（a）最大径流　　　　　　　　（b）最小径流

（c）平均径流

图 4.17　金沙江下游 1—6 月平均径流、最小径流 Mann‐Kandall 突变判断

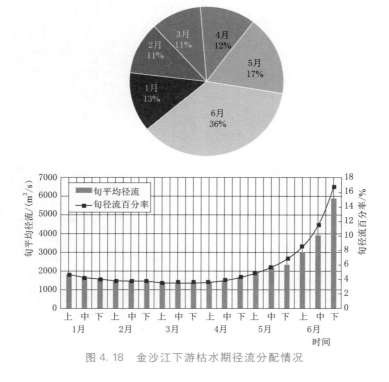

图 4.18　金沙江下游枯水期径流分配情况

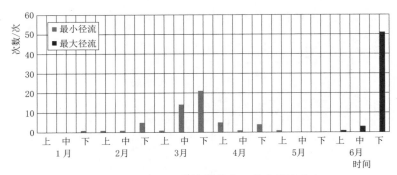

图 4.19　金沙江下游枯期最小、最大径流分布

为进一步分析金沙江下游枯期径流期内特性，以屏山站 55 年长系列日径流系列为样本，统计计算了金沙江下游枯期逐旬径流平均值、最大值、最小值、最大值与最小值的差值、C_v、C_s，计算成果见表 4.13 和表 4.14。1—4 月平均径流分布在 $1200\sim1300\text{m}^3/\text{s}$，变差系数在 0.18 以下，来流较平稳，丰枯差异不显著，梯级水电站宜在满足电站保证出力、河道最小生态和通航流量的前提下维持高水位运行。5—6 月平均径流逐步增大，C_v 也逐步增大，由 0.16 增至 0.32，径流丰枯差异越来越显著，丰枯径流差最大可达 $7441\text{m}^3/\text{s}$，因此，5—6 月是开展梯级水电站联合枯水期调度的关键时期，需充分考虑径流的丰枯特性，合理安排梯级各水电站的消落时机、消落深度，在尽可能不弃水的前提下，提高梯级水电站的水能利用率，实现经济效益最大化。

表 4.13　　　　　　　　　金沙江下游枯水期径流特性（1—3 月）

类　型	1 月			2 月			3 月		
	上旬	中旬	下旬	上旬	中旬	下旬	上旬	中旬	下旬
平均值/（m³/s）	1617	1522	1432	1357	1316	1326	1255	1245	1236
最大值/（m³/s）	2141	2030	2208	1932	1960	1952	1767	1756	1804
最小值/（m³/s）	1263	1139	1077	1036	1032	1015	1013	963	964
最大值－最小值/（m³/s）	879	890	1132	896	928	936	753	793	840
C_v	0.13	0.15	0.16	0.16	0.16	0.17	0.16	0.18	0.16
C_s	0.37	0.58	1.27	0.98	1.11	1.12	1.16	1.18	1.31

表 4.14　　　　　　　　　金沙江下游枯水期径流特性（4—6 月）

类　型	4 月			5 月			6 月		
	上旬	中旬	下旬	上旬	中旬	下旬	上旬	中旬	下旬
平均值/（m³/s）	1293	1364	1486	1725	1991	2349	2974	3961	5906
最大值/（m³/s）	1932	2165	2360	2354	2871	4209	5228	7392	10698
最小值/（m³/s）	1001	1013	1059	1095	1102	1233	1400	1901	3257
最大值－最小值/（m³/s）	931	1153	1301	1259	1769	2977	3829	5491	7441
C_v	0.17	0.16	0.18	0.16	0.20	0.28	0.29	0.30	0.32
C_s	1.43	1.53	1.41	0.08	0.08	1.06	0.78	0.38	0.86

4.2.2　梯级水库群消落深度和方式

梯级水电站群消落运用方式是充分发挥水电站群综合经济效益、均衡协调各兴利部门用水关系的关键科学问题和技术难题。流域梯级电站群枯水期运行的主要任务是，在综合考虑供水、发电、航运、生态等综合利用需求的条件下，统筹兼顾发电效益、减少弃水、防洪安全的制约和冲突关系，科学控制流域梯级各电站上游放水、下游蓄水策略，统筹兼顾系统总体水量效益、水头效益等动能经济指标，以达到流域梯级整体综合兴利效益最大化的目标。针对梯级电站群消落运用方式，相关学者已经开展了初步的探索，然而，已有研究主要针对多年调节水库年末水位优选或单一电站枯水期消落方式进行了探讨，但针对梯级水库枯水期联合消落调度的研究较少。

本节首先对金沙江下游梯级电站群初步设计阶段消落期及汛前运行方式进行研究，为探求梯级电站枯水期调度进一步优化提供了背景支持；进而，系统分析金沙江下游流域长系列历史径流数据特性，揭示了金沙江下游流域枯水期及汛前逐旬来水统计规律，提出梯级水电站群关键调度时段以分旬控制消落的方法进行枯水期调度，在此基础上，研究了近期水平下金沙江下游梯级水电站枯水期及汛前水位消落深度和消落方式，量化了不同频率来水、不同消落方式对梯级总发电量、弃水量的影响程度。并对远景水平下四库梯级电站群联合运行消落深度及运用方式进行初步研究，通过一系列实例仿真计算，证明分旬控制消落的方法能兼顾梯级电站群枯水期发电效益和弃水风险，为合理制定金沙江梯级枯水期消落运行方案提供了指导和借鉴。

4.2.2.1　梯级电站群枯水期消落方式的提出

1. 初设阶段金沙江梯级电站消落运用方式

金沙江流域位于我国西南部，地属青藏高原、云贵高原和四川西部高山区，流域面积为 47.32 万 km^2，占长江流域总面积的 26.3%，作为长江上游的重要组成部分，金沙江干流玉树至宜宾河段全长为 2326km，年径流量为 1550 亿 m^3，水量丰沛且稳定，落差大而集中，可开发容量约占全国的 1/5，具有集中建设、滚动开发、规模外送的良好条件，下游河段是长江流域水能资源最富集的河段，按照流域发展规划，金沙江下游攀枝花至屏山站依次建设乌东德、白鹤滩、溪洛渡和向家坝 4 座大型水利枢纽，在我国一次能源平衡和"西电东送"中具有战略地位。金沙江下游四梯级电站详细参数见表 4.15。

表 4.15　　　　　　　　金沙江下游梯级水库工程特性参数

枢纽名称	溪洛渡	向家坝	乌东德	白鹤滩	小计
正常蓄水位/m	600	380	975	825	
汛限水位/m	560	370	952	785	
死水位/m	540	370	945	765	
防洪库容/亿 m^3	46.5	9.03	24.4	75.0	154.93
调节库容/亿 m^3	64.60	9.03	30.20	104.36	208.19
装机容量/万 kW	1386	640	960	1600	4586

续表

枢纽名称	溪洛渡	向家坝	乌东德	白鹤滩	小计
多年平均发电量 /(亿 kW·h)	571.20	307.47	387.00	602.40	1868.07
完工时间	2015 年	2015 年	2020 年	2020 年	
备注			扩机后		

近年来，长江上游金沙江、雅砻江、大渡河、岷江等干支流水电能源的大力开发对金沙江下游流域枯水期径流特性和时空分布产生显著影响，流域梯级电站群运行环境的变化对其调度运行特别是枯水期消落方案制定提出了新的要求。根据金沙江下游梯级电站初步设计规划，下游梯级各电站枯水期调度规程如下：

（1）金沙江下游梯级各电站统一从 1 月初开始消落，6 月底控制水位不高于防洪限制水位。其中，溪洛渡、向家坝电站 7 月初至 9 月上旬按照流域防洪调度要求运行，乌东德、白鹤滩梯级电站汛期 7 月水位控制在防洪限制水位，并从 8 月开始蓄水。

（2）乌东德电站正常蓄水位为 975m，汛期限制水位为 952m，死水位为 945m，6 月底可消落至防洪限制水位或死水位，7 月按防洪限制水位运行，8 月初开始蓄水，9 月初蓄至正常蓄水位后尽量维持高水位运行。

（3）白鹤滩电站水位运行在 765~825m 范围，电站具有年调节能力，其运行方式为：12 月左右开始供水，到翌年 5 月底水库水位可消落至 765m，在 7 月维持防洪限制水位 785m，8 月上旬开始控制蓄水，在 9 月上旬水库可蓄至正常蓄水位 825m。

（4）溪洛渡电站水位运行范围在 540~600m，12 月下旬至 5 月底为供水期，水位逐步消落，供水期末水位应不低于死水位 540m。7 月初溪洛渡坝前水位不得高于汛限水位 560m，汛期 7 月至 9 月 10 日电站水位按防洪限制水位运行，9 月上旬开始蓄水。

（5）向家坝电站在 370~380m 范围内正常运行，联合溪洛渡对川江沿岸宜宾、泸州、重庆等重要城市和配合三峡水库对长江中下游防洪，向家坝电站 6 月末消落至防洪限制水位 370m，汛期 7 月至 9 月 10 日电站水位按防洪限制水位运行，9 月上旬开始蓄水。

初步设计阶段调度规程仅对枯水期运行水位上、下限及 6 月末初水位有明确规定，对下游梯级电站群各电站枯水期和汛前联合消落运行方式无具体要求，这为金沙江下游梯级电站群枯水期运行提供了进一步优化的空间，因此，本节研究拟通过金沙江下游流域长系列径流数据挖掘，系统辨识影响梯级电站群枯水期联合消落的关键调度时段，提出梯级电站群枯水期消落调度模式，为流域梯级水电站群枯水期消落控制方案的优选提供理论指导和科学决策。

2. 梯级电站群枯水期消落方式的提出

梯级电站在枯水期维持高水位运行将充分发挥电站水头效益，提高调度期内总发电量。但汛期来临时入库径流迅速上升，按照初步设计阶段运行要求需在汛前快速消落至防洪限制水位，若天然径流叠加存蓄水量超过电站库容调节能力，将形成弃水，为此，在梯级电站群枯水期联合调度时，在关键控制时段为梯级各电站设定相应的消落控制水位，在提前消落时只要控制梯级水电站水位不超过相应的消落控制水位，给汛前预留出足够的调节库容，从而在保障发电效益的同时，避免汛前集中消落带来的弃水、防洪风险，这是梯级水库枯水期控制消落的基本原则。

金沙江下游流域 12 月至次年 4 月枯水期来水偏低且分布稳定，而 5 月、6 月来水迅速增加，且不同水平年径流差异较大，个别典型年在该时段已出现初汛，因此，通过对金沙江下游梯级各电站在 5 月、6 月按旬分期设置消落控制水位，在枯期运行时当水位高于所在时刻的消落控制水位，则加大下泄流量，控制在该水位运行；若来流大于最大下泄流量则按水库最大下泄流量下泄。

本节研究将从以下几个方面展开：①统计和分析金沙江下游流域控制水文站屏山站的历史天然径流资料，通过研究河段枯水期和汛前各月逐旬来水规律，辨识影响梯级水电站枯水期调度的关键时段；②综合考虑金沙江下游不同来水情景，研究溪洛渡、向家坝梯级电站枯水期发电能力对不同水位消落深度的敏感程度，揭示不同初始消落水位与消落方式组合对枯期发电的响应机理；③在金沙江下游近期水平研究的基础上，探索远景水平下乌东德、白鹤滩、溪洛渡、向家坝梯级电站群消落运用方式，所得结论可为金沙江下游四库梯级枯水期联合运行的方案优选提供方案参考。

4.2.2.2　金沙江梯级电站枯水期及汛前来水分析

屏山水文站是金沙江下游流域最重要的控制水文站，该站位于向家坝坝址上游 28.8km，控制流域面积 45.86km²，多年平均流量为 4570m³/s，年径流量 1440 亿 m³，研究选取 1956—2010 年共 55 年屏山站长系列历史径流资料，涵盖 1956—1966 年、1998—1999 年等丰水段，1972—1976 年、2006 年等枯水段，丰、平、枯相间出现，系列代表性好，屏山水文站 1956—2010 年平均流量过程见图 4.20。

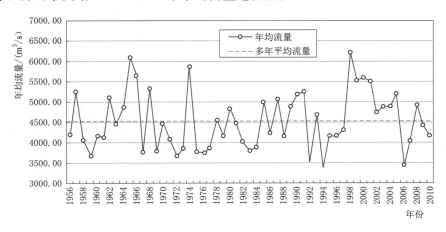

图 4.20　屏山水文站年平均流量过程线

围绕梯级电站群枯水期消落运用方式这一工程难题，研究通过深入分析金沙江下游流域长系列径流资料，探求河段天然径流规律和分布特性，为金沙江梯级水电枯水期及汛前水位消落方案的制定提供理论依据，为此，研究拟定金沙江下游河段枯水期从次年 1 月初开始，以 1956—2010 年屏山站 1—6 月逐旬历史径流资料为基础，采用矩法分别计算了均值 Avg、样本最大值 Max、样本最小值 Min、变差系数 C_v 和偏态系数 C_s，成果见

表 4.16。

表 4.16　　　　　　　　　　　屏山站长系列 1—6 月逐旬径流计算成果

时　　段		平均流量 /(m³/s)	最大流量 /(m³/s)	最小流量 /(m³/s)	C_v	C_s
1 月	上旬	1810	2396	1413	0.13	0.37
	中旬	1703	2271	1275	0.15	0.58
	下旬	1603	2471	1205	0.16	1.27
2 月	上旬	1518	2162	1159	0.16	0.98
	中旬	1473	2193	1155	0.16	1.11
	下旬	1438	2184	1136	0.16	1.26
3 月	上旬	1404	1977	1134	0.16	1.16
	中旬	1393	1965	1078	0.16	1.18
	下旬	1383	2018	1078	0.16	1.31
4 月	上旬	1447	2162	1120	0.17	1.43
	中旬	1526	2423	1133	0.16	1.53
	下旬	1663	2641	1185	0.17	1.41
5 月	上旬	1930	2634	1225	0.16	0.08
	中旬	2228	3212	1233	0.2	0.08
	下旬	2629	4710	1379	0.28	1.06
6 月	上旬	3328	5850	1566	0.29	0.78
	中旬	4432	8271	2127	0.3	0.38
	下旬	6609	11970	3644	0.32	0.86

　　根据上述计算成果，金沙江下游流域枯水期 1—4 月逐旬多年平均径流分布在 1393～1810m³/s，变差系数 C_s 均在 0.13～0.18 之间，入库流量分布平稳，5 月上旬至 6 月径流逐步增加。这一时期 C_s 从 0.16 显著增加至 0.32，说明从 5 月起金沙江下游河段受到长江干流上游河段、雅砻江等干支流来水影响，呈现一定程度的不确定性，且不同水平年同期来水差别较大，部分丰水年在 6 月已进入前汛期。汛期的提前为金沙江下游梯级电站枯水期及汛前消落控制提出了新的挑战，按照调度规程，金沙江下游梯级汛后蓄水并充分利用各电站水头效益多发电，至次年供水期径流偏枯且分布稳定，对梯级水库的水位消落影响较小，5—6 月径流来水成为影响枯水期及汛前水位消落的关键控制时段。因此，选取 5月、6 月逐旬水位作为金沙江下游梯级电站消落控制水位。进而，根据长系列历史资料计算了至 6 月上旬、中旬、下旬各种频率的旬平均流量，作为金沙江下游流域枯水期及汛前典型来水过程，计算成果见表 4.17。

表 4.17　　　　　　　　　　　屏山站 1—6 月逐旬特征频率径流　　　　　　　　单位：m³/s

时　段		1%	10%	20%	50%	70%	90%	多年平均
1 月	上旬	2396	2078	2036	1790	1660	1500	1810
	中旬	2271	2109	1932	1645	1521	1406	1703
	下旬	2471	1892	1795	1551	1427	1327	1603
2 月	上旬	2162	1900	1691	1495	1383	1258	1518
	中旬	2193	1867	1687	1397	1315	1228	1473
	下旬	2184	1816	1609	1376	1288	1211	1438
3 月	上旬	1977	1857	1527	1345	1277	1178	1404
	中旬	1965	1893	1537	1326	1242	1172	1393
	下旬	2018	1719	1507	1330	1246	1157	1383
4 月	上旬	2162	1905	1619	1361	1319	1228	1447
	中旬	2423	1873	1696	1470	1390	1331	1526
	下旬	2641	1975	1824	1639	1511	1366	1663
5 月	上旬	2634	2326	2200	1927	1740	1570	1930
	中旬	3212	2820	2616	2193	2007	1642	2228
	下旬	4710	3573	3264	2519	2244	1855	2629
6 月	上旬	5850	4939	3828	3215	2807	2204	3328
	中旬	8271	6093	5586	4524	3533	2682	4432
	下旬	11970	9929	8562	6045	5304	4269	6609

4.2.2.3　溪洛渡、向家坝梯级枯水期及汛前消落深度和方式研究

和单一电站消落深度的研究相比，梯级各电站消落深度的不同不仅会对自身电站运行和综合经济效益的发挥产生影响，还会改变流域梯级内其他电站运行调度和最优蓄泄过程的决策，因此，梯级水电站消落深度的最优决策应以流域梯级总经济效益最大准则来选择。本章首先以近期水平下溪洛渡、向家坝梯级为研究对象，设置梯级电站溪洛渡消落深度为 30m、40m、50m、60m，向家坝消落深度为 3.5m、6m、10m 的 6 种组合方式（表 4.18），探究梯级电站总动能指标对不同消落深度组合模式的响应规律。

表 4.18　　　　　　　　溪洛渡、向家坝梯级电站消落深度组合方案　　　　　　　单位：m

消落方案		方案 1	方案 2	方案 3	方案 4	方案 5	方案 6
消落深度	溪洛渡	40	40	40	50	60	30
	向家坝	3.5	6	10	10	10	10

研究选取梯级总发电量最大优化准则，将 1%、10%、20%、50%、70% 和 90% 逐旬频率来水及多年平均入库径流作为模型输入，使用 DDDP 对优化调度模型进行高效求解，计算不同消落深度组合下梯级各电站蓄泄过程和调度结果，分析金沙江溪洛渡、向家坝梯级电站发电能力对不同水位消落深度的敏感程度。金沙江下游流域溪洛渡、向家坝梯级不同消落深度组合方式下模型计算结果见表 4.19 和图 4.21～图 4.26。

表 4.19　　　　　　　不同频率来水情况下各消落深度组合方案计算结果

来　水　频　率		$P=1\%$	$P=10\%$	$P=20\%$	$P=50\%$	$P=70\%$	$P=90\%$	多年平均
方案 1	发电量/(亿 kW·h)	404.63	356.28	327.16	284.26	260.75	231.94	292.14
	弃水/亿 m³	94.1	47.43	21.65	4.42	0.09	0	4.41
方案 2	发电量/(亿 kW·h)	404.63	356.28	327.16	284.26	260.75	231.94	292.14
	弃水/亿 m³	94.1	47.43	21.65	4.42	0.09	0	4.41
方案 3	发电量/(亿 kW·h)	404.63	356.28	327.16	284.26	260.75	231.94	292.14
	弃水/亿 m³	94.1	47.43	21.65	4.42	0.09	0	4.41
方案 4	发电量/(亿 kW·h)	405.6	358.54	330.37	284.29	260.72	231.89	292.14
	弃水/亿 m³	77.67	30.98	5.37	4.48	0	0	4.42
方案 5	发电量/(亿 kW·h)	405.61	359.74	330.37	284.26	260.72	231.85	292.18
	弃水/亿 m³	72.46	11.6	4.65	4.42	0	0	4.23
方案 6	发电量/(亿 kW·h)	402.91	352.68	323.98	284.26	260.74	231.99	291.99
	弃水/亿 m³	111.59	66.48	38.64	4.42	0	0	4.95

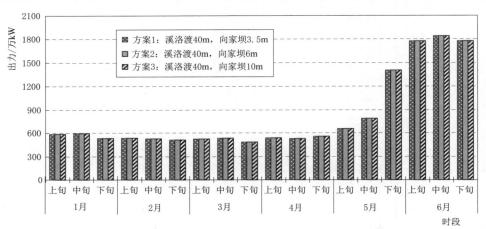

图 4.21　来水 $P=10\%$ 时方案 1、方案 2、方案 3 枯水期出力对比

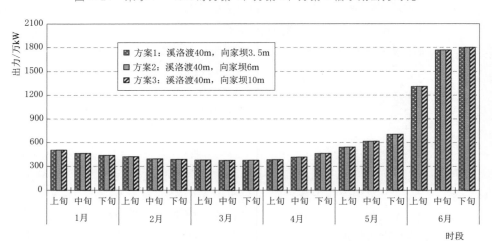

图 4.22　来水 $P=50\%$ 时方案 1、方案 2、方案 3 枯水期出力对比

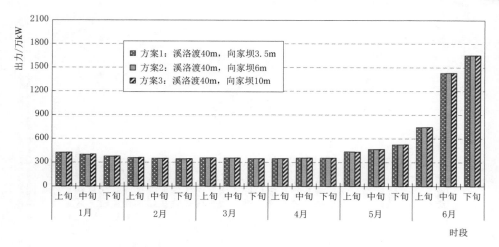

图 4.23 来水 $P=90\%$ 时方案 1、方案 2、方案 3 枯水期出力对比

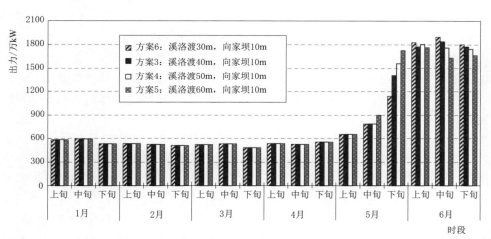

图 4.24 来水 $P=10\%$ 时方案 6、方案 3、方案 4、方案 5 枯水期出力对比

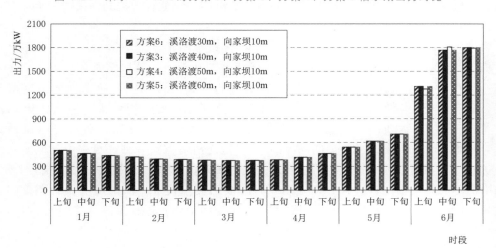

图 4.25 来水 $P=50\%$ 时方案 6、方案 3、方案 4、方案 5 枯水期出力对比

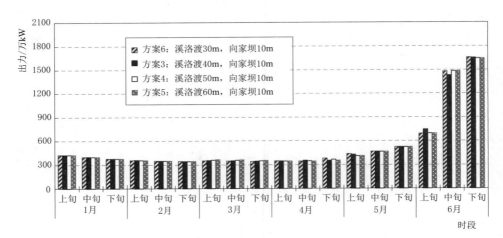

图 4.26 来水 $P = 90\%$ 时方案 6、方案 3、方案 4、方案 5 枯水期出力对比

由表 4.19 和图 4.21～图 4.26 可知，当溪洛渡电站消落深度 40m 一定时，向家坝消落深度分别选取 3.5m、6m、10m 时逐旬出力过程基本一致，方案 1、方案 2、方案 3 三种调度情景梯级总发电量及总弃水也无基本相同，由于向家坝作为日调节电站对金沙江下游流域天然来水调蓄能力差，其消落深度对溪洛渡、向家坝梯级电站枯水期发电调度无显著影响。

由方案 6、方案 3、方案 4、方案 5 逐旬出力过程及梯级电站总发电量、弃水量仿真结果可以看出，当向家坝消落深度 10m 不变时，来水频率大于 50% 时，溪洛渡、向家坝梯级电站总发电量随着溪洛渡电站消落深度的增加而显著增加，而来水偏枯时，四种调度情景下梯级枯水期总发电量及总弃水水量基本相同。综合上述计算结果表明，溪洛渡、向家坝梯级总发电量随着溪洛渡电站消落深度的增加而逐步提高，而向家坝电站消落深度的改变对梯级总体运行无显著影响，然而，梯级电站连续消落控制方式存在一定随机性，难以指导水电站实际生产运行，因此亟待开展梯级电站枯水期分旬控制消落的研究（吴杰康等，2009）。

为进一步探索金沙江下游溪洛渡、向家坝梯级电站枯水期消落运用方式，研究在综合考虑溪洛渡、向家坝电站调节能力和运行特点的基础上，选取溪洛渡电站 5 月、6 月逐旬水位作为消落控制水位，以分旬控制消落的方式进行调度，向家坝作为反调节电站进行联合运行，为保持量变单一、突出不同消落方式的运用效果，溪洛渡电站消落深度统一采用 40m，向家坝电站消落深度为 10m。为此，研究以梯级总发电量最大为目标，选取高水位运行方案、均匀消落方案、提前消落方案 3 种梯级水电站联合消落方案，仿真计算不同来水情景下各消落方式的调度结果，同时，为探究 5 月初水位对梯级电站枯期消落的影响程度，研究分别采用 5 月初溪洛渡水位 600m、590m 两种调度情景分析下相应消落方式。梯级电站不同组合消落方式控制水位及过程见表 4.20 和图 4.27，计算结果见表 4.21。

表 4.20　　　　　溪洛渡、向家坝梯级电站 5 月、6 月分旬控制消落方案　　　　单位：m

方案编号	5 月			6 月		
	上旬	中旬	下旬	上旬	中旬	下旬
1	600	600	600	586.67	573.33	560
2	593.33	586.67	580	573.33	566.67	560
3	586.67	573.33	560	560	560	560
4	590	590	590	580	570	560
5	585	580	575	570	565	560
6	580	570	560	560	560	560

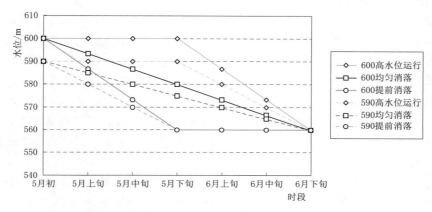

图 4.27　不同消落方案水位控制过程线

表 4.21　　　　　　不同频率来水情况下各消落方案计算成果

来水频率		$P=1\%$	$P=10\%$	$P=20\%$	$P=50\%$	$P=70\%$	$P=90\%$	多年平均
方案 1	发电量/(亿 kW·h)	396.08	351.17	322.21	284.08	260.4	231.57	290.24
	弃水/亿 m³	148.33	74.7	48.23	4.72	0	0	10.32
方案 2	发电量/(亿 kW·h)	400.89	352.28	323.62	282.12	258.31	229.63	289.99
	弃水/亿 m³	114.86	57.2	30.41	0.09	0	0	4.28
方案 3	发电量/(亿 kW·h)	401.74	351.93	322.67	278.96	255.27	227.14	287.16
	弃水/亿 m³	90.36	41.54	17.98	0	0	0	0
方案 4	发电量/(亿 kW·h)	397.7	351.05	322.29	282.34	258.87	230.05	290.22
	弃水/亿 m³	127.67	65.45	39.11	4.71	0	0	4.81
方案 5	发电量/(亿 kW·h)	399.58	351.46	322.92	280.77	256.96	228.5	288.47
	弃水/亿 m³	108.64	52.42	27.05	0.03	0	0	4.74
方案 6	发电量/(亿 kW·h)	400.81	351.2	322	278.35	254.73	226.69	286.55
	弃水/亿 m³	90.36	41.54	17.98	0	0	0	0

　　分析上述计算结果可知，当 5 月初溪洛渡起调水位为 600m 时，丰水年采用提前消落方案相比于其他方式可有效减少梯级总弃水量，枯水年时高水位运行、均匀消落、提前消

落三种方案均无弃水，梯级电站可对天然来水实现完全调节。从电站动能指标的角度来看，当遭遇组合洪水时，提前消落方案可在不增加防洪风险的同时保证梯级电站经济效益的发挥，而在丰水年时，梯级电站联合均匀消落可兼顾增发电量和减少弃水两大目标，中水年、枯水年时梯级电站联合高水位运行能充分利用溪洛渡、向家坝梯级的水头效益，发电量最大。

对比方案 4、方案 5、方案 6 调度结果可知，起调水位一定时不同频率来水情况下梯级电站联合消落方案优选和前述一致，但在模型输入、调度方案相同的条件下，随着 5 月初起调水位的降低，梯级总发电量有所减少，响应梯级水量利用率显著提高，从枯水期发电效益的角度，金沙江溪洛渡、向家坝梯级电站 5 月初水位溪洛渡采用 600m 控制方案更优。

4.2.2.4 金沙江下游梯级电站群消落方式研究

乌东德水电站是金沙江下游河段滚动开发的第一个梯级电站，涉及川、滇两省，电站总装机容量为 9600MW，2015 年全面开工建设，2021 年 6 月全部机组正式投产发电，白鹤滩电站作为金沙江下游第二梯级，距乌东德坝址约 182km，下游距离溪洛渡水电站约 195km，2021 年 6 月首批机组发电，预计 2022 年整体工程完工。远景水平下，金沙江下游梯级电站群总调节库容 208.2 亿 m³，能实现对金沙江下游流域天然来水的不完全年调节，因此，在前述溪洛渡、向家坝梯级电站枯水期消落运用方式研究的基础上，选取白鹤滩、溪洛渡电站 5 月、6 月逐旬水位作为消落控制水位，与乌东德、白鹤滩电站形成金沙江下游流域梯级水电站群联合调度。

结合溪洛渡、向家坝梯级电站枯水期消落运用方式研究成果和乌东德、白鹤滩枯水期运行要求和电站特性，将乌东德、白鹤滩、溪洛渡、向家坝电站消落深度依次设置为 23m、40m、40m 和 10m，5 月初白鹤滩水位为 825m、溪洛渡水位为 600m，为此，研究以乌东德、白鹤滩、溪洛渡、向家坝梯级电站群总发电量最大为目标，白鹤滩、溪洛渡分别选取高水位运行方案、均匀消落方案、提前消落方案 3 种不同消落方式组合进行调度计算，各方案消落控制水位见表 4.22 和图 4.28，计算结果见表 4.23。

表 4.22　　　　　　　　金沙江梯级四库 5 月、6 月分旬控制消落方案　　　　　　单位：m

方案编号		5 月			6 月		
		上旬	中旬	下旬	上旬	中旬	下旬
1	白鹤滩	825	825	825	811.67	798.33	785
	溪洛渡	600	600	600	586.67	573.3	560
2	白鹤滩	825	825	825	811.67	798.33	785
	溪洛渡	586.67	573.33	560	560	560	560
3	白鹤滩	818.33	811.67	805	798.33	791.67	785
	溪洛渡	593.33	586.67	580	573.33	566.67	560
4	白鹤滩	811.67	798.33	785	785	785	785
	溪洛渡	600	600	600	586.67	573.33	560
5	白鹤滩	811.67	798.33	785	785	785	785
	溪洛渡	586.67	573.33	560	560	560	560

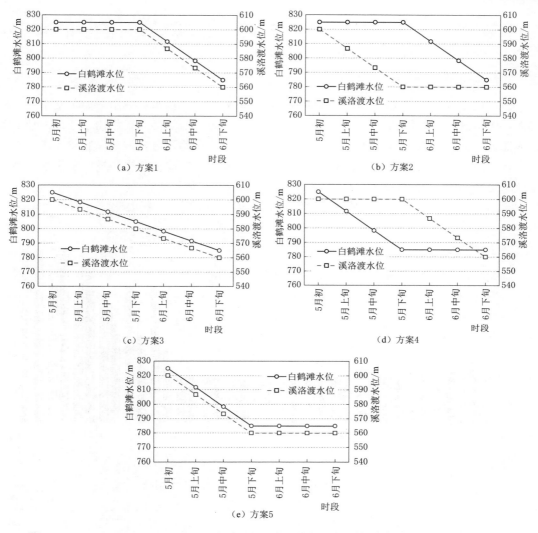

图 4.28　金沙江梯级四库不同消落方案水位控制过程线

表 4.23　远景水平不同频率来水情况下各消落方案计算成果

来 水 频 率		$P=1\%$	$P=10\%$	$P=20\%$	$P=50\%$	$P=70\%$	$P=90\%$	多年平均值
方案 1	发电量/(亿 kW·h)	870.23	762.44	713.37	641.45	607.33	558.81	654.89
	弃水/亿 m³	450.30	348.17	263.73	162.62	109.28	63.49	176.68
方案 2	发电量/(亿 kW·h)	895.31	791.26	742.64	662.88	626.27	564.71	676.76
	弃水/亿 m³	339.12	237.2	153.01	75.26	33.32	32.07	86.85
方案 3	发电量/(亿 kW·h)	923.81	827.66	776.35	686.1	640.71	575.89	699.69
	弃水/亿 m³	288.53	161.58	77.37	27.70	6.89	17.41	38.93
方案 4	发电量/(亿 kW·h)	939.38	840.32	785.69	691.72	645.92	581.34	707.33
	弃水/亿 m³	254.54	136.61	62.50	19.37	2.31	11.30	25.95

续表

来水频率		$P=1\%$	$P=10\%$	$P=20\%$	$P=50\%$	$P=70\%$	$P=90\%$	多年平均值
方案5	发电量/(亿 kW·h)	944.45	848.88	788.77	687.93	637.62	576.47	705.28
	弃水/亿 m³	189.43	58.61	11.49	0.02	0.02	0.01	0

由不同来水情景下金沙江下游四库梯级调度结果可知，从水量利用率的角度来看，白鹤滩、溪洛渡采用相同消落方式的情况下，两电站联合提前消落方案相比于其他两种消落方式能显著减少弃水。当两电站消落方式不同时，由于白鹤滩电站调节库容较溪洛渡电站高出近 50 亿 m³，白鹤滩电站提前消落相比于溪洛渡电站提前消落提高梯级总体水量利用率效果更突出。

来水 $P=20\%$、$P=50\%$ 时不同消落方案出力对比如图 4.29 和图 4.30 所示。

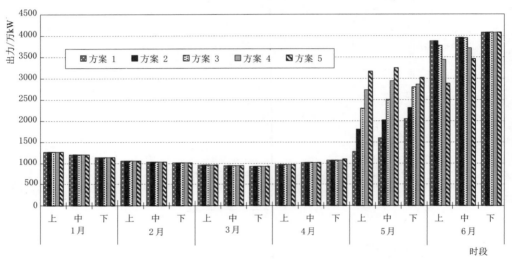

图 4.29　来水 $P=20\%$ 时不同消落方案出力对比

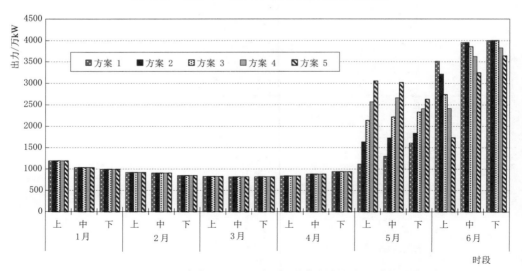

图 4.30　来水 $P=50\%$ 时不同消落方案出力对比

从梯级总发电量的角度来看，丰水年时白鹤滩、溪洛渡电站同时提前消落方案可有效减少梯级总弃水量，并提高金沙江下游流域四库梯级总发电量，而在中水年、枯水年时，白鹤滩提前消落、溪洛渡高水位运行为最经济消落控制方案，但牺牲了一定水量利用率，综上所述，在金沙江下游流域乌东德、白鹤滩、溪洛渡、向家坝四库梯级枯水期联合消落时，白鹤滩电站提前消落有利于提高梯级整体枯期电量，梯级整体消落水位控制方案需根据实际来水频率选取。

4.2.3　水位消落控制线绘制及消落规则

本节将金沙江下游作为研究对象。金沙江位于长江上游，其下游河段坐落了四个世界级的大型水电站：乌东德、白鹤滩、溪洛渡和向家坝。随着乌东德和白鹤滩水电站即将建成投运，溪洛渡和向家坝水电站在枯水期的入库流量会发生显著变化，如果每个水电站单独运行，梯级补偿效益得不到充分发挥并且可能造成不必要的弃水。所以很有必要研究四个水电站的枯水期联合水位消落策略，梯级水库的基本参数见表 4.24。

表 4.24　　　　　　　　　　　　梯级水库的基本参数

参　数	乌东德	白鹤滩	溪洛渡	向家坝
水位范围/m	[945, 975]	[765, 825]	[540, 600]	[370, 380]
调节库容/($\times 10^8 \mathrm{m}^3$)	26.15	111.81	64.62	9.03
最大下泄流量/(m^3/s)	50153	50153	50153	50153
最小下泄流量/(m^3/s)	1000	1000	1200	1200
初水位/m	975	825	600	380
防洪控制水位/m	952	785	560	370
装机容量/MW	10200	16000	13860	6400

首先，采用前文提到的 IMODE 算法分析了枯水期梯级最小出力和梯级总发电量之间的关系。分三种典型年进行了计算（枯水年、平水年和丰水年），得到的 Pareto 前沿如图 4.31 所示。通过计算得到了三种典型年梯级最小出力的大致范围，枯水年：7200～13800MW，平水年：8200～15000MW，丰水年：11000～17000MW。梯级最小出力越小，水位消落的就越慢，开始下降时间也相对较晚。得到的这些出力范围值可以为实际运行提供参考，结合判别式方法，可以确定枯水期初期梯级水库的运行模式。

4.2.3.1　消落控制线绘制

判别式方法不能处理汛前水位集中消落带来的弃水问题，因此根据多目标优化模型的历史径流计算结果，采用隐随机优化方法提取了调度规则（董子敖等，1991），以防止枯水期后期水位的集中消落。首先计算了三种典型年两种不同目标下的梯级各水库水位消落起始时间。表 4.25 列出了两种方案下（优先考虑最大化枯水期总发电量和优先考虑最大化梯级最小出力）大致水位消落时间。

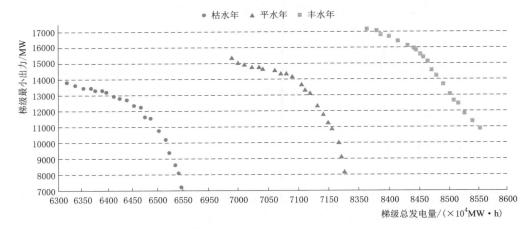

图 4.31　三种典型年 Pareto 前沿计算结果

表 4.25　　　　　　　　　　　大 致 水 位 消 落 时 间

计 划 方 案		水位消落起始时间		
		丰水年	平水年	枯水年
乌东德	发电量优先	4 月 1 日	4 月 1 日	1 月 10 日
	最小出力优先	1 月 1 日	1 月 1 日	1 月 1 日
白鹤滩	发电量优先	4 月 10 日	4 月 20 日	4 月 20 日
	最小出力优先	1 月 20 日	1 月 20 日	1 月 20 日
溪洛渡	发电量优先	5 月 20 日	6 月 10 日	6 月 10 日
	最小出力优先	4 月 20 日	4 月 20 日	4 月 10 日
向家坝	发电量优先	6 月 1 日	6 月 20 日	6 月 20 日
	最小出力优先	6 月 1 日	6 月 20 日	6 月 20 日

从表 4.25 可以看出，无论电站以发电量优先方案运行还是以最小出力优先方案运行，乌东德和白鹤滩电站都会最先降低水位补偿出力，之后才由溪洛渡和向家坝进行出力补偿。多目标算法计算出的结果与判别式法一致，乌东德和白鹤滩拥有较大的 K^* 值，并且较为接近，所以它们的水位消落时间基本相同。只有在枯水年，为了满足最小下泄流量要求，乌东德电站将会较早地降低水位补偿下泄流量。溪洛渡的 K^* 值比向家坝大，所以向家坝最后进行水位消落。另外研究发现溪洛渡和向家坝电站就算以梯级最小出力最大为目标，水位也不会过早消落去补偿出力。因为位于下游的溪洛渡和向家坝电站发电水头对梯级出力作用明显，前期保持高水头对整个调度期的梯级最小出力和梯级发电量都有利，过早消落反而会造成后期梯级出力减小，梯级最小出力主要受制于乌东德和白鹤滩电站。当前期由乌东德和白鹤滩电站消耗水量补偿出力时，只要设置的梯级最小出力在合理范围内，就不会出现上游水库水位消落过快而造成后期无水可供、无法满足最小下泄流量约束的情况，所以后文研究中没有设置为了预防水位下降过快的水位消落控制下限，枯水期前期可以依据给定的合理梯级出力值结合判别式法按"以电定水"的方式运行。

从 5 月开始，金沙江的径流开始增大，梯级最小出力已经不再成为限制条件，基本上天然径流各电站不蓄不供下的出力就能满足要求。在这种情况下，判别式法已经起不到作用，然而却需要考虑梯级水库集中消落带来的弃水问题。4 个水库必须在 6 月底之前将水位消落至防洪控制水位以应对洪水，怎样安排消落次序和时机、最大化发电效益是一个关键问题。所以本书采用隐随机优化方法利用 IMODE 算法分析历史径流数据，提取了调度规则并绘制成水位消落控制线。每种典型年挑选了多个代表年份进行计算，每个代表年根据多目标优化结果，取上包络线得到了各代表年径流下的水位控制线（多目标优化结果中每个非劣解对应一组水位过程线数据），然后对每种典型年相应的多个代表年份水位控制线取平均得到了三种典型年最终的消落控制线，作为最晚水位消落控制上限约束。在本书中，对每种典型年选择了 5 个代表年进行计算，得到的水位消落控制线如图 4.32 所示。

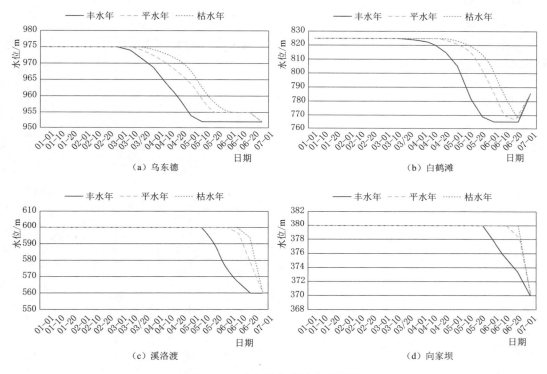

图 4.32　水电站水位消落控制线

4.2.3.2　梯级水电站发电调度两阶段优化问题单调原理

流域梯级水电站联合优化调度的目的是在满足电网及水电站安全稳定运行约束的前提下，使得整个梯级有限的水资源发挥最大的经济效益。由于梯级水电站间复杂的水力、电力联系，以及调度时段间、梯级电站间复杂的强耦合约束，流域梯级水电站联合优化调度问题呈现多维、非凸、非线性和约束强耦合的特点（Bazaraa，2013），模型求解十分困难（谢蒙飞，2017）。为此，国内外专家学者针对这一问题开展了大量研究工作，引入、改进和提出了大量求解方法，取得了丰硕的成果。其中应用最广泛的为动态规划类算法和智能优化算法（梅亚东，2000）。动态规划类方法主要有：动态规划（DP）、逐步优化算法（POA）、离散微分动态规划算法（DDDP）等（Bellman，1957），动态规划算法能够有效求解复杂非线性约束优化问题，在水电站优化问题的建模求解中应用广泛，但存在维数灾、解的对偶间隙、伪局部最优和收敛性等问题（Afshar，2012）。以遗传、进化和粒子群算法等为代表的启发式方法因其计算性能优秀，且对问题的目标函数无连续、可微等要求，也被广泛应用于梯级水电站联合优化调度问题求解中（Yakowitz，1982）。

梯级水电站发电调度两阶段优化问题描述如下：针对梯级水电站联合发电调度模型中的某一时段 t，预调节电站 i 在 $t+1$ 时段初水位 Z_{t+1}^i，使得梯级水电站总发电量增量最大，电站 i 下游存在 N 个与其有直接或间接水力联系的电站，如图 4.33 所示。若 ΔQt 为电站 i 调整水位导致的径流变化，则两阶段优化问题可描述为式（4.21）。

$$\max \Delta E_{\text{total}} = \Delta E_i^{\text{调}}(\Delta Q_t) + \sum_{j=0}^{N} \Delta E_j^{\text{非调}}(\Delta Q_t) \tag{4.21}$$

式中：ΔE_{total} 为总发电量增量；$\Delta E_i^{\text{调}}$ 为调节水位电站自身的发电增量；$\Delta E_j^{\text{非调}}$ 为受调节电站影响的下游电站的发电量增量。

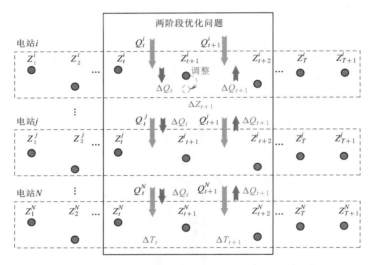

图 4.33　梯级水电站发电调度两阶段问题示意图

1. 下游电站发电量增量

受上游电站水位调节的影响，下游电站时段 t 和 $t+1$ 入库径流发生变化，电站 j 发电量增量 $\Delta E_j^{\text{非调}}$ 如式（4.22）。

$$\Delta E_j^{\text{非调}} = \Delta E_{j,t}^{\text{非调}} + \Delta E_{j,t+1}^{\text{非调}} \tag{4.22}$$

式中：$\Delta E_{j,t}^{\text{非调}}$ 为 t 时段发电量增量；$\Delta E_{j,t+1}^{\text{非调}}$ 为 $t+1$ 时段增量。

（1）t 时段发电量增量。若 t 时段初始发电量为 $E_{j,t}^1$，上游水位调节后发电量为 $E_{j,t}^2$，$E_{j,t}^1$、$E_{j,t}^2$ 计算公式如下：

$$E_{j,t}^1 = KQ_t^j H_t^j \cdot \Delta T_t = KQ_t^j \cdot \left(\frac{Z_t^j + Z_{t+1}^j}{2} - Z_j^{\text{down}}(Q_t^j) - H_{\text{loss}}^j \right) \Delta T_t \tag{4.23}$$

$$E_{j,t}^2 = K(Q_t^j + \Delta Q_t) \cdot \left[\frac{Z_t^j + Z_{t+1}^j}{2} - Z_j^{\mathrm{down}}(Q_t^j + \Delta Q_t) - H_{\mathrm{loss}}^j \right] \Delta T_t \qquad (4.24)$$

如假定在 ΔQ_t 变化范围内 H_{loss}^j 为定值，则有 t 时段发电量 $\Delta E_{j,t}^{非调}$ 对 ΔQ_t 的导数如式（4.25）：

$$\frac{\partial \Delta E_{j,t}^{非调}}{\partial \Delta Q_t} = K \left[\frac{Z_t^j + Z_{t+1}^j}{2} - H_{\mathrm{loss}}^j - Z_j^{\mathrm{down}}(Q_t^j + \Delta Q_t) - Z_j^{\mathrm{down}\prime}(Q_t^j + \Delta Q_t)(Q_t^j + \Delta Q_t) \right] \Delta T_t$$

$$(4.25)$$

（2）$t+1$ 时段发电量增量。由水量平衡计算公式可知 $\Delta Q_{t+1} = -\Delta Q_t \Delta T_t / \Delta T_{t+1}$，同理可得 $t+1$ 时段发电量 $\Delta E_{j,t+1}^{非调}$ 对 ΔQ_t 的导数如式（4.26）：

$$\frac{\partial \Delta E_{j,t+1}^{非调}}{\partial \Delta Q_t} = K \left[-\frac{Z_{t+1}^j + Z_{t+2}^j}{2} + H_{\mathrm{loss}}^j + Z_j^{\mathrm{down}}\left(Q_{t+1}^j - \frac{\Delta T_t}{\Delta T_{t+1}} \Delta Q_t \right) \right.$$

$$\left. + Z_j^{\mathrm{down}\prime}\left(Q_{t+1}^j - \frac{\Delta T_t}{\Delta T_{t+1}} \Delta Q_t \right)\left(Q_{t+1}^j - \frac{\Delta T_t}{\Delta T_{t+1}} \Delta Q_t \right) \right] \Delta T_t \qquad (4.26)$$

（3）t 时段与 $t+1$ 段发电量增量和。由式（4.22）、式（4.25）和式（4.26）联合得到电站 j 发电量增量 $\Delta E_j^{非调}$ 对 ΔQ_t 的导数见式（4.27），并对其求二阶导数得到式（4.28）。

$$\frac{\partial \Delta E_j^{非调}}{\partial \Delta Q_t} = K \left\{ \frac{Z_t^j - Z_{t+2}^j}{2} + Z_j^{\mathrm{down}}\left(Q_{t+1}^j - \frac{\Delta T_t}{\Delta T_{t+1}} \Delta Q_t \right) - Z_j^{\mathrm{down}}(Q_t^j + \Delta Q_t) \right.$$

$$+ Z_j^{\mathrm{down}\prime}\left(Q_{t+1}^j - \frac{\Delta T_t}{\Delta T_{t+1}} \Delta Q_t \right)Q_{t+1}^j - Z_j^{\mathrm{down}\prime}(Q_t^j + \Delta Q_t)Q_t^j$$

$$\left. - \left[\frac{\Delta T_t}{\Delta T_{t+1}} Z_j^{\mathrm{down}\prime}\left(Q_{t+1}^j - \frac{\Delta T_t}{\Delta T_{t+1}} \Delta Q_t \right) + Z_j^{\mathrm{down}\prime}(Q_t^j + \Delta Q_t) \right] \Delta Q_t \right\} \Delta T_t$$

$$(4.27)$$

$$\frac{\partial^2 \Delta E_j^{非调}}{\partial \Delta Q_t^2} = K \Delta T_t \left[-2\frac{\Delta T_t}{\Delta T_{t+1}} Z_j^{\mathrm{down}\prime}\left(Q_{t+1}^j - \frac{\Delta T_t}{\Delta T_{t+1}} \Delta Q_t \right) - 2 Z_j^{\mathrm{down}}(Q_t^j + \Delta Q_t) \right.$$

$$- \frac{\Delta T_t}{\Delta T_{t+1}} Z_j^{\mathrm{down}\prime\prime}\left(Q_{t+1}^j - \frac{\Delta T_t}{\Delta T_{t+1}} \Delta Q_t \right)\left(Q_{t+1}^j - \frac{\Delta T_t}{\Delta T_{t+1}} \Delta Q_t \right)$$

$$\left. - Z_j^{\mathrm{down}\prime\prime}(Q_t^j + \Delta Q_t)(Q_t^j + \Delta Q_t) \right] \qquad (4.28)$$

2. 水位调节电站发电量增量

调节水位的电站，其本身的下泄流量和下游电站一样受自身水位调节的影响，但除此之外自身水位调节使得时段平均水头降低，因此水位调节电站发电量增量可分为两部分，因流量调节导致发电量增量和因水位调节导致的发电量增量，如式（4.29）。

$$\Delta E_i^{调} = \Delta E_i^{流量} + \Delta E_i^{水位} \qquad (4.29)$$

其中，由流量调节导致的发电量增量与非调节电站计算方法相同，即 $\Delta E_i^{流量} = \Delta E_i^{非调}$。按上述推导，$\Delta E_i^{水位}$ 对 ΔQ_t 的导数如式（4.30），其二阶导数如式（4.31）。

$$\frac{\partial \Delta E_i^{水位}}{\partial \Delta Q_t} = -K \frac{Z'(V_{t+1}^i - \Delta Q_t \Delta T_t)}{2} \Delta T_t (Q_t^i \Delta T_t + Q_{t+1}^i \Delta T_{t+1}) \quad (4.30)$$

式中：V_{t+1}^i 为 $t+1$ 时段初水位 Z_{t+1}^i 对应的库容；Z 为水位对库容的函数。

$$\frac{\partial^2 \Delta E_i^{水位}}{\partial \Delta Q_t^2} = K \frac{Z''(V_{t+1}^i - \Delta Q_t \Delta T_t)}{2} \Delta T_t^2 (Q_t^i \Delta T_t + Q_{t+1}^i \Delta T_{t+1}) \quad (4.31)$$

而水位对库容的函数 Z 为凹函数，因此 $\partial^2 \Delta E_i^{水位}/\partial \Delta Q_t^2 < 0$ 恒成立。

3. 梯级水电站总发电量增量

对式（4.21）求导可得到梯级电站总发电量增量对 ΔQ_t 的一阶导数如式（4.32）。

$$\Delta E'_{total}(\Delta Q_t) = \frac{\partial \Delta E_{total}}{\partial \Delta Q_t} = \frac{\partial \Delta E_i^{非调}(\Delta Q_t)}{\partial \Delta Q_t} + \frac{\partial \Delta E_i^{水位}}{\partial \Delta Q_t} + \sum_{j=0}^{N} \frac{\partial \Delta E_j^{非调}(\Delta Q_t)}{\partial \Delta Q_t} \quad (4.32)$$

而根据式（4.27）、式（4.28）、式（4.31）可知，若梯级电站集合 M 中电站满足式（4.33）（式中前半部分可称电站"单调性判据值"），则 $\partial^2 \Delta E_{total}/\partial \Delta Q_t^2 < 0$ 恒成立，由此可得函数 $\partial \Delta E_{total}/\partial \Delta Q_t$ 是关于 ΔQ_t 的单调减函数。

$$\forall j \in M, -2Z_j^{down'}(Q) - QZ_j^{down''}(Q) < 0 \quad (4.33)$$

由上述分析可知，若式（4.33）成立，则 ΔE_{total} 在 ΔQ_t 可行域内一定存在最优解，且最优解处在 ΔQ_t 可行域的边界或 $\partial \Delta E_{total}/\partial \Delta Q_t = 0$ 处。

4.2.3.3 梯级水库群发电调度两阶段优化问题单调性分析

由上述分析可知，若梯级电站满足式（4.33），则最优问题式（4.21）可求得解析解，并可应用此原理设计相应的搜索策略，提升算法的收敛速度。为探求金沙江下游梯级水电站两阶段优化问题的单调性，研究工作运用麦夸特法（Levenberg - Marquardt）选取了常见的 3000 种拟合函数进行曲线拟合，最终选取拟合度较高、参数较少的拟合函数，如式（4.34），四库梯级电站拟合函数参数、拟合度（R）和均方根误差（RMSE）如表 4.26所示。

$$Z^{down} = p_1 + p_2 \cdot q^{0.5} + p_3 \cdot q + p_4 \cdot q^{1.5} + p_5 \cdot q^2 + p_6 \cdot q^{2.5} \quad (4.34)$$

表 4.26 金沙江下游四库梯级下泄流量下游水位拟合函数参数

电站	p_1	p_2	p_3	p_4	p_5	p_6	R	RMSE
乌东德	803.263	0.4848	−0.00510	4.70E−05	−1.90E−07	2.82E−10	0.99998	0.24
白鹤滩	579.250	0.2414	0.00090	−1.93E−05	1.44E−07	−3.36E−10	0.99995	0.13
溪洛渡	367.154	0.0445	0.00222	−7.18E−06	−2.88E−08	1.61E−10	0.99999	0.04
向家坝	259.478	0.2416	−0.00251	2.80E−05	−1.30E−07	2.17E−10	0.99998	0.05

由拟合函数求得 $q \in [100, 10000]$ 范围内各电站单调性判据值如图 4.34 所示，由图可知金沙江下游梯级电站满足式（4.33），在求解金沙江下游梯级电站发电调度问题时，可应用此原理设计相应的搜索策略，提升算法的收敛速度。

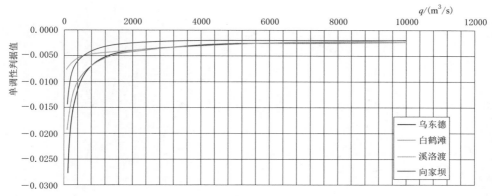

图 4.34　金沙江下游梯级电站单调性判据值

　　为进一步验证所提结论的正确性，研究工作选取金沙江下游梯级中溪洛渡、向家坝梯级某时段的两阶段优化问题进行了实例验证，两阶段优化问题参数见表 4.27。

表 4.27　　　　　　　　　　溪洛渡、向家坝梯级某两阶段优化问题参数

电站	水位/m			下泄流量/(m³/s)	
	t 时段	$t+1$ 时段	$t+2$ 时段	t 时段	$t+1$ 时段
溪洛渡	600	588	570	4000	5000
向家坝	380	375	380	4000	5000

　　溪洛渡、向家坝和梯级水电站发电量增量的微分量$\partial \Delta E_{total}/\partial \Delta Q_t$，与发电量随 ΔQ_t 变化如图 4.35 和图 4.36 所示。由图可以看出，溪洛渡电站在 ΔQ_t 最小处发电量取最大值，向家坝和梯级电站在$\partial \Delta E_{total}/\partial \Delta Q_t = 0$ 处发电量取得最大值。由图 4.36 可知，当溪洛渡 $t+1$ 时初段水位向上调整使得 t 时段下泄减少 $1600\text{m}^3/\text{s}$，梯级电站可获得最大发电量增量，实例研究成果分析也进一步验证了所提"梯级水电站发电调度两阶段优化问题单调原理"的正确性。

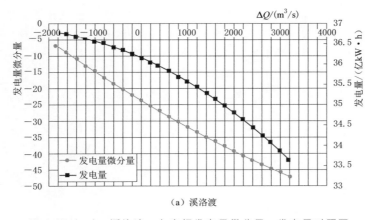

（a）溪洛渡

图 4.35（一）　溪洛渡—向家坝发电量微分量、发电量对照图

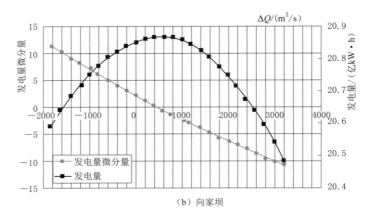

图 4.35 (二)　溪洛渡—向家坝发电量微分量、发电量对照图

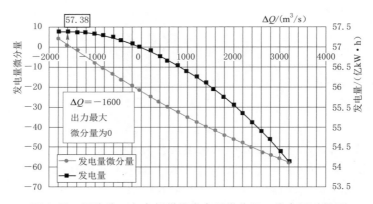

图 4.36　溪洛渡—向家坝梯级发电量微分量、发电量对照图

4.2.3.4　梯级水库群枯水期消落规则

　　由前节式（4.34）可知，两阶段问题中某电站水位调节导致的梯级发电量增量由电站及其下游电站时段水量变化导致的发电量增量和该电站坝前水位变化导致的水头变化引起的自身发电量增量两部分组成。在梯级各水电站消落特性分析中，可从这两个方面分析梯级水电站的消落特性。在梯级水电站联合消落的两阶段问题中，若设定 $\Delta T_t = \Delta T_{t+1} = \Delta T$，假定下泄流量下游尾水位和水位库容曲线为线性，则式（4.29）、式（4.32）可化简为式（4.35）、式（4.36）。

$$\frac{\partial \Delta E_j^{非调}}{\partial \Delta Q_t} = K \Delta T \left[\frac{Z_t^j - Z_{t+2}^j}{2} + 2 Z_j^{\text{down}'} (Q_{t+1}^j - Q_t^j) - 4 Z_j^{\text{down}'} \Delta Q_t \right] \tag{4.35}$$

$$\frac{\partial \Delta E_i^{水位}}{\partial \Delta Q_t} = -K \frac{Z'}{2} \Delta T^2 (Q_t^i + Q_{t+1}^i) \tag{4.36}$$

1. 水量分配导致的发电量增量部分

　　在两阶段优化问题中，在分析水量分配导致的发电量增量部分时，以调节水位电站对下游电站的影响分析入手，但在分析梯级水电站消落期消落方式时，从某个被影响的电站的角度出发，分析其对上游电站提前以及推后消落的需求，如图 4.37 所示，其中 Q_t^j 是梯级电站在 t 时刻入库流量（不包含上游电站补偿流量），ΔQ_t 为 t 时段上游梯级因消落水位增加的下泄流量，ΔQ_{max} 为上游梯级联合消落总流量。

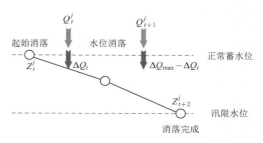

图 4.37　上游梯级水量分配对电站发电量影响

梯级某电站受上游电站水量分配影响的发电量增量对上游消落流量 ΔQ_t 的导数如式（4.35）所示，式（4.35）由三部分组成：

（1）$\dfrac{Z_t^j - Z_{t+2}^j}{2}$：在水位消落过程中，初水位大于末水位恒成立，因此该部分为正。

（2）$2Z_j^{down\prime}(Q_{t+1}^j - Q_t^j)$：在消落期一般情况来说，径流呈现持续上涨的情况，$Q_{t+1}^j > Q_t^j$ 基本成立，因此该部分为正。

（3）$-4Z_j^{down\prime}\Delta Q_t$：该部分为负值，且随着 ΔQ_t 增大逐步减小。

由上述分析可知当 ΔQ_t 由 0 增大至 ΔQ_{max} 时，$\partial \Delta E_j^{非调} / \partial \Delta Q_t$ 开始为正，并逐步减小，而由调峰理论可知，当梯级水电站满足 $\forall j \in M$，$-2Z_j^{down\prime}(Q) - QZ_j^{down\prime\prime}(Q) < 0$ 时，在 ΔQ_t 可行域内一定存在使得当前电站发电量提升最大的最优消落流量 ΔQ_t^{best}，且 ΔQ_t^{best} 处在 ΔQ_t 可行域的边界或 $\partial \Delta E_{total} / \partial \Delta Q_t = 0$ 处。若 $\Delta Q_t^{best} > \Delta Q_{max}/2$ 则表示上游梯级提前消落对当前电站有利，$\Delta Q_t^{best} < \Delta Q_{max}/2$ 则表示上游梯级推后消落对当前电站有利，$\Delta Q_t^{best} \approx \Delta Q_{max}/2$ 则表示上游梯级均匀消落对当前电站有利。

2. 水位变化导致的发电量增量部分

梯级水电站消落水位的变化不仅影响时段间的水量分配，而且还影响水位变化电站的平均水头，进而影响梯级水电站的总发电量，如图 4.38 所示，对应的发电量增量对流量变化的导数，如式（4.37）。

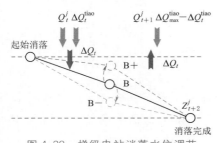

图 4.38　梯级电站消落水位调节对发电量影响

$$\frac{\partial \Delta E_i^{水位}}{\partial \Delta Q_t} = -K \frac{Z'}{2} \Delta T^2 (Q_t^i + Q_{t+1}^i + \Delta Q_{max}^{tiao})$$

$$(4.37)$$

式中：ΔQ_t 为由梯级电站水位变化引起的流量变化；ΔQ_t^{tiao} 为 t 时段上游梯级消落流量；ΔQ_{max}^{tiao} 为上游梯级联合消落总流量；Q_t^i 为 t 时段入库流量（不含上游消落流量）。

由式（4.37）可以看出，$\partial \Delta E_i^{水位} / \partial \Delta Q_t < 0$ 恒成立，当电站下调消落水位时，电站的发电量总是降低，但不同电站调节相同 ΔQ_t 而导致梯级电站发电量减益不同，可用式（4.37）表示。

3. 消落期总发电量增量

根据上述分析，梯级中某电站 i，消落流量为 $\Delta Q_{t,i}^{tiao}$ 时，梯级水电站发电量增益对 $\Delta Q_{t,i}^{tiao}$ 的导数如式（4.38）所示，将 $\partial \Delta E / \partial \Delta Q_{t,i}^{tiao}$ 记为 δ_i，即为梯级水电站联合消落判据，

据此判定梯级各水电站的消落次序和消落深度。

$$\delta_i = \frac{\partial \Delta E}{\partial \Delta Q_{t,i}^{\text{tiao}}} = K \Delta T \left[\sum_{j=0}^{M_i} \alpha_j - 4 \sum_{j=0}^{M_i} Z_j^{\text{down}\prime} \sum_{k=0}^{N_j} \Delta Q_{t,k}^{\text{tiao}} - \beta_i \right] \tag{4.38}$$

$$\Delta Q_t^{\text{tiao}} = \sum_{i=0}^{N} \Delta Q_{t,i}^{\text{tiao}} \tag{4.39}$$

$$\alpha_j = \frac{Z_t^j - Z_{t+2}^j}{2} + 2Z_j^{\text{down}\prime} (Q_{t+1}^j + \Delta Q_{\max}^{\text{tiao}} - Q_t^j) \tag{4.40}$$

$$\beta_j = \frac{\partial \Delta E_i^{\text{水位}}}{\partial \Delta Q_t} = -\frac{Z'}{2} \Delta T (Q_t^i + Q_{t+1}^i + \Delta Q_{\max}^{\text{tiao}}) \tag{4.41}$$

4. 基于两阶段优化原理的梯级水电站消落规则

(1) 消落时机的确定。根据联合消落判据 δ_i，确定梯级各水电站联合消落时机，$\delta_i > 0$ 的电站在 t 时段开始消落，否则在 $t+1$ 时段消落。

(2) 消落顺序的确定。根据联合消落判据 δ_i，确定梯级各水电站联合消落的顺序，δ_i 越大电站优先消落，反之 δ_i 推后消落。

(3) 消落深度的确定。梯级水电站消落深度按照如下方式确定：

1) 按照 δ_i 判据确立最先消落电站 i（如图 4.39 中电站 1），调节其消落流量 $\Delta Q_{t,i}^{\text{tiao}}$，随着 $\Delta Q_{t,i}^{\text{tiao}}$ 增大，δ_i 沿着 δ_i 对 $\Delta Q_{t,i}^{\text{tiao}}$ 的一阶段导数方向（图 4.39 中深蓝色曲线所示方向）减小，消落次序第二的电站 j（如图 4.39 中电站 2）沿着 δ_j 对 $\Delta Q_{t,j}^{\text{tiao}}$ 的一阶段导数方向减小（图 4.39 中浅蓝色曲线所示方向），当存在 $\Delta Q_t^{\text{tiao}} > \Delta Q_t^{\min}$ 或 $\delta_i = \delta_j$ 时，跳转第二步。其中 $\Delta Q_t^{\min}$ 为权衡水头效益和水量效益的临界点（如图中 C 点），临界点由式（4.42）给出。

$$\Delta Q_t^{\min} = \max \begin{cases} Q_{t+1}^i + \Delta Q_{\max}^{\text{tiao}} - Q_{\text{满}}^i \\ \delta_i \Big/ \dfrac{\partial \Delta E}{\partial \Delta Q_{t,i}^{\text{tiao}}} \end{cases} \tag{4.42}$$

式中：$Q_{\text{满}}^i$ 为电站 i 的满发流量。

2) 若 $\Delta Q_t^{\text{tiao}} > \Delta Q_t^{\min}$，计算电站 i 的消落流量，跳转到步骤 2）；若 $\delta_i = \delta_j$（如图 4.39 所示 A 点、B 点），由式（4.43）计算消落流量，设置电站 j 为消落电站，跳转到步骤 1）。

$$\Delta Q_{t,i}^{\text{tiao}} = (\delta_i - \delta_j) \Big/ \left(\frac{\partial \Delta E}{\partial \Delta Q_{t,i}^{\text{tiao}}} - \frac{\partial \Delta E}{\partial \Delta Q_{t,j}^{\text{tiao}}} \right) \tag{4.43}$$

3) 终止，输出各电站消落流量。

5. 消落规则制定策略的修正

上述理论分析建立在下泄流量下游尾水位和水位库容曲线为线性的假设上，下泄流量下游尾水位和水位库容曲线为线性的假设虽不影响整体的消落特性，但在局部会造成影响，因此还需在上述消落规则基础上做如下修正。

(1) 考虑特征曲线非线性的消落判据计算公式。考虑特征曲线的非线性特性后，消落

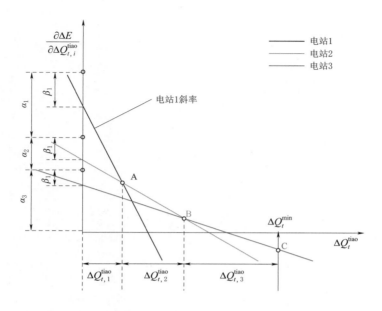

图 4.39　梯级各水电站消落深度确立示意图

判据 δ_i 中的 α_j 和 β_i 计算公式分别见式（4.44）和式（4.45）。

$$\alpha_i = \frac{Z_t^j - Z_{t+2}^j}{2} + Z_j^{\text{down}}(Q_{t+1}^j + \Delta Q_{\max}^{\text{tiao}} - \Delta Q_t) - Z_j^{\text{down}}(Q_t^j + \Delta Q_t)$$

$$+ Z_j^{\text{down}\prime}(Q_{t+1}^j + \Delta Q_{\max}^{\text{tiao}} - \Delta Q_t)Q_{t+1}^j - Z_j^{\text{down}\prime}(Q_t^j + \Delta Q_t)Q_t^j$$

$$+ [Z_j^{\text{down}\prime}(Q_{t+1}^j + \Delta Q_{\max}^{\text{tiao}} - \Delta Q_t) + Z_j^{\text{down}\prime}(Q_t^j + \Delta Q_t)]\Delta Q_t \tag{4.44}$$

$$\beta_i = -\frac{Z'(V_{t+1}^i - \Delta Q_t \Delta T_t)}{2} \Delta T_t (Q_t^i + Q_{t+1}^i + \Delta Q_{\max}^{\text{tiao}}) \tag{4.45}$$

（2）考虑特征曲线非线性的消落深度确立方法。考虑特征曲线非线性后各水电站发电量增量对消落流量的一阶偏导数不再是线性，而是一个具有一阶导数单调递减特性的曲线。由于无法求得曲线的解析公式，无法用式（4.43）计算曲线间的交点。而由于曲线的单调特性，曲线间的交点、曲线与 x 轴的交点可由二分法等方法求出并以此确定各水电站的消落深度，考虑特征曲线非线性的各水电站消落深度确立示意图如图 4.40 所示。

4.2.3.5　金沙江下游梯级水电站枯水期联合运行方式研究

1. 金沙江下游梯级电站调度规程

金沙江下游梯级中，溪洛渡、向家坝、乌东德已建成并已全面投产，白鹤滩水电站首批机组也正式投产发电，预计 2022 年工程完工。根据乌东德、白鹤滩电站规划设计《金沙江乌东德水电站环境影响报告书》《金沙江白鹤滩水电站环境影响报告书》和《金沙江溪洛渡水电站水库运用与电站运行调度规程》《金沙江向家坝水电站水库运用与电站运行调度规程》，梯级水电站调度规程见表 4.28。

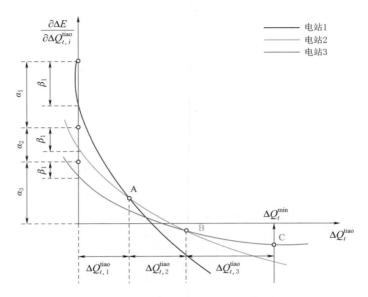

图 4.40　考虑特征曲线非线性的梯级各水电站消落深度确立示意图

表 4.28　　　　　　　　　　金沙江下游梯级水电站调度规程

电　站	非　汛　期				汛　期			最小下泄
	蓄水期范围	供水期范围	最高水位	最低水位	汛期范围	最高水位	最低水位	
乌东德	8月1日至9月1日	9月1日至次年6月30日	975	945	7月1—31日	952	945	906
白鹤滩	8月1日至9月1日	9月1日至次年5月31日	825	765	6月1日至7月31日	785	765	910
溪洛渡	9月10—30日	10月1日至次年6月30日	600	540	7月1日至9月10日	560	540	1400
向家坝	9月10—30日	10月1日至次年6月30日	380	370	7月1日至9月10日	370	370	1200

2. 金沙江下游梯级水电站枯水期联合运行方式及模拟

为进一步探索金沙江下游梯级枯水期联合运行方式，选取金沙江下游长系列径流资料（屏山站 1956—2010 年序列，其中乌东德、白鹤滩还原流量由屏山站径流按控制流域面积比推求），模拟演算 55 年实测径流序列，通过统计分析模拟演算求得的长系列最优调度方案的水位运行过程，一方面验证前述理论分析结论，更重要的是在综合理论分析成果的基础上，提炼准确、实用的金沙江下游梯级水电站枯期联合运行方式，为金沙江下游梯级水电站的水资源高效利用提供理论依据与决策支持。

（1）枯水期（1—3月）运行方式。根据前述分析，金沙江下游枯水期（1—3月）径流平稳、年际变化不显著，1月平均径流为 1524m³/s，2月平均径流为 1333m³/s，3月平均径流为 1245m³/s，1—3月径流呈现平稳降低趋势，最小径流多出现在 3 月中下旬。若将 1—6 月视为两阶段优化问题，平均径流情景下，梯级水电站消落特征参数如表 4.29 所示。由表可以看出梯级电站 δ_i 均小于 0，因此 1—3 月梯级水电站不消落，即维持高水位运行；但在来水较枯，梯级水电站需动用兴利库容时，白鹤滩 δ_i 最大，运用白鹤滩兴利库容可使得梯级水电站发电量损失最小，因此优先选择白鹤滩电站为补偿调节电站。

表 4.29　　　　　　　　金沙江下游梯级水电站消落特征参数（1—6 月）

电　站	平均入库		α_j	β_i	δ_i
	1—3 月	4—6 月			
乌东德	1367	2561	16.11	135.36	−62.51
白鹤滩	1367	2561	25.73	111.22	−54.48
溪洛渡	1367	2561	23.05	184.29	−153.28
向家坝	1367	2561	7.96	255.70	−247.74

而由金沙江下游梯级水电站长系列径流演算结果可知（图 4.41～图 4.44），1—3 月梯级各水电站维持在正常蓄水位运行，当出现径流偏枯梯级水电站需补偿径流时，由白鹤滩电站补偿径流。上述分析结果与理论分析结果一致，验证了所提方法的正确性。综合理论分析与长系列径流演算成果可知，1—3 月金沙江下游梯级水电站在保证流域各部门综合用水需求的前提下，维持高水位运行，当入库径流偏枯梯级水电站需补偿调度时，优先运用白鹤滩水电站兴利库容。

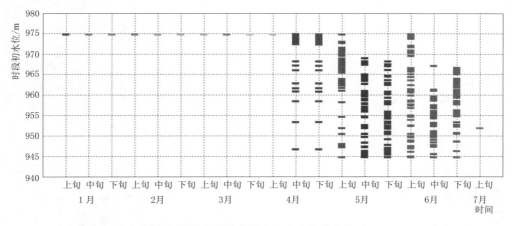

图 4.41　乌东德枯水期长系列最优调度方案水位分布图（1956—2010 年）

（2）消落期（4—6 月）运行方式。4—5 月金沙江下游梯级径流稳步提升，5—6 月径流大幅增大，部分年份 6 月已入汛，4 月平均径流为 1381m³/s、5 月平均径流为 2022m³/s、6 月平均径流为 4281m³/s，最大径流一般出现在 6 月下旬。若将 4—6 月视为两阶段优化问题，以 5 月 15 日为两阶段分界点，t 阶段平均径流为 1736m³/s，$t+1$ 阶段平均径流为 3673m³/s，按照式（4.39）求得梯级各电站 δ_i 值如下：乌东德 −13.30、白鹤滩 −21.06、溪洛渡 −110.72、向家坝 −193.70，梯级各电站 $\delta_i<0$，由此可知四月初梯级各水电站均不消落；而由 4.2.2.4 节可知，来水较丰时，乌东德、白鹤滩 5 月初已开始消落，由此可推断乌东德、白鹤滩消落时机在 4—5 月之间，面临时段乌东德、白鹤滩、溪

洛渡和向家坝的消落时机、消落次序和消落深度可由 4.2.3.4 节中所提方法确定。

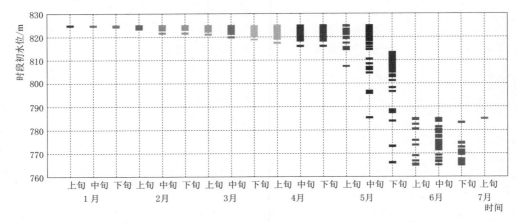

图 4.42　白鹤滩枯水期长系列最优调度方案水位分布图（1956—2010 年）

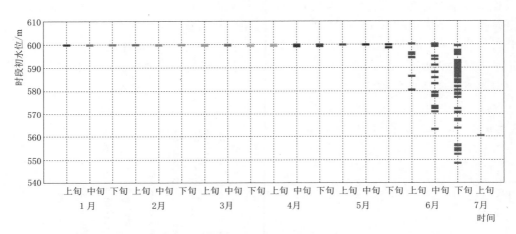

图 4.43　溪洛渡枯水期长系列最优调度方案水位分布图（1956—2010 年）

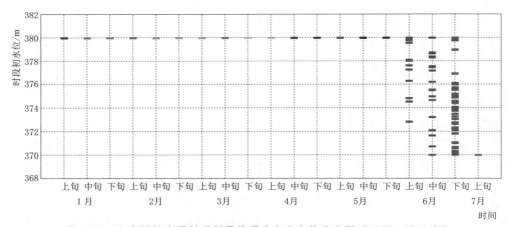

图 4.44　向家坝枯水期长系列最优调度方案水位分布图（1956—2010 年）

　　由图 4.41～图 4.44 可知，4—6 月乌东德和白鹤滩消落时机多集中在 4 月末、5 月初，溪洛渡和白鹤滩消落时机多集中在 6 月。图 4.45 统计了 55 年实测径流序列演算调度方案平均水位过程以及消落时机分布，乌东德电站消落时机分布在 4 月和 5 月上旬，主要集中在 4 月中旬和 4 月上旬，且在 5 月下旬有较为明显回蓄，6 月上旬再消落至汛限水位；白鹤滩电站消落时机多分布在 4 月下旬和 5 月中上旬，主要集中在 5 月中上旬，在 6 月上旬消落至汛限水位；溪洛渡水电站消落时机多分布在 5 月下旬和 6 月中上旬，主要集中在 6 月上旬；向家坝水电站消落时机多在 5 月下旬和 6 月中上旬，主要在 6 月中上旬。从消落时机和消落次序方面来看，理论分析成果与实际演算分析结果基本一致，验证了理论分析成果的正确性，综合理论分析和长系列径流演算成果可知，梯级水电站中乌东德最先消落，依次为白鹤滩、溪洛渡和向家坝，乌东德消落时机为 4 月中旬、5 月上旬，白鹤滩消落时机为 5 月中上旬，溪洛渡消落时机为 6 月上旬，向家坝消落时机为 6 月中上旬；在上述消落时机的基础上，可根据径流丰、枯情况，径流偏丰提前消落、径流偏枯推后消落。

　　为进一步验证所提枯水期联合运行方式的合理性，研究工作对比分析了平水年情景下根据所提消落准则编制的调度方案（以下简称编制方案）和优化调度模型演算方案（以下简称优化方案），如图 4.46 所示。平水年情景下，优化方案总发电量 644.45 亿 kW·h，

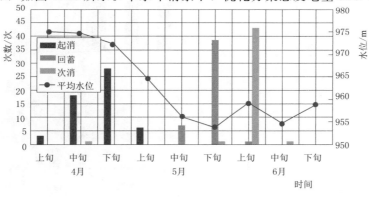

（a）乌东德

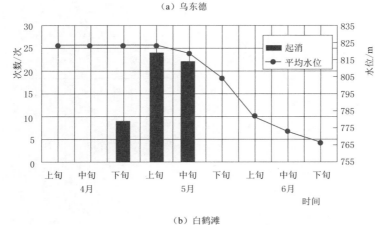

（b）白鹤滩

图 4.45（一）　长系列径流演算梯级各水电站消落

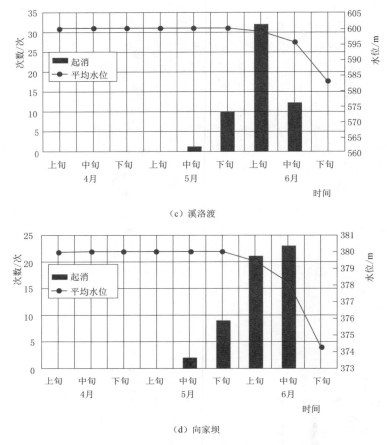

（c）溪洛渡

（d）向家坝

图 4.45（二） 长系列径流演算梯级各水电站消落

编制方案总发电量 638.81 亿 kW·h，发电量差 5.64 亿 kW·h；优化方案无弃水，编制方案总弃水量 1.00 亿 m³，由此可见所提调度规则能够较好地兼顾梯级水电站枯水期联合调度的水头和水量效益，取得了较为满意的结果。从优化方案和编制方案的水位过程来看，编制方案和优化方案枯水期均动用白鹤滩库容补偿；而消落期，两种方案的消落次

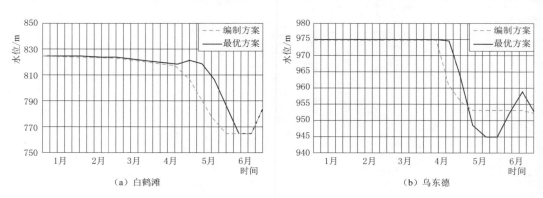

（a）白鹤滩   （b）乌东德

图 4.46（一） 调度规则编制方案与模拟计算最优方案对比图

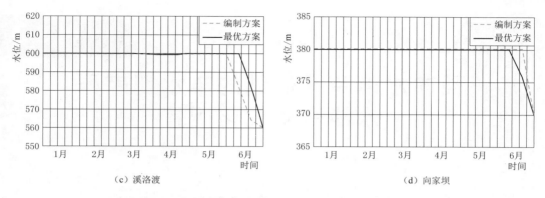

图 4.46（二） 调度规则编制方案与模拟计算最优方案对比图

序、消落时机基本一致，且与前述分析基本吻合，更加证明了前述结论的正确性。然而，编制方案水位乌东德无回蓄体现，表明所提消落规则虽能获取较为满意的结果，但尚不能实现最大化梯级水电站的水头和水量效益，有待进一步研究完善。

第 5 章

面向水电跨网消纳的丰水期库群水能资源优化配置

随着长江中上游、金沙江、雅砻江、大渡河、澜沧江等流域大型水电站的陆续投产和运营，已逐步形成以十三大水电基地为代表的规模最为庞大的水电站群系统，对我国东西部经济发展起到了极大的促进作用。其中，西南地区水电能源建设发展尤其迅猛，截至2014 年其水电机组装机容量已增至 13356 万 kW，约占全国水电装机总量的 44.3%。西南地区大规模巨型水电站群的建设和投运，极大地推动了我国跨区水火互济和南北互联电网格局的形成，其依靠南方电网"两渡直流"和国家电网"复奉直流""锦苏直流"等通道，将富余水电远距离输送至我国经济最发达的长三角、珠三角等负荷密集地区，有效缓解了我国由于区域发展程度与水电能源分布不平衡而导致的产用逆向配置现状（程春田等，2015）。然而，跨区特高压交直流混联电网水电大规模馈入消纳和外送、新能源大规模并网、电网峰谷差异日益增大、电网丰水期出现大量弃水等问题也对流域梯级水电站群联合优化调度提出了更高的要求，因此，实现面向水电跨网消纳的丰水期库群水能资源优化配置是亟待解决的关键科学问题和工程应用难题。

首先，针对调节能力有限的电站存在的弃水现象，分析各电网水电调峰需求和电网关键断面输电能力，并预测电网水电电量消纳能力；同时，通过分析水电弃水成因及弃水不确定性，提出水电弃水风险控制指标与评估体系，并建立考虑系统消纳能力的弃水电量计算模型，进而，研究计及弃水风险的梯级水库群优化调度，提取水电站关键水位调峰减弃调度规则并建立弃水风险控制约束下水库群多时段调峰减弃增发动态调度模型，指导调峰减弃调度；进一步通过研究多种电源空间分布结构及其互联电网能量和负荷的同步与异步特性，探讨各受电电网用电负荷总量、尖峰量、峰谷差及峰谷时间的差异性，结合水电电量消纳预测成果，以水电弃水风险控制为约束、调峰减弃为原则、受端电网余荷均方差最小为目标建立水电跨区联合调峰与电量消纳模型（谢蒙飞，2017；王永强，2012；王华为，2015）。最后考虑多种送电情景，提出区域电网丰水期水火电日期发电计划，充分发挥水电的快速调节优势，提升各级电网的水火互济水平，加强水电机群参与电网调度运行调整的机网协调控制技术，提高多元电源的互动配合能力，保障电网安全稳定运行（卢鹏，2016；麦紫君，2018）。

5.1 水库群跨网电量消纳预测研究

电力系统水电消纳受调峰约束和电网输送能力约束限制，导致大量弃水窝电，成为制约多电源多电网水库群跨区调峰消纳调度的瓶颈问题，如何确定水电电量消纳能力，是解决水电跨区调峰消纳的首要问题。为此，结合送端水电规模和受端消纳水电能力，考虑调峰约束和电网输送能力约束等约束条件，综合送端火电可压缩能力，提出以最大化利用水电及送受端联合系统火电发电量最小为优化目标的水电外送消纳预测模型，结合初始送电曲线下的送受端电网的弃水电量计算水电电量消纳能力，精细化定量计算富余水电外送规模和输送配置方式，并在充分利用通道输电能力的前提下构建多级分区输电限制约束的水电协调求解框架，优化送电曲线，提高水电富余电量的消纳能力。

5.1.1　梯级水库群负荷超短期区间预测

负荷预测是基于历史负荷波动规律及当前时刻负荷，预测未来若干分钟或几小时后的系统负荷波动情况，其可用于发电计划编制、实时经济调度、在线安全监视，指导发电机组提前响应系统负荷变化，或提示调度人员提前做好调整发电出力的准备，合理安排机组下一时刻发电计划，为梯级日前—实时多尺度经济调度控制与精细化模拟提供建模依据。

5.1.1.1　超短期负荷预测模型构建

梯级负荷波动是指梯级水电站实际负荷与电网前一天下达的计划负荷之间的差值。超短期负荷区间预测通过分析负荷波动统计规律，获得未来 5min 负荷波动可能取值的概率性结果，揭示预测工作中隐含的风险因素，为负荷实时分配仿真提供建模依据（黄溜，2018）。梯级负荷超短期区间预测的具体步骤如下。

1. 历史样本集选取

根据不同类型日负荷波动有所差别的特点，每季分别选取工作日、休息日作为预测典型日，并在各节假日里选取一日作为特殊类型预测典型日。每个预测日包含 288 个时段，每段时长 5min，用于负荷预测及预测误差统计分析。

2. 预测样本数据源预处理

对样本点中实际负荷值进行预处理，除去异常点以保证计算中使用的负荷波动值符合实际情况。利用日负荷曲线中连续 2 点负荷不突变的特性来判别异常点，使用式（5.1）填补缺失数据，修复异常点。

$$y(d,t) = [y(d,t-1) + y(d,t+1)]/2 \tag{5.1}$$

式中：$y(d,t)$ 为第 d 天 t 时段的负荷。

3. 未来时刻负荷点预测

（1）定义形系数。利用模式聚类和识别的方法分析历史负荷数据，以日负荷序列形系数为模式聚类、识别的距离指标，形系数定义如式（5.2）。形系数值越小，则表示两列数据越相似。

$$S_{12} = \frac{1}{n} \sum_{i=1}^{n} |x_{12i} - e_{12}| \tag{5.2}$$

式中：x_{12i} 为某两日负荷序列动态变化的差异；$e_{12} = \frac{1}{n} \sum_{i=1}^{n} x_{12i}$ 为两负荷序列动态变化的均值。

（2）相似日模式聚类。将通过预测样本数据源预处理的超短期负荷波动数据进行相似日模式聚类，即将变化规律相似（形系数值低）的历史负荷分为一类，并定义属于同一类的日子为相似日。

（3）计算典型日负荷曲线。在相似日模式聚类的基础上，为每一类定义典型日，典型日的负荷曲线过程如式（5.3）所示。

$$P_t^m = \frac{1}{I^m} \sum_{i=1}^{I^m} P_{i,t} \tag{5.3}$$

式中：P_t^m 为第 m 类的典型日的 t 时刻负荷值；I^m 为第 m 类中相似日的天数；$P_{i,t}$ 为第 m 类中第 i 日 t 时刻负荷。

（4）目标序列模式识别。选取待预测时刻前多个采样时刻数据组成的负荷序列作为目标序列，与（2）中各类的典型日负荷曲线在相同时段的负荷序列比较并计算形系数，寻找到与目标序列变化趋势最相似的负荷序列。

（5）点负荷预测。将找出的相似负荷序列进行最小二乘法线性拟合，求得预测时刻点负荷。

4. 未来时刻负荷区间预测

使用非参数核密度估计方法进行误差的概率密度分布统计分析，从而预测对应概率置信水平下的负荷波动的可能变化范围，实现对负荷波动的概率性区间预测，具体实现步骤如下：

（1）给定一定误差样本后，即可采用核密度估计方法求取误差分布的概率密度函数，其中对于某一负荷波动区间的负荷波动预测误差样本，其概率密度函数为式（5.4），通过积分求取其累计概率分布函数 $F(\xi)$（ξ 为预测误差的随机变量）。将负荷波动分为多个区间，根据不同季节，工作日、节假日时段分别建立不同预测区间的负荷波动预测误差分布。

$$f(e) = \frac{1}{Nh} \sum_{i=1}^{N} K\left(\frac{e - e_i}{h}\right) \tag{5.4}$$

式中：N 为样本总数；h 为带宽或平滑参数；e_i 为负荷波动预测误差样本；$K(\cdot)$ 为核函数，采用高斯核函数 $K(\mu) = \frac{1}{\sqrt{2\pi}} \exp\left(-\frac{1}{2}\mu^2\right)$。

（2）设预测误差的累计概率分布函数为 $F(\xi)$，则满足置信概率为 $1-\alpha$ 的负荷波动真实值的置信区间为式（5.5）所示。依据上述方法计算所有典型日各区间的负荷波动预测误差，存入数据库备查。根据预测时段所属典型日及其负荷波动预测值从数据库中选取当前时段对应的预测误差 $\hat{F}(\alpha_1)$ 和 $\hat{F}(\alpha_2)$，根据式（5.5）得到预测点的区间预测结果。

$$\left[P_{\text{pred}} + \hat{F}(\alpha_1), P_{\text{pred}} + \hat{F}(\alpha_2)\right] \tag{5.5}$$

式中：$\hat{F}(\cdot)$ 为累计概率分布函数 $F(\xi)$ 的反函数，有 $\Pr\{\xi \leqslant \hat{F}(q)\} = q$。取对称概率区间，即 $\alpha_1 = \alpha/2$，$\alpha_2 = 1 - \alpha/2$，则可得到有置信概率 $1-\alpha$ 的负荷波动预测误差。$\alpha_2 - \alpha_1 = 1 - \alpha$。

5.1.1.2 计算结果及分析

以 2015 年 1 月 1 日至 4 月 29 日清江梯级负荷波动数据作为数据源,采用 4 月 29 日以前的样本数据对 2015 年 4 月 29 日(星期三)的日 288 点负荷进行预测,并与实际值进行比较。根据前述的计算原理及方法对 2015 年 4 月 29 日各时段未来 5min 进行超短期负荷点预测。通过计算可得:288 点预测值平均误差为 0.08205257;均方根误差为 6.466675369;对该法的预测误差进行分析统计,结果见表 5.1。

表 5.1 预测误差分布情况

相对误差绝对值区间/%	点数	所占比例/%	相对误差绝对值区间/%	点数	所占比例/%
[0, 1]	97	33.68	(3, 4]	19	6.60
(1, 2]	77	26.74	(4, 5]	10	3.47
(2, 3]	31	10.76	(5, +∞)	54	18.75

在点预测基础上,按上述原理及方法分析历史样本负荷波动预测误差统计规律,获得未来负荷波动可能取值的概率性区间结果。查找相应时段和负荷段的离散概率分布表(表 5.2 为 85% 置信度情况下某时段各负荷等级误差区间),得到每个时段点的负荷对应的误差分布情况,并利用区间估计的原理求取每时段点的置信区间上、下限值。

表 5.2 85% 置信度情况下某时段各负荷等级误差区间

负荷层级	误差区间下限	误差区间上限	负荷层级	误差区间下限	误差区间上限
[77.0, 115.0)	−11.8411	13.53135	[153.0, 172.0)	−10.4539	9.109192
[115.0, 134.0)	−9.74089	9.583703	[172.0, 191.0)	−7.98195	7.31377
[134.0, 153.0)	−10.3068	10.84096	[191.0, 215.2)	−6.81499	7.843968

以置信度为 85% 为例,将得到的每个预测时段的置信区间上限和下限分别联结,即可形成上下 2 条包络线,负荷预测结果的置信区间的大小随着置信度取值的不同而变化,如图 5.1 所示。

从图 5.1 中可以看出:

(1)预测曲线与实际曲线大体上接近,说明前述负荷预测方法在清江梯级负荷预测中应用效果良好。

(2)实际曲线基本在置信区间包络线内,但是由于置信区间包络线是根据预测误差的概率统计分布的概率置信度绘制得到的,因此置信区间包络线与确定性负荷预测曲线之间不是等间隔的。此外,该模型也可应用到 1min 超短期负荷预测,同样以 2015 年 4 月 29 日的 1440 点负荷进行预测,其预测结果如图 5.2 所示。

(3)图中第 146、147 点负荷值并不在负荷包络线内,这是由于该负荷区间是 85% 置信度下的区间预测值,是概率性的,并不是完全保证所有可能值都预测到。

根据数理知识,置信度越大,落在包络线外的点会越少,但是过大的置信度下预测到的负荷区间也可能太大而使预测的意义减小。因此调度运行人员可根据需求合理选择置信度获得负荷区间预测值。

此外,建立的超短期负荷区间预测模型也可实现 1min 的负荷区间预测。以预测 2015

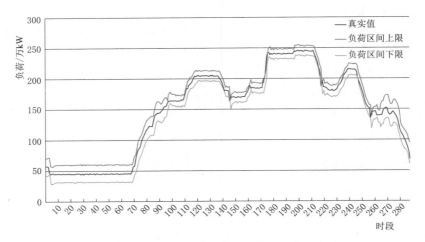

图 5.1　5min 区间负荷预测结果示意图

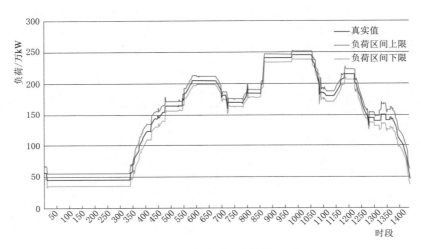

图 5.2　1min 区间负荷预测结果示意图

年 4 月 29 日的 1min 负荷区间为例，置信度为 85％的预测结果如图 5.2 所示。

从图 5.2 中可以看出：

（1）预测曲线与实际曲线趋势上十分接近，说明前述负荷预测方法在清江梯级负荷预测中应用效果良好。

（2）实际曲线基本在置信区间包络线内，但是由于置信区间包络线是基于非参数核密度估计得到的预测区间，因此置信区间包络线与确定性负荷预测曲线之间不是等间隔的。

（3）图中第 1083、1087 点负荷值并不在负荷包络线内，85％置信区间并未覆盖全部的实际负荷值，这是由于该负荷区间是 85％置信度下的区间预测值，是概率性的，并不是完全保证所有可能值都预测到。根据数理知识，置信度越大，落在包络线外的点会越少，但是过大的置信度下预测到的负荷区间也可能太大而使预测的意义减小。因此调度运行人员可根据需求合理选择置信度获得负荷区间预测值。

5.1.2　电网输送约束下的水电电量消纳预测

电力系统水电消纳受调峰约束和电网输送能力约束限制，导致大量弃水窝电，成为制约多电源多电网水库群跨区调峰消纳调度的瓶颈问题，如何确定水电电量消纳能力，是解决水电跨区调峰消纳的首要问题。为此，结合送端水电规模和受端消纳水电能力，考虑调峰约束和电网输送能力约束等约束条件，综合送端火电可压缩能力，提出以最大化利用水电及送受端联合系统火电发电量最小为优化目标的水电外送消纳预测模型，结合初始送电曲线下的送受端电网的弃水电量计算水电电量消纳能力，精细化定量计算富余水电外送规模和输送配置方式，并在充分利用通道输电能力前提下构建多级分区输电限制约束的水电协调求解框架，优化送电曲线，提高水电富余电量的消纳能力。进一步，考虑到水电外送消纳电量通常具有较大的随机性，尤其当电网系统中水电占比较大时，这种随机性会极大影响电网的安全稳定运行。为此，研究从水电站历史运行数据分析出发，提出基于深度学习的水电电量消纳预测模型，并与其他常规预测模型进行比较，验证提出的水电电量消纳预测模型的有效性和先进性。

5.1.2.1　电网水电调峰及输送能力约束分析

电网安全稳定运行与水电站调度相互影响、相互制约。一方面水电站发电计划制定、机组起停机安排以及机组出力分配需综合考虑电力网络输送容量限制、调峰等关键因素对调度的影响；另一方面，电网水电的调度直接影响整个电网的潮流分布。随着巨型水电机组的投运、电网峰谷差的加剧和电力系统规模的扩大，在水电优化调度中考虑更加复杂和全面的电网安全稳定运行约束条件成为必然。为此，深入分析区域电网潮流情况、省网间的联络关系以及梯级电站接入电网方式，提取满足电网安全稳定运行的梯级电站联合调度运行约束，为水电电量消纳外送提供基础。

1. 水电调峰原则

基于调峰约束和电网输送约束的水电电量消纳预测旨在得到满足电站各项约束条件的送电曲线，并能保证其送电电网的安全稳定。为了充分发挥水电站作为调峰电源的优势，建立水电电量消纳预测模型时应遵循如下原则：

（1）水电优先调峰原则。由于火电机组调节性能差、开停机时间长，且出力变化时会消耗额外的化石燃料，而水电机组的各项调峰性能均明显优于火电机组，因此需要保证水电优先参与调峰，使水电站发电量最大以替代火电，从而达到减少调峰成本、节约不可再生能源、减少环境污染的目的。

（2）负荷趋势跟踪原则。水电站出力过程在正常运行时应该符合电网负荷曲线的变化趋势，即任一发电厂的出力在系统负荷大的时段不能小于系统负荷小时段对应的该厂出力。该原则保证了在正常运行时，任一发电厂高峰时段如果不能提高出力帮助系统调峰，至少不能降低出力，否则必将制造更高峰谷差，给其他电站带来更重的调峰负担。

（3）发电耗水量最小原则。当调峰容量和发电量都有富裕时，一般安排有弃水的电站多发电而少调峰；当调峰容量富裕而发电量不足时，电网需要按发电量最大的方式运行，对于火电站和有弃水的水电站基本不安排调峰，而是让其在基荷位置满负荷运行，对于没有弃水的水电站则安排其调峰；当调峰容量紧缺而不足以满足负荷需求时，峰荷时段所有调峰容量均被调用，不可能通过优化方法来降低调峰成本。这一准则目的是节约水能资源，提高水电站群的经济效益。

（4）大机组优先调峰原则。由于大机组负荷调节幅度大，调节性能一般都优于中小机组，负荷波动较大的情况下大机组不必频繁启停，操作次数较少，因此同类型能源中大容量机组调峰成本比小机组低，在调峰容量充裕时应优先安排大机组调峰。

（5）调峰容量效益最大原则。为了充分发挥水电站的调峰容量效益，水电站尽可能工作在峰荷位置，能够有效削减电网峰荷，减少火电机组出力波动，增加了水电站运行效益，提高了电网运行的经济性和安全性。

2. 华中电网电源特点及调峰存在的主要问题

华中地区主要能源资源是煤炭和水力，其中水电主要集中湖北、湖南、四川、重庆四省（直辖市），约占华中区域总水电装机容量 93%，火电主要集中在河南省，约占华中区域总火电装机容量 43%。结合华中电网电源特点和目前华中电网电力现状，针对调峰调度总结了如下几点问题：

（1）水电大部分集中在西部，负荷集中在东部，形成西电东送、南水北火的电源布局。

（2）华中电网最大峰谷差率超过 35%，调峰矛盾日益突出。近年来，用户对电力系统电量和容量的需求发生了很大的变化，呈现出最大负荷的增长高于用电量的增长，电力峰谷差的增长高于最大负荷的增长，电力平均峰谷差的增长高于最大峰谷差的增长。

（3）华中电力供应受来水情况影响大。作为全国水电比重最大的地区，一方面水电在年度之间不均衡，遇来水偏枯年份，水电出力急剧缩减，严重影响电力供应；另一方面水电多为径流及季调节的电站，年调节及以上的电站较少，使得水电总体调节性能较差，丰枯期出力相差悬殊。

（4）火电调峰能力有限，机组设备性能参差不齐，调峰能力差。由于燃煤煤质差，相当部分机组实际上达不到设计煤种，严重影响了火电调峰能力。

3. 华中电网输送能力约束分析

随着现代电网规模的扩大以及发电与用电区域的差异，在水电优化调度中考虑线路输送能力约束已成为必然。华中电网作为全国水电装机容量最大、水电装机比例最高的区域电网，其直调电站拓扑如图 5.3 所示。下面以华中电网中典型的清江梯级电站为例，分析线路输送能力对于水电调度的影响。清江流域梯调中心在电站发电运行管理体系中处于电网调度和电站运行的中间环节，因此清江水电站优化调度方案制定、机组启停机安排以及机组分配等问题中需考虑电力网络输送容量限制、电网运行方式对调度的约束等方面因素的影响。清江梯调网调、省调

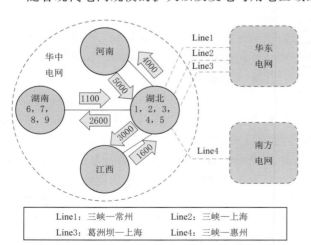

图 5.3　华中电网直调电站拓扑结构

和梯调是上下级关系，所有机组及 500kV 所有设备属网调管辖，220kV 母线及线路属省调管辖。在清江流域梯级三个电站中，水布垭 4 台机组通过两条 500kV 线路与渔峡开关站相连，全部接入华中电网；隔河岩 1 号、2 号机组通过两条 220kV 线路经长阳变与湖北电网相连；而 3 号、4 号机组单机通过一条 500kV 清葛线经葛洲坝开关站与华中电网相连；高坝洲通过 220kV 高柑双回线送至湖北电网。清江梯级水电站出力上网需要考虑电网负荷要求、系统频率要求及周边电站对清江流域电站的出力限制情况。由于清江梯调制定的出力计划必须借助于电力网络的输送才得以实施，故在水电站优化调度、机组起停机安排以及机组出力分配中需综合考虑电力网络输送容量限制、调峰等关键因素对调度的影响。研究工作拟根据电网运行方式和电力网络送电断面联络结构，分析省网间送电断面的潮流方向以及输电限额，确定各主要输电断面的有功、无功、电压、频率等安全约束条件，为电网水电电量消纳预测提供满足电网安全稳定运行域边界。

（1）清江梯级接线方式。

1）水布垭电厂 500kV 外送情况。水布垭电厂有四台 460MW 机组，1 号、2 号、3 号、4 号发变组采用单元接线方式，两组单元接线组成联合单元接线，并在两组联合单元接线之间设连接线（连接线上装 2 组隔离开关），然后以两回约 5km 的架空线接入 500kV 渔峡开关站，500kV 采用 SF_6 气体绝缘金属封闭组合电器（GIS）。

2）隔河岩电厂 500kV 及 220kV 外送情况。隔河岩电厂有四台 300MW 机组，1 号、2 号发变组采用单元接线方式，分别接入两条 220kV 母线，220kV 配电装置也采用单元结线方式运行。1 号机组接入清长Ⅰ线，2 号机组接入清长Ⅱ线，分别送入长阳变。3 号、4 号发变组采用单元接线方式，经双母线接入清葛线，500kV 两段母线联络，由葛大江送出。

宜昌片区 220kV 负荷如下：葛二江、东阳光、隔河岩 220kV 和高坝洲电厂满发出力为 235 万 kW 左右，线路远双、坡荆、江枝、枝纪、楚公线外送 60 万 kW 左右，若宜昌本地消纳负荷按 200 万 kW 左右，不考虑宜昌片区内某些断面过载情况，隔河岩 220kV 侧、高坝洲出力应该不存在受限情况。

在葛洲坝、清江流域同时来水大发期间，宜昌地区葛桔双回、车桔—猇顾、点郭—郭猇双回等断面易越限。安福主变投运前，丰水期葛桔双回断面卡扣问题突出：丰大方式下，若宜昌水火电全开满发，葛桔双回断面功率达 563MW，严重越限（430MW）。安福准备投运后，葛桔断面外送压力明显缓解，清江水电大发时仍可能越限。

隔河岩 3 号、4 号机经 500kV 清葛线接入葛洲坝大江开关站，通过 500kV 葛双一、二回和葛军接入主网系统，在正常运行方式下没有外送受阻。

3）高坝洲电厂 220kV 外送情况。高坝洲电厂有三台 90MW 机组（正常运行时带84MW 负荷），高坝洲电厂 1 号、2 号、3 号机组采用扩大单元接线方式，三台机组三段220kV 母线，三段母线联络运行，最终有 1 号、3 号机组侧 220kV 母线外送，分别送入柑子园变电站（高柑Ⅰ回、高柑Ⅱ回）。

（2）清江梯级水电站外送断面稳定运行规定。清江梯级水电站外送断面相关稳定运行约束如下：

1）水渔任一回线停运，控制另一回线不超过 100 万 kW。

2）江兴任一回线停运，控制另一回线不超过 100 万 kW。

3）兴咸三回线功率之和控制限额，见表 5.3。

表 5.3　　　　　　　　　　　兴咸三回线功率之和控制限额

运　行　方　式	兴咸三回线功率之和/万 kW
正常方式	—
兴咸任一回线停运	260

4）渝峡东送断面稳定规定，见表 5.4。

表 5.4　　　　　　　　　　　　渝峡东送断面稳定规定

运　行　方　式	渝峡东送断面/万 kW
正常运行	—
渔兴Ⅰ、Ⅱ回和渔宜线任一回线停运	300
渔兴Ⅲ回线停运	260

5）葛双Ⅰ、Ⅱ回和葛军线三回线功率控制限额，见表 5.5。

表 5.5　　　　　　葛双Ⅰ、Ⅱ回和葛军线三回线功率之和控制限额

运　行　方　式	葛双Ⅰ、Ⅱ回和葛军线功率之和/万 kW	
	葛隔外送稳控系统投运	葛隔外送稳控系统退出
正常方式	250	
葛军或葛双任一回线停运	180	160

6）葛军或葛双任一回线停运稳控策略，见表 5.6。

表 5.6　　　　　　　　葛军或葛双任一回线停运稳定控制策略

运　行　方　式	两回功率之和/万 kW	稳　控　策　略
葛军或葛双任一回线停运	150～180	隔河岩 3 号、4 号机或葛大江共 30 万 kW 出力

5.1.2.2　送受端电网联合运行下水电电量外送消纳预测建模及求解

1. 送受端电网联合运行下水电电量外送消纳预测模型分析

（1）确定存在弃水电量的电网集合与有吸纳能力的电网集合。对于任一电网 g，依据 $PLost_{g,t}>0$ 确定存在弃水电力的电网集合 G_1；依据 $PLack_{g,t}>0$ 确定缺电网集合 G_2；依据 $PLack_{g,t}+PTpress_{g,t}>0$ 确定有吸纳能力的电网集合为 G_3，$PTpress_{g,t}$ 为火电时段可压幅度（由火电出力下限决定）。

（2）平衡集合 G_2 中各缺电电网电力，对于任一电网 g，可从 n 号电网吸纳弃水电力。当多个省网同时存在弃电时，一般采用等比例吸纳原则进行处理。若仍存在弃电，则转至步骤（3）。

（3）按步骤（1）方法重新计算各电网的弃水电力与煤电可压幅度，并依据 $PLack_{g,t}>0$ 更新集合 G_1，依据 $PLack_{g,t}+PTpress_{g,t}>0$ 更新集合 G_3。

（4）计算集合 G_3 中所有电网最大可吸纳电力占集合 G_1 中总水电弃电的比例 $\gamma =$

$$\min\left\{\frac{\sum\limits_{g \subset G_3} PTpress_{g,t}}{\sum\limits_{n \subset G_1} PLost_{n,t}/(1+\tau_{n,t})}, 1\right\}。$$

（5）对于任一电网，其可送电力为：$\gamma \times PLost_{n,t}$，$n \subset G_1$。则电网 n 向电网 g 的输送电力为 $\min\{\min\{\gamma \times PLost_{n,t}, \overline{PS_n}\} - PL_{n,g,t}, \min\{PTpress_{g,t}, \overline{PA_g}\}\}$，$g \subset G_3$。

（6）更新集合 G_3 中各电网的可吸纳能力，对于任一受电电网 g，若煤电可压幅度 $PTpress_{g,t} \leqslant 0$ 或该电网已接受电力 $\sum\limits_{n=1}^{G}(PSend_{n,g,t} - PL_{n,g,t}) \geqslant \overline{GA_g}$，则将其从该集合中剔除，$g \subset G_3$。重复步骤（3）～步骤（6），直至所有电网无弃电量或已达到受电电网的最大可吸纳能力。

2. 水电电量外送消纳预测模型求解

华中地区能源以水电和火电为主，水电消纳需考虑火电电量，同时华中电网水电站存在单站送多网、多站送单网、多站送多网等多种送电情形，为此，针对送受端电网联合运行下水电电量外送消纳预测模型求解流程如图 5.4 所示，具体步骤如下：

（1）对送端电网进行运行模拟，计算送端电网水电弃水电量和火电发电量等，研究送端电网水电规模。

（2）对受端电网进行运行模拟，计算受端电网弃水电量和火电发电量等，分析受端电网调峰状况，初步判断受端电网消纳水电能力。

（3）结合送端水电规模和受端消纳水电能力，拟定初始送电曲线。初始送电曲线可按 24h 满送设定。

（4）按照初始送电曲线，对送端电网进行运行模拟，计算初始送电曲线下送端电网的弃水电量、火电发电量等指标。若端火电发电量没有增加，综合考虑送端电网火电发电量和水电空闲情况，适当增加大方式送电电力，并重新对送端电网进行运行模拟。

（5）若送端电网火电发电量增加，则适当减少大方式送电电力，直至送端火电发电量刚好不增加为止，并重新对送端电网进行运行模拟。

（6）经过步骤（4）和步骤（5）的优化后，送端系统大方式最大送电电力已经确定，这时送端系统水电基本没有空闲容量，火电发电量同外送前比没有增加。分析送端电网的弃水情况，如果还有弃水电量则继续增加小方式送电电力，直至送端电网弃水电量不再减少或者无弃水电量为止。

（7）经过上述优化过程，送端电网的水电外送能力全部被挖掘出来，从送端电网角度最大限度地利用了水电电力和电量；送端电网没有增加火电发电量，从而保证了送出电能全部是清洁、可再生水电资源。按照上述优化后的送电曲线对受端电网进行运行模拟，计算受端电网弃水电量、火电发电量等指标。

（8）若受端电网弃水电量增加，则减少小方式送电电力，并重新对受端电网进行运行模拟，直至受端电网不增加弃水电量为止。

（9）优化过程结束，输出送电电量以及送电曲线。

求解上述模型自主研究的算法：

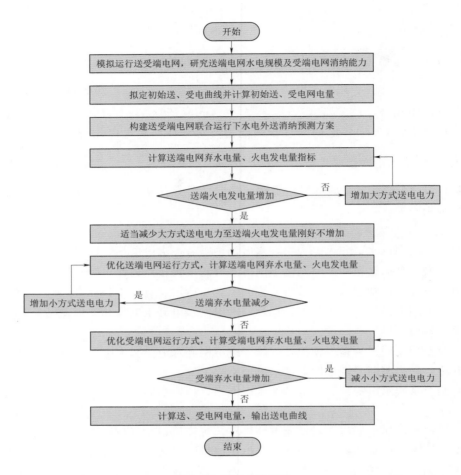

图 5.4　模型求解流程

1) 文化克隆选择算法。文化克隆选择算法（Cultured Clone Select Algorithm, CCSA）利用文化算法信念空间的知识结构指导克隆选择算法的演化过程，增强了算法搜索的目的性和方向性，提高了收敛速度和搜索效率。函数仿真测试结果表明 CCSA 能较好地兼顾收敛速率和全局收敛性能，稳定性较好。

文化克隆选择算法流程描述如下：

步骤 1：初始化。初始化群体空间、信念空间及算法参数。置进化代数 $g=0$。

步骤 2：群体空间演化。

①依据亲和度和设定的抗体克隆规模，对群体空间 P 进行克隆操作，得到克隆后抗体群 $\boldsymbol{P}'$。

②考虑标准化知识影响，对 $\boldsymbol{P}'$ 实施高频变异，得到变异后群体 $\boldsymbol{P}''$。

③对原抗体群 P 及变异后抗体群 $\boldsymbol{P}''$ 进行选择操作。

步骤 3：信念空间知识获取与更新。首先对记忆单元 M 进行记忆学习操作，然后对记忆单元进行多父体重组演化，最后根据记忆单元的变化更新信念空间知识结构。

步骤 4：信念空间对群体空间的影响。用记忆单元中抗体替换群体空间中较差的抗体；若历史知识中参数 $\xi_t < \varsigma$，则对记忆群体中最优抗体实施局部寻优操作。

步骤 5：终止条件判断。若达到精度要求或 $g \geqslant GerNum$，输出最优抗体为最终结果；否则，$g = g + 1$，转步骤 2。

2）文化差分进化算法。文化差分进化算法（Cultured Differential Evolution，CDE）以文化算法为框架，算法群体空间以差分进化算法为驱动。文化差分进化算法结合差分进化算法的特点，重新定义了文化算法中形势知识、标准知识和历史知识等三种知识结构及其运用方式。CDE 算法在求解过程中，最优目标函数值随进化代数的增加持续改善，最终可获得较高的收敛精度。

文化差分进化算法以文化算法为框架，算法群体空间以差分进化算法为驱动。信念空间由一系列的知识结构组成，结合 DE 算法的特点，文化差分进化算法重新定义了形势知识、标准知识和历史知识三种知识结构及它们的运用方式。

①形势知识结构。形势知识（Situational knowledge）由进化过程中找到的优秀个体组成，是其他个体行为的"典范"，引导其他个体向其靠近。设形势知识结构大小为 N_Q，其表现形式如图 5.5 所示。

图 5.5　形势知识结构

其中，$X_i (i = 1, 2, \cdots, N_Q)$ 为优秀个体。形势知识通过以下方式对 DE 的操作算子进行影响：在进行个体变异时，x_{r3}^g 从形势知识中选取而非父代群体中选取，即 DE 变异操作改为

$$v_i^{g+1} = \boldsymbol{X}_r + F(\boldsymbol{x}_{r1}^g - \boldsymbol{x}_{r2}^g) \quad i = 1, 2, \cdots, N_P; r \in [1, N_Q] \qquad (5.6)$$

由 DE 变异算子的定义可知，v_i^{g+1} 为 $\boldsymbol{X}_r$ 的一个噪声版本，而 $\boldsymbol{X}_r$ 为进化过程中找到的精英个体，由 v_i^{g+1} 引导父代个体 x_i^g 进化，有利于提高算法的收敛速度。

形势知识是其他两种知识的基础。为更新信念空间中的知识，函数 accept() 将当前群体空间 P^g 中适应度值最高的部分解（设 N_{up} 个）依次添加到形势知识结构中，其操作方式为：对每个待加入的个体（记为 U_i，$i = 1, 2, \cdots, N_{up}$），计算其与形势知识结构中每个个体的距离 $d_{i,j}(j = 1, 2, \cdots, N_Q)$ 并找到其中的最小值 $d_i^{\min}$；若 $d_i^{\min}$ 大于设定的阈值 Δ_0，则将此个体加入形势知识结构，同时删除其中的最差个体；若 $d_i^{\min}$ 小于 Δ_0 时，将 U_i 与离其最近的个体进行比较，保留适应度值较优者。这样更新形势知识可避免其中的个体聚集于某局部区域，避免算法早熟收敛。形势知识结构对种群空间的影响方式为：用形势知识中的个体替换群体空间中相同数量的具有较小适应度值的个体。

②标准化知识结构。标准化知识（Normative knowledge）给出问题变量取值的期望范围，该范围由形势知识中各精英个体决策变量分布范围得到，因此，标准化知识结构代表了算法目前找到精英解的分布区域，可视为全局最优解更有可能分布的区域。标准化知识表现形式如图 5.6 所示。

| l_1 | l_2 | ... | l_j | ... | l_{n-1} | l_n |
| u_1 | u_2 | ... | u_j | ... | u_{n-1} | u_n |

图 5.6　标准化知识结构

其中，l_j 和 u_j 分别表示形势知识中个体第 j 维决策变量的上边界和下边界。标准化知识通过以下方式对 DE 变异算子进行影响：

$$
v_{i,j}^{g+1} = \begin{cases} x_{r3,j}^{g} + F \cdot \mid x_{r1,j}^{g} - x_{r2,j}^{g} \mid, x_{r3,j}^{g} < l_j \\ x_{r3,j}^{g} - F \cdot \mid x_{r1,j}^{g} - x_{r2,j}^{g} \mid, x_{r3,j}^{g} > u_j \\ x_{r3,j}^{g} + F(x_{r1,j}^{g} - x_{r2,j}^{g}), \text{其他} \end{cases} \tag{5.7}
$$

式中：$i \subset [1, N_P]$，$j \in [1, n]$。式（5.7）所示变异操作使新生成的个体决策变量向标准化知识给出的期望变量范围靠近，而标准化知识中的变量范围为精英个体的决策变量分布空间，在此范围内寻优，有利于提高算法的收敛速度。

③历史知识结构。历史知识（History knowledge）记录进化过程中环境的变化情况（如外部参数的变化以及不同环境状态下最优解移动的距离方向），最初提出是用于处

$f^*(P^{g-h})$	$f^*(P^{g-h+1})$	...	$f^*(P^g)$	ξ_g
div(1)	div(2)	...	div(n)	ACM operator

图 5.7 历史知识结构

理动态优化问题。这里利用历史知识监控算法的搜索过程，以引导算法的搜索方向。大部分进化算法都有不同程度的早熟收敛现象，DE 也不例外。CDE 利用历史知识监测算法的收敛情况，并运用二次扰动的思想提出一种自适应柯西变异策略（Adaptive Cauchy mutation，ACM），以提高种群多样性，克服早熟收敛现象。历史知识的结构如图 5.7 所示。

其中，$f^*(P^g)$ 为第 g 代群体中的最优目标函数值，ξ_g 为趋近度，定义为 $\mid f^*(P^g) - f^*(P^{g-h}) \mid / f^*(P^g)$，即群体每经过 h 代其最优个体的变化程度。div(j) 为形势知识中的个体第 j 维的多样性。历史知识按如下方式进行操作：定期（如每隔 h 代）计算 ξ_g，若经过 h 代，$f^*(P^g)$ 都没有明显变化，即 ξ_g 小于某给定阈值 ξ^0，说明种群经 h 代收敛性没有显著提高。此时则进一步判断群体每一维变量的多样性 div(j)$(j=1,2,\cdots,n)$，如果某一维变量的多样性较低（低于设定的阈值），则采用二次变异方式对该维变量实施扰动：

$$
x_{i,j}^g = x_{i,j}^g \cdot [1 + \eta \cdot C(0,1)] \quad, \text{div}(j) < \varepsilon \tag{5.8}
$$

式中：$C(0,1)$ 为产生服从参数（0,1）柯西分布的随机变量；η 为控制二次变异程度的比例系数。与服从（0,1）正态分布的随机变量相比，服从（0,1）柯西分布的随机变量取值更为分散，可提高二次变异后决策变量的多样性，以帮助算法跳出局部最优。div(j) 为第 j 维决策变量的多样性评价指标，ε 为判断决策变量多样性的阈值。div(j) 按下式计算：

$$
\text{div}(j) = \sqrt{\frac{1}{N_Q} \sum_{i=1}^{N_Q} \left(\frac{x_{i,j}^g - \overline{x_j^g}}{x_j^{\max} - x_j^{\min}} \right)^2} \tag{5.9}
$$

式中：N_Q 为形势知识结构规模；$\overline{x_j^g}$ 为形势知识第 j 维变量的平均值；$x_j^{\max}$ 和 $x_j^{\min}$ 为第 j 维变量的上边界和下边界。

CDE 算法计算流程如下：

步骤 1：对群体空间 $\boldsymbol{P}^0$ 和信念空间进行初始化，设置算法相关控制参数，令进化代

数 $g=0$。

步骤 2：群体空间演化。

①变异：分别以 50% 的概率对种群 $\mathbf{P}^g$ 实施变异操作，得到变异种群 $\mathbf{V}^g$。

②交叉：对 $\mathbf{P}^g$ 和 $\mathbf{V}^g$ 实施交叉操作，得到试验群体 $\mathbf{U}^{g+1}$。

③选择：对 $\mathbf{P}^g$ 和 $\mathbf{U}^{g+1}$ 中的个体进行"1+1"贪婪选择，较优个体进入下一代种群。

步骤 3：信念空间更新。将当前种群中目标值最优的 N_{up} 个个体依次加入形势知识结构中，并更新信念空间中的其他知识结构。

步骤 4：如果进化代数 $g \bmod h = 0$ 且 $\xi_g < \xi^0$，对形势知识中的个体实施自适应柯西变异。

步骤 5：用形势知识结构中的个体替换群体空间中相同数量的个体。

步骤 6：若 $g = GenNum$ 或函数评价次数达到设定值，输出形势知识中的适应度值最高的个体作为计算结果；否则，$g = g + 1$，转步骤 2。

3）自适应柯西变异差分进化算法。自适应柯西变异差分进化算法（DE-Adaptive Cauchy Mutation，DE-ACM）针对 DE 求解多极值问题时易陷入局部最优缺陷，采用以下自适应柯西变异策略维持种群多样性。

在进化过程中，采用 Deb 的运行期收敛指标 $C(P(g))$ 实时监测算法的收敛情况。

若经过若干代（如 10 代），$C(P(g))$ 都没有明显变化，即趋近度 [定义为 $(C(P(g)) - C(P(g-10)))/C(P(g))$] 小于阈值 ξC_p（取 0.105），则进一步判断群体每一维变量的多样性，若发现群体某一维变量的多样性低于某一阈值，采用柯西变异对群体的该维变量实施扰动：

$$x_{i,j}^g = x_{i,j}^g \cdot [1 + \eta \cdot C(0,1)], \mathrm{div}(j) < \varepsilon \tag{5.10}$$

式中：$x_{i,j}^g$ 为第 i 个个体的第 j 维变量；C 为服从参数 Cauchy 分布的随机变量；η 为柯西变异比例系数；$\mathrm{div}(j)$ 为群体第 j 维变量的多样性指标；ε 为多样性的阈值。

采用如下方式评价种群多样性：

$$\mathrm{div}(j) = \begin{cases} \dfrac{x_{j,\max}^g - x_{j,\min}^g}{|x_{j,\min}^g| + |x_{j,\min}^g|}, (|x_{j,\min}^g| + |x_{j,\min}^g|) \neq 0 \\ 1, \text{其他} \end{cases} \tag{5.11}$$

式中：$x_{j,\max}^g$ 和 $x_{j,\min}^g$ 分别为第 g 代群体第 j 维变量的最大值与最小值；显然 $\mathrm{div}(j) \in [0,1]$。

自适应柯西变异有两个参数：多样性阈值 ε 和柯西变异比例系数 η。ε 一般取 $0.05 \sim 0.30$；η 控制柯西变异的程度，一般取值范围为 $0.5 \sim 1.0$。

基于维的自适应柯西变异属于细粒度变异，它只在群体多样性变坏的情况下实施变异，且对某一维变量的变异操作不会影响到其他维变量，因此它能够在不显著影响算法收敛速率的同时有效地帮助算法跳出局部最优。

该算法具体步骤如下：

步骤 1：初始化群体 P_0，进化代数 $g = 0$，设置算法参数。

步骤2：差分进化操作：①变异，对群体 P_g 实施差分变异操作，得到变异群体 U_g；②交叉，对 P_g 和 U_g 进行交叉操作，得到试验群体 V_{g+1}；③选择，对 P_g 和 V_{g+1} 中的个体实施"1+1"选择，选中个体保存在临时群体 P' 中。

步骤3：如果进化代数 g 是10的整数倍，对 Q_g 实施自适应柯西变异。

步骤4：若 $g=GenNum$，输出外部档案集作为计算结果；否则 $g=g+1$，转步骤2。

4）多种群蚁群算法。蚁群优化算法（Ant Colony Optimization，ACO）是一种基于种群模拟进化、用于解决难解的离散优化问题的元启发式算法。该算法实际为正反馈原理与启发式相结合的优化算法，但由于后期的正反馈过程在强化最优解的同时却容易陷入局部最优，使算法停滞。多种群蚁群算法在 ACO 基础上增加了种群个数以提高其多样性，并在收敛过程中以前期最优解集不断替代进化种群，保证其快速向最优方向收敛。

以水电站厂内经济运行为例，该算法维持一个具有 M 个蚂蚁群体的初始解集合 G_1，每个群体中包含 N 个蚂蚁对应机组台数 N，即每个蚂蚁固定对应一台机组。从初始时段 t_s 开始，在每个蚁群内，随时段节点的推移蚂蚁在开机停机两种状态之间变换，到末时段 T 结束，N 个蚂蚁在 T 个时段内对应机组的启停机状态的变化过程组成了蚁群路径，即机组优化组合的外层解，确定了机组在每个时段的机组开停机台数和台号；之后，机组间进行最优负荷分配。则该群蚂蚁所对应的 T 个时段 N 台机组的路径和对应的开机机组负荷值构成机组优化问题的一个可行解。M 群蚂蚁中的全局最优解用于更新信息素矩阵。在迭代过程中，全局最优解的蚁群将被加入同样规模为 M、初始为空的最优解群体 G_2，每当一个最优解进入群体，G_1 的信息素矩阵中每一个构造解时用到的信息素增加 $\Delta\tau_{ij}$，$\Delta\tau_{ij}^{bs}=1/C^{bs}$。每当 G_2 被填满时，G_2 群体取代 G_1 作为候选解继续进行迭代直至迭代结束。

①路径构建。在 MCAS 中，位于节点 i 的蚂蚁 k，根据伪随机比例规则选择节点 j 作为下一个要访问的节点。具体规则如下：

$$j=\begin{cases}\underset{l\in N_i^k}{\mathrm{argmax}}\{\tau_{il}[\eta_{il}]^\beta\},q\leqslant q_0\\[2mm]\dfrac{\tau_{ij}[\eta_{ij}]^\beta}{\sum\limits_{l\in N_i^k}\tau_{il}[\eta_{il}]^\beta}(j\in N_i^k),其他\end{cases}\tag{5.12}$$

式中：τ_{ij} 为节点 i、j 对应边的信息素值；η_{ij} 为启发式信息素值，$\eta_{ij}=1/d_{ij}$，d_{ij} 为节点 i、j 之间的距离；β 为决定启发式信息影响力的参数；q 为均匀分布在区间 $[0,1]$ 中的一个随机变量；$q_0(0\leqslant q_0\leqslant 1)$ 为一个参数。

②全局信息素更新。在迭代过程中，只有最优蚂蚁被允许在每一次迭代之后释放信息素。全局信息素更新规则如下：

$$\tau_{ij}=(1-\rho)\tau_{ij}+\rho\Delta\tau_{ij}^{bs},\forall(i,j)\in T^{bs}\tag{5.13}$$

式中：ρ 为信息素的挥发率；$\Delta\tau_{ij}$ 为第 k 只蚂蚁向它经过的边释放的信息素量，$\Delta\tau_{ij}^{bs}=1/C^{bs}$，$C^{bs}$ 为最优节点间的长度；T^{bs} 为最优路径。

③局部信息素更新。在路径构建过程中，每个蚁群的蚂蚁在每个时段选择完机组开停

机状态，都将立刻调用局部信息素更新规则更新群蚂蚁所经过边上的信息素：

$$\tau_{ij} = (1-\varepsilon)\tau_{ij} + \varepsilon\tau_0 \tag{5.14}$$

式中：ε 和 τ_0 为两个参数，$0 < \varepsilon < 1$，τ_0 为信息素的初始值。

5）改进二进制粒子群算法。二进制粒子群算法（Binary Particle Swarm Optimizaiton，BPSO）是基于群体的智能算法，基本思想是随机产生一个给定规模的初始种群，种群中的每个粒子在多维搜索空间中以一定的速度飞行，在飞行过程中，粒子的飞行速度和轨迹根据自己及同伴的飞行经验来动态调整，经过若干次迭代后找到解空间中的最优解。在一个 d 维的搜索空间中，种群由 n 个粒子组成。在第 k 次迭代时粒子 i 的位置 $x_i(k) = (x_{i,1}(k), x_{i,2}(k), \cdots, x_{i,d}(k))$ 表示解空间的一个候选解，飞行速度 $v_i(k) = (v_{i,1}(k), x_{i,2}(k), \cdots, x_{i,d}(k))$ 决定第 i 个粒子在解空间搜索时的位移。在每次迭代过程中，粒子 i 通过跟踪自身迄今为止搜索到的个体最优解 $P_{\text{best}_{i,d}^k}$ 和整个粒子群到目前为止搜索到的全局最优解 $G_{\text{best}_d^k}$ 来更新自己的速度和位置。其粒子运动的轨迹和速度是从概率角度定义。在迭代中每个粒子的每一位 $x_{i,d}^k$ 的取值为二进制 0 或 1，$v_{i,d}^k$ 为 $x_{i,d}^k$ 取 1 的概率，具有较好的收敛性且收敛速度快。

以水电站厂内经济运行为例，改进二进制粒子群算法计算流程如下：

步骤 1：设置粒子群规模 M，并在解空间范围内随机初始化 M 个粒子，设置惯性权重 w，学习因子 c_1、c_2，最大飞行速度 $v_{\max}$，最大迭代次数 K；输入机组特性参数、初始启停状态、连续开停机时长及系统给定负荷。

步骤 2：采用修补策略对每个粒子进行修补使其满足最短开停机时长和系统旋转备用容量要求，形成满足机组组合约束的可行解；设定当前迭代次数 $k=1$。

步骤 3：对各粒子采用动态微增率逐次逼近法进行各时段机组间的负荷最优分配，同时使系统负荷达到平衡，并保证机组运行于稳定区。

步骤 4：计算各粒子的总耗水量，将每个粒子当前解与历史自身最优解作比较取最优者为粒子自身局部最优解，取所有粒子局部最优解中的最小值对应的解作为全局最优解。

步骤 5：计算下一代粒子飞行速度，更新粒子位置。

步骤 6：判断当前迭代次数是否达到最大值 K，若未达到，$k=k+1$，转至步骤 2；反之，停止计算，输出全局最优解。

5.1.2.3　基于 LSTM 的水电电量外送消纳预测建模分析及求解方案

1. 长短期记忆网络（LSTM）

长短期记忆网络（Long Short - Term Memory，LSTM）是一种改进版的循环神经网络（Recurrent Neural Network，RNN）（Hochreiter 等，1997）。RNN 存在带反馈的连接，不仅可以学习当前的信息，还可以利用之前的序列信息，因此在处理时间序列的问题上具有天然的优势。但是由于其利用梯度下降法链式求导调优时，由于 tanh 激活函数将输入值映射到 ［0，1］ 之间，多个小于 1 的项连乘时很快收敛于 0，从而梯度呈指数级消失的趋势，导致 RNN 丧失连接过去较远信息的能力，无法完成深层神经网络的训练；同理，若 RNN 层之间梯度大于 1，由于梯度相乘关系，易导致"梯度爆炸"（舒生茂，2019）。LSTM 对这一问题进行了改进，如图 5.8 所示，从外部结构来看，LSTM 和

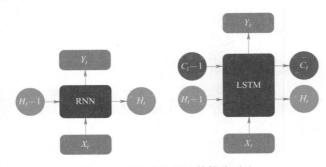

图 5.8　RNN 与 LSTM 数据流对比

RNN 单元相同的组成部分是隐藏层状态 H_t、输入 X_t 以及输出 Y_t，但在该基础上增加了单元状态 C_t。这部分相当于一条流水线，可关联更久远的信息。而 LSTM 通过累加方式计算状态，因此其梯度不是乘积形式，避免了该问题。

LSTM 单元的内部结构如图 5.9 所示，引入了一系列的门操作，包括"遗忘门""输入门"及"输出门"，可有选择地实现信息的输入与移除，不仅能对短期信息进行加工，还能处理长期依赖。当数据流进入 LSTM 单元时，按式（5.15）计算，首先由遗忘门读取上一个时刻隐藏层状态 h_{t-1} 和外部输入 x_t，乘以权值后输出 W_f，再加上偏置值 b_f，最后将叠加之和输入 σ 激活函数，所得结果为旧状态被保留的概率 f_t，取值范围为 $[0,1]$；输入门功能决定了新状态被保留下去的概率 i_t，采用式（5.16）进行计算；$\widetilde{C}_t$ 表示神经元候选状态，则采用式（5.17）计算旧状态被保留的部分以及候选状态被输入的部分，二者叠加便得到当前神经元的最终状态 C_t；输出门决定了神经元向外部输出的内容，由式（5.19）和式（5.20）计算输出的隐藏层状态 h_t。

$$f_t = \sigma(W_f \cdot [h_{t-1}, x_t] + b_f) \tag{5.15}$$

$$i_t = \sigma(W_i \cdot [h_{t-1}, x_t] + b_i) \tag{5.16}$$

$$\widetilde{C}_t = \tanh(W_c \cdot [h_{t-1}, x_t] + b_c) \tag{5.17}$$

$$C_t = f_t \cdot C_{t-1} + i_t \cdot \widetilde{C}_t \tag{5.18}$$

$$o_t = \sigma(W_o[h_{t-1}, x_t] + b_o) \tag{5.19}$$

$$h_t = o_t \cdot \tanh(C_t) \tag{5.20}$$

式中：f_t 为遗忘门保留旧状态的概率；i_t 为输出门保留神经元状态的概率；o_t 为输出门向外部输出的概率；W_f、W_i、W_c、W_o 分别为各门层的权重；b_f、b_i、b_c、b_o 分别为各门层的偏置；σ 为 sigmoid 激活函数；h_{t-1} 和 h_t 为上一时刻和当前时刻隐藏层的输出；C_{t-1} 和 C_t 为上一时刻和当前时刻神经元的状态。

2. 改进离散差分进化算法优化 LSTM 参数

深度学习中的参数有两种，一种是可以通过训练过程学习到，如各层的权值和偏置值；而另一种无法训练获得，只能通过经验拟定的参数，称为超参数。超参数的取值空间为离散域，而本研究所提 CPSO 超参数优化方式适用于连续变量空间寻优，不适于本模型优化。因此提出一种基于独热编码（one-hot encoding）方式的改进离散差分进化算法，利用该算法完成本模型的超参数优化。

（1）深度学习的超参数。

1）学习率（lr）。大多数的深度学习优化算法如 Adam、SGD 以及 RMSProp 均含有学习率参数，该参数控制着模型训练过程中神经网络权值的更新速率。较小的学习率有利

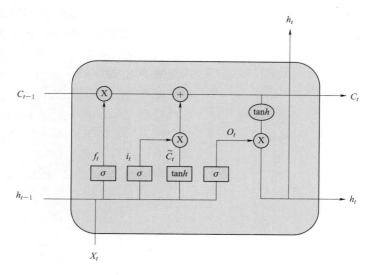

图 5.9　LSTM 单元内部结构

于局部寻优，但是收敛较慢；学习率较大时，寻优步长也随之增大，虽然可提高收敛速度，但也易越过最优解。

2）迭代次数（epochs）。迭代次数即神经网络的训练次数，该参数并不是越大越好，大多数情况随着训练次数增加，训练误差已趋近于稳定值，增加迭代次数只会增加迭代成本，甚至会出现过拟合。

3）优化器（optimizer）。常用的优化器有 SGD、Adam、RMSProp，各种优化器适用的场景不同，应根据模型的特点选用才能取到较优训练效果。

4）激活函数（activation function）。激活函数可实现非线性转化功能，因此可逼近任意非线性函数。常用的激活函数有 sigmoid、relu、softmax、tanh 以及 linear 等。

5）时间窗（timesteps）。在处理时间序列预测模型时，时间窗口表示未来的事件与过去多久的事件序列关联较大，因此该参数的选取很大程度上决定了模型的泛化能力。

6）神经元数量。神经元个数很大程度上决定了网络的拟合能力和训练时间，因此选择合适的神经元数量有利于提高网络泛化性能。

（2）独热编码方式。在深度学习领域，超参数有可能是连续值，也有可能是分类值。如图 5.10 所示，列举 LSTM 的 timesteps、optimizer 以及 activation function 等几个超参数的取值样例，可见这类参数并不能用连续变量表示。传统编码方案是使用自然编码方式，依次从参数集中抽取的一个参数样本 [2，ADAM，linear]，直接将元素在参数集中的索引（从 0 开始）作为编码，可得编码 [1，1，2]，该编码方式导致结果依赖于参数集的容量。另一种方式为独热编码，又称一位有效编码，常用于机器学习中对离散分类变量的处理。该编码方式中，分类变量的数量决定了编码长度，且只存在 1 个比特位为 1，其他比特位全为 0。按照这种方式编码，所选取的参数样本可编码为 [01000，010，0010]，即将每个参数选项转换为二元特征 [0，1]，并且参数选项之间互斥，方便进行位运算。

（3）改进离散差分进化算法（Modified Discrete Differential Evolution Algorithms，

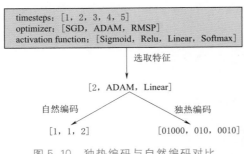

图 5.10　独热编码与自然编码对比

MDDE）。传统差分进化算法是一种应用于连续空间的高效寻优算法，种群中每个个体都是以向量表示，如下式所示。其进化策略与标准进化算法类似，采用了交叉、变异以及选择等步骤。不同之处在于，差分进化算法在执行变异操作时，首先种群中随机抽取三个个体，然后将其中两个个体差值乘以变异系数 F，最后再叠加到第三个个体上得到新的向量，如式（5.21）和式（5.22）所示。

$$\overrightarrow{x_i}=[x_{i1},x_{i2},x_{i3},\cdots,x_{in}] \tag{5.21}$$

$$z_i=x_{ir^1}+F(x_{ir^2}-x_{ir^3}) \tag{5.22}$$

式中：$\overrightarrow{x_i}$ 为种群中的第 i 个向量；x_{in} 为其第 n 个分量；F 为变异系数；r^1、r^2 和 r^3 为随机生成的种群个体的下标，且 $r^1\neq r^2\neq r^3$。

为使差分进化算法能够处理离散变量，对种群中的每个个体的分量进行独热编码，则每个分量也可用向量表示。如式（5.23）所示，如前文所提深度学习的 6 个超参数组成了一个个体向量，而个体向量的每个分量有多个取值，即也组成一个向量。因此每个种群个体实质上是一个向量集合。

$$\overrightarrow{x_i}=[\overrightarrow{x_{i1}},\overrightarrow{x_{i2}},\overrightarrow{x_{i3}},\cdots,\overrightarrow{x_{in}}] \tag{5.23}$$

个体交叉策略和变异策略与传统差分进化一致，差别在于对种群个体分量操作之后要进行规范化。举例说明，对种群中第 i 个个体的第 i 个分量 $\overrightarrow{x_{ij}}$ 而言，假如初始值为 $\overrightarrow{x_{ij}}=[0,0,0,0,1]$，经过交叉变异操作之后变为 $\overrightarrow{x_{ij}}=[0,0.9,0,0.1,0,0.8]$，此时将分量中最大值变为 1，其余值置为 0，即规范化之后的结果为 $\overrightarrow{x_{ij}}=[0,1,0,0,0,0]$；当存在多个分量均为最大值，则在其中随机选择一位将其变为 1，其余置 0；当所有的分量均为 0 时，则将随机将其中一个分量置为 1。

经过以上操作，基于独热编码方式的改进差分进化算法便可以处理离散域内的优化问题，适用于 LSTM 神经网络的超参数寻优。

3. 集合模态经验分解及数据预处理方法

经验模态分解（Empirical Mode Decomposition，EMD）是一种对时间序列数据平稳化的处理方法，原理是将复杂信号分解为多个本征模函数（Intrinsic Mode Function，IMF）以及一个余波的形式。由于 IMF 包含了时间序列中最重要、最显著的信息，有利于挖掘信号本身局部特征。但由于该方法易导致混频现象，因此一种集成经验模态分解（Ensemble Empirical Mode Decomposition，EEMD）技术被提出用于解决该问题。EEMD 通过附加噪声，使极值点不足的时间序列也能够采用 EMD 法进行分析。EEMD 分解流程如图 5.11 所示，具体步骤如下：①导入数据集 X，其容量为 N，标准差为 std。②初始化附加噪声与标准差之比 $Nstd$ 以及集成数量 NE。③对 N 取对数取整后减 1，得 IMF 分量个数。④对序列添加噪声 $X=X+rand \cdot Nstd$。⑤进行 EMD 分解得到 IMF 分量

以及残差，当分解次数小于 M 时进入第④步。⑥输
出 IMF 分量及残差。

数据预处理是构建神经网络之前的基础工作，
数据是时间序列预测的基础，而数据的期望、方差
以及自相关系数等统计特征很大程度上影响了预测
方法的选取以及预测精度。与此同时，时间序列数
据不能直接作为 LSTM 神经网络的输入，需进行特
征检验与识别。除了对数据进行第二章所提的分布
检验和归一化处理，还需进行以下操作。

（1）平稳性检验。平稳性常用于描述时间序列
统计特征，如果时间序列的方差、均值以及协方差
等不随时间而改变，则称其具有平稳性。时间序列

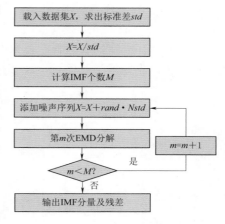

图 5.11　EEMD 分解步骤

预测采用的是以历史预测未来的思路，即认为历史和未来有延续性的，因此时间序列的平
稳性分析是回归预测的基础。

时间序列平稳性检验技术有很多种，其中使用较为广泛的是单位根检验（Augmented
Dickey-Fuller test，ADF）。当序列的滞后阶数较高时，可用该方法进行平稳性检验。当
序列不存在单位根时则认为序列具有平稳性，否则认为该序列是非平稳时间序列。

（2）相关性检验。

1）单变量相关性检验。单变量相关性检验主要用于分析变量自身的相关性，主要分
为自相关性和偏自相关性。自相关性又称序列相关，相关函数简称 ACF，主要用于找出
序列中重复的模式；偏自相关在自相关的基础上，抽出了部分中间随机变量之后，再次考
察自相关函数。

2）多变量相关性检验。多变量相关性检验是用于分析两个或两个以上的变量之间的
相关关系，常用的方法有 Pearson 检验和 Spearman 检验。Pearson 检验常用于检验线性
相关关系，且检验的总体具有正态分布特征，变量序列中的极端值对结果影响很大。而
Spearman 检验条件相对宽松，对变量的分布没有严格要求，且只需两个变量呈单调的相
关关系即可判定为相关，因此可以用来衡量单调联系的强弱。Pearson 相关系数计算公
式为

$$\rho_s = \frac{\sum\limits_{i=1}^{n}(x_i - \overline{x})(y_i - \overline{y})}{\sqrt{\sum\limits_{i=1}^{n}(x_i - \overline{x})^2}\sqrt{\sum\limits_{i=1}^{n}(y_i - \overline{y})^2}} \tag{5.24}$$

Spearman 秩相关系数用希腊字母 ρ_s 表示，取值范围为 $[-1, 1]$。假设变量 x_i 和 y_i
分别为变量集合 X 和 Y 中的元素，将其排序后的结果 x'_i 和 y'_i 称为秩次，当二者不相同
时，使用式（5.24）计算 ρ_s，否则使用式（5.25）。

$$\rho_s = 1 - \frac{6\sum\limits_{i=1}^{n}(x'_i - y'_i)^2}{n(n^2 - 1)} \tag{5.25}$$

式中：x_i 为变量集合 X 中的第 i 个元素，i 的取值范围为 $[1, n]$，$\bar{x}$ 为 X 中元素的均值，x_i' 为 x_i 排序之后的位置；y_i 的意义与 x_i 一致，不再赘述。

（3）时间序列数据转监督学习数据集。将深度学习应用于时间序列预测中最常用的方式是将其转换为监督学习模式，且已有大量研究案例（Lippi 等，2013）。监督学习常用于机器学习领域里的分类任务，通过将数据集添加标签达到学习目的（Heijden 等，2005）。数据标签类似于"标准答案"，机器学习算法不断调整分类器参数使结果趋向于标签值。将一个多变量时间序列转为监督学习的基本思路为图 5.12 所示，序列维度为 $N\_features$，长度为 l。对该序列进行分割，取出长度为（$X\_timesteps + Y\_time$-$steps$）的序列，$X\_timesteps$ 为时间窗口长度，对应样本数据；$Y\_timesteps$ 为预见期长度，对应数据标签数据。以 $N\_features = 2$，$l = 10$ 的时间序列 $X_l^{N\text{-}feat}$ 为例进行转换，取 $X\_timesteps = 6$，$Y\_timesteps = 2$，即以历史 6 个时段的序列数据预测未来 2 个时段的数据，对于每个特征，整个时间序列可生成 $N\_samples = 3$ 个新子序列。对于任意维度和长度的时间序列均可按此方式进行处理。

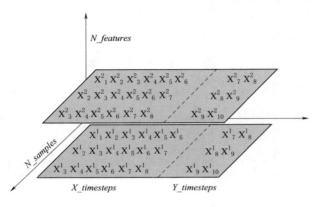

图 5.12　时间序列转监督学习样例

4. 模型应用流程及评价指标

LSTM 模型由一系列 LSTM 层和全连接层组成，且各层又包含数量不等的神经元。为防止过拟合，会以一定概率移除神经网络单元。由于 LSTM 网络超参数较多，因此采用前文所提出的超参数优化算法，结合所提出的分布式并行超参数优化方案完成模型训练。步骤如下：①特征工程和数据预处理；②对发电量进行 EEMD 分解得到训练集；③使用 MDDE 算法进行模型超参数优化，得到最优模型参数；④使用测试集对最优模型进行验证；⑤使用相同数据集利用其他模型进行发电量预测，并与本章所提模型进行比较。

针对模型评价，本节使用平均绝对误差（MAE）、平均绝对百分误差（MAPE）、均方误差（RMSE）以及可决系数（R^2）描述回归模型的泛化性能指标。

5.1.2.4　计算结果与分析

1. 数据分析与特征工程

（1）平稳性检验。首先分析发电量时间序列的特点。为保证时间序列的完整性，首先对数据集的缺失值进行处理。然后绘制清江梯级水布垭和隔河岩电站历史发电量时序图，如图 5.13、图 5.14 所示。已知水布垭、隔河岩电站日满发电量分别为 4416 万 kW·h 和 2909 万 kW·h，观察时序图极值可知，序列值均在合理范围内，无异常点出现。由于有零值出现，影响 MAPE 指标的计算，而为了保证序列连续性，不剔除零值点，而是将该值处理为 1。观察序列总体特征易知该电站多年发电量过程无明显趋势性和周期性，初步判断发电量时间序列为平稳时间序列。

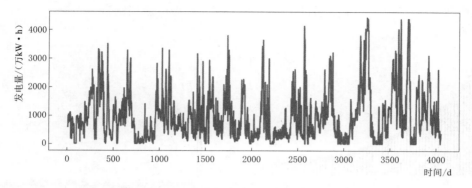

图 5.13   水布垭电站日发电量时序图

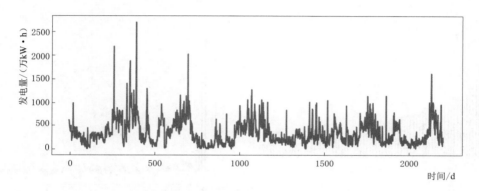

图 5.14   隔河岩电站日发电量时序图

为进一步分析发电量序列平稳性，对水布垭、隔河岩发电量时间序列进行 ADF 检验，检验结果见表 5.7。ADF 检验的原假设为检验对象无单位根，而两座电站的 p-value 均小于 Critical Value（5%），证明有单位根，拒绝原假设，即两座电站的发电量时间序列都是平稳时间序列，为下一步时间序列分析提供依据。

表 5.7   水布垭、隔河岩电站发电量 ADF 检验结果

指　标	水布垭	隔河岩	指　标	水布垭	隔河岩
Test Statistic Value	−24.17	−13.70	Critical Value（1%）	−3.43	−3.43
p-value	0	1.3e−25	Critical Value（5%）	−2.86	−2.87
Lags Used	10	21	Critical Value（10%）	−2.56	−2.57
Number of Observations Used	4036	2184			

（2）相关性分析。首先进行发电量时间序列的自相关和偏自相关分析结果如图 5.15 所示。首先研究自相关性，图 5.15（a）和图 5.15（c）为水布垭电站和隔河岩电站发电量时间序列的自相关图，钟形区域为 95% 置信区间，两座电站相关系数分别为 60 阶和 50 阶截尾；然后研究发电量时间序列的偏自相关性，由图 5.15（b）和图 5.15（d）可知，两座电站的偏自相关图呈拖尾趋势。综上可判定两座电站可采用移动自回归模型（Moving Average，MA）来建模，其中水布垭电站可用 MA（60）来建模，而隔河岩电

站采用模型 MA（50）。相关分析的结果为下文 MA 模型的应用定阶。

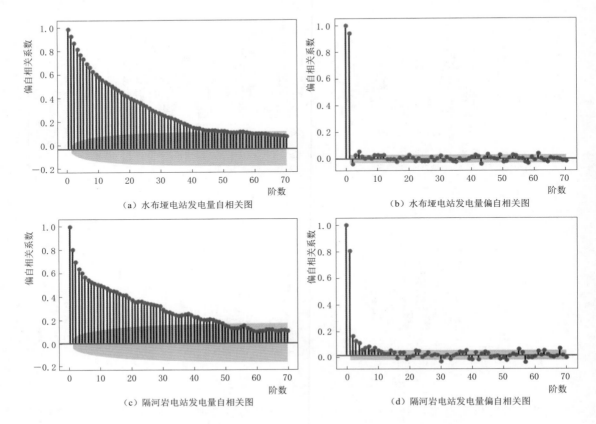

（a）水布垭电站发电量自相关图　　　　（b）水布垭电站发电量偏自相关图

（c）隔河岩电站发电量自相关图　　　　（d）隔河岩电站发电量偏自相关图

图 5.15　水布垭、隔河岩电站自相关、偏自相关分析图

　　为全面对选取的发电量影响因子进行相关性分析，分别采用了 Spearman 和 Pearson 相关性分析方法，并将二者分析结果进行对比。已知相关系数取值范围为 [−1，1]，表示相关性的强弱，大于 0 表示正相关，小于 0 表示负相关，等于 0 则表示不相关。如图 5.16 所示，在两种方法中，水布垭电站的发电量与出库流量的相关度最高，达到 0.92，入库径流相关度位列其次，初步分析是由于水布垭水库调节能力较强。选取两种方法中相关度均较高的共同因素为出库和入库流量，然而进一步分析发现，出库和入库流量二者本身存在较强相关关系，为避免引入冗余因素影响模型泛化性能，只选择出库流量作为水布垭电站的影响因素；对于隔河岩电站而言，如图 5.17 所示，两种检验方法均表明入库流量和发电量的相关度最高，因此选择入库流量作为影响隔河岩电站发电量的关键因子。

　　2. 单站水电电量外送消纳预测结果分析

　　（1）模型结构。基于对问题规模的评估，本节采用一个 LSTM 层堆叠一个全连接层的结构来搭建发电量预测模型的主体结构，并使用所提出的 MDDE 算法对各层进行超参数优化，参数优选结果见表 5.8。

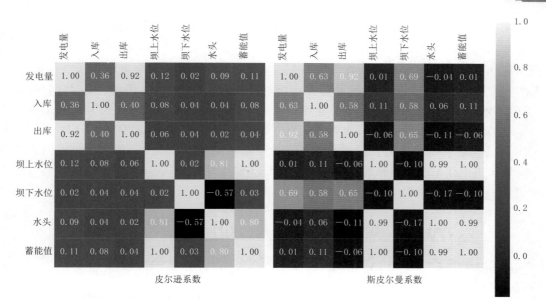

图 5.16　水布垭电站发电量影响因素相关分析对比图

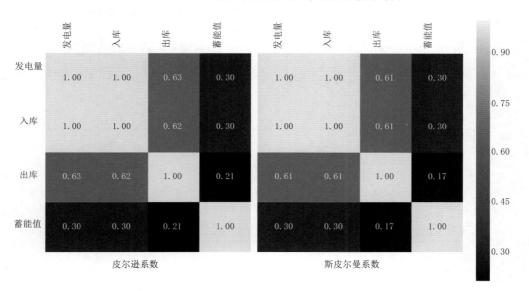

图 5.17　隔河岩电站发电量影响因素相关分析对比图

表 5.8　　　　　　　　　　　超 参 数 优 化 结 果

参　数　名	参　数　值	取值范围（离散值）
神经元数量	50	[10, 200]
优化算法	Adam	Adam、RMSProp、Adagrad、SGD
损失函数	MAE	MAE、MSE、MAPE、MLSE
时间窗	30	[1, 100]
学习率	0.1	[0.01, 1]
迭代次数	50	[10, 200]

为验证模型性能，先进行单步预测。首先将原始发电量数据信号采用 EEMD 算法进行分解，以水布垭电站为例，输入 4047 天的发电量数据、附加噪声与发电量标准差比值（取 0.2）以及 EEMD 集合数（取 70）。通过分解，将原始发电量序列（Original）分解为一个残差（Residual）和 10 个本征模函数（IMF），如图 5.18 所示。通过观察可发现 EEMD 操作已经将原始信号进行了处理，并将不同时间尺度的信号逐级分解开来。以前 3600 天作为训练集，后 417 天作为测试集，分别采用 MDDE - EEMD - LSTM、LSTM、SVR、LR 以及 RF 模型进行训练和测试，各项指标结果见表 5.9，单站单步预测情况下本章所提出的模型在各项指标上均最优，传统 LSTM 神经网络拟合效果较优，但与最优值仍有一定差距，表明本研究提出的改进措施提高了 LSTM 模型的拟合精度。

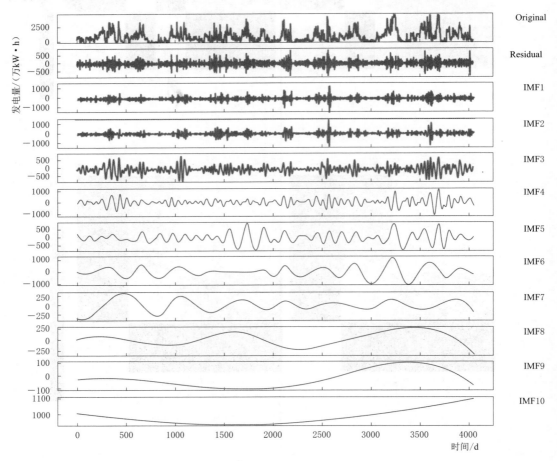

图 5.18　水布垭日发电量序列 EEMD 分解结果

表 5.9　　　　　　　　　　　单步预测各模型性能比较

模　型	MAE	MAPE	RMSE	R^2
MDDE - EEMD - LSTM	10.58	4.28	148.38	0.988
LSTM	13.87	3.374	297.19	0.952

模　型	MAE	MAPE	RMSE	R^2
SVR	853.99	1619.63	1072.09	-0.09
LR	874.79	1224.81	1244.51	-0.47
RF	727.73	582.30	969.93	0.13
MA	29.57	54.62	1103.78	-0.16

为直观展示预测效果，绘制各模型发电量预测 100 个点的对比图，如图 5.19～图 5.23 所示。与基本 LSTM 模型相比，本章模型很好地跟踪了发电量趋势，且拟合精度较高。而 LSTM 模型尚未学习到足够的数据特征，仅仅将过去一天的发电量当作当前发电量，从图中可直观看出，LSTM 的预测曲线相当于将实测曲线跟随时间平移了一步；对于 LR、RF 以及 SVR 等模型来说，仅仅学习到了数据的总体变化趋势，预测值在实际值附近振荡幅度较大，不具备参考性；而对于 MA（60）模型，随着时间的延长，预测值趋势逐渐平滑，新数据的加入对均值影响不大，无法实现预测。

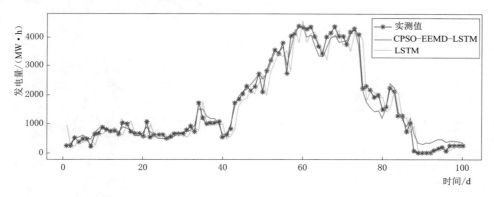

图 5.19　CPSO－EEMD－LSTM 与 LSTM 模型预测效果对比

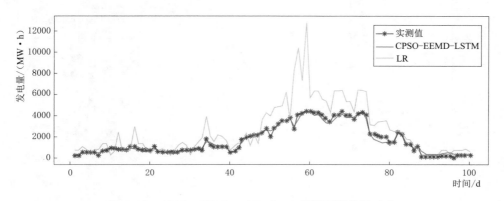

图 5.20　CPSO－EEMD－LSTM 与 LR 模型预测效果对比

（2）多步预测。为进一步评价 MDDE－EEMD－LSTM 模型的有效性，分别进行了 3 步和 7 步的预测，并与基本 LSTM 模型做比较。由表 5.10 和表 5.11 可知，随着预见期

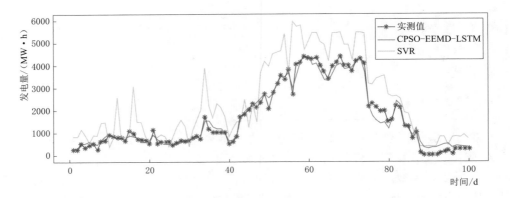

图 5.21 CPSO－EEMD－LSTM 与 SVR 模型预测效果对比

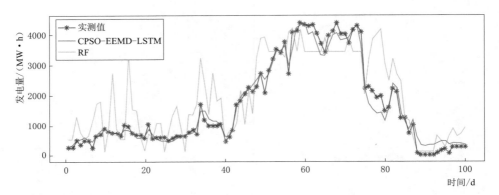

图 5.22 CPSO－EEMD－LSTM 与 RF 模型预测效果对比

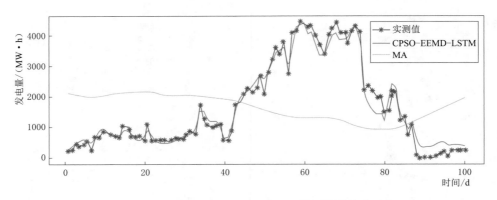

图 5.23 CPSO－EEMD－LSTM 与 MA 模型预测效果对比

的延长，各模型的各项评价指标都有所下降，且波动幅度因模型而异。而本章所提出的方法在增加预测步长时，虽然预测精度有所下降，但与其他常规方法相比仍具有较高精度，可为工程实际提供参考。

表 5.10　　　　　　　　　　　预测 3 步各模型性能比较

模　型	MAE	MAPE	RMSE	R^2
MDDE – EEMD – LSTM	16.29	10.92	383.17	0.92
LSTM	18.26	13.33	383.36	0.93
SVR	854.14	1620.22	1073.19	−0.11
LR	878.79	1226.83	1245.41	−0.51
RF	728.11	583.33	972.45	0.13
MA	29.57	54.86	1104.02	−0.15

表 5.11　　　　　　　　　　　预测 7 步各模型性能比较

模　型	MAE	MAPE	RMSE	R^2
MDDE – EEMD – LSTM	19.89	22.65	447.69	0.92
LSTM	23.10	24.78	458.67	0.91
SVR	855.24	1621.13	1074.22	−0.12
LR	879.79	1227.76	1247.63	−0.53
RF	729.43	585.35	976.65	0.11
MA	29.60	55.36	1107.23	−0.15

3. 梯级水电电量外送消纳预测结果分析

进一步研究梯级发电量整体预测模式，将水布垭、隔河岩的发电量、出入库流量作为输入，采用 MDDE – EEMD – LSTM 模型进行发电量预测。连续预测 200 天并计算各项指标，与单站预测相比较，见表 5.12，以梯级为单位进行预测的精度稍逊于单站预测。因此建议以单站预测方式预测，然后累加得到梯级发电量预测结果，可提高预测精度。

表 5.12　　　　　　　　　　　单步预测各模型性能比较

预测单位	MAE	MAPE	RMSE	R^2
单站	10.58	4.28	148.38	0.98
梯级	14.04	2.88	299.82	0.95

5.2　丰水期水库群跨区联合调峰消纳

各地区现有梯级水电站群与多个受端电网水电站群互联，构成了规模庞大、运行条件极其复杂的跨流域跨省水电站群系统，面临复杂的跨流域跨省协调问题。如何在大电网统一调度平台下协调区域多电源及水电跨区联合调峰，同时兼顾各受端电网电力平衡需求，减小弃水和促进水电消纳，解决跨流域梯级水电站群联合调峰与电量消纳问题，是大规模水电系统调度的关键。为此，研究对弃水概率提出新的定义与计算方法，依次建立水电弃水风险控制指标与评估体系，并提出风险控制约束下的水库群调峰减弃动态调度方法。进一步通过研究多种电源空间分布结构及其互联电网能量和负荷的同步与异步特性，探讨各受电电网用电负荷总量、尖峰量、峰谷差及峰谷时间的差异性，结合水电电量消纳预测成果，以水电弃水风险控制为约束，调峰减弃为原则，受端电网余荷均方差最小为目标建立水电跨区联合调峰与电量消纳模型。同时，考虑多种送电情景，提出区域电网丰水期水火电日期发电计划编制计划，充分发挥水电的快速调节优势，提升各级电网的水火互济水平，加强水电机群参与电网调度运行调整的机网协调控制技术，提高多元电源的互动配合能力，保障电网安全稳定运行。

5.2.1　水电弃水风险控制调峰减弃调度

水电作为技术成熟、应用广泛的可再生能源，具有运行成本低、调度灵活、调峰性能优异、启停迅速等优点。而由于当前我国能源消费结构不合理，外送电网配套工程建设滞后，统一的协调模式与专项应对机制欠缺等原因，电网丰水期仍出现大量弃水。为此，研究从水电弃水风险的定义出发，依次建立水电弃水风险控制指标与评估体系，并提出考虑系统消纳能力的弃水电量计算模型与风险控制约束下的水库群调峰减弃动态调度方法。

5.2.1.1　弃水风险评估及水位控制规则研究

中长期来水量具有不确定性，无法知道在未来确定的时间内水库是否会产生弃水。在确保电网安全稳定运行和电力电量可靠供应的前提下，如何确定水电弃水风险是提高系统水能利用效率，减少调峰和电网约束引起弃水的关键。而不论采用什么方法，只要能获得代表弃水风险的指标，便可以作为优化调度的控制值。而水电站水库水位与弃水风险之间存在很强的相关性，水位高，则弃水概率大；水位低，则弃水概率小。研究弃水风险控制下的水库水位控制规则，可以有效规避现有中长期来水不确定性的调度影响，指导水电站运行（柯生林，2019）。

1. 弃水概率的定义与计算

弃水概率是指水库水位控制在某一水位时，在某一固定时段期末发生弃水的可能性。水库的弃水概率与该库及以上水库的水位相关，根据其代表性与应用需要，可以利用径流频率或洪水峰量频率计算。研究采用长系列水文数据来计算水库某水位产生弃水的概率，并依据水雨情信息、电网负荷预测、水库群各层级电站的发电计划等计算电站次日可能弃水电量占水电站可消纳电量的比值，以此来评估水电站弃水风险。

假定当前时刻水库水位为 Z_t，则以控制最大水位 Z_{max} 和特定发电决策 Q_t 为参数的水库弃水风险评估如式（5.26）所示：

$$\begin{cases} \theta(Z_t, Z_{max}, Q_t) = f(Q_t + \Delta(Z_t, Z_{max})/T) \\ \beta(Z_t, Q_t) = E_d/E_{max} \end{cases} \tag{5.26}$$

式中：θ 为特定参数下的水库弃水概率；β 为特定参数下水库相对弃水电量与电站消纳电量的比值；$\Delta(Z_t, Z_{max})$ 为库水位到时段最高允许水位之间的库容差；T 为对应风险评估时段长度；E_d 为发电计划对应的弃水电量；E_{max} 为考虑消纳的水电站最大可发电量；函数 f 为相应的径流频率曲线或相应的洪量频率曲线。

水库弃水概率具体计算方法如下。

（1）采用径流频率计算。

步骤 1：选取可靠性高的区间长系列日径流资料。

步骤 2：绘制 1 天、3 天、5 天、7 天的径流频率曲线，并进行合理性分析。

步骤 3：根据选定的库水位，求出该水位与在该时段最高允许水位之间的库容差，并折算成相应的流量。

步骤4：该折算流量加上发电流量，即可获得不弃水条件下的最大允许流量。

步骤5：通过相应的径流频率曲线，查出该最大允许流量所对应的频率，即为弃水概率。

（2）采用洪水峰量频率计算。

步骤1：选取可靠性高的区间洪水峰量资料。

步骤2：绘制分期的1天、3天、5天、7天的洪量频率曲线。

步骤3：根据选定的库水位，求出该水位与在该时段最高允许水位之间的库容差。

步骤4：该库容差加上相应的发电水量，即可获得不弃水条件下的最大允许水量。

步骤5：通过相应的洪量频率曲线，查出该最大允许水量所对应的频率，即为弃水概率。

2. 弃水风险下水位控制研究

由于弃水具有发生时间不确定、弃水延续时间不确定、弃水电量值不确定和相互关联等特性，研究建立了基与弃水概率及弃水电量的水电弃水风险评估体系。但是广泛应用于水库日常调度的调度图是由历史统计资料绘制而成，并未考虑到实时的水雨情等预报信息，使水库在短期调度时段内面临弃水风险。为了分析水电站基本调度规则对短期及实时运行带来的这类弃水风险，以发电量最大、控制弃水风险为优化准则，以水电机组可调出力、火电机组最大可调能力以及潮流约束等为约束条件，拟定水库调度规则，并结合水库按拟定规则模拟运行后水库水位及发电量等指标情况，分析提取水电站调峰减弃调度关键水位控制。

弃水概率最关键之处是具有较好的代表性，对于不同时期、不同调节性能的水库将会有所不同。在枯水期，因为来水不确定而导致弃水的可能性小，日调节水库保持正常高水位附近运行；有调节性能的水库应结合电网消纳能力，依据某一选定弃水风险确定水位的下降过程。在枯汛或汛枯交替期，发生大洪水的概率较小，可以按区间日径流推算的弃水概率来控制水位。在主汛期，发生弃水的可能性大，可按洪量推算的弃水概率来控制水位。

为了进一步阐明水位与弃水概率之间的相关关系，通过研究合适的弃水概率下，推求水库各时段的最优控制水位组合过程线，并将其作为调度期末的控制目标，更好地指导水电站运行。求解过程如图5.24所示。

将各调度时段水位在可行域内离散为 L 点，假定时段 $T-1$ 控制末水位为 Z_T^0，分别计算水位 Z_{T-1}^l 到 Z_T^0 的弃水概率，选定有代表性的弃水概率 P_1、P_2、P_3 等作为控制弃水概率，分别对应水位 Z_{T-1}^1、Z_{T-1}^2、Z_{T-1}^4。依次以水位 Z_{T-1}^1、Z_{T-1}^2、Z_{T-1}^4 作为控制末水位，以 P_1、P_2、P_3 作为控制弃水概率，逆推计算可得对应与弃水概率 P_1、P_2、P_3 的水位过程线，即控制弃水概率下的控制水位组合。

5.2.1.2　弃水风险控制约束下水库群多时段调峰减弃增发动态调度

水电站作为电网调峰的主要电源，多以调峰方式运行调度（李彬艳，2007）。但是，水电站在汛期调峰运行调度时面临很大的弃水风险率，电站调峰效益与弃水之间矛盾突出。为此，提出弃水风险控制约束下水库群多时段调峰模型，达到平衡电站调峰效益和降

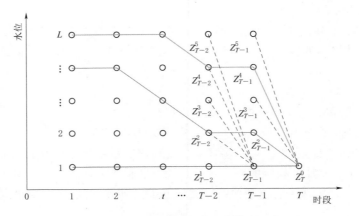

图 5.24　基于弃水概率的水位控制研究

低电站弃水风险的目的，并采用启发式逐次切负荷方法进行高效求解。

1. 目标函数

利用电网余荷的离散程度衡量调峰效果，以电网余荷均方差最小为调度目标建立数学模型，使得经水电削峰后的剩余负荷趋于平稳。

$$\begin{cases} D_t = C_t - \sum_{i=1}^{M} N_{i,t} \\ \overline{D} = \frac{1}{T} \sum_{t=1}^{T} D_t \\ \min F = \frac{1}{T} \sum_{t=1}^{T} (D_t - \overline{D})^2 \end{cases} \tag{5.27}$$

式中：$N_{i,t}$ 为电站 i 在 t 时段的出力；M 为梯级水电站数；T 为调度时段数；C_t 为电网调度通信中心下达的梯级水电站面临的电网负荷曲线在第 t 个时段的取值；D_t 为经梯级水电站调峰过后的电网剩余负荷在第 t 个时段的取值；$\overline{D}$ 为电网剩余负荷平均值；F 为电网余荷均方差。

2. 约束条件

弃水风险约束：

$$\theta(Z_t, Z_{max}, Q_t) \leqslant \theta_{max} \tag{5.28}$$

式中：θ_{max} 为电站控制的最大弃水风险率；Q_t 为电站 t 时段的下泄流量。

控制电量约束：

$$\sum_{t=1}^{T} N_{i,t} \cdot \Delta t = E_i^c \tag{5.29}$$

式中：E_i^c 为第 i 个电站控制电量值；Δt 为调度时段长度。

水量平衡约束：

$$V_{i,t+1} = V_{i,t} + (F_{i,t} - Q_{i,t} - S_{i,t})\Delta t \tag{5.30}$$

式中：$V_{i,t}$、$V_{i,t+1}$ 为水库 i 在时段 t 初、末时刻的库容；$F_{i,t}$、$Q_{i,t}$、$S_{i,t}$ 分别为水库 i 在时段 t 内的入库流量、发电流量和弃水流量。

水位约束：

$$Z_{i,t}^{\min} \leqslant Z_{i,t} \leqslant Z_{i,t}^{\max} \tag{5.31}$$

式中：$Z_{i,t}^{\max}$、$Z_{i,t}^{\min}$ 分别为水位上、下限。

出力约束：

$$N_{i,t}^{\min} \leqslant N_{i,t} \leqslant N_{i,t}^{\max} \tag{5.32}$$

式中：$N_{i,t}^{\max}$、$N_{i,t}^{\min}$ 分别为电站 i 的出力上、下限。

出力最小持续时间约束：

$$(N_{i,t-\Delta+1} - N_{i,t-\Delta})(N_{i,t} - N_{i,t-1}) \geqslant 0 \tag{5.33}$$

式中：Δ 为最小持续时间，即电站 i 极值点持续至少 Δ 个时段。

发电流量约束：

$$Q_{i,t}^{\min} \leqslant Q_{i,t} \leqslant Q_{i,t}^{\max} \tag{5.34}$$

式中：$Q_{i,t}^{\max}$、$Q_{i,t}^{\min}$ 分别为电站 i 的出力上、下限。

3. 均衡弃水风险的电量分配

在电网给定梯级水电站发电量时，简单的等比例分配可能会造成电站的弃水风险率不一致，本研究拟采用均衡弃水风险策略进行电量分配，以期达到控制弃水风险的效果。其中，均衡弃水风险的电量分配具体步骤如下：

（1）将总发电量按照装机容量等比例分配给所有水电站，形成初始分配方案，并确定电量分配迭代收敛 ε_E，初始发电量离散步长 ΔE。

（2）计算当前电量分配下的季调节性能以上电站的弃水风险率 θ_i。

（3）自第一个季调节性能以上水电站开始，比较其与第二个季调节性能以上水电站的弃水风险率；若第一个季调节性能以上水电站弃水风险率比第二个季调节性能以上水电站的弃水风险率大，则转入（4），若第一个季调节性能以上水电站弃水风险率小于第二个季调节性能以上水电站弃水风险率，则转入（7）。

（4）第一个季调节性能以上水电站增加发电量 ΔE，若增加 ΔE 后平均出力大于机组最大出力，则按机组最大出力计算增加发电量；若增加 ΔE 后库水位低于允许最低库水位，则按照允许最低库水位反算发电量及其增量，转入（5）。

（5）若两个季调节性能以上水电站之间存在一个或多个季调节性能以下水电站，则计算出这些季调节性能以下水电站的总发电量，并计算出该总发电量与初始分配方案中相应水电站的总发电量之差，记为 $\Delta E'$，转入（6）。

（6）将第二个季调节性能以上水电站的发电量减少 $\Delta E + \Delta E'$，若该水电站的原发电量 E_2 小于 $\Delta E + \Delta E'$，则该水电站发电量减少 E_2，第一个季调节性能以上水电站及两季调节性能以上水电之间水电站发电量减少 $\Delta E + \Delta E' - E_2$，转入（8）。

（7）一个季调节性能以上水电站减少发电量 ΔE，同样计算出两水电站中间季调节性能以下水电站的总发电量与初始分配方案中相应水电站的总发电量之差 $\Delta E'$，并将第二个季调节性能以上水电站的发电量增加 $\Delta E + \Delta E'$，转入（8）。

（8）依次两两比较所有季调节性能以上水电站的弃水风险率，并调节两个季调节性能以上水电站及中间水电站的发电量；遍历完所有季调节性能以上水电站后，记录下各季调节性能以上水电站的发电量 E_1、E_2、…、E_N。

（9）判断（8）得到的方案与（2）的初始分配方案的最大发电量变幅 ΔE_{max}，若 $\Delta E_{max} > \varepsilon_E$，则重复（3）至（8）；若 $\Delta E_{max} < \varepsilon_E$ 但 $\Delta E > \varepsilon_E$，则令 $\Delta E = \Delta E / 2$，重复（3）至（8）；若 $\Delta E_{max} < \varepsilon_E$ 且 $\Delta E < \varepsilon_E$，则终止迭代过程。

4. 启发式逐次切负荷法

在弃水风险控制下，通过均衡弃水风险策略获得梯级水库群各水电站的发电量。为满足电网调峰需求，使水电站的出力过程尽量符合电网运行规律，采用启发式逐次切负荷法编制发电计划。切负荷次序按照梯级水电站的拓扑结构，从"上游到下游"逐次切负荷，具体求解步骤如下：

（1）电站调峰容量确定。调峰容量即为电站时段最大出力值 P_i^{max}。将时段总出力设置为电站最大出力限制值，入库流量为调度时段的平均值，并利用时段总出力修正，确定电站时段最大出力值。

（2）初始化电站出力过程线。

1）将调峰容量 P_i^{max} 和电网最大负荷点的差值 N_i^{point} 作为初始工作点。

2）根据工作点 N_i^{point} 切电网负荷得到出力过程线，将所有时段出力进行电站出力约束检查，超过电站出力最大值的时段将电站出力设为最大值，并更新电站出力过程线，依据修正的出力过程线计算电站总发电量 E。

3）判断电站总发电量 E 与给定电量 E_0 是否在误差允许范围内，若不符合，则依据偏差范围动态确定调整步长 ΔP_i，当 $E > E_0$ 时，$N_i^{point} = N_i^{point} + \Delta P_i$；当 $E < E_0$ 时，$N_i^{point} = N_i^{point} - \Delta P_i$，转入2）；否则，切负荷过程结束，得到初始电站出力过程线。切负荷过程如图 5.25 所示。

4）调用"以电定水"方法处理电网安全约束并将调整的出力曲线逐时段分配到机组，判断电站总发电量与给定电量是否在误差允许范围内，若不符合，则修正调峰容量 P_i^{max} 为出力曲线的最大出力值，转入2）；否则，当存在下游电站时，根据当前电站的出库流量更新下游电站入库流量及面临的电网负荷，转入2）进行下游电站的切负荷过程，当不存在下游电站时，逐次切负荷过程结束，输出最终结果。具体流程如图 5.26 所示。

5.2.1.3　计算结果与分析

研究以湖北电网下辖清江梯级及汉江丹江口水电站为实例，建立区域电网下考虑弃水风险的水电站群联合调峰调度模型。以 2015 年清江梯级前汛期实际运行弃水为背景，分析弃水原因并计算实际运行调度过程中各电站弃水风险，然后将研究所提基于弃水风险的电量分配策略应用于清江梯级电量分配。

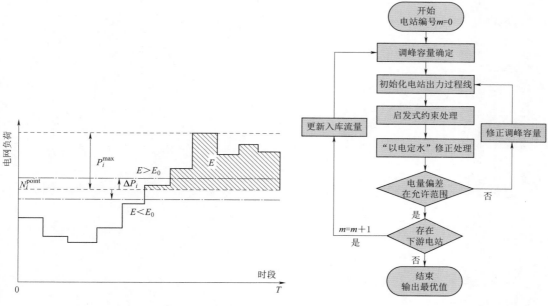

图 5.25　启发式逐次切负荷图　　　　图 5.26　启发式逐次切负荷流程图

1. 研究区域概况

清江是长江中游宜昌至荆江河段的最大支流，干流全长 423km，总落差为 1430m，流域总面积为 17000km²。清江梯级水电站在研究中指清江干流水布垭、隔河岩和高坝洲三个梯级水电站，其中水布垭是梯级龙头电站，装机容量为 1840MW，控制流域面积为 10860km²，为多年调节电站；隔河岩是梯级第二个电站，装机容量为 1200MW，控制流域面积为 14430km²，为年调节电站；高坝洲是隔河岩的反调节电站，装机容量为 270MW，控制流域面积为 15650km²。清江梯级水库调度规程规定：6 月 20 日 24 时，水布垭水库水位应降落至防洪限制水位 391.8m，隔河岩水库水位应降落至防洪限制水位 193.6m。清江梯级及丹江口水电站部分特征参数见表 5.13。

表 5.13　　　　　　　　　清江梯级及丹江口水电站部分特征参数表

特征参数	水布垭电站	隔河岩电站	高坝洲电站
死水位/m	350	160	78
防洪限制水位/m	391.8	193.6	—
正常蓄水位/m	400	200	80
死库容/亿 m³	19.29	10.77	3.49
总库容/亿 m³	45.8	33.4	4.89
装机容量/MW	4×160	4×300	3×90
保证出力/MW	308.3	241.9	77.4

2. 基于弃水风险的梯级电站电量分配

（1）清江梯级实际弃水原因分析。清江梯级实际运行统计数据显示，2015 年 6 月 19

日至 2015 年 6 月 22 日梯级实际产生弃水，对应具体运行过程相关统计结果如图 5.27、图 5.28 和图 5.29 所示。

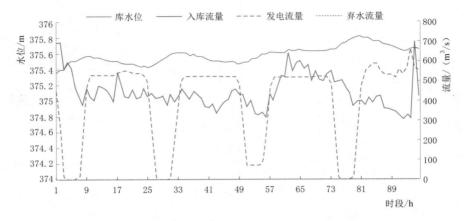

图 5.27 清江梯级实际弃水日水布垭电站运行过程图

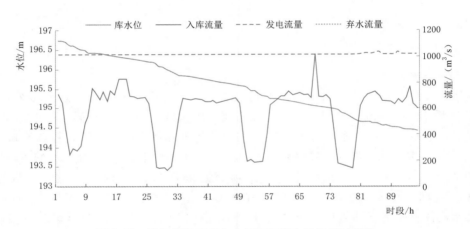

图 5.28 清江梯级实际弃水日隔河岩电站运行过程图

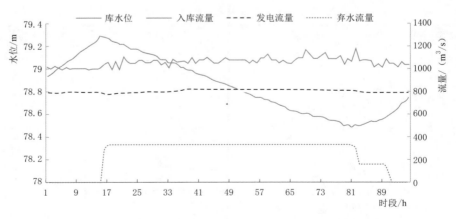

图 5.29 清江梯实际弃水日高坝洲电站运行过程图

弃水时段梯级各电站相关运行统计信息为：水布垭平均入库流量为 $480\mathrm{m}^3/\mathrm{s}$，平均出库流量为 $400\mathrm{m}^3/\mathrm{s}$，库水位从 $375.4\mathrm{m}$ 上升至 $375.7\mathrm{m}$；隔河岩平均入库流量为 $564\mathrm{m}^3/\mathrm{s}$，平均出库流量为 $1007\mathrm{m}^3/\mathrm{s}$，库水位从 $196.7\mathrm{m}$ 下降到 $194.4\mathrm{m}$；高坝洲平均入库流量为 $1080\mathrm{m}^3/\mathrm{s}$，平均出库流量为 $1091\mathrm{m}^3/\mathrm{s}$，其平均发电流量为 $843\mathrm{m}^3/\mathrm{s}$，平均弃水流量为 $248\mathrm{m}^3/\mathrm{s}$，库水位在 $79\mathrm{m}$ 上下波动。

由实际运行数据可知，清江梯级弃水发生在高坝洲电站。高坝洲电站发生弃水时入库平均流量大于电站满发流量，且作为小库容反调节电站，其库水位已到达 $78.8\mathrm{m}$ 的高水位而没有足够的调节能力容纳弃水流量。弃水时段为清江梯级前汛期向主汛期过渡时段，为尽量满足清江梯级水库调度规程运行消落水位规定，隔河岩的下泄流量超过高坝洲最大发电流量，使得高坝洲电站产生弃水。所以高坝洲弃水的主要原因可总结为隔河岩电站前汛期水位控制过高，以致主汛期前过于集中消落使得下泄流量大于高坝洲满发流量。

（2）基于弃水风险的梯级电站电量分配。由清江梯级实际弃水日弃水原因分析可得，合理的水库水位控制可有效降低电站弃水风险，因此可计算梯级电站运行控制水位对应弃水风险，并以此为基础将研究所提基于弃水风险的梯级电站电量分配策略用于梯级前汛期调度过程中，以减少梯级弃水，并验证所提方法的正确性。

以水布垭汛限水位 $391.8\mathrm{m}$ 和隔河岩汛限水位 $193.6\mathrm{m}$ 为关键控制水位，以 5 月 20 日到 6 月 20 日为控制时段，计算电站 32 天运行水位过程对应弃水风险为 θ，为直观表现弃水风险对比，以风险的对数形式 $\lg(100\theta)$ 来度量弃水风险大小，历史实际运行弃水风险如图 5.30 所示。

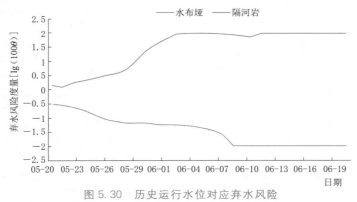

图 5.30   历史运行水位对应弃水风险

由图 5.30 可明显看出，水布垭水电站运行过程中弃水风险较小，而隔河岩水电站运行过程中弃水风险较大。为减小隔河岩电站运行过程中的弃水风险，以研究所提基于弃水风险的电量分配策略重新分配清江梯级 2015 年前汛期梯级各电站电量，结果见表 5.14。

梯级电站采用表 5.14 中基于弃水风险电量分配方案对 2015 年 5 月 20 日至 6 月 22 日进行模拟调度作为考虑弃水风险的梯级水电站调度结果，其中历史调度与考虑弃水风险的梯级电站调度水位运行过程如图 5.31 所示，调度结果与历史实际调度结果对比见表 5.15。

表 5.14　　　　　基于弃水风险的清江梯级前汛期电量重新分配结果　　　　单位：10^4 kW·h

日　　　期	总电量	实际运行电量分配			基于弃水风险电量分配		
		水布垭	隔河岩	高坝洲	水布垭	隔河岩	高坝洲
2015－05－20	2733.86	938.95	1388.76	406.15	929.30	1351.15	453.41
2015－05－21	2763.98	938.83	1372.73	452.42	936.65	1358.16	469.18
2015－05－22	3257.33	1405.94	1389.05	462.34	1214.86	1517.74	524.74
2015－05－23	3361.39	1430.69	1412.59	518.11	1300.58	1547.30	513.50
2015－05－24	3389.59	1497.94	1418.16	473.50	1346.59	1521.07	521.93
2015－05－25	3404.64	1501.22	1412.50	490.92	1266.46	1600.27	537.91
2015－05－26	3404.83	1489.13	1371.58	544.13	1223.57	1639.85	541.42
2015－05－27	3700.92	1717.58	1480.22	503.11	1530.43	1631.50	538.99
2015－05－28	4326.36	2176.80	1575.84	573.72	1857.89	1856.09	612.38
2015－05－29	4305.34	2142.36	1573.13	589.85	1835.59	1821.74	648.00
2015－05－30	3618.67	1999.01	1222.66	397.01	1154.26	1816.42	648.00
2015－05－31	4238.88	2110.30	1579.97	548.62	1589.38	2001.50	648.00
2015－06－01	4908.55	2647.51	1649.57	611.47	2904.12	1356.43	648.00
2015－06－02	4852.30	2948.40	1305.14	598.75	2404.18	1800.12	648.00
2015－06－03	5173.03	2995.97	1561.01	616.06	2738.09	1786.94	648.00
2015－06－04	5130.67	2922.12	1593.65	614.90	2702.93	1779.74	648.00
2015－06－05	5130.07	2923.80	1584.70	621.58	2524.90	1957.18	648.00
2015－06－06	5332.42	2953.13	1748.81	630.48	2696.28	1988.14	648.00
2015－06－07	5534.98	2998.90	1906.66	629.42	2978.45	1908.53	648.00
2015－06－08	5156.64	2798.93	1727.28	630.43	2816.21	1767.70	572.74
2015－06－09	5266.03	3029.98	1621.94	614.11	3129.50	1599.50	537.02
2015－06－10	5245.46	3009.94	1617.77	617.76	3233.71	1529.86	481.90
2015－06－11	5208.36	2970.53	1620.58	617.26	2726.81	1886.16	595.39
2015－06－12	5256.12	3047.90	1618.94	589.27	2744.28	1905.31	606.53
2015－06－13	5266.82	3076.58	1621.03	569.21	2740.03	1921.10	605.69
2015－06－14	5415.48	2952.91	1865.21	597.36	2781.84	2002.78	630.86
2015－06－15	6127.06	2975.57	2529.86	621.62	3477.53	2001.53	648.00
2015－06－16	5245.80	2065.27	2558.23	622.30	2596.61	2001.19	648.00
2015－06－17	4993.70	1873.15	2485.27	635.28	2637.36	1708.34	648.00
2015－06－18	4532.09	1493.76	2400.77	637.56	1887.19	1996.90	648.00
2015－06－19	4542.77	1504.82	2405.93	632.02	1913.59	1981.18	648.00
2015－06－20	4537.39	1498.68	2409.67	629.04	2086.56	1802.83	648.00
2015－06－21	4564.66	1526.54	2407.70	630.41	2083.49	1833.17	648.00
2015－06－22	4617.19	1570.68	2413.01	633.50	2155.37	1828.42	633.41

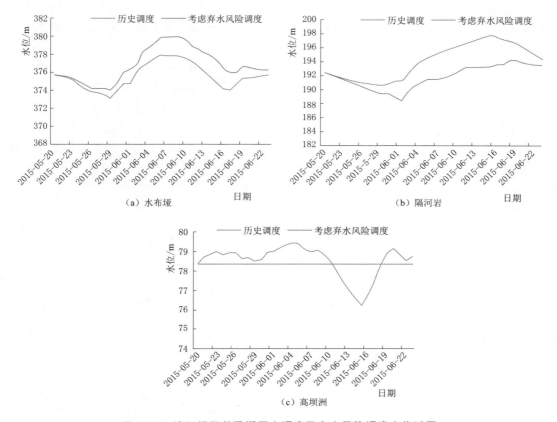

图 5.31　清江梯级前汛期历史调度及弃水风险调度水位过程

表 5.15　　　　　　　历史调度与考虑弃水风险调度统计结果

调度方式	电　　站	起始水位 /m	终止水位 /m	发电量 /(×10⁸ kW·h)	弃水 /(×10⁸ m³)
历史调度	水布垭	375.79	375.66	7.51	0.00
	隔河岩	192.50	194.41	5.98	0.00
	高坝洲	78.40	78.78	1.96	0.86
考虑弃水 风险调度	水布垭	375.79	376.31	7.41	0.00
	隔河岩	192.50	193.60	6.00	0.00
	高坝洲	78.40	78.40	2.04	0.00

　　根据清江梯级历史实际调度与考虑弃水风险的调度结果可知，考虑弃水风险的调度方式在隔河岩电站弃水风险较大时段通过增加隔河岩和高坝洲电站的发电量，并同时减少水布垭电站的发电量来降低隔河岩电站的运行水位，降低整个梯级的弃水风险水平。模拟调度表明，基于弃水风险的梯级电站电量调整策略可有效降低梯级水电站弃水风险，并减少运行弃水 0.86 亿 m³。虽然调度期整个梯级发电量相同，但调度期末隔河岩库水位降低

0.81m，蓄能量相应减少 0.17 亿 kW·h；水布垭库水位升高 0.67m，蓄能量相应增加 0.24 亿 kW·h，梯级减少的弃水带来的效益以蓄能的形式存储在梯级弃水风险较小的水布垭水库。

基于梯级各电站弃水风险的电量分配调度结果可有效减少梯级弃水，为更好说明考虑弃水风险的模拟调度运行弃水风险的变化，将其弃水风险添加到历史运行弃水风险中，如图 5.32。可以看出，基于弃水风险的电量分配可以明显减少梯级电站间弃水风险差值，由于水布垭具有多年调节能力且当年水位运行水位较高，因此弃水风险很小；而隔河岩电站为保证高坝洲电站不弃水而不能快速下降水位，导致主汛期到来时弃水风险有一定的增大趋势。

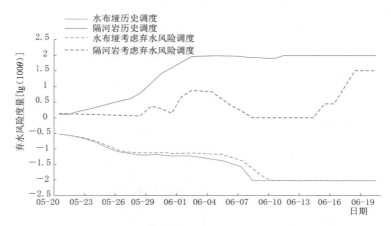

图 5.32　清江梯级前汛期历史调度及考虑弃水风险调度过程

5.2.2　区域电网丰水期水火电日期发电计划编制

以华中电网为区域研究对象，其作为全国水电装机容量最大、水电装机比例最高的区域电网，其水电装机容量与装机比例将持续稳步增加。相对于其他能源，水电具有典型的季节性特征，且调峰能力突出，立足华中电网的区域电网水电联合优化运行，增强各省级电网的水电互补协调，将成为华中电网贯彻落实国家清洁能源发展战略的新任务。与此同时，由于华中电网电源具有多元特性，如何充分发挥水电的快速调节优势，提升各级电网的水火互济水平，加强水电机群参与电网调度运行调整的机网协调控制技术，提高多元电源的互动配合能力，是保障电网安全稳定运行的重要技术手段。因此，如充分考虑华中区域电力系统的区域特征和结构特征，研究建立短期和实时发电调度体系，并形成应用示范，不仅能提升水电安全运行水平和利用效率，发展和丰富我国的节能发电调度理论和技术，而且对华中区域电网安全稳定高效运行具有重要的社会经济意义和工程应用价值。

华中区域电力系统是由四个省（湖北、湖南、河南、江西）电力系统用联络线路互联形成的一个区域性的大电网，从其实际调度需求分析，网调直调水电、火电以及部分国调水电站需要同时向多个省网送电，且水电站送电范围和送电比例各不相同，电网与水电站协同运行方式发生了重大变化，这使得流域梯级水电站群在省内及省际电网联络线接入点的拓扑结构日趋复杂；同时，梯级水电站间水力、电力联系紧密，各级水电站调节性能差异化较大，其短期联合优化调度极为困难，传统的梯级水电站优化方式难以起到真正的指导作用。为此，需综合考虑各级水电站发电能力及其互联电网的吸纳能力，在满足电网安全稳定运行的前提下，合理协调电网效益与水电站效益间的矛盾，遵循"水库统一调度，电力分区控制"的原则，迅速响应不同层级下电网调度区域的调峰等复杂运行需求，充分挖掘流域梯级水电站群的整体发电能力，以实现全网的安全、稳定、经济运行。

5.2.2.1　多站多电网送电情形下的发电计划编制

1. 梯级水电站群调度准则

多站多电网送电情形下，同一流域上下游水电站既存在单一电网送电问题，也存在单一水电站同时向多个省级电网送电的情形，这使得跨流域巨型梯级水电站调峰问题异常复杂，加剧了水电调峰难度。为此，本节主要研究具有日调节能力以上的水电站群短期联合优化调度问题，对不同调度对象短期调峰模型予以建模分析，并根据水电站调度关系、输送电范围、上下游联系、调节性能等因素，选择不同的计算方式。研究涉及的水电站较多，且分属不同的省网及流域，在实际建模时应根据各水电站运行方式、输送电范围、上下游水力联系等因素选择不同的计算方式。由于跨流域梯级多站多电网送电问题复杂，考虑采用"分层分级控制，整体优化计算"的准则将其划分为若干个"单站多电网"和"多站单电网"子问题进行建模和求解，分层、分级划分旨在不影响优化结果精度的前提下降低整体优化过程中决策变量和约束的维度，将多站多电网送电问题转化为各子级水电站的优化问题，使复杂问题简单化且能够适用于工程实际。流域梯级水电站群分层、分级示意图如图 5.33 所示，主要原则如下：

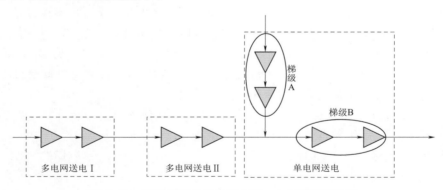

图 5.33　流域梯级水电站群分层、分级调度示意图

（1）不同河系梯级"分层"：按照行政区域（省网）对各流域梯级水电站群进行划分，对归属于同一省级电网的水电站群进行统一调度。由于隶属于同一省网的水电站群所处河系不同，水电站可能呈现明显的区域层次和群落布局。为此，可在省级分区基础上，进行不同河系间的子区域划分，对于区域相对集中的水电站群统一优化分配水头和流量等。

（2）同一河系水电站"分级"：按送电范围对流域梯级水电站进行归类，第一类水电站向多个电网送电，第二类水电站（或梯级）向单一电网送电。在进行水电站调峰出力安排时，将类别及送电范围相同，且具有水力联系的水电站当作一个整体进行统一联合优化调度。同时，第一类水电站按多电网送电情形下的发电计划制作，第二类水电站（或梯级）按单电网送电情形下的统一调度。

根据如上原则，将华中电网 8 个直调电厂的多站多电网问题划分为一个"单站多电网问题"和两个"多站单电网问题"。

2. 计算流程

（1）水电站分类及计算顺序。依据分层、分级控制策略进行流域梯级水电站分类，并根据流域拓扑结构按先支流再干流的次序确定水电站计算顺序。

（2）子级水电站调度计算。

1）针对由分层控制划分的某一流域，从上游水电站开始计算。

若当前面临子级水电站为第一类水电站（电力送多个电网），则采用多电网送电情形下的发电计划制作。方法一：通过多变量动态规划方法按多电网调峰情形下的转化目标确定水电站最优出力过程，在时段固定出力基础上通过求解目标偏微分方程确定时段电网最优送电量，最后以满足电网分电比为前提，通过启发式分电比调整规则对水电站时段送电比例进行重调；方法二：依据电网分电比及各电网限定约束，通过独立电力电量平衡方法得到各电网初始受电过程，结合双向动态规划方法，固定其余电网输电过程，在定电量调峰效益最大目标下对某一电网时段电量分配结果进行迭代重调，并通过启发式修正策略对调度期末水位约束进行处理。

若当前面临子级水电站为第二类水电站（电力送单个电网），则采用单电网送电情形下的发电计划制作，通过逐次切负荷法生成初始解，在其结果基础上以单电网调峰目标为引导，通过改进 DDDP 方法进行各时段出力调整；若面临调度对象为具有上下游水力联系且只向单个电网送电的多个水电站（梯级）时，可将其作为一个调度整体以单电网调峰目标进行梯级联合优化调度，首先对梯级所包含水电站按切负荷优先顺序（日调节及以下的水电站优先；水电站运行出力限制范围大的优先；水电站理论调峰负荷率高的水电站优先）进行逐次切负荷计算，并以此为基础通过 POA 方法进行梯级水电站间时段发电流量调节，最终通过梯级联合调度共同实现调峰效益最大化。

2）累加上游子级本轮计算所得送电计划以及下游其他子级上一轮计算送电计划，将其从总负荷中扣除，以作为当前子级面临等效负荷。

3）当所有子级水电站计算完毕时，第一轮迭代完成，进行下一轮计算。

3. 结果输出

当前后两次迭代各省网调峰目标值相差不大或迭代次数已达最大时搜索完成，输出流域各水电站出力计划以及时段电量分配结果。

5.2.2.2　单站多电网送电情形下的发电计划编制

1. 模型描述

（1）目标函数。当单个水电站考虑对多个电网进行调峰送电时，需要在保证水电站正常运行的情况下，以水电站向不同电网的分电比为基础，确定水电站时段出力在各电网间分配，实现水电站调峰效益最大，从而降低火电调峰发电的煤耗。为间接考虑火电机组出力不宜变动太大的特性，在进行水电站日前发电计划编制时，应尽量发挥水电站的调峰容量效益，同时充分利用水电的发电能力，使经水电站削峰后的各电网剩余负荷在保证平坦

的情况下最小。相应目标函数表示为

$$\begin{cases} \min[E^1, E^2, \cdots, E^G] \\ E^g = \max_{t \in [1,T]} (C_t^g - N_t^g) \quad g \in [1, G] \end{cases} \tag{5.35}$$

式中：E^g 为第 g 电网余荷最大值；G 为总电网数量；C_t^g 为第 t 时段第 g 电网的剩余负荷；N_t^g 为电站第 t 时段供给第 g 电网的出力需求。

最大值最小问题不易求解，可以将其转换为下列目标：

$$\begin{cases} \min E^g = \sum_t^T (D_t^g)^2 \quad \text{或} \quad \min E^g = \sum_t^T (D_t^g - \overline{D^g})^2 \\ \overline{D^g} = \frac{1}{T} \sum_{t=1}^T D_t^g \quad D_t^g = C_t^g - N_t^g \end{cases} \tag{5.36}$$

式中：D_t^g 为第 t 时段第 g 电网经过水电站调峰后的剩余负荷；$\overline{D^g}$ 为第 g 电网经过水电站调峰后的平均剩余负荷。

考虑到单站多目标调峰问题每个目标是各水电站的调峰目标，可以考虑用线性加权法将多个电网调峰目标按不同的权重相加合并为一个最优目标。

$$\min F[E^1, E^2, \cdots, E^G] = \sum_{g=1}^G w^g E^g \tag{5.37}$$

$$E^g = \max_{t \in [1,T]} (C_t^g - N_t^g) \quad g \in [1, G]$$

式中：w^g 为第 g 个电网的调峰目标权重系数。

权重系数的确定对模型求解意义重大。权重系数的确定不仅要考虑到各电网的调峰偏好，而且还要考虑水电站送各电网的电量比例以及因为各电网调峰量级带来的优化解的偏差。因此，考虑有如下几种权重设置方法。

1）总调峰效益最大。

$$w^g = \alpha^g \tag{5.38}$$

此时，最优化目标为各电网总调峰效益最大。α^g 为人工松弛变量，一般取 1，也可通过设置变量的大小，人为调整电网间调峰偏好。

2）考虑分电比例的总调峰效益最大。

$$w^g = R^g \cdot \alpha^g \tag{5.39}$$

在各电网总调峰效益最大的基础上，考虑水电站送电比例，在 1）的基础上调峰偏向送电比例大的电网。

3）各电网调峰效益均衡。

$$\lambda^1 : \lambda^g : \lambda^G = D^1 : D^g : D^G \tag{5.40}$$

式中：λ^1、λ^g、λ^G 为各电网峰谷差的比例；D^g 为电网 g 的峰谷电量差。各电网总调峰效益最大权重设置方法中，调峰会偏向调峰量级大的电网，考虑通过各电网间的峰谷电量差的比例，平衡各电网因调峰量级的差异带来的偏好影响，实现各电网均衡调峰。

$$w^g = \frac{\alpha^g}{\lambda^g} \tag{5.41}$$

4）考虑送电比例的各电网调峰效益均衡。

在各电网调峰效益均衡的基础上，考虑水电站送电比例，在 3）的基础上调峰偏向送电比例大的电网。

$$w^g = \frac{R^g \cdot \alpha^g}{\lambda^g} \tag{5.42}$$

（2）约束条件。

运行水位约束：

$$Z_t^{\min} \leqslant Z_t \leqslant Z_t^{\max} \tag{5.43}$$

式中：$Z_t^{\max}$、$Z_t^{\min}$ 分别为水电站第 t 个时段水位上、下限。

下泄流量约束：

$$Q_t^{\min} \leqslant Q_t \leqslant Q_t^{\max} \tag{5.44}$$

式中：$Q_t^{\max}$、$Q_t^{\min}$ 分别为水电站第 t 个时段下泄流量上、下限。

水电站出力约束：

$$N_t^{\min} \leqslant \sum_{g=1}^{G} N_t^g \leqslant N_t^{\max} \tag{5.45}$$

式中：$N_t^{\max}$、$N_t^{\min}$ 分别为水电站第 t 个时段出力上、下限。

水量平衡约束：

$$V_t = V_{t-1} + (I_t - Q_t) \cdot \Delta t \tag{5.46}$$

式中：V_t 为水电站第 t 时段蓄水量；I_t、Q_t 分别水电站入库流量和下泄流量。

末水位控制：

$$Z_T = Z_{\text{end}} \tag{5.47}$$

式中：Z_T 与 Z_{end} 分别为水电站 T 时段水位及调度期末水位控制值。

水位/流量变幅：

$$\begin{cases} |Z_t - Z_t - 1| \leqslant \Delta Z \\ |Q_t - Q_{t-1}| \leqslant \Delta Q \end{cases} \tag{5.48}$$

式中：ΔZ、ΔQ 分别为水电站时段允许最大水位变幅和流量变幅。

出力变幅：

$$|\sum_{g=1}^{G} N_t^g - \sum_{g=1}^{G} N_{t-1}^g| \leqslant \Delta N \tag{5.49}$$

式中：ΔN 为水电站时段允许最大出力变幅。

机组稳定运行约束：

$$NL_k \leqslant N_{kt} \leqslant NU_k \tag{5.50}$$

式中：N_{kt} 为第 k 号机组时段 t 的出力；NU_k 与 NL_k 为水电站第 k 号机组出力上、下限。

机组最短开停机时间约束：

$$\begin{cases} T_{t,k}^{\mathrm{off}} \geqslant T_k^{\mathrm{down}} \\ T_{t,k}^{\mathrm{on}} \geqslant T_k^{\mathrm{up}} \end{cases} \tag{5.51}$$

式中：T_k^{up}、T_k^{down} 分别为机组 k 允许的最短开、停机时间限制；$T_{t,k}^{\mathrm{on}}$、$T_{t,k}^{\mathrm{off}}$ 分别为机组 k 在 t 时段以前的持续开、停机历时。

不同电网分电比约束：

$$\sum_{t=1}^{T} N_t^1 : \sum_{t=1}^{T} N_t^g : \sum_{t=1}^{T} N_t^G = K^1 : K^g : K^G \tag{5.52}$$

式中：K^1、K^g、K^G 分别为水电站向第 1、g、G 电网的送电比例。

2. 基于多变量动态规划方法的发电计划编制

水电站短期多电网调峰优化调度，即要满足水电站常规优化运行的基本约束，同时要在满足既定电网分电比的情况下，确定水电站向多个电网的时段送电值，实现水电站的调峰效益最大化。在进行优化调度求解时，水电站运行水位 Z_t 作为时段总出力的决策变量，在已知时段水位的情况下，水电站时段总出力为确定值；为实现多电网调峰效益最大化，需要对时段水电站出力进行不同电网间分配，即确定水电站向各电网的送电值 N_t^1、N_t^g、N_t^{G-1}（由于时段总发电量已知，N_t^g 可以通过计算得到），计算当前决策过程下的最大调峰效益；同时由于在进行时段发电量分配时，仅从调峰效益最大化目标出发，无法考虑水电站向不同电网间的分电比，需要根据日内分电比进行重新调整水电站向各电网的送电过程。具体步骤包括：①动态规划确定水电站运行过程 Z_t；②确定时段各电网最优送电量 N_t^1、N_t^g、N_t^G；③根据分电比调整各电网的送电过程。

（1）精细化模拟下的水电站优化运行。水电站短期优化调度是在已知电站时段初末水位的情况下，考虑电站运行水位、下泄流量和水量平衡等联系的情况下，确定水电站的最优运行水位或出力，实现目标函数值的最优化。在利用传统动态规划进行优化求解时，首先对时段运行水位进行离散，考虑电站时段运行约束条件，确定电站当前时段运行水位，根据前后两个时段运行水位计算时段下泄流量；然后根据时段下泄流量和机组开停机状况，调用基于机组预想出力模块计算电站时段总出力，实现电站出力的精细化模拟。在确定时段出库流量的情况下，以机组相应水头下的预想出力为基础，进行"以水定电"模式下的机组间最优流量分配。相应流程如下：

1）根据电站运行水位和下泄流量，计算电站毛水头并查找机组预想出力和稳定运行区，结合人工设定的出力约束，通过查机组的 NHQ 曲线得到各机组相应流量，计算水头损失得到净水头，判断净水头与毛水头之间的差值，不满足给定值则重新计算，最终得到各机组出力和流量范围。

2）在给定开机顺序和机组预想出力处耗水率排序的基础上，优先考虑给定开机顺序，兼顾机组发电效率，得到机组的最优开停机顺序。根据开机顺序和剩余发电流量，依次判断剩余流量是否大于机组满发流量，若是则该机组按照预想出力满发，同时剩余发电流量减去当前机组发电流量；否则跳至下一台机组重复 2）直至所有机组均遍历。

3）若剩余发电流量大于 0，则计算已开机组的可调节流量和未开机组的最小开机流量；当剩余可发电流量与可调节流量之和大于最小开机流量且存在可用的未开机组，则增开所需开机流量最小的那台机组，计算平均流量并转下一步；否则存在弃水。

4）若剩余可发电流量与可调节流量之和大于平均流量，则增开机组按照平均流量发电，其他已开机组按照可调节流量比例降低相应发电流量；若小于平均流量，则增开机组按照剩余可发电流量与可调节流量之和发电，其他已开机组按照可调节流量比例降低相应发电流量。

在使用预想出力精细化分配方法进行"以电定水"（已知发电任务 N、入流以及时段初水位，求电站最小耗水量）计算时，需结合二分法对相应匹配的流量进行迭代查找：①假设出力为 N 时电站发电流量为 $Q \in [Q_{min}, Q_{max}]$ 且 $Q = (Q_{min} + Q_{max})/2$；②调用上述"以水定电"精细化方法计算发电流量为 Q 时情形下对应的电站最优出力 $N1$；③若 $|N1 - N| > \varepsilon$，则假定的流量不满足要求，假如 $N1 < N$，则 $Q_{min} = Q$；否则 $Q_{max} = Q$；令 $Q = (Q_{min} + Q_{max})/2$，转至步骤②；④迭代结束，当前 Q 即为最优化流量，输出机组最优出力（流量）结果。

（2）基于等微增率的网间负荷分配。由于水电站需要考虑对多个电网进行调峰送电，需要在已知电站时段总出力的情况下，确定时段出力在各电网间的合理分配，实现水电站的调峰效益最大化。在进行出力对各电网间分配时，当时段目标函数可微分时，利用微分求导的方法求解最优条件方程，确定时段各电网的出力分配值。如时段目标函数为式（5.53）所示时：

$$\min f(N_t^1, N_t^g, N_t^G) = \sum_{g=1}^{G} w^g (C_t^g - N_t^g)^2 \tag{5.53}$$

式中：C_t^g、N_t^g 分别为第 g 电网第 t 时段的负荷需求和电站的送电量；w^g 为第 g 电网的调峰比例系数。当时段运行水位确定时，水电站向各电网的时段总送电值为确定常数，即满足：

$$\sum_{g=1}^{G} N_t^g = N_t^{total} = \text{const} \tag{5.54}$$

为实现式（5.53）目标函数最优，则需满足：

$$\frac{\partial f}{\partial N_t^1} = \frac{\partial f}{\partial N_t^2} = \frac{\partial f}{\partial N_t^g} = \frac{\partial f}{\partial N_t^G} \tag{5.55}$$

通过联立式（5.53）和式（5.55），求解可以得到水电站时段出力在不同电网间的最优分配值。该方法具有简单易行的特点，但要求目标函数具有可微的特性。

当时段目标函数不可微分时，只能通过枚举或者其他优化方法，确定水电站时段出力在各电网间的送电分配值。如时段目标函数为式（5.56）所示时：

$$\min f(N_t^1, N_t^g, N_t^G) = \sum_{g=1}^{G} w^g \max_{r \in [1, t]} \{C_r^g - N_r^g\} \tag{5.56}$$

式中：w^g 为第 g 电网的调峰比例系数；r 为时段变量。当时段运行水位确定时，水电站向各电网的时段总送电值为确定常数，同样满足式（5.54）的水电站时段总出力约束条件。

此时，时段目标函数为最大值最小化问题，函数不具有微分可导性，无法通过求偏导数进行最优分配，只能通过枚举方法或者动态规划方法，依次确定水电站时段出力在各电网间的分配，实现时段目标函数最优。当决策变量较多或精度要求较高时，该方法会存在维数灾的问题。

（3）启发式送电过程调整策略。利用多变量动态规划和微分求导相结合的方法，求解得到水电站向各电网的送电过程，该出力过程序列仅以调峰效益最大化进行优化，未考虑水电站向各电网的送电比例，可能存在不满足式（5.52）中的电网分电比约束，需要采取一定策略进行人工调整。若已知水电站向各电网的最优送电过程，则可以计算得到水电站一天的总发电量 N^{total}：

$$N^{\text{total}} = \sum_{g=1}^{G} \sum_{t=1}^{T} N_t^g \tag{5.57}$$

根据式（5.52）中的分电比约束，可以计算得到水电站应向各电网的一天总送电量值 Nd^1、Nd^g、Nd^G：

$$Nd^g = K^g N^{\text{total}} / \sum_{g=1}^{G} K^g \tag{5.58}$$

同时，根据各电网的最优送电过程，可以得到实际的电站向各电网的日内总发电量 Ns^1、Ns^g、Ns^G：

$$Ns^g = \sum_{t=1}^{T} N_t^g \tag{5.59}$$

若存在水电站向各电网的实际供给发电量和需求发电量不协调的情况，则需要采用一定策略对各电网的送电过程进行调整，通过分析拟定如下调整策略：

1）相对值调整。这种方式也称作等比例调整，即根据水电站向各电网的实际总送电量和总需求量，按放大或缩小系数依次等比例调整各时段的送电过程。如第 g 电网的各时段调整系数 η^g：

$$\eta^g = \frac{Nd^g}{Ns^g} \tag{5.60}$$

调整后的 g 电网各时段出力为

$$Nx_t^g = \eta^g N_t^g \tag{5.61}$$

在进行调整过程中，需要满足式（5.54）中的各时段电站总发电量平衡，同时调整后时段各电网出力要满足非负性约束，当调整后的出力过程不满足约束时，则将其赋为约束条件的边界值。通过多次循环迭代以满足各电网的分电比要求。此外，当电网数量 G 大于 2 时，需要对时段电站向其他各电网的送电量进行反向调整，实现调整效益最大化。

2）绝对值调整。这种方式也称作等增量调整，即根据水电站向各电网的实际总送电量和总需求量，将电网的供需差值平均分配到各时段，按等增量方式调整各时段的送电过程。如第 g 电网的各时段调整值为

$$\Delta N_t^g = (Nd^g - Ns^g)/T \tag{5.62}$$

调整后的 g 电网各时段出力为

$$Nx_t^g = N_t^g + \Delta N_t^g \tag{5.63}$$

在进行调整过程中，需要满足式（5.63）中的各时段电站总发电量平衡，同时调整后时段各电网出力要满足非负性约束，当调整后的出力过程不满足约束时，则将其赋为约束条件的边界值。通过多次循环迭代以满足各电网的分电比要求。此外，当电网数量 G 大于 2 时，需要对时段电站向其他各电网的送电量进行反向调整，实现调整效益最大化。

3）削峰填谷调整。为充分考虑水电站对电网的调峰需求，在进行各电网送电过程调整时，优先加大峰荷时段电网的出力，优先降低谷荷时段的出力，从而在满足分电比的情况下，尽量实现调峰效益最大化。若第 g 电网的总需求量和实际发电量差值为 ΔN^g：

$$\Delta N^g = Nd^g - Ns^g \tag{5.64}$$

若 $\Delta N^g > 0$，则优先加大处于峰段若干时段出力过程，以增加调峰效益；若 $\Delta N^g < 0$，则优先减小处于谷段若干时段出力过程，以尽量降低对调峰效益的影响。在出力调整的过程中，需要考虑时段总发电量平衡约束。此外，当电网数量 $G > 2$ 时，需要对时段电站向其他各电网的送电量进行反向调整，实现调整效益最大化。

（4）计算结果及分析。以二滩电站运行于枯水期工况为例，通过二滩电站按一定分电比送给四川电网和重庆电网后，使得四川和重庆电网的余荷最为平稳来制作日前发电计划。其中，调度期为一天（15min 一个时段，共 96 个时段），初水位为 1182.32m，末水位为 1182.82m，四川与重庆的分电比为 7∶3，电站所有机组无检修。模型计算结果见表 5.16，出力、负荷过程曲线如图 5.34～图 5.36。

表 5.16　　　　　　　　　　　二滩电站详细调度结果表

时段	初水位 /m	入库流量 /(m³/s)	出库流量 /(m³/s)	弃水量 /(m³/s)	出力/万 kW		
					全站	送四川	送重庆
1	1182.32	630	371	0	55.00	55.00	0
2	1182.323	630	251	0	38.26	38.26	0
3	1182.327	630	251	0	38.26	38.26	0
4	1182.331	630	251	0	38.27	38.27	0
5	1182.335	1109	291	0	45.15	45.15	0
6	1182.344	1109	291	0	45.15	45.15	0

时段	初水位 /m	入库流量 /(m³/s)	出库流量 /(m³/s)	弃水量 /(m³/s)	出力/万 kW		
					全站	送四川	送重庆
7	1182.353	1109	291	0	45.15	45.15	0
8	1182.362	1109	278	0	42.89	42.89	0
9	1182.371	1063	344	0	53.58	53.58	0
10	1182.379	1063	344	0	53.59	53.59	0
11	1182.386	1063	344	0	53.59	53.59	0
12	1182.394	1063	344	0	53.59	53.59	0
13	1182.402	939	344	0	53.59	53.59	0
14	1182.408	939	344	0	53.59	53.59	0
15	1182.415	939	362	0	55.00	55.00	0
16	1182.421	939	258	0	39.61	39.61	0
17	1182.428	593	263	0	40.36	40.36	0
18	1182.432	593	263	0	40.36	40.36	0
19	1182.436	593	263	0	40.37	40.37	0
20	1182.439	593	263	0	40.37	40.37	0
21	1182.443	402	265	0	40.78	40.78	0
22	1182.444	402	265	0	40.78	40.78	0
23	1182.446	402	265	0	40.78	40.78	0
24	1182.447	402	250	0	38.15	38.15	0
25	1182.449	506	264	0	40.56	40.56	0
26	1182.452	506	264	0	40.56	40.56	0
27	1182.454	506	304	0	47.52	47.52	0
28	1182.456	506	284	0	43.98	43.98	0
29	1182.459	706	281	0	43.56	34.28	9.28
30	1182.463	706	281	0	43.56	34.28	9.28
31	1182.468	706	281	0	43.56	34.28	9.28
32	1182.473	706	281	0	43.56	34.28	9.28
33	1182.477	674	282	0	43.63	1.23	42.40
34	1182.481	674	282	0	43.63	1.23	42.40
35	1182.486	674	267	0	41.14	0	41.14
36	1182.49	674	267	0	41.14	0	41.14
37	1182.495	721	266	0	41.04	0	41.04
38	1182.499	721	266	0	41.04	0	41.04
39	1182.504	721	266	0	41.04	0	41.04
40	1182.509	721	266	0	41.04	0	41.04

续表

时段	初水位/m	入库流量/(m³/s)	出库流量/(m³/s)	弃水量/(m³/s)	出力/万 kW		
					全站	送四川	送重庆
41	1182.514	1211	911	0	138.61	33.24	105.37
42	1182.517	1211	911	0	138.61	33.24	105.37
43	1182.521	1211	911	0	138.61	33.24	105.37
44	1182.524	1211	911	0	138.62	33.25	105.37
45	1182.527	1631	2092	0	319.68	175.00	144.68
46	1182.522	1631	2092	0	319.66	174.99	144.68
47	1182.517	1631	2092	0	319.65	174.98	144.67
48	1182.512	1631	2092	0	319.64	174.97	144.67
49	1182.507	1854	2103	0	321.43	213.84	107.58
50	1182.505	1854	2103	0	321.42	213.84	107.58
51	1182.502	1854	2103	0	321.41	213.83	107.58
52	1182.499	1854	2103	0	321.41	213.83	107.58
53	1182.496	1923	1075	0	165.00	93.33	71.68
54	1182.506	1923	1075	0	165.00	93.33	71.68
55	1182.515	1923	1075	0	165.00	93.33	71.68
56	1182.524	1923	1075	0	165.00	93.33	71.68
57	1182.533	2500	1802	0	275.00	203.02	71.98
58	1182.541	2500	1808	0	275.00	203.02	71.98
59	1182.548	2500	1808	0	275.00	203.02	71.98
60	1182.556	2500	1808	0	275.00	203.02	71.98
61	1182.563	2498	2109	0	322.58	243.37	79.20
62	1182.568	2498	2109	0	322.59	243.38	79.21
63	1182.572	2498	2131	0	325.96	245.79	80.17
64	1182.576	2498	2109	0	322.61	243.40	79.21
65	1182.58	2617	2162	0	330.00	254.80	75.20
66	1182.585	2617	2162	0	330.00	254.80	75.20
67	1182.59	2617	2162	0	330.00	254.80	75.20
68	1182.595	2617	2162	0	330.00	254.80	75.20
69	1182.6	2275	2162	0	330.00	242.68	87.32
70	1182.601	2275	2162	0	330.00	242.68	87.32
71	1182.602	2275	2162	0	330.00	242.68	87.32
72	1182.603	2275	2162	0	330.00	242.68	87.32
73	1182.605	2068	2043	0	311.38	228.72	82.66
74	1182.605	2068	2043	0	311.38	228.72	82.66

续表

时段	初水位/m	入库流量/(m³/s)	出库流量/(m³/s)	弃水量/(m³/s)	出力/万 kW		
					全站	送四川	送重庆
75	1182.605	2068	2043	0	311.38	228.72	82.66
76	1182.605	2068	2043	0	311.38	228.72	82.66
77	1182.606	2073	1644	0	250.05	193.74	56.31
78	1182.61	2073	1644	0	250.06	193.75	56.31
79	1182.615	2073	1684	0	256.87	198.61	58.26
80	1182.619	2073	1684	0	256.87	198.62	58.26
81	1182.623	2149	967	0	148.44	115.35	33.09
82	1182.636	2149	967	0	148.45	115.36	33.09
83	1182.649	2149	967	0	148.47	115.37	33.10
84	1182.662	2149	967	0	148.48	115.38	33.10
85	1182.675	1970	967	0	148.49	130.59	17.91
86	1182.685	1970	967	0	148.50	130.59	17.91
87	1182.696	1970	967	0	148.52	130.60	17.91
88	1182.707	1970	967	0	148.53	130.61	17.92
89	1182.718	1843	728	0	110.00	110.00	0
90	1182.73	1843	728	0	110.00	110.00	0
91	1182.742	1843	848	0	127.70	127.70	0
92	1182.753	1843	848	0	127.71	127.71	0
93	1182.764	1544	250	0	38.18	38.18	0
94	1182.778	1544	250	0	38.18	38.18	0
95	1182.792	1544	250	0	38.18	38.18	0
96	1182.806	1544	250	0	38.19	38.19	0

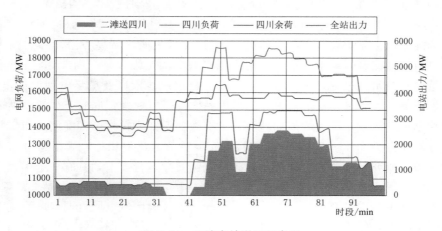

图 5.34 二滩电站送四川电网

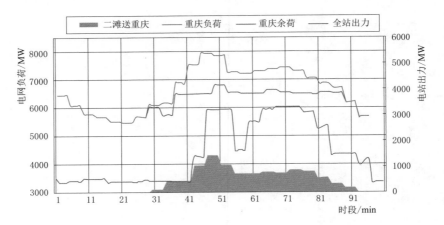

图 5.35 二滩电站送重庆电网

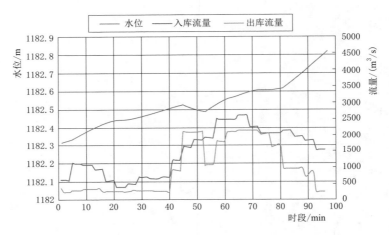

图 5.36 二滩电站运行过程图

对比调峰前后结果，四川电网与重庆电网峰谷差分别减少 1824MW（约 38%）和 1148MW（约 46%）。四川电网剩余负荷的标准差由 1583MW 下降到 892MW，重庆电网剩余负荷标准差由 774MW 下降到 405MW。上述结果表明，所提方法能够兼顾多个送受电电网的负荷特性和调峰需求，使各电网均能得到好的调峰效果。图 5.36 给出了二滩电站出库流量过程与水位过程，由于考虑到下游综合用水要求以及满足电站保证出力要求，全时段电站下泄均大于最小下泄流量，满足电站实际运行要求；同时，二滩电站调度期末水位达到控制要求水位，调度的周期性得到了有效的保证。在整个调度期，四川与重庆电网受电量分配比例为 6.99:3.01，与所设定的 7:3 分配比例相近，满足跨电网供电的需求。因此，项目研究得到的发电调度过程满足电站实际运行要求，具有一定工程实用性。

3. 基于启发式逐步迭代方法的发电计划编制

与大多数水电站送电至单一省网的情况不同，大规模区域电网直调发电系统需同时向多个省网送电，电站的优化调度出力过程需充分考虑各受电电网调峰要求，以动态响应各电网频繁的负荷变化。然而，由于电站送电电网负荷量级、峰谷时段、峰谷差不同，很难制定出既满足电站约束条件又满足送电量比例要求的电站出力计划。若通过限定电站对各电网调峰容量的方式进行电力电量平衡，叠加后的总出力虽然满足电站出力上限约束，却限制了电站调峰容量的发挥，各电网均得不到满意的调峰效果；若仅将电站发电量按电网分电比分别进行电力电量平衡计算，由于电站的发电容量有限且出力受稳定运行要求及爬坡率约束限制，当几个受电电网峰段重合时，叠加后得到的出力曲线往往不满足电站实际运行需求。因此提出一种基于启发式修正策略的单站多电网调峰方法。

（1）单站多电网调峰方法具体步骤。

1）由上游电站下泄流量、区间入流预报以及次日水位消落计划计算电站调度期可用水量，并换算成平均流量，通过上述预想出力精细化方法估算电站调度期发电能力 E_0，并确定次日平均水头下电站最大出力容量 $P^{\max}$。如果发电能力 E_0 大于电站满发发电量，则说明电站可能有弃水且全时段满发。这种情况下按照平均流量下泄，转至步骤7）计算出各电网受电过程。如果发电能力 E_0 小于电站满发发电量，则电站无弃水，转至步骤2）。

2）假定电站送电电网数为 G，则可根据各电网分电比 R^g 将 E_0 分成 G 份，见式（5.65）：

$$\begin{cases} E_0^g = E_0 R^g \\ p^{g \cdot \max} = p^{\max} \\ R^1 + R^2 + \cdots + R^g + \cdots + R^G = 1 \end{cases} \tag{5.65}$$

在 E_0^g 确定的情况下，每个电网以 $P^{\max}$ 为上限按各自的预测负荷曲线单独使用逐次切负荷法进行电力电量平衡计算，最终得到多条出力曲线 P_t^g，将其累加起来即为该电站初始出力过程 P_t。此出力过程有可能违反时段最大最小出力约束，按如下修正过程处理：

假设电站需要减小的出力总量 ΔE：

$$\Delta E = \sum_{t, P_t > p^{\max}}^{T} (P_t - p^{\max}) - \sum_{t, P_t < p^{\min}}^{T} (P_t - p^{\min}) \tag{5.66}$$

式中：P_t 为时段 t 时的出力；$p^{\min}$ 为时段最小出力约束。如果 $\Delta E \neq 0$ 则按照步骤6）的启发式修正策略修正出力，循环此过程，直到 $\Delta E = 0$ 为止。这样就得到满足出力约束的电站初始出力过程。

3）处理最小持续时间约束：将最小持续时间之内的出力求平均值作为持续时间之内的出力值，这样既能保证满足最小持续时间约束，又能满足出力总量不变。

处理出力变幅约束：假设相邻两个时段 t_1 和 t_2 的出力分别是 N_1 和 N_2，且 $|N_1 - N_2| > \Delta N$，其中 ΔN 为时段最大出力变幅。

若 $N_1 > N_2$，则将 N_2 抬升到 $N_1 - \Delta N$，此时 t_2 时段出力相比初始出力多了 $N_1 - \Delta N - N_2$，于是将整个出力曲线向下平移 $(N_1 - \Delta N - N_2)/T$，使得出力总量不变。

同理，若 $N_1 < N_2$，则将 N_2 减小到 $N_1 + \Delta N$，整个曲线向上平移 $(N_2 - N_1 - \Delta N)/T$，使得出力总量不变。

4）以总的出力过程线为基础，使用预想出力精细化方法进行"以电定水"仿真计算，确定电站各时段水位及下泄流量过程。若计算末水位等于给定末水位，转至步骤 7）。

5）若计算末水位 H_c 大于给定末水位 H_g，则电站发电不足，可按一定步长 ΔE 增加出力，计算方法如下：

$$\Delta E = a(H_c - H_g) + b \tag{5.67}$$

式中：a 和 b 均为系数，可以人为调整。

若计算末水位小于给定末水位，则电站发电过大，需按一定步长 ΔE 减小出力。ΔE 计算方法同上。

转至步骤 6），修正出力。

6）当电站发电不足时，按一定步长 ΔE 增加出力，考虑到电站多电网送电的情形，可将 ΔE 按分电比分为 G 份，见下式：

$$\Delta E^g = R^g \Delta E \tag{5.68}$$

从电网 1 开始，寻找余荷最大的时段，并将 ΔE^g 分配至该时段；若受约束的限制单一时段不能将增加的电量完全消纳，则寻找已调整时段之外的余荷最大的时段，将剩余电量分配至该时段，重复此过程直到该电网分配完毕，然后对逐个电网进行计算直至 ΔE 分配完毕。

当电站发电过多时，则按一定步长 ΔE 减小出力。此时从电网 1 开始，寻找余荷最小的时段减小出力；对逐个电网进行计算直至 ΔE 分配完毕。

重新计算电站总出力，转至步骤 4）进行"以水定电"计算。

7）在电站出力过程已经确定的情况下，使用粒子群算法（PSO）对各电网受电过程重新调整。将使用启发式修正策略得到的受电过程作为粒子群算法的初始解，选用电网余荷方差加权和最小作为目标函数进行求解，得到优化之后的各电网受电过程。

8）重复步骤 3）～6）逐步迭代调整各电网出力，直至水电跨网调峰调度算法达到终止条件，输出电站出力及各电网时段电量分配结果。

（2）计算结果与分析。二滩电站运行于汛期工况（2013 年 8 月 1 日）。

设定二滩电站初水位为 1193.80m，末水位为 1193.36m，来水过程及四川电网、重庆电网预测负荷见表 5.17，四川和重庆的分电比为 7：3，电站所有机组无检修，电站出力两次变化之间的时间间隔不小于 4 个时段（1h）。以日为调度期（96 时段）进行二滩电站汛期发电调度模拟，获得四川及重庆电网受电过程见表 5.18，二滩水电站出力、水位过程见表 5.19，表 5.20 为汛期调峰前后部分指标比较表。

表 5.17　　　　　二滩电站来水过程及四川电网、重庆电网预测负荷

时　间	总出力 /万 kW	四川负荷 /万 kW	重庆负荷 /万 kW	时　间	总出力 /万 kW	四川负荷 /万 kW	重庆负荷 /万 kW
0：00	4300	1534.71	1042.88	1：00	4105	1534.71	1042.88
0：15	4300	1534.71	1042.88	1：15	4105	1534.71	1042.88
0：30	4300	1534.71	1042.88	1：30	4105	1534.71	1042.88
0：45	4300	1534.71	1042.88	1：45	4105	1534.71	1042.88

续表

时 间	总出力 /万 kW	四川负荷 /万 kW	重庆负荷 /万 kW	时 间	总出力 /万 kW	四川负荷 /万 kW	重庆负荷 /万 kW
2：00	4075	1370.94	954.43	10：30	4140	1863.67	1182.74
2：15	4075	1370.94	954.43	10：45	4140	1863.67	1182.74
2：30	4075	1370.94	954.43	11：00	4163	1863.67	1182.74
2：45	4075	1370.94	954.43	11：15	4163	1863.67	1182.74
3：00	4106	1370.94	954.43	11：30	4163	1863.67	1182.74
3：15	4106	1370.94	954.43	11：45	4163	1863.67	1182.74
3：30	4106	1370.94	954.43	12：00	4148	1922.68	1197.50
3：45	4106	1370.94	954.43	12：15	4148	1922.68	1197.50
4：00	4097	1263.56	886.62	12：30	4148	1922.68	1197.50
4：15	4097	1263.56	886.62	12：45	4148	1922.68	1197.50
4：30	4097	1263.56	886.62	13：00	4378	1922.68	1197.50
4：45	4097	1263.56	886.62	13：15	4378	1922.68	1197.50
5：00	4186	1263.56	886.62	13：30	4378	1922.68	1197.50
5：15	4186	1263.56	886.62	13：45	4378	1922.68	1197.50
5：30	4186	1263.56	886.62	14：00	4299	1951.55	1180.95
5：45	4186	1263.56	886.62	14：15	4299	1951.55	1180.95
6：00	4121	1520.56	998.15	14：30	4299	1951.55	1180.95
6：15	4121	1520.56	998.15	14：45	4299	1951.55	1180.95
6：30	4121	1520.56	998.15	15：00	4245	1951.55	1180.95
6：45	4121	1520.56	998.15	15：15	4245	1951.55	1180.95
7：00	4172	1520.56	998.15	15：30	4245	1951.55	1180.95
7：15	4172	1520.56	998.15	15：45	4245	1951.55	1180.95
7：30	4172	1520.56	998.15	16：00	4344	1964.11	1176.42
7：45	4172	1520.56	998.15	16：15	4344	1964.11	1176.42
8：00	4193	1956.25	1173.54	16：30	4344	1964.11	1176.42
8：15	4193	1956.25	1173.54	16：45	4344	1964.11	1176.42
8：30	4193	1956.25	1173.54	17：00	4302	1964.11	1176.42
8：45	4193	1956.25	1173.54	17：15	4302	1964.11	1176.42
9：00	4215	1956.25	1173.54	17：30	4302	1964.11	1176.42
9：15	4215	1956.25	1173.54	17：45	4302	1964.11	1176.42
9：30	4215	1956.25	1173.54	18：00	4340	2002.58	1160.39
9：45	4215	1956.25	1173.54	18：15	4340	2002.58	1160.39
10：00	4140	1863.67	1182.74	18：30	4340	2002.58	1160.39
10：15	4140	1863.67	1182.74	18：45	4340	2002.58	1160.39

续表

时　　间	总出力 /万 kW	四川负荷 /万 kW	重庆负荷 /万 kW	时　　间	总出力 /万 kW	四川负荷 /万 kW	重庆负荷 /万 kW
19：00	4362	2002.58	1160.39	21：30	4275	1930.40	1136.42
19：15	4362	2002.58	1160.39	21：45	4275	1930.40	1136.42
19：30	4362	2002.58	1160.39	22：00	4275	1798.30	1090.58
19：45	4362	2002.58	1160.39	22：15	4275	1798.30	1090.58
20：00	4251	1930.40	1136.42	22：30	4275	1798.30	1090.58
20：15	4251	1930.40	1136.42	22：45	4275	1798.30	1090.58
20：30	4251	1930.40	1136.42	23：00	4275	1798.30	1090.58
20：45	4251	1930.40	1136.42	23：15	4275	1798.30	1090.58
21：00	4275	1930.40	1136.42	23：30	4275	1798.30	1090.58
21：15	4275	1930.40	1136.42	23：45	4275	1798.30	1090.58

表 5.18　　　　　　　　　　　　　　二滩电站汛期出力及送电过程

时　　间	总出力 /万 kW	二滩送四川 /万 kW	二滩送重庆 /万 kW	时　　间	总出力 /万 kW	二滩送四川 /万 kW	二滩送重庆 /万 kW
0：00	330	251.38	78.62	5：00	330	314.54	15.46
0：15	330	251.38	78.62	5：15	330	314.54	15.46
0：30	330	251.38	78.62	5：30	330	314.54	15.46
0：45	330	251.38	78.62	5：45	330	314.54	15.46
1：00	330	251.38	78.62	6：00	330	266.81	63.19
1：15	330	251.38	78.62	6：15	330	266.81	63.19
1：30	330	251.38	78.62	6：30	330	266.81	63.19
1：45	330	251.38	78.62	6：45	330	266.81	63.19
2：00	330	291.37	38.63	7：00	330	266.81	63.19
2：15	330	291.37	38.63	7：15	330	266.81	63.19
2：30	330	291.37	38.63	7：30	330	266.81	63.19
2：45	330	291.37	38.63	7：45	330	266.81	63.19
3：00	330	291.37	38.63	8：00	330	187.50	142.50
3：15	330	291.37	38.63	8：15	330	187.50	142.50
3：30	330	291.37	38.63	8：30	330	187.50	142.50
3：45	330	291.37	38.63	8：45	330	187.50	142.50
4：00	330	314.54	15.46	9：00	330	187.50	142.50
4：15	330	314.54	15.46	9：15	330	187.50	142.50
4：30	330	314.54	15.46	9：30	330	187.50	142.50
4：45	330	314.54	15.46	9：45	330	187.50	142.50

续表

时　间	总出力/万 kW	二滩送四川/万 kW	二滩送重庆/万 kW	时　间	总出力/万 kW	二滩送四川/万 kW	二滩送重庆/万 kW
10：00	330	178.40	151.60	17：00	330	191.98	138.02
10：15	330	178.40	151.60	17：15	330	191.98	138.02
10：30	330	178.40	151.60	17：30	330	191.98	138.02
10：45	330	178.40	151.60	17：45	330	191.98	138.02
11：00	330	178.40	151.60	18：00	330	224.65	105.35
11：15	330	178.40	151.60	18：15	330	224.65	105.35
11：30	330	178.40	151.60	18：30	330	224.65	105.35
11：45	330	178.40	151.60	18：45	330	224.65	105.35
12：00	330	182.68	147.32	19：00	330	224.65	105.35
12：15	330	182.68	147.32	19：15	330	224.65	105.35
12：30	330	182.68	147.32	19：30	330	224.65	105.35
12：45	330	182.68	147.32	19：45	330	224.65	105.35
13：00	330	182.68	147.32	20：00	330	233.01	96.99
13：15	330	182.68	147.32	20：15	330	233.01	96.99
13：30	330	182.68	147.32	20：30	330	233.01	96.99
13：45	330	182.68	147.32	20：45	330	233.01	96.99
14：00	330	204.10	125.90	21：00	330	233.01	96.99
14：15	330	204.10	125.90	21：15	330	233.01	96.99
14：30	330	204.10	125.90	21：30	330	233.01	96.99
14：45	330	204.10	125.90	21：45	330	233.01	96.99
15：00	330	204.10	125.90	22：00	330	245.59	84.41
15：15	330	204.10	125.90	22：15	330	245.59	84.41
15：30	330	204.10	125.90	22：30	330	245.59	84.41
15：45	330	204.10	125.90	22：45	330	245.59	84.41
16：00	330	191.98	138.02	23：00	330	245.59	84.41
16：15	330	191.98	138.02	23：15	330	245.59	84.41
16：30	330	191.98	138.02	23：30	330	245.59	84.41
16：45	330	191.98	138.02	23：45	330	245.59	84.41

表 5.19　　　　　　　　　　　　　　二滩电站日计划出力表

时间	出力 /万 kW	初水位 /m	末水位 /m	毛水头 /m	水头损失 /m	入库流量 /(m³/s)	下泄流量 /(m³/s)	弃水流量 /(m³/s)	平均耗水率 /[m³/(kW·h)]
0：00	330	1193.79	1193.79	178.79	0	4300	4671.54	2654.93	2.20
0：15	330	1193.79	1193.78	178.78	0	4300	4671.54	2654.88	2.20
0：30	330	1193.78	1193.78	178.78	0	4300	4671.54	2654.84	2.20
0：45	330	1193.78	1193.78	178.78	0	4300	4671.54	2654.80	2.20
1：00	330	1193.78	1193.77	178.77	0	4105	4671.54	2654.75	2.20
1：15	330	1193.77	1193.76	178.77	0	4105	4671.54	2654.68	2.20
1：30	330	1193.76	1193.76	178.76	0	4105	4671.54	2654.62	2.20
1：45	330	1193.76	1193.75	178.76	0	4105	4671.54	2654.55	2.20
2：00	330	1193.75	1193.75	178.75	0	4075	4671.54	2654.49	2.20
2：15	330	1193.75	1193.74	178.74	0	4075	4671.54	2654.42	2.20
2：30	330	1193.74	1193.73	178.74	0	4075	4671.54	2654.35	2.20
2：45	330	1193.73	1193.73	178.73	0	4075	4671.54	2654.28	2.20
3：00	330	1193.73	1193.72	178.72	0	4106	4671.54	2654.22	2.20
3：15	330	1193.72	1193.72	178.72	0	4106	4671.54	2654.15	2.20
3：30	330	1193.72	1193.71	178.71	0	4106	4671.54	2654.09	2.20
3：45	330	1193.71	1193.71	178.71	0	4106	4671.54	2654.02	2.20
4：00	330	1193.71	1193.70	178.70	0	4097	4671.54	2653.96	2.20
4：15	330	1193.70	1193.69	178.70	0	4097	4671.54	2653.89	2.20
4：30	330	1193.69	1193.69	178.69	0	4097	4671.54	2653.83	2.20
4：45	330	1193.69	1193.68	178.69	0	4097	4671.54	2653.76	2.20
5：00	330	1193.68	1193.68	178.68	0	4186	4671.54	2653.70	2.20
5：15	330	1193.68	1193.67	178.68	0	4186	4671.54	2653.64	2.20
5：30	330	1193.67	1193.67	178.67	0	4186	4671.54	2653.59	2.20
5：45	330	1193.67	1193.66	178.67	0	4186	4671.54	2653.53	2.20
6：00	330	1193.66	1193.66	178.66	0	4121	4671.54	2653.48	2.20
6：15	330	1193.66	1193.65	178.66	0	4121	4671.54	2653.41	2.20
6：30	330	1193.65	1193.65	178.65	0	4121	4671.54	2653.35	2.20
6：45	330	1193.65	1193.64	178.64	0	4121	4671.54	2653.29	2.20
7：00	330	1193.64	1193.64	178.64	0	4172	4671.54	2653.23	2.20
7：15	330	1193.64	1193.63	178.63	0	4172	4671.54	2653.17	2.20
7：30	330	1193.63	1193.63	178.63	0	4172	4671.54	2653.11	2.20
7：45	330	1193.63	1193.62	178.62	0	4172	4671.54	2653.06	2.20

续表

时间	出力 /万 kW	初水位 /m	末水位 /m	毛水头 /m	水头损失 /m	入库流量 /(m³/s)	下泄流量 /(m³/s)	弃水流量 /(m³/s)	平均耗水率 /[m³/(kW·h)]
8：00	330	1193.62	1193.62	178.62	0	4193	4671.54	2653.00	2.20
8：15	330	1193.62	1193.61	178.61	0	4193	4671.54	2652.95	2.20
8：30	330	1193.61	1193.61	178.61	0	4193	4671.54	2652.89	2.20
8：45	330	1193.61	1193.60	178.60	0	4193	4671.54	2652.84	2.20
9：00	330	1193.60	1193.60	178.60	0	4215	4671.54	2652.78	2.20
9：15	330	1193.60	1193.59	178.60	0	4215	4671.54	2652.73	2.20
9：30	330	1193.59	1193.59	178.59	0	4215	4671.54	2652.68	2.20
9：45	330	1193.59	1193.58	178.59	0	4215	4671.54	2652.63	2.20
10：00	330	1193.58	1193.58	178.58	0	4140	4671.54	2652.57	2.20
10：15	330	1193.58	1193.57	178.58	0	4140	4671.54	2652.51	2.20
10：30	330	1193.57	1193.57	178.57	0	4140	4671.54	2652.45	2.20
10：45	330	1193.57	1193.56	178.57	0	4140	4671.54	2652.39	2.20
11：00	330	1193.56	1193.56	178.56	0	4163	4671.54	2652.33	2.20
11：15	330	1193.56	1193.55	178.56	0	4163	4671.54	2652.27	2.20
11：30	330	1193.55	1193.55	178.55	0	4163	4671.54	2652.21	2.20
11：45	330	1193.55	1193.54	178.55	0	4163	4671.54	2652.16	2.20
12：00	330	1193.54	1193.54	178.54	0	4148	4671.54	2652.10	2.20
12：15	330	1193.54	1193.53	178.53	0	4148	4671.54	2652.04	2.20
12：30	330	1193.53	1193.53	178.53	0	4148	4671.54	2651.98	2.20
12：45	330	1193.53	1193.52	178.52	0	4148	4671.54	2651.92	2.20
13：00	330	1193.52	1193.52	178.52	0	4378	4671.54	2651.87	2.20
13：15	330	1193.52	1193.52	178.52	0	4378	4671.54	2651.84	2.20
13：30	330	1193.52	1193.51	178.51	0	4378	4671.54	2651.80	2.20
13：45	330	1193.51	1193.51	178.51	0	4378	4671.54	2651.77	2.20
14：00	330	1193.51	1193.51	178.51	0	4299	4671.54	2651.73	2.20
14：15	330	1193.51	1193.50	178.50	0	4299	4671.54	2651.69	2.20
14：30	330	1193.50	1193.50	178.50	0	4299	4671.54	2651.65	2.20
14：45	330	1193.50	1193.49	178.50	0	4299	4671.54	2651.61	2.20
15：00	330	1193.49	1193.49	178.49	0	4245	4671.54	2651.56	2.20
15：15	330	1193.49	1193.49	178.49	0	4245	4671.54	2651.51	2.20
15：30	330	1193.49	1193.48	178.48	0	4245	4671.54	2651.46	2.20
15：45	330	1193.48	1193.48	178.48	0	4245	4671.54	2651.41	2.20

续表

时间	出力 /万 kW	初水位 /m	末水位 /m	毛水头 /m	水头损失 /m	入库流量 /(m³/s)	下泄流量 /(m³/s)	弃水流量 /(m³/s)	平均耗水率 /[m³/(kW·h)]
16：00	330	1193.48	1193.47	178.48	0	4344	4671.54	2651.37	2.20
16：15	330	1193.47	1193.47	178.47	0	4344	4671.54	2651.33	2.20
16：30	330	1193.47	1193.47	178.47	0	4344	4671.54	2651.30	2.20
16：45	330	1193.47	1193.46	178.47	0	4344	4671.54	2651.26	2.20
17：00	330	1193.46	1193.46	178.46	0	4302	4671.54	2651.22	2.20
17：15	330	1193.46	1193.46	178.46	0	4302	4671.54	2651.18	2.20
17：30	330	1193.46	1193.45	178.46	0	4302	4671.54	2651.14	2.20
17：45	330	1193.45	1193.45	178.45	0	4302	4671.54	2651.09	2.20
18：00	330	1193.45	1193.45	178.45	0	4340	4671.54	2651.05	2.20
18：15	330	1193.45	1193.44	178.45	0	4340	4671.54	2651.02	2.20
18：30	330	1193.44	1193.44	178.44	0	4340	4671.54	2650.98	2.20
18：45	330	1193.44	1193.44	178.44	0	4340	4671.54	2650.94	2.20
19：00	330	1193.44	1193.43	178.44	0	4362	4671.54	2650.90	2.20
19：15	330	1193.43	1193.43	178.43	0	4362	4671.54	2650.87	2.20
19：30	330	1193.43	1193.43	178.43	0	4362	4671.54	2650.83	2.20
19：45	330	1193.43	1193.42	178.43	0	4362	4671.54	2650.80	2.20
20：00	330	1193.42	1193.42	178.42	0	4251	4671.54	2650.76	2.20
20：15	330	1193.42	1193.42	178.42	0	4251	4671.54	2650.71	2.20
20：30	330	1193.42	1193.41	178.41	0	4251	4671.54	2650.66	2.20
20：45	330	1193.41	1193.41	178.41	0	4251	4671.54	2650.61	2.20
21：00	330	1193.41	1193.40	178.41	0	4275	4671.54	2650.57	2.20
21：15	330	1193.40	1193.40	178.40	0	4275	4671.54	2650.52	2.20
21：30	330	1193.40	1193.40	178.40	0	4275	4671.54	2650.47	2.20
21：45	330	1193.40	1193.39	178.39	0	4275	4671.54	2650.43	2.20
22：00	330	1193.39	1193.39	178.39	0	4275	4671.54	2650.38	2.20
22：15	330	1193.39	1193.38	178.39	0	4275	4671.54	2650.34	2.20
22：30	330	1193.38	1193.38	178.38	0	4275	4671.54	2650.29	2.20
22：45	330	1193.38	1193.38	178.38	0	4275	4671.54	2650.25	2.21
23：00	330	1193.38	1193.37	178.37	0	4275	4671.54	2650.20	2.21
23：15	330	1193.37	1193.37	178.37	0	4275	4671.54	2650.16	2.21
23：30	330	1193.37	1193.36	178.37	0	4275	4671.54	2650.11	2.21
23：45	330	1193.36	1193.36	178.36	0	4275	4671.54	2650.07	2.21

表 5.20　　　　　　　　　　汛期调峰前后部分指标比较表

比较指标	峰　谷　差		方　差	
	四川	重庆	四川	重庆
原始负荷/万 kW	739.03	310.88	63091.13	10066.73
剩余负荷/万 kW	828.91（−12.2%）	183.88（40.9%）	84084.27（−33.3%）	3601.62（64.2%）

5.2.2.3　多站单电网送电情形下的发电计划编制

1. 模型描述

（1）目标函数。

对于多个电站向同一个电网送电的问题，为了间接考虑火电机组出力不宜变动太大的特性，在进行梯级水电站日前发电计划编制时，应尽量发挥水电站的调峰容量效益，使经水电系统削峰后的整个电力系统剩余负荷在保证平坦的情况下尽可能小。转换目标函数表示为：

$$
\begin{cases}
D_t = C_t - \displaystyle\sum_{i=1}^{M} N_{i,t} \\[2mm]
\overline{D} = \dfrac{1}{T} \displaystyle\sum_{t=1}^{T} D_t \\[2mm]
\mathrm{Min} E = \dfrac{1}{T} \displaystyle\sum_{t=1}^{T} (D_t - \overline{D})^2
\end{cases}
\tag{5.69}
$$

式中：E 为电力系统余荷方差之和；C_t 为梯级电站面临负荷曲线在第 t 个时段的取值；$N_{i,t}$ 为第 i 个电站在 t 时段的出力。

（2）约束条件。

运行水位约束：

$$
Z_{i,t}^{\min} \leqslant Z_{i,t} \leqslant Z_{i,t}^{\max}
\tag{5.70}
$$

式中：$Z_{i,t}^{\max}$、$Z_{i,t}^{\min}$ 分别为第 i 个水电站第 t 个时段水位上、下限。

下泄流量约束：

$$
Q_{i,t}^{\min} \leqslant Q_{i,t} \leqslant Q_{i,t}^{\max}
\tag{5.71}
$$

式中：$Q_{i,t}^{\max}$、$Q_{i,t}^{\min}$ 分别为第 i 个水电站第 t 个时段下泄流量上、下限。

电站出力约束：

$$
N_{i,t}^{\min} \leqslant N_{i,t} \leqslant N_{i,t}^{\max}
\tag{5.72}
$$

式中：$N_{i,t}^{\max}$、$N_{i,t}^{\min}$ 分别为第 i 个水电站第 t 个时段出力上、下限。

水量平衡约束：

$$
V_{i,t} = V_{i,t-1} + (I_{i,t} - Q_{i,t}) \cdot \Delta t
\tag{5.73}
$$

式中：$V_{i,t}$ 为第 i 个水电站第 t 时段蓄水量；$I_{i,t}$、$Q_{i,t}$ 分别为第 i 个水电站第 t 时段入库流量和下泄流量。

水力联系：

$$I_{i+1,t} = Q_{i,t-\tau} + B_{i+1,t} \tag{5.74}$$

式中：$I_{i+1,t}$ 为第 $i+1$ 个水电站第 t 时段的入库流量；$B_{i+1,t}$ 为第 $i+1$ 个水电站第 t 时段的区间入流；τ 为水流时滞；$Q_{i,t-\tau}$ 为第 i 个水电站 $t-\tau$ 时段的下泄流量。

末水位控制：

$$Z_{i,T} = Z_i^{\text{end}} \tag{5.75}$$

式中：$Z_{i,T}$ 与 Z_i^{end} 分别为第 i 个水电站 T 时段水位及调度期末水位控制值。

水位/流量变幅：

$$\begin{cases} \mid Z_{i,t} - Z_{i,t-1} \mid \leqslant \Delta Z_i \\ \mid Q_{i,t} - Q_{i,t-1} \mid \leqslant \Delta Q_i \end{cases} \tag{5.76}$$

式中：ΔZ、ΔQ_i 分别为第 i 个水电站时段允许最大水位变幅和流量变幅。

出力变幅：

$$\mid N_{i,t} - N_{i,t-1} \mid \leqslant \Delta N_i \tag{5.77}$$

式中：ΔN_i 为第 i 个水电站时段允许最大出力变幅。

机组稳定运行约束：

$$NL_{i,k} \leqslant N_{i,k,t} \leqslant NU_{i,k} \tag{5.78}$$

式中：$N_{i,k,t}$ 为第 i 个电站第 k 机组第 t 时段的出力；$NU_{i,k}$、$NL_{i,k}$ 分别为第 i 个电站第 k 号机组出力上、下限。

机组最短开停机时间约束：

$$\begin{cases} T_{i,k,t}^{\text{off}} \geqslant T_k^{\text{down}} \\ T_{m,k,t}^{\text{on}} \geqslant T_k^{\text{up}} \end{cases} \tag{5.79}$$

式中：T_k^{up}、T_k^{down} 分别为第 i 个电站第 k 机组允许的最短开、停机时间限制；$T_{i,k,t}^{\text{on}}$、$T_{i,k,t}^{\text{off}}$ 分别为第 i 个电站第 k 机组在 t 时段以前的持续开、停机历时。

2. 逐次切负荷法

初始解的优劣往往对算法的调节结果以及计算效率影响较大，故对初始解的处理往往是水调优化建模过程中的一个重要问题。而常规的电力电量平衡方法如逐次切负荷具有编程容易的优点，它不须对负荷重新排序，其计算出力过程是按时间顺序，可以很好地解决带出力限制的电站平衡问题。为此，研究使用常规电力电量平衡方法生成初始解，通过其合理安排梯级电站在电网负荷图中的位置，并以此为基础进一步优化出力，获得满意且可行的解。梯级电站逐次切负荷法流程如下：

（1）通过电站可用水量估计电站次日发电能力 E_0，并确定次日平均水头下电站最大出力容量 P_{max}。

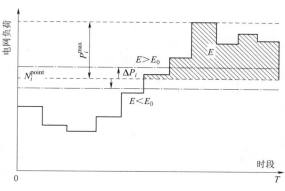

（2）根据日负荷图（轮到该电站参加平衡计算时的余负荷图）计算出最高负荷，并用最高负荷减去该电站的最大允许出力以定出该电站的最初工作位置，如图 5.37 所示。

（3）如果该电站的日电量大于给定值 E_0，则抬高工作位置，反之则降低工作位置，让工作位置以上的负荷都由该电站承担，并将大于该电站最大允许出力时段的出力取其最大可用出力值。

图 5.37　逐次切负荷法示意图

（4）不断重复步骤（2），步长取该电站分配到的平均出力与给定该电站的平均出力之差，直至电站分配到的平均出力与给定该电站的平均出力相等或电站的工作位置达到最低位置为止。

（5）检查电站各时段出力是否在限制范围内，若均满足要求，则电站切负荷步骤完成。如果某个时段出力在限制范围外，按式（5.80）将出力修正到边界，并固定该时段出力，计算去除该时段后的电站分配到的平均出力与给定该电站的平均出力差，跳转到步骤（2）。

$$N_f = \begin{cases} N^{\max}, N > N^d \\ N^{\min}, N \leqslant N^d \end{cases} \quad N \in [N^{\min}, N^{\max}] \tag{5.80}$$

式中：$[N^{\min}, N^{\max}]$ 为出力限制范围；N 为分配的出力；N^d 为 $[N^{\min}, N^{\max}]$ 间的一个常量；N_f 为修正后的出力。

3. 逐步优化动态规划及启发式搜索技术

（1）逐步优化算法（POA）。POA 最优路线具有这样的性质，即每对决策集合相对于它的初始值和终止值来说是最优的。利用 POA 进行多电站单电网送电问题求解流程如下：

1）编制电站计算顺序。根据水库拓扑结构图，按照"先上游后下游""先支流后干流"的原则，确定电站计算序列。

2）POA 水位过程离散。以逐次切负荷法得到的出力过程为初始解，利用基于预想出力的精细化方法进行逐时段机组水量分配，并对电站各类复杂约束进行处理，得到梯级各电站日计划曲线以及水库水位过程线，并以此作为 POA 调整的初始解。

POA 循环计算从第一个时段开始，按照如下方式进行逐时段修正：固定 i 时段以外的其余时段的水位过程，针对时段 i，用离散精度向量（$S_{i,1}$，$S_{i,2}$，…，$S_{i,N}$）对 i 时段各电站的水位进行离散，点数为 M。如果 i 为最后一个时段，跳转到4）。

3）时段动态规划计算。运用动态规划方法优化 i 时段水位过程，通过式（5.80）计算调度目标值，选取目标值最小且满足约束要求的水库水位离散点。$i = i + 1$，跳转到2）。

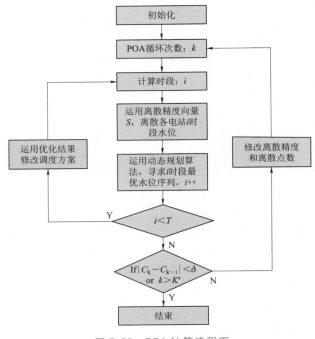

图 5.38　POA 计算流程图

4）POA 循环判断。在一次 POA 计算完成后，需要进行判断决定是否进行下一次计算或者计算完成：如果 POA 循环次数达到限定值或者多次循环结果差异在给定的差限范围内时，终止计算，输出当前的优化结果，否则修改离散精度向量（$S_{i,1}$，$S_{i,2}$，…，$S_{i,N}$）和离散点数 M，跳转到 2）。POA 计算流程如图 5.38 所示。

（2）启发式搜索技术。

1）自适应廊道。由于短期优化调度涉及机组精细化调度，当库群规模较大时计算时间往往得不到保证。考虑到计算量会随着离散精度的提高而呈指数增长，但精度太低又无法满足相应要求，为此，研究工作采用 DDDP 算法进行目标电站出力过程优化。同时，由于在寻优过程中，廊道太宽则计算量太大，而廊道太窄则会导致进化速度太慢，故采用随着进化结果和进化代数改变的自适应廊道。前期进化过程中，选择宽廊道以快速寻找最优解；而在后期进化过程中，逐步减小廊道宽度，以提高计算精度，从而实现计算量和计算精度的双赢。

$$\delta_i^k = \alpha^k \delta_i^{k-1} \tag{5.81}$$

式中：δ_i^k 为第 i 个电站第 k 代的廊道宽度；α^k 为自适应系数，随着进化代数和进化结果动态改变。

2）偏廊道技术。常用的廊道技术都是在前一次水位过程两边采用上下等宽的对称廊道，然后在相应廊道内进行寻优，得到新的优化过程不会超出廊道的边界，而在进行下一次廊道确定时，是在新的优化过程两边取对称宽度廊道，那么其中一边的廊道就会与前一次廊道重叠，导致在该区域内重复寻优而为无效廊道，直接影响子系统的优化速度。

为提高子系统优化效率，提出不对称的偏廊道技术。该方法通过前两代的电站运行过程，得到相应水电站的水位变化趋势，然后根据变化趋势产生上下两边不对称的偏廊道，缩小已经遍历空间内廊道宽度，而加大未寻优空间内的廊道宽度，保证所生成廊道的有效性，从而提高子系统的寻优效率。

$$\begin{cases} \overline{l_{ij}^k} = Z_{ij}^k + a\delta_i^k \\ \underline{l_{ij}^k} = Z_{ij}^k - b\delta_i^k \\ a + b = 1 \end{cases} \tag{5.82}$$

$$a = \begin{cases} 0.1 & Z_{ij}^k - Z_{ij}^{k-1} < -0.2\delta_i^k \\ 0.5 & |Z_{ij}^k - Z_{ij}^{k-1}| < 0.2\delta_i^k \\ 0.9 & Z_{ij}^k - Z_{ij}^{k-1} > 0.2\delta_i^k \end{cases} \tag{5.83}$$

式中：$\overline{l_{ij}^k}$、$\underline{l_{ij}^k}$、Z_{ij}^k分别为第 k 代中第 i 个电站第 j 个时段的上下廊道边界和运行水位；δ_i^k为第 i 个电站第 k 代的廊道宽度；a，b 为未知变量。

（3）计算结果与分析。华中电网多站单网送电的电站包括湖北省网供电的清江梯级和湖南省网供电的沅水梯级。清江流域水布垭、隔河岩、高坝洲梯级电站间存在水力、电力联系，进行梯级联合调度；沅水流域三板溪、白市、托口电站存在水力联系，进行梯级联合调度，下游五强溪电站由于较大的时空距离，因而单独调度。考虑梯级调峰量最大目标，以日为调度周期、以 15min 为计算时段进行优化调度计算。

1）清江梯级调度结果。以清江梯级电站 2014 年 5 月 1 日运行工况为例，进行发电计划编制。电网负荷曲线采用湖北电网的实际日负荷，电站的初、末水位结合历史运行水位进行设置，水布垭初、末水位设置为 381.234m、380.98m，隔河岩初、末水位设置为193.62m、193.56m，高坝洲初、末水位设置为 79.75m、80.0m。三电站均无检修机组。图 5.39、表 5.21～表 5.23 给出了相应计算成果，由图和表中的结果可见，三个电站均在电网负荷峰段加大出力、谷段尽可能按最小出力运行，以对电网的峰荷进行调节，电网的剩余负荷接近平坦，调峰效果很好。

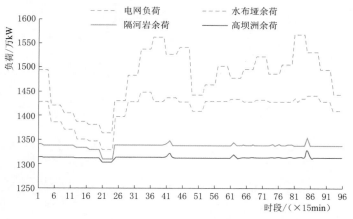

图 5.39　湖北电网负荷调峰结果

表 5.21　　　　　　　　　　　　　　　水布垭电站运行过程

时　间	初水位 /m	末水位 /m	入库流量 /(m³/s)	下泄流量 /(m³/s)	电站出力 /万 kW	弃水流量 /(m³/s)
0：00	381.23	381.23	236	384	64.04	0
0：15	381.23	381.23	237	384	64.03	0
0：30	381.23	381.23	237	384	64.03	0
0：45	381.23	381.22	237	384	64.03	0

续表

时 间	初水位/m	末水位/m	入库流量/(m³/s)	下泄流量/(m³/s)	电站出力/万 kW	弃水流量/(m³/s)
1：00	381.22	381.23	276	200	34.46	0
1：15	381.23	381.23	276	200	34.46	0
1：30	381.23	381.23	276	200	34.46	0
1：45	381.23	381.23	276	200	34.46	0
2：00	381.23	381.23	306	200	34.46	0
2：15	381.23	381.23	306	200	34.46	0
2：30	381.23	381.23	306	200	34.46	0
2：45	381.23	381.24	306	200	34.46	0
3：00	381.24	381.24	340	200	34.46	0
3：15	381.24	381.24	340	200	34.46	0
3：30	381.24	381.24	340	200	34.46	0
3：45	381.24	381.25	340	200	34.46	0
4：00	381.25	381.25	365	200	34.46	0
4：15	381.25	381.25	365	200	34.46	0
4：30	381.25	381.25	365	200	34.47	0
4：45	381.25	381.26	365	200	34.47	0
5：00	381.26	381.26	412	200	34.47	0
5：15	381.26	381.26	412	200	34.47	0
5：30	381.26	381.27	412	200	34.47	0
5：45	381.27	381.27	412	200	34.47	0
6：00	381.27	381.27	374	200	34.47	0
6：15	381.27	381.28	374	200	34.47	0
6：30	381.28	381.28	374	200	34.47	0
6：45	381.28	381.28	374	200	34.47	0
7：00	381.28	381.28	335	334	54.05	0
7：15	381.28	381.28	335	334	54.05	0
7：30	381.28	381.28	335	334	54.05	0
7：45	381.28	381.28	335	334	54.05	0
8：00	381.28	381.28	379	536	89.66	0
8：15	381.28	381.28	379	536	89.66	0
8：30	381.28	381.27	379	536	89.66	0
8：45	381.27	381.27	379	536	89.66	0
9：00	381.27	381.26	358	804	133.11	0
9：15	381.26	381.26	358	804	133.10	0

续表

时　间	初水位 /m	末水位 /m	入库流量 /(m³/s)	下泄流量 /(m³/s)	电站出力 /万 kW	弃水流量 /(m³/s)
9：30	381.26	381.25	358	804	133.09	0
9：45	381.25	381.24	358	804	133.09	0
10：00	381.24	381.24	254	536	89.63	0
10：15	381.24	381.23	254	536	89.62	0
10：30	381.23	381.23	254	536	89.62	0
10：45	381.23	381.22	254	536	89.62	0
11：00	381.22	381.22	270	674	111.78	0
11：15	381.22	381.21	270	674	111.77	0
11：30	381.21	381.20	270	674	111.76	0
11：45	381.20	381.20	270	674	111.74	0
12：00	381.20	381.20	247	200	34.45	0
12：15	381.20	381.20	247	200	34.45	0
12：30	381.20	381.20	247	200	34.45	0
12：45	381.20	381.20	247	200	34.45	0
13：00	381.20	381.20	190	204	35.13	0
13：15	381.20	381.20	190	204	35.13	0
13：30	381.20	381.20	190	204	35.13	0
13：45	381.20	381.20	190	204	35.13	0
14：00	381.20	381.19	151	430	72.33	0
14：15	381.19	381.19	151	430	72.33	0
14：30	381.19	381.18	151	430	72.33	0
14：45	381.18	381.18	151	430	72.32	0
15：00	381.18	381.18	121	269	45.17	0
15：15	381.18	381.17	121	269	45.17	0
15：30	381.17	381.17	121	269	45.17	0
15：45	381.17	381.17	121	269	45.17	0
16：00	381.17	381.17	188	400	67.03	0
16：15	381.17	381.16	188	400	67.03	0
16：30	381.16	381.16	188	400	67.03	0
16：45	381.16	381.16	188	400	67.02	0
17：00	381.16	381.15	133	536	89.55	0
17：15	381.15	381.14	133	536	89.55	0
17：30	381.14	381.13	133	536	89.54	0
17：45	381.13	381.13	133	536	89.54	0

续表

时　间	初水位 /m	末水位 /m	入库流量 /(m³/s)	下泄流量 /(m³/s)	电站出力 /万 kW	弃水流量 /(m³/s)
18：00	381.13	381.12	106	348	56.76	0
18：15	381.12	381.12	106	348	56.76	0
18：30	381.12	381.12	106	348	56.76	0
18：45	381.12	381.11	106	348	56.75	0
19：00	381.11	381.11	173	455	76.76	0
19：15	381.11	381.10	173	455	76.76	0
19：30	381.10	381.10	173	455	76.75	0
19：45	381.10	381.09	173	455	76.75	0
20：00	381.09	381.08	131	804	133.11	0
20：15	381.08	381.07	131	859	139.81	0
20：30	381.07	381.06	131	804	133.07	0
20：45	381.06	381.05	131	804	133.06	0
21：00	381.05	381.04	118	536	89.47	0
21：15	381.04	381.03	118	536	89.46	0
21：30	381.03	381.03	118	536	89.45	0
21：45	381.03	381.02	118	536	89.45	0
22：00	381.02	381.01	86	391	65.28	0
22：15	381.01	381.01	86	391	65.27	0
22：30	381.01	381.00	86	391	65.27	0
22：45	381.00	381.00	86	392	65.43	0
23：00	381.00	381.00	109	200	34.41	0
23：15	381.00	381.00	109	200	34.41	0
23：30	381.00	380.99	109	200	34.41	0
23：45	380.99	380.99	109	200	34.41	0

表 5.22　　　　　　　　　　　　　隔河岩电站运行过程

时　间	初水位 /m	末水位 /m	入库流量 /(m³/s)	下泄流量 /(m³/s)	电站出力 /万 kW	弃水流量 /(m³/s)
0：00	193.62	193.62	729	880	89.80	0
0：15	193.62	193.61	602	880	89.80	0
0：30	193.61	193.61	602	926	91.38	0
0：45	193.61	193.60	602	926	91.38	0
1：00	193.60	193.60	494	484	48.11	0
1：15	193.60	193.60	494	484	48.11	0
1：30	193.60	193.60	494	484	48.11	0

续表

时 间	初水位/m	末水位/m	入库流量/(m³/s)	下泄流量/(m³/s)	电站出力/万 kW	弃水流量/(m³/s)
1：45	193.60	193.60	494	484	48.11	0
2：00	193.60	193.60	279	345	32.47	0
2：15	193.60	193.60	279	345	32.47	0
2：30	193.60	193.60	279	345	32.47	0
2：45	193.60	193.60	279	345	32.47	0
3：00	193.60	193.60	447	201	19.14	0
3：15	193.60	193.61	447	201	19.14	0
3：30	193.61	193.61	447	201	19.14	0
3：45	193.61	193.62	447	201	19.15	0
4：00	193.62	193.62	300	201	19.15	0
4：15	193.62	193.62	300	201	19.15	0
4：30	193.62	193.62	300	201	19.15	0
4：45	193.62	193.62	300	201	19.15	0
5：00	193.62	193.62	315	201	19.15	0
5：15	193.62	193.62	315	201	19.15	0
5：30	193.62	193.63	315	201	19.15	0
5：45	193.63	193.63	315	201	19.15	0
6：00	193.63	193.63	414	569	58.27	0
6：15	193.63	193.62	414	569	58.27	0
6：30	193.62	193.62	414	569	58.27	0
6：45	193.62	193.62	414	569	58.27	0
7：00	193.62	193.62	714	925	91.25	0
7：15	193.62	193.61	714	925	91.25	0
7：30	193.61	193.61	714	925	91.24	0
7：45	193.61	193.61	714	925	91.24	0
8：00	193.61	193.61	1031	1090	109.77	0
8：15	193.61	193.60	1031	1090	109.77	0
8：30	193.60	193.60	1031	1090	109.77	0
8：45	193.60	193.60	1031	1090	109.77	0
9：00	193.60	193.61	1267	926	91.38	0
9：15	193.61	193.61	1267	926	91.38	0
9：30	193.61	193.62	1267	926	91.39	0
9：45	193.62	193.62	1267	880	89.80	0
10：00	193.62	193.62	955	970	96.20	0

续表

时　间	初水位 /m	末水位 /m	入库流量 /(m³/s)	下泄流量 /(m³/s)	电站出力 /万 kW	弃水流量 /(m³/s)
10：15	193.62	193.62	955	880	89.80	0
10：30	193.62	193.62	955	995	99.00	0
10：45	193.62	193.62	955	995	99.00	0
11：00	193.62	193.63	1072	925	91.25	0
11：15	193.63	193.63	1072	926	91.40	0
11：30	193.63	193.63	1072	926	91.40	0
11：45	193.63	193.63	1072	926	91.40	0
12：00	193.63	193.63	587	710	70.19	0
12：15	193.63	193.63	587	710	70.19	0
12：30	193.63	193.63	587	710	70.19	0
12：45	193.63	193.62	587	710	70.18	0
13：00	193.62	193.62	619	925	91.25	0
13：15	193.62	193.62	619	925	91.25	0
13：30	193.62	193.61	619	925	91.25	0
13：45	193.61	193.61	619	925	91.24	0
14：00	193.61	193.60	818	925	91.24	0
14：15	193.60	193.60	818	925	91.24	0
14：30	193.60	193.60	818	925	91.24	0
14：45	193.60	193.60	818	925	91.24	0
15：00	193.60	193.60	633	961	95.20	0
15：15	193.60	193.59	633	880	89.80	0
15：30	193.59	193.59	633	961	95.19	0
15：45	193.59	193.58	633	961	95.19	0
16：00	193.58	193.58	826	880	89.80	0
16：15	193.58	193.58	826	926	91.36	0
16：30	193.58	193.58	826	926	91.36	0
16：45	193.58	193.58	826	880	89.80	0
17：00	193.58	193.58	1064	961	95.18	0
17：15	193.58	193.58	1064	961	95.18	0
17：30	193.58	193.58	1064	961	95.18	0
17：45	193.58	193.58	1064	961	95.19	0
18：00	193.58	193.58	804	927	91.50	0
18：15	193.58	193.58	804	880	89.80	0
18：30	193.58	193.58	804	927	91.50	0

时　间	初水位 /m	末水位 /m	入库流量 /(m³/s)	下泄流量 /(m³/s)	电站出力 /万 kW	弃水流量 /(m³/s)
18：45	193.58	193.58	804	880	89.80	0
19：00	193.58	193.58	870	927	91.50	0
19：15	193.58	193.58	870	927	91.50	0
19：30	193.58	193.58	870	880	89.80	0
19：45	193.58	193.58	870	880	89.80	0
20：00	193.58	193.58	1233	986	97.97	0
20：15	193.58	193.58	1288	926	91.36	0
20：30	193.58	193.59	1233	974	96.67	0
20：45	193.59	193.59	1233	977	96.96	0
21：00	193.59	193.59	871	880	89.80	0
21：15	193.59	193.59	871	1045	104.58	0
21：30	193.59	193.59	871	1045	104.58	0
21：45	193.59	193.58	871	1045	104.58	0
22：00	193.58	193.58	750	927	91.50	0
22：15	193.58	193.58	750	927	91.50	0
22：30	193.58	193.58	750	927	91.50	0
22：45	193.58	193.57	750	925	91.22	0
23：00	193.57	193.57	524	726	71.98	0
23：15	193.57	193.57	524	726	71.98	0
23：30	193.57	193.56	524	726	71.98	0
23：45	193.56	193.56	524	726	71.98	0

表 5.23　　　　　　　　　　　高坝洲电站运行过程

时　间	初水位 /m	末水位 /m	入库流量 /(m³/s)	下泄流量 /(m³/s)	电站出力 /万 kW	弃水流量 /(m³/s)
0：00	79.75	79.76	1207	783	25.12	0
0：15	79.76	79.78	1223	782	25.12	0
0：30	79.78	79.80	1269	782	25.12	0
0：45	79.80	79.81	1269	781	25.12	0
1：00	79.81	79.80	563	781	25.12	0
1：15	79.80	79.80	563	781	25.12	0
1：30	79.80	79.79	563	782	25.12	0
1：45	79.79	79.78	563	782	25.12	0
2：00	79.78	79.77	355	782	25.12	0
2：15	79.77	79.75	355	782	25.12	0

时　间	初水位 /m	末水位 /m	入库流量 /(m³/s)	下泄流量 /(m³/s)	电站出力 /万 kW	弃水流量 /(m³/s)
2：30	79.75	79.74	355	783	25.11	0
2：45	79.74	79.73	355	783	25.11	0
3：00	79.73	79.71	259	642	20.76	0
3：15	79.71	79.70	259	642	20.75	0
3：30	79.70	79.69	259	642	20.74	0
3：45	79.69	79.67	259	642	20.73	0
4：00	79.67	79.67	254	497	16.24	0
4：15	79.67	79.66	254	497	16.24	0
4：30	79.66	79.65	254	497	16.23	0
4：45	79.65	79.64	254	497	16.23	0
5：00	79.64	79.64	313	200	6.75	0
5：15	79.64	79.65	313	200	6.75	0
5：30	79.65	79.65	313	200	6.75	0
5：45	79.65	79.66	313	200	6.75	0
6：00	79.66	79.65	696	785	25.10	0
6：15	79.65	79.65	696	785	25.10	0
6：30	79.65	79.65	696	785	25.10	0
6：45	79.65	79.64	696	785	25.10	0
7：00	79.64	79.66	1326	785	25.10	0
7：15	79.66	79.68	1326	785	25.10	0
7：30	79.68	79.70	1326	784	25.11	0
7：45	79.70	79.72	1326	784	25.11	0
8：00	79.72	79.75	1743	783	25.20	0
8：15	79.75	79.78	1743	782	25.12	0
8：30	79.78	79.81	1743	781	25.12	0
8：45	79.81	79.85	1743	781	25.13	0
9：00	79.85	79.88	1740	780	25.13	0
9：15	79.88	79.91	1740	779	25.14	0
9：30	79.91	79.94	1740	778	25.14	0
9：45	79.94	79.97	1694	777	25.15	0
10：00	79.97	80.00	1810	1005	25.20	0
10：15	80.00	80.00	1720	1720	25.20	0
10：30	80.00	80.00	1835	1835	25.20	0
10：45	80.00	80.00	1835	1835	25.20	0

续表

时　间	初水位/m	末水位/m	入库流量/(m³/s)	下泄流量/(m³/s)	电站出力/万 kW	弃水流量/(m³/s)
11：00	80.00	80.00	1676	1676	25.20	0
11：15	80.00	80.00	1677	1677	25.20	0
11：30	80.00	80.00	1677	1677	25.20	0
11：45	80.00	80.00	1677	1677	25.20	0
12：00	80.00	80.00	1399	1399	25.20	0
12：15	80.00	80.00	1399	1399	25.20	0
12：30	80.00	80.00	1399	1399	25.20	0
12：45	80.00	80.00	1399	1399	25.20	0
13：00	80.00	80.00	1440	1440	25.20	0
13：15	80.00	80.00	1440	1440	25.20	0
13：30	80.00	80.00	1440	1440	25.20	0
13：45	80.00	80.00	1440	1440	25.20	0
14：00	80.00	80.00	1406	1406	25.20	0
14：15	80.00	80.00	1406	1406	25.20	0
14：30	80.00	80.00	1406	1406	25.20	0
14：45	80.00	80.00	1406	1406	25.20	0
15：00	80.00	80.00	1466	1466	25.20	0
15：15	80.00	80.00	1385	1385	25.20	0
15：30	80.00	80.00	1466	1466	25.20	0
15：45	80.00	80.00	1466	1466	25.20	0
16：00	80.00	80.00	1428	1428	25.20	0
16：15	80.00	80.00	1473	1473	25.20	0
16：30	80.00	80.00	1473	1473	25.20	0
16：45	80.00	80.00	1428	1428	25.20	0
17：00	80.00	80.00	1487	1487	25.20	0
17：15	80.00	80.00	1487	1487	25.20	0
17：30	80.00	80.00	1487	1487	25.20	0
17：45	80.00	80.00	1487	1487	25.20	0
18：00	80.00	80.00	1453	1453	25.20	0
18：15	80.00	80.00	1406	1406	25.20	0
18：30	80.00	80.00	1453	1453	25.20	0
18：45	80.00	80.00	1406	1406	25.20	0
19：00	80.00	80.00	1430	1430	25.20	0
19：15	80.00	80.00	1430	1430	25.20	0

时　间	初水位 /m	末水位 /m	入库流量 /(m³/s)	下泄流量 /(m³/s)	电站出力 /万 kW	弃水流量 /(m³/s)
19：30	80.00	80.00	1383	1383	25.20	0
19：45	80.00	80.00	1383	1383	25.20	0
20：00	80.00	80.00	1477	1477	25.20	0
20：15	80.00	80.00	1417	1417	25.20	0
20：30	80.00	80.00	1465	1465	25.20	0
20：45	80.00	80.00	1468	1468	25.20	0
21：00	80.00	80.00	1354	1354	25.20	0
21：15	80.00	80.00	1519	1519	25.20	0
21：30	80.00	80.00	1519	1519	25.20	0
21：45	80.00	80.00	1519	1519	25.20	0
22：00	80.00	80.00	1404	1404	25.20	0
22：15	80.00	80.00	1404	1404	25.20	0
22：30	80.00	80.00	1404	1404	25.20	0
22：45	80.00	80.00	1402	1402	25.20	0
23：00	80.00	80.00	1211	1211	25.20	0
23：15	80.00	80.00	1211	1211	25.20	0
23：30	80.00	80.00	1211	1211	25.20	0
23：45	80.00	80.00	1211	1211	25.20	0

2）沅水梯级调度结果。以沅水梯级电站 2014 年 4 月 1 日运行工况为例，进行发电计划编制。电网负荷曲线采用湖南电网的实际日负荷，电站的初、末水位结合历史运行水位进行设置，三板溪初、末水位设置为 446.55m、446.58m，五强溪初、末水位设置为 100.5m、100.86m。由于白市、托口电站仍处在运行，其实际运行水位在最小水位约束以下，因此将初、末水位设置为最小水位和最高水位之间的值，两个电站分别为 297.5m、243m。四电站均无检修机组。图 5.40、表 5.24～表 5.27 给出了相应计算成果，由图和表中的结果可见，三板溪、白市、托口三个电站均在电网负荷峰段加大出力、谷段尽可能按最小出力运行，但白市电站由于装机容量限制，调峰量较小；五强溪装机容量大，来水较丰，因而在电网中承担基荷，几乎没有调峰能力。总体上，梯级电站对电网的调峰效果较好，但是填谷能力有限。

表 5.24　　　　　　　　　　　　　　三板溪电站运行过程

时　间	初水位 /m	末水位 /m	入库流量 /(m³/s)	下泄流量 /(m³/s)	电站出力 /万 kW	弃水流量 /(m³/s)
0：00	446.55	446.55	396	300	35.84	0
0：15	446.55	446.56	499	300	35.85	0
0：30	446.56	446.56	499	300	35.85	0

时 间	初水位 /m	末水位 /m	入库流量 /(m³/s)	下泄流量 /(m³/s)	电站出力 /万 kW	弃水流量 /(m³/s)
0: 45	446.56	446.56	499	300	35.85	0
1: 00	446.56	446.56	356	300	35.85	0
1: 15	446.56	446.57	356	300	35.85	0
1: 30	446.57	446.57	356	300	35.86	0
1: 45	446.57	446.57	356	300	35.86	0
2: 00	446.57	446.57	526	300	35.86	0
2: 15	446.57	446.58	526	300	35.86	0
2: 30	446.58	446.58	526	300	35.86	0
2: 45	446.58	446.59	526	300	35.87	0
3: 00	446.59	446.59	291	300	35.87	0
3: 15	446.59	446.58	291	300	35.87	0
3: 30	446.58	446.58	291	300	35.87	0
3: 45	446.58	446.58	291	300	35.87	0
4: 00	446.58	446.59	387	300	35.87	0
4: 15	446.59	446.59	387	300	35.87	0
4: 30	446.59	446.59	387	300	35.87	0
4: 45	446.59	446.59	387	300	35.87	0
5: 00	446.59	446.59	258	300	35.87	0
5: 15	446.59	446.59	258	300	35.87	0
5: 30	446.59	446.59	258	300	35.87	0
5: 45	446.59	446.59	258	300	35.87	0
6: 00	446.59	446.59	430	300	35.87	0
6: 15	446.59	446.59	430	300	35.87	0
6: 30	446.59	446.60	430	300	35.87	0
6: 45	446.60	446.60	430	300	35.88	0
7: 00	446.60	446.60	362	300	35.88	0
7: 15	446.60	446.60	362	300	35.88	0
7: 30	446.60	446.60	362	300	35.88	0
7: 45	446.60	446.60	362	300	35.88	0
8: 00	446.60	446.61	414	300	35.88	0
8: 15	446.61	446.61	414	300	35.88	0
8: 30	446.61	446.61	414	300	35.88	0
8: 45	446.61	446.61	414	300	35.89	0
9: 00	446.61	446.61	370	300	35.89	0

续表

时　间	初水位 /m	末水位 /m	入库流量 /(m³/s)	下泄流量 /(m³/s)	电站出力 /万 kW	弃水流量 /(m³/s)
9：15	446.61	446.61	370	300	35.89	0
9：30	446.61	446.62	370	300	35.89	0
9：45	446.62	446.62	370	300	35.89	0
10：00	446.62	446.62	483	363	44.03	0
10：15	446.62	446.62	483	363	44.03	0
10：30	446.62	446.62	483	363	44.03	0
10：45	446.62	446.63	483	363	44.03	0
11：00	446.63	446.62	433	588	71.19	0
11：15	446.62	446.62	433	588	71.18	0
11：30	446.62	446.62	433	588	73.04	0
11：45	446.62	446.61	433	588	71.18	0
12：00	446.61	446.61	436	588	71.18	0
12：15	446.61	446.61	436	588	71.17	0
12：30	446.61	446.61	436	588	71.17	0
12：45	446.61	446.60	436	588	71.17	0
13：00	446.60	446.60	393	473	53.45	0
13：15	446.60	446.60	393	473	53.45	0
13：30	446.60	446.60	393	473	53.45	0
13：45	446.60	446.60	393	473	53.45	0
14：00	446.60	446.59	393	483	54.46	0
14：15	446.59	446.59	393	483	54.46	0
14：30	446.59	446.59	393	483	54.46	0
14：45	446.59	446.59	393	483	54.46	0
15：00	446.59	446.59	350	340	40.98	0
15：15	446.59	446.59	350	340	40.98	0
15：30	446.59	446.59	350	340	40.98	0
15：45	446.59	446.59	350	340	40.98	0
16：00	446.59	446.59	351	386	46.52	0
16：15	446.59	446.59	351	386	46.52	0
16：30	446.59	446.59	351	386	46.52	0
16：45	446.59	446.59	351	386	46.52	0
17：00	446.59	446.58	351	488	54.94	0
17：15	446.58	446.58	351	488	54.94	0
17：30	446.58	446.58	351	488	54.94	0
17：45	446.58	446.58	351	488	54.94	0

时　间	初水位 /m	末水位 /m	入库流量 /(m³/s)	下泄流量 /(m³/s)	电站出力 /万 kW	弃水流量 /(m³/s)
18：00	446.58	446.57	395	589	71.14	0
18：15	446.57	446.57	395	589	71.14	0
18：30	446.57	446.57	395	589	71.14	0
18：45	446.57	446.56	395	589	71.14	0
19：00	446.56	446.56	395	589	71.13	0
19：15	446.56	446.55	395	589	71.13	0
19：30	446.55	446.55	395	589	71.13	0
19：45	446.55	446.55	395	589	71.12	0
20：00	446.55	446.54	438	589	71.12	0
20：15	446.54	446.54	438	589	71.12	0
20：30	446.54	446.54	438	589	71.12	0
20：45	446.54	446.54	438	589	71.11	0
21：00	446.54	446.54	395	361	43.66	0
21：15	446.54	446.54	395	361	43.66	0
21：30	446.54	446.54	395	361	43.67	0
21：45	446.54	446.54	395	361	43.67	0
22：00	446.54	446.54	395	300	35.84	0
22：15	446.54	446.54	395	300	35.84	0
22：30	446.54	446.54	395	300	35.84	0
22：45	446.54	446.55	395	300	35.84	0
23：00	446.55	446.55	395	300	35.84	0
23：15	446.55	446.55	395	300	35.84	0
23：30	446.55	446.55	395	300	35.84	0
23：45	446.55	446.55	395	300	35.85	0

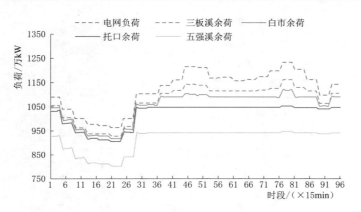

图 5.40　湖南电网负荷调峰结果

表 5.25　　　　　　　　　　　白 市 电 站 运 行 过 程

时　间	初水位 /m	末水位 /m	入库流量 /(m³/s)	下泄流量 /(m³/s)	电站出力 /万 kW	弃水流量 /(m³/s)
0：00	297.50	297.51	597	225	8.94	0
0：15	297.51	297.53	696	225	8.95	0
0：30	297.53	297.54	696	225	8.95	0
0：45	297.54	297.55	696	225	8.95	0
1：00	297.55	297.57	628	225	8.95	0
1：15	297.57	297.58	628	225	8.96	0
1：30	297.58	297.59	628	225	8.96	0
1：45	297.59	297.60	628	225	8.96	0
2：00	297.60	297.62	695	225	8.96	0
2：15	297.62	297.63	695	225	8.97	0
2：30	297.63	297.65	695	225	8.97	0
2：45	297.65	297.66	695	225	8.97	0
3：00	297.66	297.67	648	225	8.97	0
3：15	297.67	297.69	648	225	8.98	0
3：30	297.69	297.70	648	225	8.98	0
3：45	297.70	297.71	648	225	8.98	0
4：00	297.71	297.73	626	225	8.98	0
4：15	297.73	297.74	626	225	8.98	0
4：30	297.74	297.75	626	225	8.99	0
4：45	297.75	297.76	626	225	8.99	0
5：00	297.76	297.77	605	225	8.99	0
5：15	297.77	297.79	605	225	8.99	0
5：30	297.79	297.80	605	225	9.00	0
5：45	297.80	297.81	605	225	9.00	0
6：00	297.81	297.82	540	225	9.00	0
6：15	297.82	297.83	540	225	9.00	0
6：30	297.83	297.84	540	225	9.00	0
6：45	297.84	297.85	540	225	9.00	0
7：00	297.85	297.86	518	225	9.01	0
7：15	297.86	297.87	518	225	9.01	0
7：30	297.87	297.87	518	225	9.01	0
7：45	297.87	297.88	518	225	9.01	0
8：00	297.88	297.89	324	225	9.01	0
8：15	297.89	297.89	324	225	9.01	0

时 间	初水位 /m	末水位 /m	入库流量 /(m³/s)	下泄流量 /(m³/s)	电站出力 /万 kW	弃水流量 /(m³/s)
8：30	297.89	297.89	324	225	9.01	0
8：45	297.89	297.90	324	225	9.01	0
9：00	297.90	297.89	300	321	12.77	0
9：15	297.89	297.89	300	321	12.77	0
9：30	297.89	297.89	300	321	12.77	0
9：45	297.89	297.89	300	321	12.77	0
10：00	297.89	297.88	175	675	26.42	0
10：15	297.88	297.86	175	675	26.41	0
10：30	297.86	297.85	175	675	26.40	0
10：45	297.85	297.83	175	675	26.39	0
11：00	297.83	297.81	266	1093	42.00	0
11：15	297.81	297.78	266	1094	42.00	0
11：30	297.78	297.76	266	1094	42.00	0
11：45	297.76	297.73	266	1095	42.00	0
12：00	297.73	297.71	470	1095	42.00	0
12：15	297.71	297.69	470	1096	42.00	0
12：30	297.69	297.67	470	1096	42.00	0
12：45	297.67	297.65	470	1097	42.00	0
13：00	297.65	297.65	635	681	26.50	0
13：15	297.65	297.65	635	681	26.50	0
13：30	297.65	297.65	635	681	26.50	0
13：45	297.65	297.65	635	681	26.50	0
14：00	297.65	297.65	757	675	26.29	0
14：15	297.65	297.65	757	675	26.29	0
14：30	297.65	297.66	757	675	26.29	0
14：45	297.66	297.66	757	675	26.29	0
15：00	297.66	297.66	706	675	26.29	0
15：15	297.66	297.66	706	675	26.29	0
15：30	297.66	297.66	706	675	26.29	0
15：45	297.66	297.66	706	675	26.29	0
16：00	297.66	297.66	751	681	26.51	0
16：15	297.66	297.67	751	681	26.51	0
16：30	297.67	297.67	751	681	26.51	0
16：45	297.67	297.67	751	681	26.51	0

续表

时　间	初水位 /m	末水位 /m	入库流量 /(m³/s)	下泄流量 /(m³/s)	电站出力 /万 kW	弃水流量 /(m³/s)
17：00	297.67	297.67	711	720	28.00	0
17：15	297.67	297.67	711	720	28.00	0
17：30	297.67	297.67	711	720	28.00	0
17：45	297.67	297.67	711	720	28.00	0
18：00	297.67	297.66	741	934	35.98	0
18：15	297.66	297.66	741	934	35.98	0
18：30	297.66	297.65	741	934	35.97	0
18：45	297.65	297.65	741	934	35.97	0
19：00	297.65	297.63	705	1097	42.00	0
19：15	297.63	297.62	705	1098	42.00	0
19：30	297.62	297.61	705	1098	42.00	0
19：45	297.61	297.60	705	1098	42.00	0
20：00	297.60	297.59	732	1099	42.00	0
20：15	297.59	297.58	732	1099	42.00	0
20：30	297.58	297.56	732	1099	42.00	0
20：45	297.56	297.55	732	1099	42.00	0
21：00	297.55	297.55	711	681	26.45	0
21：15	297.55	297.55	711	681	26.45	0
21：30	297.55	297.56	711	681	26.45	0
21：45	297.56	297.56	711	681	26.45	0
22：00	297.56	297.57	667	225	8.95	0
22：15	297.57	297.58	667	225	8.96	0
22：30	297.58	297.60	667	225	8.96	0
22：45	297.60	297.61	667	225	8.96	0
23：00	297.61	297.62	717	411	16.19	0
23：15	297.62	297.63	717	411	16.19	0
23：30	297.63	297.64	717	411	16.19	0
23：45	297.64	297.65	717	411	16.20	0

表 5.26　　　　　　　　　托 口 电 站 运 行 过 程

时　间	初水位 /m	末水位 /m	入库流量 /(m³/s)	下泄流量 /(m³/s)	电站出力 /万 kW	弃水流量 /(m³/s)
0：00	243.00	243.01	783	297	12.89	0
0：15	243.01	243.05	1680	297	12.89	0
0：30	243.05	243.08	1680	297	12.90	0

续表

时　间	初水位 /m	末水位 /m	入库流量 /(m³/s)	下泄流量 /(m³/s)	电站出力 /万 kW	弃水流量 /(m³/s)
0：45	243.08	243.11	1680	297	12.91	0
1：00	243.11	243.13	873	297	12.92	0
1：15	243.13	243.14	873	297	12.92	0
1：30	243.14	243.15	873	297	12.92	0
1：45	243.15	243.17	873	297	12.93	0
2：00	243.17	243.17	335	297	12.93	0
2：15	243.17	243.17	335	297	12.93	0
2：30	243.17	243.17	335	297	12.93	0
2：45	243.17	243.17	335	297	12.93	0
3：00	243.17	243.17	100	297	12.93	0
3：15	243.17	243.16	100	297	12.93	0
3：30	243.16	243.16	100	297	12.92	0
3：45	243.16	243.15	100	297	12.92	0
4：00	243.15	243.15	356	297	12.92	0
4：15	243.15	243.15	356	297	12.92	0
4：30	243.15	243.16	356	297	12.92	0
4：45	243.16	243.16	356	297	12.92	0
5：00	243.16	243.16	298	297	12.92	0
5：15	243.16	243.16	298	297	12.92	0
5：30	243.16	243.16	298	297	12.92	0
5：45	243.16	243.16	298	297	12.92	0
6：00	243.16	243.16	270	297	12.92	0
6：15	243.16	243.16	270	297	12.92	0
6：30	243.16	243.16	270	297	12.92	0
6：45	243.16	243.16	270	297	12.92	0
7：00	243.16	243.15	259	297	12.92	0
7：15	243.15	243.15	259	297	12.92	0
7：30	243.15	243.15	259	297	12.92	0
7：45	243.15	243.15	259	297	12.92	0
8：00	243.15	243.15	257	301	13.06	0
8：15	243.15	243.15	257	301	13.06	0
8：30	243.15	243.15	257	301	13.06	0
8：45	243.15	243.15	257	301	13.06	0
9：00	243.15	243.12	100	1047	44.60	0

续表

时　间	初水位 /m	末水位 /m	入库流量 /(m³/s)	下泄流量 /(m³/s)	电站出力 /万 kW	弃水流量 /(m³/s)
9：15	243.12	243.10	100	1047	44.58	0
9：30	243.10	243.08	100	1047	44.56	0
9：45	243.08	243.06	100	1047	44.54	0
10：00	243.06	243.03	100	1050	44.65	0
10：15	243.03	243.01	100	1050	44.63	0
10：30	243.01	242.99	100	1050	44.61	0
10：45	242.99	242.96	100	1054	44.73	0
11：00	242.96	242.93	109	1342	56.58	0
11：15	242.93	242.90	109	1342	56.54	0
11：30	242.90	242.88	109	1297	54.70	0
11：45	242.88	242.85	109	1342	56.48	0
12：00	242.85	242.84	875	1250	52.70	0
12：15	242.84	242.83	875	1250	52.69	0
12：30	242.83	242.82	875	1250	52.68	0
12：45	242.82	242.81	875	1250	52.67	0
13：00	242.81	242.82	1630	1054	44.59	0
13：15	242.82	242.84	1630	1054	44.60	0
13：30	242.84	242.85	1630	1054	44.62	0
13：45	242.85	242.87	1630	1050	44.50	0
14：00	242.87	242.88	1667	1057	44.77	0
14：15	242.88	242.89	1667	1054	44.65	0
14：30	242.89	242.91	1667	1054	44.66	0
14：45	242.91	242.92	1667	1054	44.68	0
15：00	242.92	242.94	1628	1054	44.69	0
15：15	242.94	242.95	1628	1054	44.70	0
15：30	242.95	242.97	1628	1054	44.71	0
15：45	242.97	242.98	1628	1054	44.72	0
16：00	242.98	242.98	1125	1050	44.60	0
16：15	242.98	242.98	1125	1050	44.60	0
16：30	242.98	242.99	1125	1050	44.60	0
16：45	242.99	242.99	1125	1050	44.60	0
17：00	242.99	242.97	431	1050	44.60	0
17：15	242.97	242.96	431	1050	44.59	0
17：30	242.96	242.94	431	1050	44.57	0

时　间	初水位 /m	末水位 /m	入库流量 /(m³/s)	下泄流量 /(m³/s)	电站出力 /万 kW	弃水流量 /(m³/s)
17：45	242.94	242.93	431	1050	44.56	0
18：00	242.93	242.92	578	1050	44.55	0
18：15	242.92	242.90	578	1050	44.54	0
18：30	242.90	242.89	578	1050	44.53	0
18：45	242.89	242.88	578	1050	44.52	0
19：00	242.88	242.86	531	1619	67.79	0
19：15	242.86	242.83	531	1619	67.76	0
19：30	242.83	242.80	531	1619	67.72	0
19：45	242.80	242.78	531	1619	67.69	0
20：00	242.78	242.78	1159	1057	44.69	0
20：15	242.78	242.78	1159	1057	44.69	0
20：30	242.78	242.78	1159	1057	44.69	0
20：45	242.78	242.79	1159	1057	44.70	0
21：00	242.79	242.79	1280	1054	44.57	0
21：15	242.79	242.80	1280	1054	44.57	0
21：30	242.80	242.80	1280	1054	44.58	0
21：45	242.80	242.81	1280	1050	44.45	0
22：00	242.81	242.83	1225	297	12.84	0
22：15	242.83	242.85	1225	297	12.85	0
22：30	242.85	242.88	1225	297	12.85	0
22：45	242.88	242.90	1225	297	12.86	0
23：00	242.90	242.92	1925	1054	44.67	0
23：15	242.92	242.94	1925	1054	44.69	0
23：30	242.94	242.96	1925	1054	44.71	0
23：45	242.96	242.98	1925	1050	44.59	0

表 5.27　　　　　　　　　　五强溪电站运行过程

时　间	初水位 /m	末水位 /m	入库流量 /(m³/s)	下泄流量 /(m³/s)	电站出力 /万 kW	弃水流量 /(m³/s)
0：00	100.50	100.50	2003	2500	105.46	0
0：15	100.50	100.50	2339	2500	105.45	0
0：30	100.50	100.49	2339	2500	105.45	0
0：45	100.49	100.49	2339	2500	105.44	0
1：00	100.49	100.48	1414	2500	105.43	0

续表

时 间	初水位 /m	末水位 /m	入库流量 /(m³/s)	下泄流量 /(m³/s)	电站出力 /万 kW	弃水流量 /(m³/s)
1：15	100.48	100.48	1414	2500	105.40	0
1：30	100.48	100.47	1414	2500	105.38	0
1：45	100.47	100.46	1414	2500	105.35	0
2：00	100.46	100.45	881	2500	105.32	0
2：15	100.45	100.44	881	2500	105.28	0
2：30	100.44	100.42	881	2500	105.24	0
2：45	100.42	100.41	881	2500	105.20	0
3：00	100.41	100.40	1102	2500	105.17	0
3：15	100.40	100.39	1102	2500	105.13	0
3：30	100.39	100.38	1102	2500	105.10	0
3：45	100.38	100.37	1102	2500	105.06	0
4：00	100.37	100.36	1763	2500	105.04	0
4：15	100.36	100.36	1763	2500	105.02	0
4：30	100.36	100.35	1763	2500	105.00	0
4：45	100.35	100.35	1763	2500	104.99	0
5：00	100.35	100.34	2096	2500	104.97	0
5：15	100.34	100.34	2096	2500	104.96	0
5：30	100.34	100.34	2096	2500	104.95	0
5：45	100.34	100.33	2096	2500	104.94	0
6：00	100.33	100.33	2437	2500	104.94	0
6：15	100.33	100.33	2437	2500	104.94	0
6：30	100.33	100.33	2437	2500	104.93	0
6：45	100.33	100.33	2437	2500	104.93	0
7：00	100.33	100.32	584	2500	104.92	0
7：15	100.32	100.30	584	2500	104.87	0
7：30	100.30	100.29	584	2500	104.82	0
7：45	100.29	100.27	584	2500	104.78	0
8：00	100.27	100.26	654	2500	104.73	0
8：15	100.26	100.25	654	2500	104.69	0
8：30	100.25	100.23	654	2500	104.64	0
8：45	100.23	100.22	654	2500	104.59	0
9：00	100.22	100.20	252	2500	104.55	0

时　间	初水位 /m	末水位 /m	入库流量 /(m³/s)	下泄流量 /(m³/s)	电站出力 /万 kW	弃水流量 /(m³/s)
9：15	100.20	100.18	252	2500	104.49	0
9：30	100.18	100.17	252	2500	104.43	0
9：45	100.17	100.15	252	2500	104.38	0
10：00	100.15	100.15	2596	2500	104.35	0
10：15	100.15	100.15	2596	2500	104.35	0
10：30	100.15	100.15	2596	2500	104.36	0
10：45	100.15	100.15	2596	2500	104.37	0
11：00	100.15	100.16	3126	2500	104.37	0
11：15	100.16	100.16	3126	2500	104.39	0
11：30	100.16	100.17	3126	2500	104.40	0
11：45	100.17	100.17	3126	2500	104.42	0
12：00	100.17	100.18	3316	2500	104.44	0
12：15	100.18	100.18	3316	2500	104.46	0
12：30	100.18	100.19	3316	2500	104.47	0
12：45	100.19	100.20	3316	2500	104.50	0
13：00	100.20	100.20	2860	2500	104.51	0
13：15	100.20	100.20	2860	2500	104.52	0
13：30	100.20	100.20	2860	2500	104.53	0
13：45	100.20	100.21	2860	2500	104.53	0
14：00	100.21	100.20	2162	2500	104.54	0
14：15	100.20	100.20	2162	2500	104.53	0
14：30	100.20	100.20	2162	2500	104.52	0
14：45	100.20	100.20	2162	2500	104.51	0
15：00	100.20	100.19	1826	2500	104.50	0
15：15	100.19	100.19	1826	2500	104.48	0
15：30	100.19	100.18	1826	2500	104.47	0
15：45	100.18	100.18	1826	2500	104.45	0
16：00	100.18	100.17	1476	2500	104.43	0
16：15	100.17	100.16	1476	2500	104.40	0
16：30	100.16	100.15	1476	2500	104.38	0
16：45	100.15	100.14	1476	2500	104.36	0
17：00	100.14	100.13	1163	2500	104.33	0
17：15	100.13	100.12	1163	2500	104.29	0
17：30	100.12	100.11	1163	2500	104.26	0

续表

时　间	初水位 /m	末水位 /m	入库流量 /(m³/s)	下泄流量 /(m³/s)	电站出力 /万 kW	弃水流量 /(m³/s)
17：45	100.11	100.10	1163	2500	104.23	0
18：00	100.10	100.10	1612	2500	104.20	0
18：15	100.10	100.09	1612	2500	104.18	0
18：30	100.09	100.08	1612	2500	104.16	0
18：45	100.08	100.08	1612	2500	104.14	0
19：00	100.08	100.07	1536	2500	104.11	0
19：15	100.07	100.06	1536	2500	104.09	0
19：30	100.06	100.05	1536	2500	104.06	0
19：45	100.05	100.05	1536	2500	104.04	0
20：00	100.05	100.05	2436	2500	104.03	0
20：15	100.05	100.04	2436	2500	104.03	0
20：30	100.04	100.04	2436	2500	104.03	0
20：45	100.04	100.04	2436	2500	104.03	0
21：00	100.04	100.05	3143	2500	104.03	0
21：15	100.05	100.05	3143	2500	104.04	0
21：30	100.05	100.06	3143	2500	104.06	0
21：45	100.06	100.06	3143	2500	104.07	0
22：00	100.06	100.07	3617	2500	104.10	0
22：15	100.07	100.08	3617	2500	104.13	0
22：30	100.08	100.09	3617	2500	104.16	0
22：45	100.09	100.10	3617	2500	104.18	0
23：00	100.10	100.11	3672	2500	104.20	0
23：15	100.11	100.12	3672	2500	104.23	0
23：30	100.12	100.13	3672	2500	104.27	0
23：45	100.13	100.13	3672	2500	104.30	0

5.2.2.4 联合电力系统间水电跨网消纳以及火电出力调整

对于四川等水电装机比重较大的电网，在枯水期可以利用水电的优良性能进行调峰，而在汛期为满足防洪安全需求，难以调蓄丰富的水量资源，尤其当电网内的用电需求较小时，水电站则会因为窝电而弃水运行。另外，河南等以火电装机为主的电网，则可通过调整本网内火电机组出力而消纳多余电量，利用联合电力系统相互协调进行跨网水电消纳。为此，需进一步开展联合电力系统间水电跨网消纳研究，根据电网短期负荷预测以及网内电源出力计划进行电能平衡分析，建立区域省网电力电量网间分配模型，计算各省网超额电量和消纳能力，考虑不同省级电网间的联络线路情况、输电限额及火电出力可压缩情况，通过联合电力系统进行水电跨网消纳，利用水电弃电满足各缺电电网的不足电力，再按火电出力可压范围降低火电出力，最大程度地吸纳弃电（刘芳冰，2018）。

1. 水电跨网消纳及火电出力调整原则

图 5.41 为华中电网直调电站拓扑结构、送电范围，直调电站与各省网之间连接方式及输送电断面约束，各省网间连接方式及约束，省网与区外其他系统送受电需求。

（1）网间弃电与消纳。当某电网因为汛期水电充裕而超过该电网用电需求，而另一个区域电网的供电不足或者具有消纳能力时，则考虑根据区域电网间的联络线路进行跨网消纳。

（2）基本调整原则。利用水电弃电满足各缺电电网的不足电力，降低煤电机组出力，最大程度地吸纳多余弃电；当可吸纳能力小于弃水电力时，直接按最大吸纳能力接受，并采用等比例吸纳原则处理多个省网同时弃电

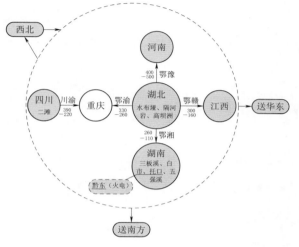

图 5.41　华中电网直调电站拓扑结构

的情况；若煤电机组出力降至最低后仍存在弃电，则需判断水电在不增加弃水的前提下是否有能力降低出力，以吸纳余留弃电，各水电站依据蓄能提高率从大到小的顺序降低出力。

（3）本地优先原则。湖北省内直调电站为水布垭、隔河岩、高坝洲，湖南省内直调电站为三板溪、五强溪、白市、托口，四川省内直调电站为二滩；除了二滩电站在四川和重庆进行消纳以外，其他直调电站优先在本省消纳，只有当本省负荷需求得到满足后才考虑进行网间消纳。

（4）跨区直流输电。区外送电以定值的形式给出，华中电网直调水电一般不改变出力计划以满足跨区外送要求；但向家坝、溪洛渡、三峡有跨区送电要求。

2. 水电跨网消纳流程

主要求解流程如下：

（1）确定存在弃水电量的电网集合与有吸纳能力的电网集合。对于任一电网 g，依据 $PLost_{g,t}>0$ 确定存在弃水电力的电网集合 G_1；依据 $PLack_{g,t}>0$ 确定缺电电网集合 G_2；依据 $PLack_{g,t}+PTpress_{g,t}>0$ 确定有吸纳能力的电网集合为 G_3；其中，$PTpress_{g,t}$ 为火电时段可压幅度（由火电出力下限决定）。

（2）平衡集合 G_2 中各缺电电网电力，对于任一电网 g，可从 n 号电网吸纳弃水电力。当多个省网同时存在弃电时，一般采用等比例吸纳原则进行处理。若仍存在弃电，则转至步骤（3）。

（3）按步骤（1）方法重新计算各电网的弃水电力与煤电可压幅度，并依据 $PLack_{g,t}>0$ 更新集合 G_1，依据 $PLack_{g,t}+PTpress_{g,t}>0$ 更新集合 G_3。

（4）计算集合 G_3 中所有电网最大可吸纳电力占集合 G_1 中总水电弃电的比例 $\gamma=\min\left\{\dfrac{\sum\limits_{g\subset G_3}PTpress_{g,t}}{\sum\limits_{n\subset G_1}PLost_{n,t}/(1+\tau_{n,t})},1\right\}$。

（5）对于任一电网，其可送电力为：$\gamma\times PLost_{n,t}$，$n\subset G_1$。则电网 n 向电网 g 的输送电力为 $\min\{\min\{\gamma\times PLost_{n,t},\overline{PS_n}\}-PL_{n,g,t},\min\{PTpress_{g,t},\overline{PA_g}\}\}$，$g\subset G_3$。

（6）更新集合 G_3 中各电网的可吸纳能力，对于任一受电电网 g，若煤电可压幅度 $PTpress_{g,t}\leqslant0$ 或该电网已接受电力 $\sum\limits_{n=1}^{G}(PSend_{n,g,t}-PL_{n,g,t})\geqslant\overline{GA_g}$，则将其从该集合中剔除，$g\subset G_3$。重复步骤（3）～（6），直至所有电网无弃电量或已达到受电电网的最大可吸纳能力。求解流程如图 5.42 所示。

3. 计算结果与分析

本节进行华中电网汛期某日水电跨网消纳仿真计算，各直调水电站 96 点出力计划通过 5.2.3.1 节、5.2.3.2 节、5.2.3.3 节模型进行编制，常规水电计划、火电计划以及电网预测负荷由外部自行设置，由于资料有限，故网网之间、站网之间交流输电线路的损耗系数以及区外受送电计划未被考虑在内，而各省网间输电断面限额则参考表 5.28。二滩电站送电至四川及重庆两个电网，仿真计算时分电比设为 0.7（四川送电量所占比重），其余直调电站仅送电至所在省级电网。

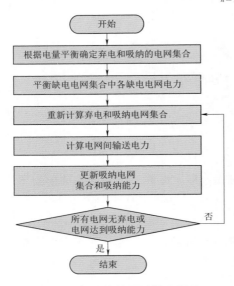

图 5.42　水电跨网消纳流程图

表 5.28　　　　　　　华中电网省网间输电断面限额　　　　　　　单位：万 kW

（送端/受端）	湖北	湖南	四川	重庆	江西	河南
湖北	—	260	—	330	300	400
湖南	110	—	—	—	—	—
四川	—	—	—	390	—	—
重庆	—	—	220	—	—	—
江西	160	—	—	—	—	—
河南	500	—	—	—	—	—

（1）电力省内平衡结果。图 5.43 所示为各电网省内原始负荷平衡结果，从中可以看出：湖北、湖南以及四川水电大发，存在窝电的情况，在整个调度期富余电力分别约为 250 万 kW、100 万 kW 以及 300 万 kW；同时，湖北、湖南以及四川三省火电已基本在出力下限附近运行，火电自身消纳能力有限，为减少水电弃水，大量的富余电力需向有吸纳能力的省外电网输送；然而，重庆以及河南电网却存在缺电的情况，若省外无电力输入，则两电网均需提高自身火电出力用于平衡日负荷要求，此时增加了省内计划煤耗量。为此，考虑将湖北、湖南、四川三省富余电力送至重庆及河南电网消纳，既能解决重庆及河南缺电问题，也可尽量避免本省内产生弃电。

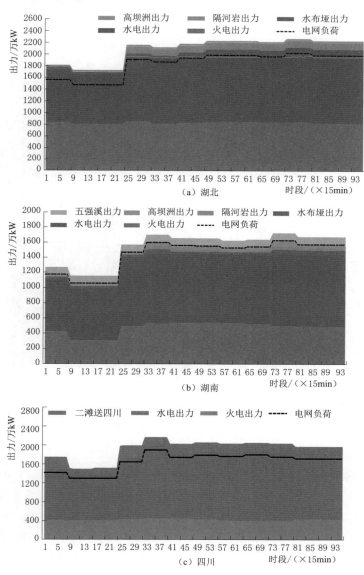

图 5.43（一）　华中电网各省网出力省内平衡结果

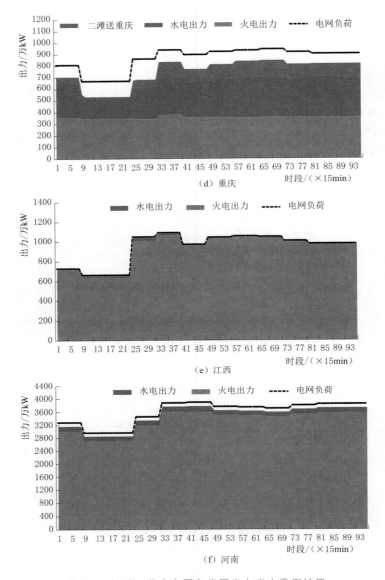

图 5.43（二）　华中电网各省网出力省内平衡结果

（2）水电跨网消纳以及火电出力调整结果。图 5.44～图 5.47 所示为六省网之间受送电出力优化协调结果，通过与图 5.44 结果对比可以看出：四川电网富余电力一部分通过降低火电出力在本省消纳，另一部分则通过四川—重庆网间联络线送至重庆进行消纳。图 5.45 与图 5.46 分别给出了四川电网火电出力降低量及联络线送电出力计划，由于四川火电出力基本已接近最小出力限制（设定值为 400 万 kW），故火电可消纳能力较小，多余的电力主要外送消纳，且外送电力满足联络线送电限制。重庆电网在整个调度期处于缺电状态，故需要吸纳四川送电以满足电力电量平衡要求，由于重庆电网吸纳能力有限，在扣除缺电差值且将火电出力降至最小（设定值为 300 万 kW）仍无法完全消纳四川输送的全部电力。考虑到重庆无须再从湖北吸纳电力，故通过重庆—湖北联络线将多余电能送至湖北进行中转，在河南进行消纳。湖南电网存在约 100 万 kW 的富余电力，由于本省火电出力已基本低于最小出力限制，故利用湖南—湖北联络线将多余电能送至湖北进行中转，在河南进行消纳。湖北电网在整个调度期处于弃电状态，且自身存在 250 万 kW 的电力富余，通过降低省内火电出力，可消纳约 150 万 kW 电力。作为电力消纳中转站，湖北电网（湖北电网受送电计划见图 5.47）将湖南与重庆方向输送电力通过湖北—河南省间联络线送至河南进行消纳。由于河南火电基数比较大，在扣除本身缺电差值后仍可通过降低火电出力来消纳所有从湖北方向输送的电力。江西电网本身处于电力电量平衡状态，故对其不做操作。仿真结果表明，在网间联络线输送电能力约束下，省网火电通过降低自身出力以消纳多余水电，实现了各省网电力电量的平衡，既避免了水电弃电，同时也减少了火电煤耗量，这表明所提电力跨网消纳方法是可行的。

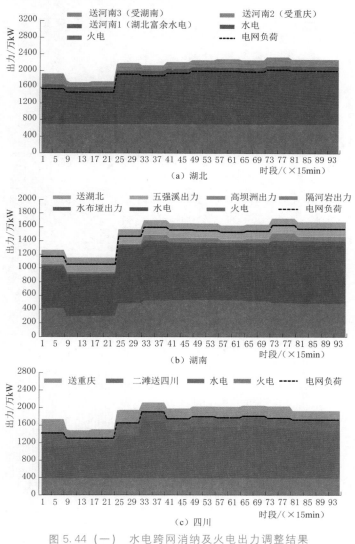

图 5.44 （一） 水电跨网消纳及火电出力调整结果

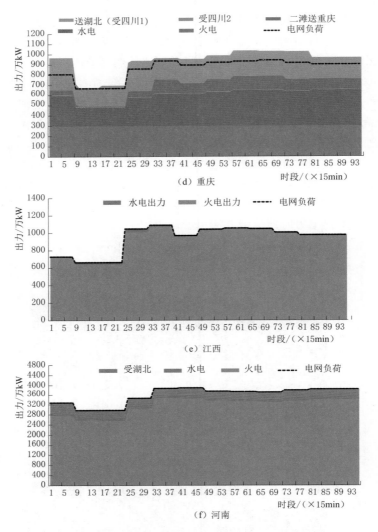

图 5.44（二）　水电跨网消纳及火电出力调整结果

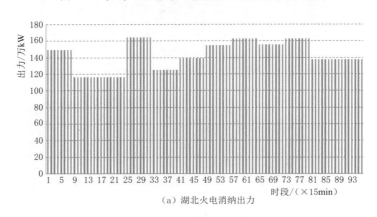

（a）湖北火电消纳出力

图 5.45（一）　各省网火电消纳出力

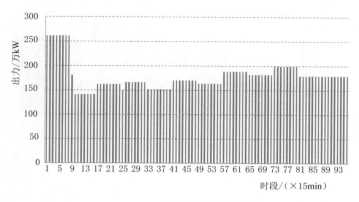

（b）河南火电消纳出力

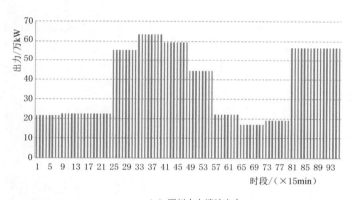

（c）四川火电消纳出力

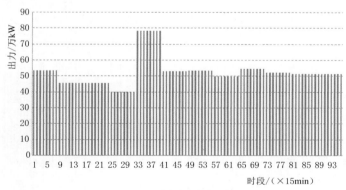

（d）重庆火电消纳出力

图 5.45（二） 各省网火电消纳出力

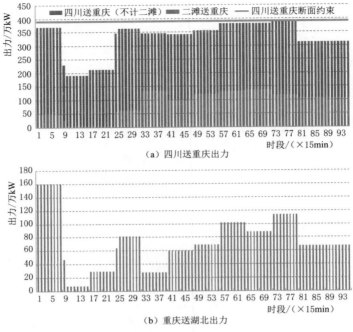

图 5.46　重庆电网受送电计划

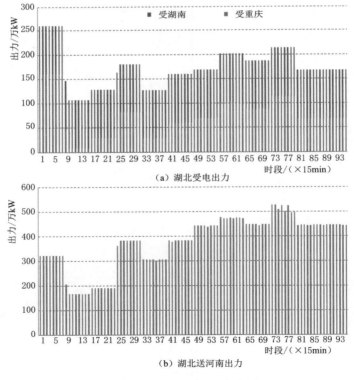

图 5.47　湖北电网受送电计划

第 6 章

水库群多维时空尺度嵌套精细调度

电力市场需求和来水的不确定性，要求发电企业必须协调好短期和长期调度关系，减少不确定因素对实时优化调度的影响。近年，关于水库群联合优化调度的研究成果较多，但大多基于固定调度期，无法有效地避免或减小不确定因素对水库优化调度的影响。因此，亟待从固定时空尺度调度模式出发，分析多维时空尺度调度模式存在的共性与差异，理清不同时空尺度调度模式之间的耦合特性，探寻可能的耦合途径和方式，研究多维时空分层嵌套优化技术。分层嵌套优化技术根据信息获取的可能性和精度差异分层设计优化调度模型，各层调度模型逐级耦合、相互嵌套，根据不断变化的调度信息和调度决策实施的反馈信息不断优化、实时调整、滚动决策，为巨型水库群联合优化调度方案的制定提供有效的理论支撑。

在流域梯级电站优化调度问题中，来水不确定性相比其他的不确定因素是显著影响优化运行结果的一个重要原因（廖想，2014）。对于确定性优化调度方法，通常假定来水情况为典型频率来水，或是用历史来水进行模型的优化求解。然而这种方法由于没有考虑到来水不确定性的因素，导致优化结果指导实际运行的意义并不大。且确定性优化调度难以描述水电站优化运行中风险与效益的关系，亟须研究随机径流下的梯级水电站优化运行问题。此外，在实际水电站运行过程中，如何描述不同时间尺度下的调度方式之间的关系，构建协调不同时间尺度的协调调度模式，对水电站实际运行具有重要的指导意义。

6.1 梯级水库群中长期嵌套精细调度研究

6.1.1 基于机会约束的库群中长期循环嵌套优化调度

考虑到水电站优化运行中的不确定性因素主要存在于来水过程，为此，本章研究了来水不确定性对梯级水电站优化调度产生的影响。以服从正态分布的独立随机变量来描述梯级水电站入库径流过程，建立基于机会约束的长期优化调度模型，并采用蒙特卡洛方法与人工蜂群算法相结合的方式对长期优化调度模型进行求解，通过置信度的变化和目标函数值的对应关系描述梯级水电站优化风险与效益的关系。进一步，采用长期优化调度的结果生成的第一个月末水位作为中期优化调度的初水位下边界条件；中期优化调度结束后，采用中期优化调度期的末水位作为下一轮长期优化调度的初末水位条件。以此建立中长期梯级水电站优化运行的循环嵌套优化调度方法，并应用于三峡梯级水电站中长期优化调度中，为梯级水电站优化调度方法提出一个新的解决方案及方法数据支撑。

6.1.1.1 基于机会约束的梯级水库循环嵌套优化调度模型

机会约束是随机规划的一个分类，该方法允许优化过程在一定程度上不满足约束条件，但该方法需要约束条件成立的概率不小于决策者事先设定的一个置信水平。机会约束方法能定量描述约束违反风险与目标效益的映射关系。在本章建立的循环嵌套优化调度模型中，中长期优化调度互相影响，以提高中期优化调度指导意义。具体模型建立过程如下。

1. 确定性中期优化调度模型

中期优化模型是一个确定性模型，此模型的径流采用月尺度的预报来水，为计算简便，假设其预报精度满足实际调度需求。考虑到水库可能具有多种调度目标，因此，不同时期的中期优化模型的优化目标是不同的。中期优化调度的调度时段长度为 1m，调度间隔为 1d。

（1）目标函数。发电量最大目标：中期优化调度模型的目标函数之一是以调度时段内发电量最大为目标。

$$F_m = \max \sum_{i=1}^{I} \sum_{t=1}^{T} A_i \cdot q_{i,t} \cdot H_{i,t} \cdot \Delta t \tag{6.1}$$

式中：F_m 为梯级水电站月发电量，$kW \cdot h$；I 为电站数目；T 为中期调度的时段数；A_i 为水电站 i 的电站出力系数；$q_{i,t}$ 和 $H_{i,t}$ 分别为水电站 i 在 t 时段的发电引用流量（m^3/s）和净水头（m）。

汛期水位标准差最小目标：考虑到汛期调度对坝前水位的平稳要求，以调度时段内龙头电站水位标准差最小为目标。

$$F_{m3} = \min \sqrt{\frac{1}{T} \sum_{t=1}^{T} (Z_{1,t} - \overline{Z_1})^2} \tag{6.2}$$

式中：F_{m3} 为梯级水电站月发电量，$kW \cdot h$；$\overline{Z_1}$ 和 $Z_{1,t}$ 分别为水电站 1 在调度周期内的平均坝前水位和各时段坝前水位，m。

（2）约束条件。中期优化调度模型服从以下约束条件。

梯级水力联系约束：

$$I_{i,t} = q_{i-1,t} + R_{i,t} \quad \forall t \in T \tag{6.3}$$

水量平衡约束：

$$V_{i,t} = V_{i,t-1} + (I_{i,t-1} - q_{i,t}) \cdot \Delta t \quad \forall t \in T \tag{6.4}$$

时段水位约束：

$$Z_{i,t}^{\min} \leqslant Z_{i,t} \leqslant Z_{i,t}^{\max} \quad \forall t \in T \tag{6.5}$$

时段下泄流量约束：

$$q_{i,t}^{\min} \leqslant q_{i,t} \leqslant q_{i,t}^{\max} \quad \forall t \in T \tag{6.6}$$

时段出力约束：

$$P_{i,t}^{\min} \leqslant A_i \cdot q_{i,t} \cdot H_{i,t} \leqslant P_{i,t}^{\max} \quad \forall t \in T \tag{6.7}$$

水位变幅约束：

$$|Z_{i,t} - Z_{i,t-1}| \leqslant Z^v \quad \forall t \in T \tag{6.8}$$

式中：$I_{i,t}$ 和 $R_{i,t}$ 分别为水电站 i 在 t 时段的入库流量（m^3/s）和区间入流（m^3）；$V_{i,t}$ 为水电站 i 在 t 时段末的库容值，m^3；$Z_{i,t}^{\min}$ 与 $Z_{i,t}^{\max}$ 为水电站 i 在 t 时段坝前水位的最小值和最大值，m；$q_{i,t}^{\min}$ 和 $q_{i,t}^{\max}$ 分别为水电站 i 在 t 时段的最小和最大下泄流量，m^3/s；$P_{i,t}^{\min}$ 和 $P_{i,t}^{\max}$ 分别为水电站 i 在 t 时段最小和最大出力，kW；Z^v 为时段水位变幅最大值，m。

2. 基于机会约束的长期优化调度模型

在长期优化调度模型中，本书应用机会约束来描述约束违反的风险程度，具体模型建模如下。

（1）目标函数。目标函数描述为最大化梯级水电站的年发电量：

$$F_l = \max \sum_{i=1}^{I} \sum_{n=1}^{N} A_i \cdot Q_{i,n} \cdot H_{i,n} \cdot \Delta n \tag{6.9}$$

式中：F_l 为梯级水电站年发电量，$\text{kW} \cdot \text{h}$；N 为长期调度的时段数；$Q_{i,n}$ 和 $H_{i,n}$ 分别为水电站 i 在 n 时段的发电引用流量（m^3/s）和净水头（m）。

（2）约束条件。长期优化调度模型服从以下约束条件。

梯级水力联系约束：

$$I_{i,n} = Q_{i-1,n} + R_{i,n} \quad \forall n \in N \tag{6.10}$$

水量平衡约束：

$$V_{i,n} = V_{i,n-1} + (I_{i,n-1} - Q_{i,n}) \cdot \Delta n \quad \forall n \in N \tag{6.11}$$

时段水位约束：

$$Z_{i,n}^{\min} \leqslant Z_{i,n} \leqslant Z_{i,n}^{\max} \quad \forall n \in N \tag{6.12}$$

时段下泄流量约束：

$$Q_{i,n}^{\min} \leqslant Q_{i,n} \leqslant Q_{i,n}^{\max} \quad \forall n \in N \tag{6.13}$$

时段出力约束：

$$P_{i,n}^{\min} \leqslant A_i \cdot Q_{i,n} \cdot H_{i,n} \leqslant P_{i,n}^{\max} \quad \forall n \in N \tag{6.14}$$

初末水位约束：

$$Z_{i,\text{start}} = Z_{i,\text{end}} \tag{6.15}$$

发电量机会约束：

$$P(F \geqslant F_l) = \alpha \tag{6.16}$$

式中：$I_{i,n}$ 和 $R_{i,n}$ 分别为水电站 i 在 n 时段的入库流量（m^3/s）和区间入流（m^3）；$V_{i,n}$ 为水电站 i 在 n 时段末的库容值，m^3；$Z_{i,n}^{\min}$ 和 $Z_{i,n}^{\max}$ 分别为水电站 i 在 n 时段的最小和最大坝

前水位，m；$Q_{i,n}^{\min}$ 和 $Q_{i,n}^{\max}$ 分别为水电站 i 在 n 时段的最小和最大下泄流量约束，m^3/s；$P_{i,n}^{\min}$ 和 $P_{i,n}^{\max}$ 分别为水电站 i 在 n 时段的最小和最大出力，kW；$Z_{i,\mathrm{start}}$ 和 $Z_{i,\mathrm{end}}$ 分别为调度时段初末水位，m；约束 7 为发电量目标机会约束，表示为三峡电站发电量不小于 F_l 时的置信度为 α。

6.1.1.2 基于蒙特卡洛的人工蜂群求解方法

1. 多时间尺度模型循环嵌套方法

举世闻名的三峡水库具有防洪、发电、生态、供水、航运等多个功能，这些调度目标对应于一个调度周期的不同时期。为计算简便，假定三峡水库的长期调度目标只考虑发电。为使中期调度结果和长期调度结果能有效耦合，以建立中期调度和长期调度之间的关系，提出了多时间尺度模型循环嵌套方法：采用每月末水位为机会约束长期优化调度的决策变量，并通过长期机会约束模型求得，其中第一个月的末水位作为中期模型的末水位下限值；长期调度第一个月的末水位结果作为中期优化调度末水位的下限值。中期优化模型获得的实际末水位结果，反作为下一轮长期优化调度的初水位条件。以此循环嵌套，以求得年内日均水位、出力及流量过程。其具体嵌套过程如图 6.1 所示。

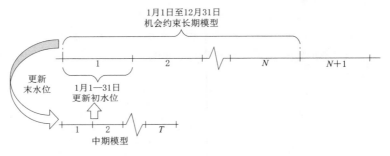

图 6.1 中长期模型循环嵌套方法

用基于蒙特卡洛的人工蜂群算法来求解长期机会约束模型。中期确定性优化调度模型由 ACABC 方法求解。本书中假设中期优化模型中的来水预报精度与实际来水过程相同。

2. 随机径流描述方法

长期优化模型中，作为模型输入条件的入库径流的不确定性是直接影响优化结果的重要因素，不能忽视。因此在本书中，通过研究宜昌水文站水文序列，采用在一定区间内服从正态分布的独立随机变量 $Q_n' = N(Q_n, \sigma_n)$ 来描述三峡梯级电站的月平均入库流量，其中 Q_n 为时段 n 的流量均值，σ_n 为标准差。宜昌水文站从 1882 年到 2008 年的月平均流量被用来作为模拟三峡入库流量的样本数据。宜昌水文站部分径流数据列在图 6.2 中，

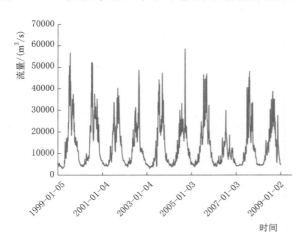

图 6.2 宜昌水文站部分径流样本数据

这些水文数据的特征值列在表 6.1 中。

表 6.1　　　　　　　　　宜昌水文站流量数据特征值

月　份	1	2	3	4	5	6	7	8	9	10	11	12
均值/(m³/s)	4333	3991	4512	6767	11915	18537	29935	27927	26068	18996	10232	5940
标准差/(m³/s)	456	532	828	1562	2736	3744	6653	7053	6876	4264	1893	760

在算法的每一次目标函数评价时，采用上述方法生成的大量随机径流过程逐一按调度目标函数进行计算，生成对应的调度目标函数值，而后对这些目标值进行排序，统计其数字特征，确定目标函数值分布的累积频率曲线。给出对应目标函数在某置信度下的结果。

3. 基于蒙特卡洛的人工蜂群算法

原始人工蜂群算法是为确定性优化问题设计，为解决机会约束长期优化问题，本书将蒙特卡洛模拟方法与随机人工蜂群方法相结合提出蒙特卡洛随机人工蜂群算法（Monte Carlo stochastic artificial bee colony，MSABC）求解三峡长期机会约束模型。其具体计算流程如下：

步骤一：初始化，蜂群中个体在可行空间中随机生成可行解并对该解采用蒙特卡洛方法生成多组入库径流，进行目标函数评价。

步骤二：目标函数评价完成后，最优解采用 Deb 的方法保存下来。

步骤三：采蜜蜂环节，采蜜蜂应用以下公式进行食物源（解）的变异操作。

$$X_m^{t'} = \begin{cases} X_m^t + \phi_m^t(X_m^t - X_k^t), R_m^t < MR \\ X_m^t, 其他 \end{cases} \tag{6.17}$$

步骤四：观察蜂环节，采蜜蜂在舞蹈区域观察蜂共享蜜源信息。

步骤五：侦查蜂环节，在采蜜蜂环节和观察蜂环节蜜源（解）没被选中的次数超过 limit 时，由侦查蜂重新初始化此解。

步骤六：终止判断，如果最大迭代次数达到，终止优化并输出结果，否则转步骤三。

算法在迭代过程中有多次函数评价过程，每次函数评价均需要采用蒙特卡洛方法计算不同径流下的目标函数值。长期机会约束模型最后输出的结果是获得的对应置信度 α 下的最优解。

6.1.1.3　三峡梯级水电站实例研究

为验证中长期模型循环嵌套方法的效果，本书采用三峡梯级水电站作为研究对象。机会约束长期优化模型来水采用宜昌水文站历史数据按照 6.1.1.2 节的方法生成随机径流，中期调度模型使用 2007 年三峡日均入库流量作为嵌套模型中的预报流量。

1. 参数设置

在模型循环嵌套方法中，长期调度的时段长度设置为 1a，时段间隔为 1m；中期调度的时段长度设置为 1m，时段间隔为 1d；蒙特卡洛采样次数为 1000 次。MSABC 最大迭代次数为 2000。人工蜂群种群数设置为 40；参数 limit 设置为 10；长期优化调度中，仅采用三峡水位作为编码，葛洲坝水位视为 65m 定水位运行；中期调度中葛洲坝水位初末水位为 65m，水位范围为 63～66.5m。为比较本书循环嵌套方法的效果，采用两种方案进行验证：

（1）方案 1。方案 1 中没有采用模型循环迭代方法，仅采用长期机会约束模型生成指定置信度下的 12 个月的初末水位。其中模型中的起调时间为 1 月 1 日。方案 1 中设置了 0.3、0.5、0.7 三种置信度情况来评价发电量机会约束。

（2）方案 2。方案 2 中采用模型循环迭代方法，分析在置信度为 0.3 时，目标函数的变化情况。此外，方案 2 中在中期模型优化环节分为两种情况：情况 1 是中期调度模型统一采用发电量最大目标；情况 2 是中期调度按照枯水期采用式（6.1）作为调度目标，汛期采用式（6.2）作为调度目标。丰枯划分准则如下：1 月、2 月、3 月、4 月、10 月、11 月、12 月为枯水期，5 月、6 月、7 月、8 月、9 月为汛期。此外由于中期优化调度中获得的初水位为确定值，末水位下限值为长期优化调度的第一个月的末水位。因此时段内在确定性来水下的总下泄量有一个最大值。当调度期内总来水量多于此最大总下泄量时，会导致优化过程没有可行解的存在。因此本书将中期调度的下泄流量约束作为柔性约束，优化结果可适当破坏下泄流量最小值约束；水位约束则作为刚性约束。

2. 结果分析

（1）方案 1。表 6.2 是方案 1 不同置信度下的目标函数最优值，从表中可知，随着置信度 α 的下降，目标函数值逐渐增加，可以看出置信度反映了目标函数的乐观程度，当置信度越高时，目标函数越低，说明此方案对目标函数的估计偏保守。图 6.3 列出了不同置信度下目标函数值对应的水位过程，可以看出置信度越高，三峡在 4 月末的水位越低。综上可以看出，优化结果越好，置信度越低，即实现此优化结果的可能性越低。可见置信度反映了调度的可靠性，置信度越高，对调度可靠性越看重，对效益的关注越少，更注重规避风险；置信度越低，越追求效益，较少注重风险和调度目标完成的可靠性。

表 6.2　　　　　　方案 1 不同置信度下的目标函数最优值比较

置信度 α	年发电量/(亿 kW·h)	置信度 α	年发电量/(亿 kW·h)
0.3	1096.44	0.7	1039.45
0.5	1062.43		

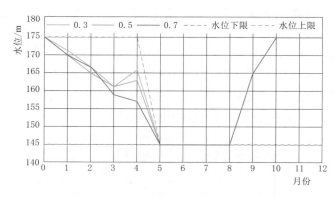

图 6.3　不同置信度下最优结果的水位过程

（2）方案 2。表 6.3 中列出的是不同中期目标下的枯水期和汛期发电量结果比较；图 6.4 按月列出了不同中期目标下的发电量结果。图 6.5、图 6.6 分别是采用分期优化目标和发电量最大目标的年内日均水位过程结果。图 6.7、图 6.8 分别是分期优化目标和发电量最大目标的年内日均出力过程。图 6.9、图 6.10 分别是分期优化目标和发电量最大目标的年内日均流量过程。

表 6.3　　　　　　　　不同中期目标下的枯水期和汛期发电量比较

分 期 发 电 量	分 期 目 标	发 电 目 标
枯期发电量/(亿 kW·h)	369.2501	353.0232
汛期发电量/(亿 kW·h)	566.4602	592.3425
总发电量/(亿 kW·h)	935.7103	945.3657

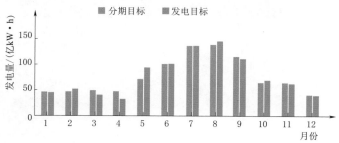

图 6.4　不同中期目标下的各月梯级发电量比较

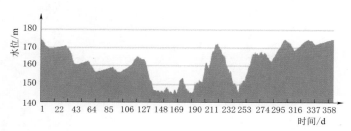

图 6.5　发电目标下的年内三峡日均水位过程

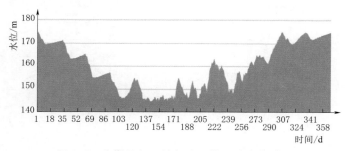

图 6.6　分期目标下的年内三峡日均水位过程

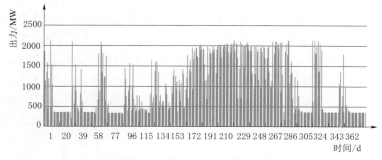

图 6.7　发电目标下的梯级年内梯级日均出力过程

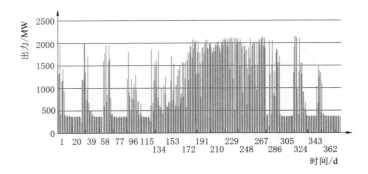

图 6.8　分期目标下的年内梯级日均出力过程

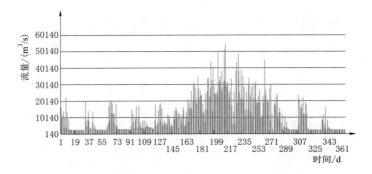

图 6.9　发电目标下的年内三峡日均流量过程

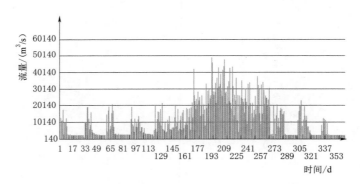

图 6.10　分期目标下的年内三峡日均流量过程

　　从表 6.3 可以看出，循环嵌套模型下中期优化调度采用分期目标获得的年发电量结果为 935.71 亿 kW·h，采用发电目标获得的年发电量为 945.37 亿 kW·h。其中按照枯水期和汛期拟定不同优化目标的汛期发电量要低于以发电为目标的汛期发电量。从图 6.4 可以看出，由于 3 月、4 月降低了发电量，集中在 5 月进行消落，导致中期目标为发电量最大的情况下，5 月的发电量增加较多；此外，8 月的发电量也较分期目标要高，原因通过图 6.5 和图 6.6 比较可以看出：中期发电目标下，汛期库水位蓄的较高，导致 8 月水位消落过程增加了发电量。进一步通过图 6.5 和图 6.6 可以看出两种情况下汛期的库水位有明显差异，分期目标下更加考虑了水库安全，导致汛期洪水分多次消落；而以发电量最大为目标的中期调度则将洪水蓄起增加发电量，然而由于汛期流量足够大，导致水位上升带来的发电效益增量并不明显，反而增加了汛期的水库安全风险。通过图 6.7 和图 6.8 比较可以看出，发电为目标下汛前时间的梯级水电站出力较分期目标下要高；图 6.9 和图 6.10可以看出分期目标下三峡汛期下泄流量更均匀，没有明显的下泄流量减少，说明水库水位变化幅度较小，这点与图 6.5 和图 6.6 的比较结果相对应。

通过两种不同方式下的比较可以看出，中长期嵌套优化模型能够发挥长期优化目标指导中期运行的目的，其主要途径是通过长期优化调度结果提供中期优化调度结果的末水位最小值。中期优化分期目标降低了汛期的库水位，减少了洪水风险。说明在长期优化调度指导下，根据不同的来水情况和工况设置不同的中期调度目标是可行的，且能获得较优的结果；中期目标可以根据具体情况进行调节，具有一定的灵活性。此嵌套优化模型能够在考虑预报时段来水的情况下获得连续的年内日均水位、流量、出力过程。研究的不足之处在于，由于蒙特卡洛方法和循环嵌套机会约束模型会导致模型计算量急剧增加，此循环嵌套模型计算速度较慢，是下一步需要解决的问题；中期模型由于考虑到计算简便，使用了历史来水作为确定性来水计算，这点与实际情况有一定出入，下一步的工作是在中期模型中考虑实时调度的来水情况。

6.1.2　梯级水电站中长期精细化出力计算方法

6.1.2.1　基于最优流量分配的全站经济运行总表

全站经济运行总表由模拟计算电站全水头下的厂内经济运行空间最优化数学模型得到。该模型的一般求解方法为动态规划法，其求解步骤如下：

厂内经济运行空间最优化数学模型是在电站出力给定情况下，寻求总耗水量最小的机组负荷分配方式（王超，2016）。在用动态规划方法求解该问题时，其动态规划递推公式见式（6.18）。其中，k 为计算阶段号，状态变量为 k 台机组的总出力$\overline{N_k}$，决策变量为第 k 号机组出力 N_k。

$$\begin{cases} Q_k^*(\overline{N_k}, H) = \min\left[Q_k(N_k, H) + Q_{k-1}^*(\overline{N_{k-1}}, H)\right] \\ \overline{N_{k-1}} = \overline{N_k} - N_k, \quad k = 1, 2, \cdots, n \\ Q_0^*(\overline{N_0}, H) = 0 \end{cases} \tag{6.18}$$

式中：$Q_k^*(\overline{N_k}, H)$ 为水头 H 条件下，全站总负荷为$\overline{N_k}$时，在各台机组间优化分配的总耗流量，m^3/s；$Q_k(N_k, H)$ 为第 k 号机组所带负荷为 N_k 时的耗流量，m^3/s；$Q_0^*(\overline{N_0}, H)$为边界条件，起始阶段以前的耗流量为零；目标函数为 $\min \sum\limits_{k=1}^{n} Q_k(N_k)$；状态转移方程为$\overline{N_{k-1}} = \overline{N_k} - N_k$。

6.1.2.2　全站经济运行总表在中长期水能计算中的适用性分析

中长期优化调度模型与短期优化调度模型存在较大差异，中长期调度时间尺度为月、旬、日，短期调度为小时、15min；中长期调度中水能计算考虑全站水头、出力和发电引用流量，而短期调度中还需考虑机组开机方式，且水头、出力、流量需精确到机组（张勇传，1998）。因此，全站经济运行总表在中长期优化调度出力计算中的适用性尚需探讨。

图 6.11（a）～（c）为溪洛渡电站高、中、低三种不同水头下由经济运行总表计算得出的机组 K-N-Q 的关系。同一水头下，K 随着 Q 的增大减小，期间有振荡的现象，且振荡在满发流量附近消失，但出力系数有加速减小的现象；K 保持整下降趋势，是因为水头损失随 Q 增大而增大；而振荡则是由于电站的高、低效运行区交替出现。当 Q 靠近 N 台机组满发流量时，电站所开启机组均高效运行，此时 K 较高；而当 Q 刚好超出 N 台机组满发流量时，则增开一台机组，此时开机机组多低效运行，K 较低；当机组全开且接近满发时，水轮机自身效率下降，出力系数会出现加速减小的情况，开始加速减小的点称下坠临界点，可由溪洛渡三种不同类型机组的效率曲线拐点的过机流量乘以机组台数后相加得到。图 6.11（d）给出了不同水头下全站的最大、临界和最小点的出力系数。在高水头时，最大最小出力系数差较小，约为 0.06，随着水头的减小差值逐渐增大，在中水头时可达 0.2，之后误差基本维持稳定。

根据上述分析，将最优流量分配表应用至中长期出力计算还应该解决以下两个方面的问题：

（1）由最优流量分配表计算得到的出力系数仅适用于短期单时段的出力计算，应用至中长期调度时还应引入电站的日运行方式。

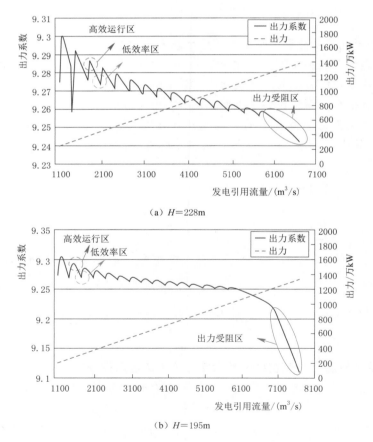

图 6.11（一）　最优流量分配下的水头、发电引用流量、出力以及出力系数间的关系

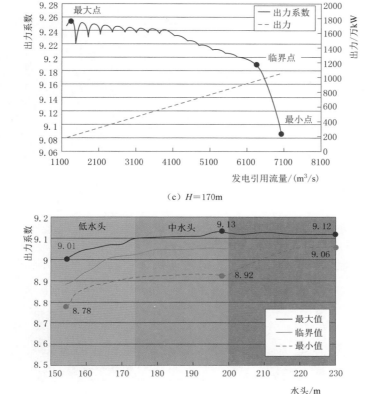

（c）$H=170\text{m}$

（d）不同水头下的出力系数

图 6.11（二） 最优流量分配下的水头、发电引用流量、出力以及出力系数间的关系

（2）出力系数的振荡现象。在中长期调度中，水电站的调蓄可避免水电站运行在低效区域，减轻出力系数的振荡。

6.1.2.3 基于最优流量分配的中长期出力计算方法

1. 电站日运行方式

根据目前金沙江下游梯级水电站上网方式，溪洛渡左岸电厂通过三回 50 万 V 线路上国家电网，右岸电厂通过四回 50 万 V 线路上南方电网，溪洛渡电站同时受两个电网调度机构管理（称"一库两站，一厂两调"）（张睿等，2013）；向家坝电站全电厂通过四回 50 万 V 线路上国家电网，如图 6.12 所示。南方电网和国家电网典型日负荷曲线差别较大，南方电网典型日负荷曲线为"三峰型"，国家电网则为"双峰型"，其典型日负荷曲线参数如图 6.13 所示。为保证溪洛渡电站送向国家电网和南方电网的年总电量满足相关规定要求，送往各电网总电量比例设定为 1:1，即溪洛渡电站可按两电网典型日负荷曲线叠加后的曲线制作发电计划；向家坝则依据国家电网典型日负荷曲线制作发电计划。

在短期调度中，水头变化不大，全厂出力过程趋势与发电引用流量趋势基本相同（卢鹏等，2014）。可考虑以电站日典型负荷曲线近似发电引用流量曲线。因此，日运行方式下，平均流量 Q 对应的平均出力系数 K 可由式（6.19）给出。

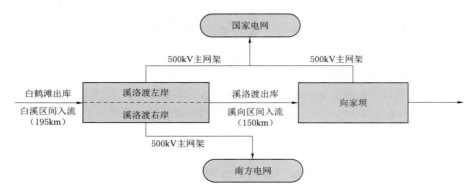

图 6.12 金沙江下游梯级电站接入电网方式

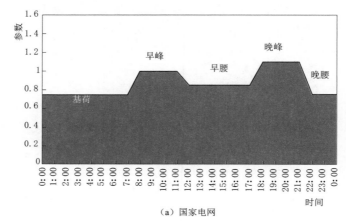

（a）国家电网

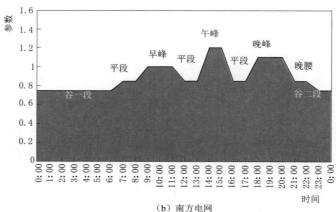

（b）南方电网

图 6.13 国家电网与南方电网典型负荷曲线参数

$$K = \frac{1}{T}\sum_{t=1}^{T}k_t = \frac{1}{T}\sum_{t=1}^{T}f(q_t, H), q_t = \frac{r_t}{\sum_{i=1}^{T}r_i} \cdot Q \cdot T \tag{6.19}$$

式中：q_t 为时段 t 的发电引用流量，$\mathrm{m^3/s}$；k_t 为出力系数；r_t 为典型负荷曲线参数；$f(q_t, H)$ 为出力系数的函数。当入库流量存在低于最小下泄或高于当前水头的满发流量的情况，按下述方式出力：

（1）当最小的 q_t 小于电站最小下泄流量 $Q_{\min}$ 时，谷段以最小流量下泄，其他时段按照丰平比和谷平比比例不变计算，如式（6.20）。

$$q_t = \frac{r_t - r_{\min}}{\sum\limits_{i=1}^{T}(r_i - r_{\min})} \cdot (Q - Q_{\min}) \cdot T + Q_{\min} \tag{6.20}$$

（2）当最大的 q_t 大于当前水头下的满发流量 $Q_{\max}$ 时，存在如下几种情况：

1）弃水调峰方式。电站有弃水调峰任务时，各时段按式（6.19）给出流量下泄，大于满发流量的部分按弃水处理。

2）非弃水调峰方式。电站无弃水调峰任务时，其余时段按照峰平比和谷平比不变计算，见式（6.21）。

$$q_t = \frac{r_t - r_{\max}}{\sum\limits_{i=1}^{T}(r_i - r_{\max})} \cdot (Q - Q_{\max}) \cdot T + Q_{\max} \tag{6.21}$$

根据上述公式，计算得到考虑电站日运行方式时溪洛渡电站的不同水头下的 N、Q、K 的关系，如图 6.14 所示。由图 6.14（a）可知，弃水调峰运行方式下，日运行方式下与单时段运行方式下的出力系数相差较大，最大可达 0.39（$H = 228\mathrm{m}$）。溪洛渡、向家坝电站根据规程一般运行在腰荷，可适当承担电网调峰任务；当入库流量大于机组满发流量时，原则上应发预想出力，不宜弃水调峰。因此，溪洛渡、向家坝电站均不考虑弃水调峰运行，此种情况下，溪洛渡电站高、中、低水头下单时段最优流量分配与考虑日运行方式的综合出力系数偏差不大，如图 6.14（b）～（d）。从电站峰段下泄大于下坠临界点流量开始，即图 6.14（c）中调峰上临界点，至电站谷段流量大于下坠临界点流量为止，即图 6.14（d）中调峰下临界点，非弃水调峰方式出力系数较单时段最优流量分配方式存在显著差异。此外，出力系数振荡现象也大为改善。

根据上述分析可知，对于溪洛渡等大型水利枢纽，由于其本身装机大、电网调峰任务较轻，综合出力系数对电站的日运行方式总体不敏感，但在局部一定程度受日运行方式影响。

2. 出力系数振荡的消除

考虑电站日运行方式下出力系数的振荡现象依然存在［图 6.14（b）］，虽然出力系数的振荡从振幅来看较小，约 0.02，但在中长期优化调度中，会引起水位过程的振动，影响优化调度的结果。根据前述分析可知，电站发电流量-出力系数关系曲线可分为三段：①最小下泄—机组全开临界点；②机组全开临界点—出力系数下坠临界点；③出力系数下坠临界点—满发流量。因此，可通过分水头多段线性插值的方法拟合 K-Q-H 的关系曲线，在消除振荡的同时，保证曲线拟合的准确性。

由图 6.15 可知，分水头三段线性插值拟合方法拟合的曲线拟合度（R-square）较

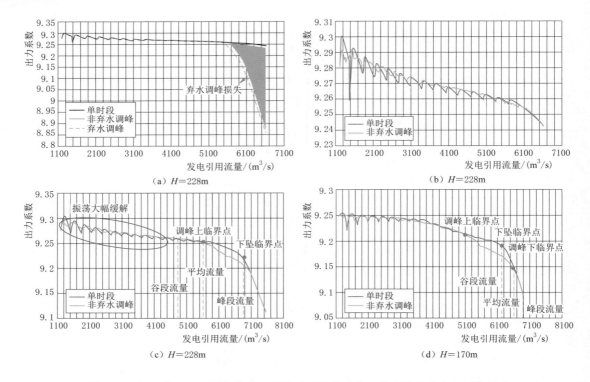

图 6.14　不同水头下考虑电站日运行方式的溪洛渡电站发电流量、出力系数关系

高。全水头范围的拟合度均值为 0.9989，最大均方根小于 0.01。据此可知，书中采取的拟合方法的拟合精度较高。

6.1.2.4　金沙江下游梯级水电站精细化出力系数表及应用

根据上述分析成果，以金沙江下游梯级溪洛渡和向家坝电站为研究实例，制定了溪洛渡、向家坝电站中长期精细化出力系数表，结果见表 6.4。同水头下，溪洛渡电站不同流量间出力系数偏

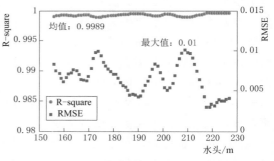

图 6.15　溪洛渡分水头三段线性插值拟合确定性系数和均方根

差最大为 0.17；向家坝电站不同流量间出力系数偏差最大为 0.07。同一流量下，溪洛渡电站不同水头出力系数偏差最大为 0.23；向家坝电站不同水头出力系数偏差最大为 0.11。将溪洛渡电站最优流量分配表绘制为可视化曲面，如图 6.16 所示。由图 6.16 可看出，同水头下出力系数随流量增大而减小。满发流量附近电站出力受阻时，出力系数加速减小的情况也能得到准确体现；同一流量下，出力系数与水头呈现正相关关系。由此可见，所制定的中长期最优流量分配表能够较精确刻画电站 K-Q-N-H 的关系，可应用至中长期水能计算。

表 6.4   溪洛渡、向家坝电站中长期精细化出力系数表

溪 洛 渡						向 家 坝					
水头 /m	流量 /(m³/s)	出力系数	水头 /m	流量 /(m³/s)	出力系数	水头 /m	流量 /(m³/s)	出力系数	水头 /m	流量 /(m³/s)	出力系数
156	1200	9.18	196	1200	9.28	86	1200	9.36	106	1200	9.47
156	4732	9.12	196	5482	9.25	86	4387	9.41	106	4623	9.49
156	6188	9.06	196	7169	9.18	86	5736	9.38	106	6046	9.47
156	6552	9.01	196	7590	9.11	86	6074	9.29	106	6402	9.42
166	1200	9.24	206	1200	9.28	91	1200	9.42	111	1200	9.47
166	4917	9.21	206	5328	9.27	91	4543	9.44	111	4385	9.51
166	6430	9.14	206	6967	9.22	91	5941	9.41	111	5734	9.50
166	6808	9.07	206	7377	9.16	91	6291	9.33	111	6071	9.48
176	1200	9.25	216	1200	9.28	96	1200	9.43	114	1200	9.48
176	5109	9.23	216	5048	9.27	96	4708	9.47	114	4271	9.50
176	6681	9.17	216	6601	9.25	96	6157	9.42	114	5585	9.50
176	7074	9.10	216	6989	9.22	96	6519	9.33	114	5914	9.48
186	1200	9.27	226	1200	9.28	101	1200	9.46			
186	5296	9.24	226	4814	9.26	101	4864	9.49			
186	6926	9.18	226	6296	9.25	101	6361	9.40			
186	7333	9.11	226	6666	9.24	101	6735	9.30			

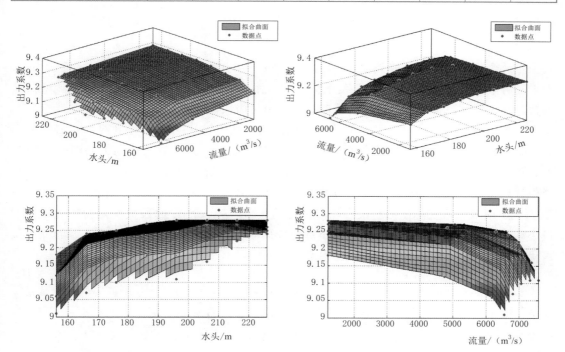

图 6.16   溪洛渡电站中长期最优流量分配表拟合曲面

6.2 水库群多维时空尺度精细化发电调度

6.2.1 水库群日发电计划编制–非实时优化–实时优化一体化调度

6.2.1.1 短期发电计划编制与厂内经济运行模型

1. 短期发电计划编制目标

梯级水电站短期发电计划编制是水电能源优化运行的重要内容，其通过考虑电站丰、枯来水特性和年内枯水期、汛期、消落期、蓄水期调度边界约束差异性，在给定次日可用水量、发电任务或调峰要求的前提下，通过优化方法对电站次日可用水量或控制电量在全时段进行合理分配，以制定电站未来时段最优出力、下泄流量以及水位控制方案（卢鹏等，2016）。通常，不同调度时期，水电站在电力系统中的运行位置不同，主要表现为：丰水期，电站来水较多，电站常按预想出力满发，不具备调峰能力，将其运行于电网负荷图中的基荷和腰荷位置，以最大限度地利用水能资源；平水期，来水较丰水期减少，电站工作位置下移至电网负荷图中的腰荷位置，电站按发电量最大或发电效益最大方式控制，承担一定调峰任务的同时尽量减小弃水；枯水期，电站来流较少但水头较高，水电调峰能力强，将其运行在电网负荷尖峰时段，以承担电网的调峰调频任务。

根据不同时期运行模式和侧重点的不同，梯级水电站通常按发电量最大、发电效益最优或调峰效益最大目标进行调度计算，而本章主要讨论调峰效益最大目标下的梯级水电站短期发电计划编制模型，目标形式如下：

$$F = \max \sum_{i=1}^{N} \sum_{t=1}^{T} P_{i,t}(Q_{i,t}, H_{i,t}) \cdot \Delta T \cdot \beta_{i,t} \tag{6.22}$$

式中：F 为梯级水电站调峰效益；N 为电站数；T 为时段数；ΔT 为时段长；$P_{i,t}$、$Q_{i,t}$ 和 $H_{i,t}$ 分别为 i 电站 t 时段出力、发电流量和工作水头；$\beta_{i,t}$ 为 i 电站 t 时段的条调峰效益参数，其与电网负荷形成、峰平谷区间划分和电站时段出力有关。

为充分利用水电站跟踪电网负荷变化的能力，使电站出力过程与电网调峰需求相匹配，研究峰荷比调峰方式计算各时段调峰效益参数 $\beta_{i,t}$，$\beta_{i,t}$ 取值大小和电站时段出力相关，具体计算方法为：令 $\beta_{i,t} = \beta_{i,t}^1 + \beta_{i,t}^2$，其中 $\beta_{i,t}^1$ 为定值，且 $\beta_{峰}^1 > \beta_{平}^1 > \beta_{谷}^1$，而 $\beta_{i,t}^2$ 只与峰段计划出力有关，表征某种出力方案下峰段调峰效益大小；令 $r_t = \beta_{t,实际}^2 - \beta_{t,理论}^2$（其中 $\beta_{t,实际}^2$ 为 t 时段峰段实际出力与最小峰段出力的比值，$\beta_{t,理论}^2$ 为 t 时段电网峰荷形式系数与最小峰荷形式系数的比值），按 r_t 大小对峰段调峰优先级进行排序，则 r_t 越大的峰段调峰优先级较低，对应的峰段调峰效益参数 $\beta_{i,t}^2$ 就越小。

2. 厂内经济运行目标

水电站厂内经济运行包括空间最优化和时间最优化两个嵌套运行阶段。空间最优化主要以减小电站时段耗水率为目的，将电网调度中心某一时段下达至水电站的有功出力设定值在开机机组间进行合理、高效分配，其主要着眼于水电站单时段调度的最优，不涉及机组时段间的启停优化；时间最优化则建立在空间最优化基础上，不仅考虑单时段内机组出力情况最优化，而且同时计及由于应对电网负荷波动而产生的机组启停机状态转换附加耗水量和其他以水当量折算的损耗对全时段最优造成的影响（刘治理，2006）。

以调度期内总耗水量最小为目标建立厂内经济运行模型，决策变量由表示机组启停机状态的 0/1 整形变量和表示机组有功出力的连续变量构成，目标形式如下：

$$W_i = \min \sum_{t=1}^{T} \sum_{k=1}^{K} \{u_{i,k,t} \cdot q_{i,k,t}[h_{i,k,t}, N_{i,k,t}] \cdot \Delta T$$

$$+ u_{i,k,t}(1 - u_{i,k,t-1}) \cdot q_{i,t,\text{sk}} + u_{i,k,t-1}(1 - u_{i,k,t}) \cdot q_{i,t,\text{ck}}\} \tag{6.23}$$

式中：W_i 为给定电站有功出力设定值下 i 电站总耗水量，m^3；K 为机组台数；T 为时段数；ΔT 为时段长；$N_{i,k,t}$、$q_{i,k,t}$、$h_{i,k,t}$ 分别为机组 k 在 t 时段出力（kW）、发电流量（m^3/s）和净水头（m）；$q_{i,t,\text{sk}}$、$q_{i,t,\text{ck}}$ 分别为机组启、停机耗水量，m^3；$u_{i,k,t}$ 为 t 时段机组 k 的启、停机（1/0）状态。

3. 发电计划编制与厂内经济运行约束描述

（1）水库水力联系。

$$I_{i,t} = Q_{i-1,t-\tau} + S_{i-1,t-\tau} + R_{i,t} \tag{6.24}$$

（2）水量平衡。

$$V_{i,t} = V_{i,t-1} + (I_{i,t} - Q_{i,t} - S_{i,t}) \cdot \Delta t \tag{6.25}$$

（3）电站库容/流量/出力约束。

$$\begin{cases} V_{i,t}^{\min} \leqslant V_{i,t} \leqslant V_{i,t}^{\max} \\ Q_{i,t}^{\min} \leqslant (Q_{i,t} + S_{i,t}) \leqslant Q_{i,t}^{\max} \\ P_{i,t}^{\min} \leqslant P_{i,t} \leqslant P_{i,t}^{\max} \end{cases} \tag{6.26}$$

（4）末水位控制约束。

$$Z_{i,T} = Z_{i,\text{end}} \tag{6.27}$$

（5）电站出力/水位/流量变幅约束。

$$\begin{cases} |P_{i,t} - P_{i,t-1}| \leqslant \Delta P_i \\ |Z_{i,t} - Z_{i,t-1}| \leqslant \Delta Z_i \\ |Q_{i,t} - Q_{i,t-1}| \leqslant \Delta Q_i \end{cases} \tag{6.28}$$

（6）单站负荷平衡。

$$L_i = \sum_{k=1}^{K} N_{i,k,t} u_{i,k,t} \tag{6.29}$$

（7）机组稳定运行限制。

$$\begin{cases} N_{i,k}^{\min} \leqslant N_{i,k,t} \leqslant (POZ_{i,k}^1)^{\mathrm{low}} \\ (POZ_{i,k}^{m-1})^{\mathrm{up}} \leqslant N_{i,k,t} \leqslant (POZ_{i,k}^m)^{\mathrm{low}}, m=2,3,\cdots,M \\ (POZ_{i,k}^M)^{\mathrm{up}} \leqslant N_{i,k,t} \leqslant N_{i,k}^{\max} \end{cases} \tag{6.30}$$

（8）机组最短启停机历时限制。

$$\begin{cases} T_{i,k,t}^{\mathrm{off}} \geqslant T_{i,k}^{\mathrm{down}} \\ T_{i,k,t}^{\mathrm{on}} \geqslant T_{i,k}^{\mathrm{up}} \end{cases} \tag{6.31}$$

式中：$I_{i,t}$ 为 i 电站 t 时段入库径流，m^3；$S_{i-1,t-\tau}$ 为 $i-1$ 号电站 t 时段弃水流量，m^3/s；τ 和 $R_{i,t}$ 分别为 $i-1$ 与 i 电站间水流时滞（s）和区间入流（m）；$V_{i,t}$ 为 i 电站 t 时段末库容，m^3；$V_{i,t}^{\max}$ 与 $V_{i,t}^{\min}$、$Q_{i,t}^{\max}$ 与 $Q_{i,t}^{\min}$、$P_{i,t}^{\max}$ 与 $P_{i,t}^{\min}$ 分别为 i 电站 t 时段库容（m^3）、下泄流量（m^3/s）和出力上、下限（kW）；$Z_{i,T}$、$Z_{i,\mathrm{end}}$ 分别为 i 电站调度期末计算水位和控制末水位，m；ΔP_i、ΔZ_i、ΔQ_i 分别为 i 电站 t 时段最大出力（kW）、水位（m）和流量变幅（m^3）；L_i 为 i 电站承担的有功出力设定值，kW；$(POZ_{i,k}^M)^{\mathrm{up}}$ 和 $(POZ_{i,k}^m)^{\mathrm{low}}$ 分别为 i 电站 k 号机组第 m 个汽蚀振区的上、下限，M 为机组汽蚀振区个数；$T_{i,k}^{\mathrm{up}}$、$T_{i,k}^{\mathrm{down}}$ 分别为机组 k 持续开、停机历时限制；$T_{i,k,t}^{\mathrm{on}}$、$T_{i,k,t}^{\mathrm{off}}$ 分别为机组 k 在 $t-1$ 时段以前的持续开、停机历时。

由于优化目标和调度模式存在差异，发电计划编制不考虑单站负荷平衡约束，而厂内则不考虑控制末水位约束。此外，由于电站在承担调峰任务时出力波动较大，为避免机组频繁起停，在进行厂内优化时需对机组开、停机历时约束着重考虑。

4. 发电计划编制与厂内经济运行耦合特性

通过比较分析前述梯级水电站发电计划编制和厂内调度目标及约束可知，二者在调度模式上存在共性与差异性，在业务流程上存在相关性，理清二者间的耦合特性可为一体化调度模式的构建提供理论支持。流域集控中心水调与电调部门、发电计划编制与厂内经济运行耦合特性见图 6.17。

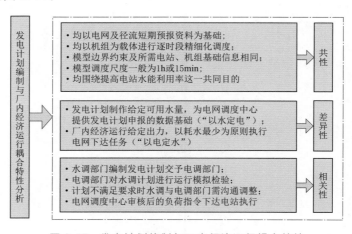

图 6.17　发电计划编制与厂内经济运行耦合特性

6.2.1.2　短期发电计划编制与厂内经济运行一体化调度模式

结合梯级短期发电计划编制和厂内优化调度在模型、耦合特性方面的分析结果，综合考虑梯级上下游水库间复杂水力、电力联系，在发电计划编制和厂内经济运行研究基础上，构建二者一体化调度模式。将发电计划编制模块制定的梯级出力计划作为厂内模型的输入，通过模拟厂内优化调度过程对出力计划可行性进行仿真校验，并将厂内优化所得时段下泄流量、调度期计算末水位结果反馈至发电计划编制模块，并结合电站调峰控制模式对初始出力方案进行循环修正直至满足各类边界约束为止，最终制定能满足电站和机组多重复杂运行约束要求，同时兼顾电网调峰需求的梯级次日最优出力计划、机组启停状态组合和机组间负荷优化分配策略，实现梯级水电站短期发电计划编制与厂内经济运行一体化调度。构建的一体化调度模式主要通过出力过程循环修正方法将发电计划编制和厂内经济运行 2 个子模块进行嵌套整合，其是一种贴近工程实际的梯级电站出力计划精细化制定方法（王永强，2012）。图 6.18 所示为一体化调度模式总体框架，由图可知，一体化调度主要包括以下 3 部分：①基于调峰量效益大目标的梯级电站短期发电计划编制；②基于总发电耗水最小目标的厂内经济运行；③发电计划编制与厂内经济运行流量/出力精细化分配。

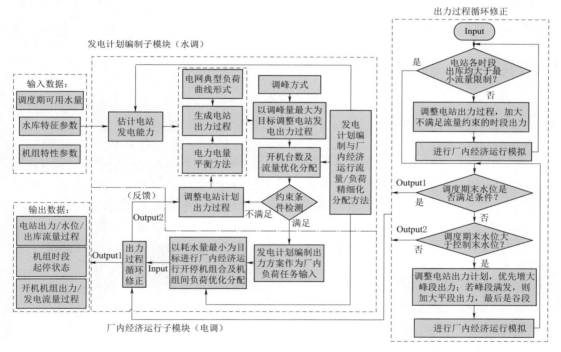

图 6.18　发电计划编制与厂内经济运行一体化调度模式总体流程

梯级水电站短期发电计划编制与厂内经济运行一体化调度模式总体步骤如下：

步骤一：进行梯级水电站精细化发电计划制作，编制电站出力、下泄流量控制方案，记录梯级各电站弃水与非弃水模式标志。

步骤二：若某电站属于弃水模式状态，则无须进行出力过程循环调整操作，此时电站发电计划编制结果即为一体化模式输出结果；否则，转入下一步。

步骤三：以电站发电计划编制出力过程作为输入，以耗水量最小为目标进行厂内经济运行仿真模拟计算，得到电站对应出库流量过程、水库水位过程、最优机组组合及机组间负荷分配方案。

步骤四：根据厂内仿真结果判断电站时段出库流量是否满足最小出库流量限制。若各时段出库均满足流量限制约束，则转入下一步；否则，按一定步长将不满足约束时段出力值加大，其他时段出力值保持不变，转至步骤三。

步骤五：判断电站调度期计算末水位是否满足给定控制末水位约束要求。若小于给定控制末水位，则根据调整后出力调用非弃水模式处理方法重新进行发电计划制作，转至步骤二；否则，需加大电站出力，将可运用水量尽量安排至用电高峰时段，对于按峰荷比进行调峰的方式，各峰段可根据调峰效益参数间的比值等比例增加峰段出力；若峰段均满发，则加大平段出力。重新进行厂内经济运行仿真计算，循环调整出力直至满足控制末水位约束为止。

1. 发电计划编制方法

电网调峰需求下的梯级水电站短期发电计划编制需综合考虑以下几方面原则：①尽量减少梯级枯水期弃水、增发枯水期电量；②在保证下游综合用水需求的前提下充分发挥电站调峰容量效益；③梯级出力过程应能够基本适应电网负荷变化趋势，考虑远距离送电调度需求和下游通航条件，应尽量减少日内出力的变化次数和调整幅度；④不弃水调峰；⑤日内调峰引起的水库水位波动在水库正常运行范围内；⑥机组出力变化在稳定运行限制范围内（申建建，2011）。

根据以上原则，结合调峰调度目标和约束限制，提出一种梯级水电站精细化发电计划编制方法，具体描述如下（发电计划编制流程图如图 6.19 所示）：

（1）电站弃水与非弃水模式判断。将梯级水电站按上下游水力联系进行排序，从最上游电站开始，依次根据电站上游来水（或短期径流预报）和中期调度分配水量计算电站次日平均出库流量 Q_{avg}，并将其与电站满发流量 Q_{mf} 比较。若 $Q_{avg} > Q_{mf}$，则将电站调度模式设定为弃水模式；反之，设定为非弃水模式。弃水模式下电站所有机组均满发，不承担电网调峰任务，考虑到末水位控制要求，剩余的水量需作为弃水处理；非弃水模式下梯级出力过程应能适应电网负荷变化趋势，在不弃水或尽量少弃水的前提下充分发挥梯级调峰容量效益。

各电站发电模式确定以后，从上游至下游逐级进行梯级电站联合发电计划制作，第一级电站按天然径流预报进行调度计算，其他电站入库需考虑上游电站下泄、区间入流、水流滞时影响。

（2）非弃水模式。

1）根据电站调度期平均发电流量 Q_{avg}，运用流量精细化分配方法计算电站调度期内预发电量，并将其转换成电站平均出力 N。

2）结合电网次日预测负荷曲线形式，通过式 $P_{i,t} = N \cdot C_t$（C_t 为电网负荷曲线形式系数，其为电网各时段负荷与其最大负荷的比值）计算电站初始出力过程 $\{P_{i,1}, P_{i,2}, \cdots, P_{i,T}\}$，并推求对应的调峰效益参数 $\beta_{i,t}$；假若电站日发电出力需同时兼顾多个区域电网送电需求（类似于溪洛渡电站同时向南网和国网供电的情形），则可根据受端电网分电比对

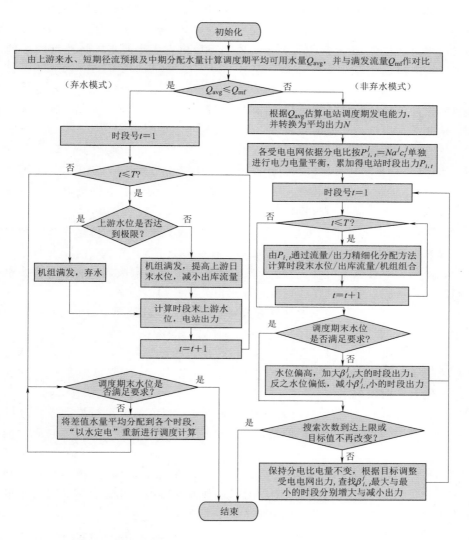

图 6.19　梯级水电站精细化发电计划编制流程

电站日平均出力 N 进行分配 [见式（6.32）]，各受端电网按自身预测负荷曲线形式单独进行电力电量平衡计算 [见式（6.33）]，制定受端电网受电计划曲线 $\{P_{i,1}^g, P_{i,2}^g, \cdots, P_{i,T}^g\}$，求和即可得到 i 电站初始出力过程 $\{P_{i,1}, P_{i,2}, \cdots, P_{i,T}\}$。此外，对于多电网送电情形下的出力调峰效益参数 $\beta_{i,t}^g$，还需结合不同电网负荷曲线形式分别计算，见式（6.34）：

$$N^g = N\alpha^g, \alpha^1 + \alpha^2 + \cdots + \alpha^g + \cdots + \alpha^G = 1 \tag{6.32}$$

$$P_{i,t}^j = N^j C_t^j \tag{6.33}$$

$$\beta_{i,t}^j = \beta_{i,t}^{j,1} + \beta_{i,t}^{j,2} \tag{6.34}$$

式中：g 为受端电网编号；G 为电站送电电网个数；α^g 为各受端电网分电比系数。

3）为保证所有开机机组均能运行在稳定区约束内，运用机组组合振动区方法，判断电站逐时段出力 $\{P_{i,1}，P_{i,2}，\cdots，P_{i,T}\}$ 是否满足稳定运行要求，将违反约束的出力修正至稳定运行边界。

4）根据电站出力过程 $\{P_{i,1}，P_{i,2}，\cdots，P_{i,T}\}$，运用出力精细化分配方法，逐时段进行机组间出力优化分配，计算电站出库过程和调度期末水位 $Z_{i,T}$；若 $Z_{i,T}$ 不满足调度期控制末水位要求，则按一定电量步长 ΔE 增加或减小电站时段出力，ΔE 可按分电比分成 G 份，即 $\Delta E^g = a^g \Delta E$，各电网受电出力以 $\beta_{i,t}^g$ 为启发信息进行调整：计算末水位 $Z_{i,T}$ 大于控制末水位 $Z_{i,\text{end}}$（发电不足），则将 ΔE^g 分配至 $\beta_{i,t}^g$ 较大时段以提升出力；反之，$Z_{i,T}$ 小于 $Z_{i,\text{end}}$（发电过量），则减小 $\beta_{i,t}^g$ 较小时段出力，逐次调整各电网受电计划直至 ΔE 分配完毕，并迭代至 $Z_{i,T}$ 满足调度期控制末水位要求。

5）保持各受端电网分电比电量不变，基于调峰效益最大目标调整受端电网时段受电出力；计算并更新当前出力计划下各时段调峰效益参数 $\beta_{i,t}^g$，查找 $\beta_{i,t}^g$ 最大和最小时段分别增大与减小出力，计算新的 $\beta_{i,t}^g$ 并转入 3）；若达到最大搜索次数或相邻两次搜索所得目标差值在限定范围内，则寻优操作完成，输出电站次日出力方案。

（3）弃水模式。弃水模式下电站各时段均按预想出力满发，电站出力过程不考虑电网调峰需求。

1）从 $t=0$ 时段开始，假定电站面临时段按出入库平衡方式进行发电，计算此种情形对应工作水头下电站满发流量；若出库小于电站满发流量，则降低时段末水位以加大出库；反之，则升高时段末水位。

2）根据调整后的末水位重新进行水量平衡计算；当电站下泄与最大满发流量不相等时，需继续对时段末水位进行迭代调整，直至电站出库等于满发流量或水位到达控制水位边界为止。

3）令 $t=t+1$；假如 $t<T$，则重复 1）～2）中方法计算 t 时段末水位；否则，判断 $|Z_{i,T}-Z_{i,\text{end}}|<\varepsilon$ 是否成立，不成立则同时增加或减小各时段出库，重新进行水量平衡计算，并迭代调整时段下泄直至满足调度期末水位控制要求为止。

2．厂内经济运行优化

厂内经济运行优化问题可解耦为外层机组组合优化（UC）和内层机组间负荷最优分配（ELD）2 个嵌套子问题（王金文等，2003），其综合考虑短期入库径流预报信息和运行水位控制要求，结合电网负荷波动和机组出力状态实时信息反馈，在给定电站有功出力任务要求下，通过合理制定机组最优起停状态组合和机组间负荷分配策略，使水电站运行达到时间和空间上的最优。本章改进二进制蜂群算法（IB-BCO）进行多机组巨型水电站机组组合问题求解，并在机组组合优化过程中嵌套出力精细化分配方法求解 ELD 子问题，以提高模型计算效率；此外，采用约束修补策略对优化过程中涉及的机组最短开停机历时、起停机优先次序、机组避开振动区、旋备以及单站负荷实时平衡等复杂约束条件进行有效处理，以保证解的可行性与质量。

3．发电计划编制与厂内经济运行流量/出力精细化分配方法

日发电计划编制与厂内经济运行均是以机组为载体的精细化调度，在计算过程中需考虑最优启停机组合和负荷任务（流量）在机组间的优化分配问题。由于短期优化问题具有高维、非凸、非线性等特点，且涉及离散的 0/1 状态变量和连续的机组耗流量或出力变量，计算较为复杂，需寻找高效求解方法以满足工程实时性要求。为此，本节给出一种基于电站最优出力动力特性的流量/出力精细化分配方法，为发电计划编制和厂内经济运行优化调度提供支持。

（1）空间最优流量分配。当电站发电流量给定时，机组间流量精细化分配以总出力最大为优化准则，综合考虑机组出力流量特性、稳定运行出力限制和引水管道水头损失等多方面影响因素，运用 DP 算法进行求解。若以机组台数 k 为阶段号，以 k 台机组的总发电流量 $\overline{Q_k}$ 为状态变量，以第 k 号机组的发电流量 Q_k 为决策变量，则按机组台数和电站发电流量由小到大的顺序，逐阶段递推计算电站最优出力 $N_k^*(\overline{Q_k}, H)$，即可推求机组间最优流量分配策略。基于最优化原理建立的顺向递推计算式如下：

$$\begin{cases} N_k^*(\overline{Q_k}, H) = \max[N_k(Q_k, H) + N_{k-1}^*(\overline{Q_{k-1}}, H)] \\ \overline{Q_{k-1}} = \overline{Q_k} - Q_k, k = 1, 2, \cdots, n \\ N_0^*(\overline{Q_0}, H) = 0, \forall \overline{Q_0} \end{cases} \quad (6.35)$$

式中：$N_0^*(\overline{N_0}, H)$ 表示边界条件，即在起始阶段以前出力为 0。

推求所有（H，Q）组合下机组最优流量分配和出力策略，保存优化结果集，编制水电站空间最优流量分配表。

（2）任意机组组合情形下的电站最优出力动力特性。在（1）中所得机组空间最优流量分配表基础上，利用最优性原理推广定理，获得任意机组组合情形下的电站最优流量分配方案，其表征了不同水头下电站耗流与最优发电出力间的离散化映射关系。为将此离散化映射关系转换为任意机组组合情形下电站最优出力动力特性，本章通过最小二乘法对电站最优流量分配表进行拟合，并以解析式形式表示电站出力特性，利用回归分析计算关系式中的系数，获得电站最优出力动力特性的二维多项式描述：

$$P(H, Q) = \beta_5 Q^2 + \beta_4 H^2 + \beta_3 HQ + \beta_2 Q + \beta_1 H + \beta_0 \quad (6.36)$$

式中：Q、H、P 分别为电站耗流量、工作水头和出力；$\beta_0 \sim \beta_5$ 为拟合参数。溪洛渡左岸开 9 台机时的电站最优出力动力特性见图 6.20。

在运用上述电站最优出力动力特性求解"以电定水"优化问题时，需结合二分法对相应的最优发电耗流进行迭代计算：①假设电站出力为 N 时发电流量为 $Q \in [Q_{min}, Q_{max}]$，且令 $Q = (Q_{min} + Q_{max})/2$；②计算发电流量为 Q 时电站毛水头 H，并结合特定开机组合下的电站最优出力动力特性，计算面临（Q，H）组合情形下对应的电站最优出力 N_1；③若 $|N_1 - N| > \varepsilon$，则假定的流量不满足要求：若 $N_1 < N$，则令 $Q_{min} = Q$；否则，令 $Q_{max} = Q$ 且 $Q = (Q_{min} + Q_{max})/2$，转至步骤②；④终止迭代，当前 Q 即为电站出力为 N 时对应的最优耗流量，同时输出机组间出力（流量）精细化分配策略。

水电站最优出力动力特性在"以水定电"情形下的运用方式则不再赘述。

6.2.1.3 实例研究与应用

以溪洛渡—向家坝梯级电站为调度对象，进行发电计划编制与厂内一体化调度模拟。

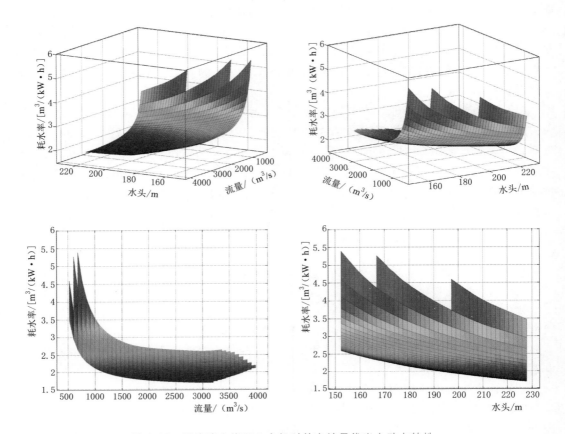

图 6.20　溪洛渡左岸开 9 台机时的电站最优出力动力特性

溪洛渡—向家坝梯级水电系统是国家"西电东送"的骨干工程之一，以发电为主，兼有防洪、拦沙和改善下游航运条件等综合利用功能（关杰林等，2010）。根据目前接入电力系统的设计方案，溪洛渡左、右岸电站分别向国家电网和南方电网送电，并按照"一厂两调"运行方式进行调度和管理。向家坝是溪洛渡的下游电站，承担向国家电网送电的任务，其水库回水与溪洛渡尾水相衔接，可配合溪洛渡进行反调节调度。溪洛渡—向家坝梯级水电系统"两库三厂两网调"的运行管理模式复杂，受水量调度、电量平衡和跨电网协同等多方面因素影响。

溪洛渡—向家坝梯级电站发电计划编制必须遵循水库调度规程，从《金沙江溪洛渡水电站水库调度规程（试行）》和《金沙江向家坝水电站水库调度规程（试行）》中相关规定可总结和提炼出以下梯级短期调度编制原则和运行限制。

溪洛渡水电站左、右岸机组分别供电国家电网和南方电网，原则上两个电网日受电量应平衡；丰水期，溪洛渡电站主要运行于电网的腰荷位置，适度参与系统调峰；枯水期，电站调峰幅度应由入库流量情况、机组运行工况等因素综合确定。

向家坝水电站对溪洛渡水电站进行反调节，在电网中主要承担基荷和腰荷；枯水期可适度参与系统调峰运行，其允许调峰幅度根据来水情况、机组状况和航运等因素综合拟定；电站日调峰运行时，要留有相应的航运基荷，日调峰运行引起的下游河道水位的变幅应满足相应的变幅和变率要求。

两电站在汛期入库流量大于电站总装机过水能力时，原则上按预想出力满发方式运行，不宜弃水调峰。

在实际调度运行过程中，水库调度管理部门结合预报来水、电网负荷和机组当前运行状态信息，制定溪洛渡—向家坝梯级日发电运行建议并上报国调中心和南网总调，之后由三峡梯调成都调控分中心接受和执行国调和南网总调的调度指令，进一步编制溪洛渡—向家坝梯级水电站机组期停计划以及负荷分配方案。

溪洛渡电站最大水头为229.4m，最小水头为154.6m，水位日变幅为1m，最大下泄流量为43700m³/s，最小下泄流量为1200m³/s。向家坝电站下游最低通航水位为265.8m，相应流量为1200m³/s，最大水头为113.6m，最小水头为82.5m，下游水位日变幅为4.5m、小时变幅为1m。

以溪洛渡—向家坝梯级电站运行于蓄水期工况为例进行一体化调度仿真模拟，调度期为1日（96时段）。溪洛渡平均入库流量为5000m³/s，日初、日末水位分别为580m和581m，左右岸电站发电量分配比为1:1。向家坝日初、日末水位分别为375m和376m，溪洛渡—向家坝梯级区间入流为0。假定溪洛渡—向家坝梯级电站所有机组在调度期内均不检修，为避免机组频繁启停，将机组最短起停机历时设置为2h。溪洛渡—向家坝梯级水电系统电站及机组特性参数见本书。此外，国网和南网典型负荷曲线形式参数和峰平谷起止时段设置见表6.5及表6.6。

表6.5　　　　　　　国网典型负荷曲线形式参数和峰平谷起止时段

时段类型	起止时段	负荷曲线形式参数
谷段	0:00—8:00/22:00—24:00	0.75
早峰	8:00—12:00	1
晚峰	18:00—22:00	1.1
腰荷	12:00—18:00	0.85

表6.6　　　　　　　南网典型负荷曲线形式参数和峰平谷起止时段

时段类型	起止时段	负荷曲线形式参数
谷段	其他	0.75
腰荷	7:00—9:00/21:00—23:00	0.85
早峰	9:00—12:00	1
午峰	14:00—16:00	1.2
晚峰	18:00—21:00	1.1

基于表6.5和表6.6设定的负荷曲线形式参数和峰平谷起止时段，运用所提方法进行一体化调度仿真计算。为验证一体化调度模式的有效性，将制定的梯级水电初始发电计划

和厂内优化运行仿真结果也一同展示。

1. 溪洛渡—向家坝梯级初始发电计划编制结果

以梯级次日可运用水量为输入，编制梯级电站发电出力、下泄流量和运行水位控制过程，所得初始发电计划编制结果如图 6.21～图 6.23 所示。由图 6.21 可知，溪洛渡—向家坝梯级发电过程与电网负荷调峰要求相符，出力计划适应电网负荷变化趋势，在高峰时多发电，低谷时少发电，且高峰时段出力大小与各高峰时段负荷系数值成比例（按峰荷比确定高峰时段负荷分配顺序），满足峰荷比调峰规则要求。溪洛渡左、右岸电站和向家坝电站最大调峰幅度分别达 567 万 kW、558 万 kW 和 424 万 kW，充分发挥出电站调峰效益，满足电网调峰需求。同时，溪洛渡左岸发电量为 7648 万 kW，右岸发电量为 8200 万 kW，左右岸发电量比为 0.93：1，与所设定的 1：1 发电量比接近，符合跨电网供电和溪洛渡电站"一厂两调"运行要求。

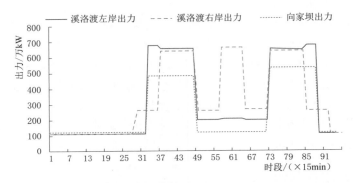

图 6.21 溪洛渡—向家坝梯级发电计划编制出力过程

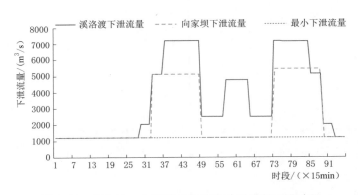

图 6.22 溪洛渡—向家坝梯级发电计划编制下泄过程

梯级电站调峰运行时，需留有相应的航运基荷和电站最小出库流量，故在低谷时段分配了少许出力，这是合理的；同时，通过设定电站爬坡率对时段间负荷差额进行控制，保证调峰运行引起的下游河道水位变幅满足相应变幅和变率要求。图 6.22 给出了溪洛渡—向家坝梯级电站出库流量过程，从中可以看出，两电站全时段出库均高于当日要求的最小通航保证流量 1200m³/s，满足实际调度运行需求。并且，从图 6.23 以看出，经过 1d 的

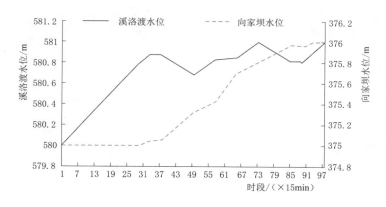

图 6.23 溪洛渡—向家坝梯级发电计划编制水位过程

水量精细化调度后，溪洛渡—向家坝梯级电站上游水位均能蓄放至调度期控制末水位，水库调度的周期性运行规划得到了保证。

2. 厂内优化运行仿真

在梯级发电计划编制完成后，将制定的溪洛渡—向家坝梯级水电站出力计划作为厂内经济运行模块输入进行"以电定水"仿真计算，经厂内优化后的溪洛渡、向家坝电站各时段下泄流量结果见表 6.7。由表 6.7 可以看出，由于厂内经济运行合理安排了整个调度期内机组起停机状态组合和开机机组间负荷分配策略，机组起停机状态转换造成的水量损耗和相同负荷情况下电站所需发电引用流量减少，电站水能利用率得到了有效提高，使得优化运行仿真输出的电站时段发电耗流比原始出力方案耗流要小，故在某些时段（如 00:00—07:45 之间），电站计算下泄出现小于规程规定最小下泄 1200m³/s 的情况，导致提出的建议不再满足调度要求。因此，还需对梯级初始发电计划进行修正。

表 6.7 溪洛渡—向家坝梯级厂内优化仿真输出流量结果 单位：m³/s

时 段	溪洛渡	向家坝	时 段	溪洛渡	向家坝	时 段	溪洛渡	向家坝	时 段	溪洛渡	向家坝
0：00	1188	1193	2：15	1186	1193	4：30	1185	1193	6：45	1185	1193
0：15	1188	1193	2：30	1186	1193	4：45	1185	1193	7：00	1981	1193
0：30	1188	1193	2：45	1186	1193	5：00	1185	1193	7：15	1981	1193
0：45	1188	1193	3：00	1186	1193	5：15	1185	1193	7：30	1981	1193
1：00	1188	1193	3：15	1186	1193	5：30	1185	1193	7：45	1981	1193
1：15	1188	1193	3：30	1185	1193	5：45	1185	1193	8：00	5043	4948
1：30	1188	1193	3：45	1185	1193	6：00	1185	1193	8：15	5043	4948
1：45	1188	1193	4：00	1185	1193	6：15	1185	1193	8：30	5043	4948
2：00	1186	1193	4：15	1185	1193	6：30	1185	1193	8：45	5043	4948

时段	溪洛渡	向家坝	时段	溪洛渡	向家坝	时段	溪洛渡	向家坝	时段	溪洛渡	向家坝
9：00	7080	4948	12：45	2450	1195	16：30	2451	1196	20：15	7028	5599
9：15	7071	4948	13：00	2450	1195	16：45	2451	1196	20：30	7028	5600
9：30	7071	4948	13：15	2450	1195	17：00	2451	1196	20：45	7021	5601
9：45	7071	4949	13：30	2450	1195	17：15	2451	1196	21：00	5057	5602
10：00	7071	4945	13：45	2450	1195	17：30	2451	1196	21：15	5057	5602
10：15	7063	4945	14：00	4705	1195	17：45	2451	1196	21：30	5057	5602
10：30	7063	4941	14：15	4713	1195	18：00	7054	5605	21：45	5057	5602
10：45	7063	4941	14：30	4713	1195	18：15	7055	5606	22：00	1989	1197
11：00	7063	4941	14：45	4713	1195	18：30	7055	5607	22：15	1989	1197
11：15	7054	4941	15：00	4712	1195	18：45	7046	5608	22：30	1989	1197
11：30	7054	4941	15：15	4712	1195	19：00	7042	5609	22：45	1989	1197
11：45	7054	4937	15：30	4712	1195	19：15	7042	5609	23：00	1186	1197
12：00	2450	1194	15：45	4712	1195	19：30	7042	5604	23：15	1186	1197
12：15	2450	1194	16：00	2448	1195	19：45	7028	5605	23：30	1186	1197
12：30	2450	1194	16：15	2451	1196	20：00	7028	5599	23：45	1186	1197

3. 一体化调度输出结果

通过分析前述计算结果可知，单纯由发电计划编制方法制定的溪洛渡—向家坝梯级初始出力计划虽满足电网调峰需求和梯级电站规程要求，但各电站出力方式仍不是最优的，因厂内经济运行可通过协调电站全时段机组起停机状态组合和开机机组间负荷分配策略进一步减小电站耗水率，使得电站基荷时段下泄约束遭到破坏，同时电站调度期末水位也较原始计划有所上升。因此，为获得满足多重约束要求的梯级最优出力方式，且充分利用厂内节省水量，还需结合厂内仿真结果对梯级初始出力计划进行修正和调整。表6.8和表6.9给出了经一体化循环修正后输出的电站最终出力计划结果，由表中数据可知，在一体化调度运行模式中，厂内优化节省水量被用于提升基荷时段电站出力，以确保电站最小下泄满足运行约束要求（表6.8），并通过利用剩余水量有效提高了梯级电站在整个调度期内的平均出力。为直观显示一体化调度模式的有效性和高效性，图6.24对溪洛渡—向家坝梯级水电站一体化运行输出出力相对于原始出力计划的增量进行了统计，结果显示，溪洛渡—向家坝梯级水电系统次日计划总发电量增加247万kW·h，增发电量显著，梯级水能利用率得到了有效提升。

表6.8　　　　溪洛渡—向家坝梯级一体化调度输出下泄结果　　　　单位：m³/s

时段	溪洛渡	向家坝	时段	溪洛渡	向家坝	时段	溪洛渡	向家坝	时段	溪洛渡	向家坝
0：00	1253	1202	0：45	1253	1202	1：30	1253	1202	2：15	1248	1202
0：15	1253	1202	1：00	1253	1202	1：45	1253	1202	2：30	1248	1202
0：30	1253	1202	1：15	1253	1202	2：00	1248	1202	2：45	1248	1202

续表

时段	溪洛渡	向家坝	时段	溪洛渡	向家坝	时段	溪洛渡	向家坝	时段	溪洛渡	向家坝
3：00	1248	1202	8：15	5087	4922	13：30	2487	1203	18：45	7093	5574
3：15	1248	1202	8：30	5087	4922	13：45	2487	1203	19：00	7084	5575
3：30	1248	1202	8：45	5087	4922	14：00	4745	1203	19：15	7084	5575
3：45	1248	1202	9：00	7127	4922	14：15	4764	1203	19：30	7084	5569
4：00	1248	1202	9：15	7118	4922	14：30	4764	1203	19：45	7076	5570
4：15	1248	1202	9：30	7118	4922	14：45	4764	1203	20：00	7076	5563
4：30	1248	1202	9：45	7118	4922	15：00	4764	1203	20：15	7076	5564
4：45	1248	1202	10：00	7118	4918	15：15	4764	1204	20：30	7076	5565
5：00	1248	1202	10：15	7109	4918	15：30	4764	1204	20：45	7068	5565
5：15	1248	1202	10：30	7109	4914	15：45	4764	1204	21：00	5102	5566
5：30	1248	1202	10：45	7109	4914	16：00	2488	1204	21：15	5102	5566
5：45	1248	1202	11：00	7110	4914	16：15	2488	1204	21：30	5102	5566
6：00	1248	1202	11：15	7101	4914	16：30	2488	1204	21：45	5102	5566
6：15	1248	1202	11：30	7101	4914	16：45	2488	1204	22：00	2023	1205
6：30	1248	1202	11：45	7101	4910	17：00	2488	1204	22：15	2023	1205
6：45	1248	1202	12：00	2487	1203	17：15	2488	1204	22：30	2023	1205
7：00	2022	1202	12：15	2487	1203	17：30	2488	1204	22：45	2023	1205
7：15	2022	1202	12：30	2487	1203	17：45	2488	1204	23：00	1249	1205
7：30	2022	1202	12：45	2487	1203	18：00	7102	5572	23：15	1249	1205
7：45	2022	1202	13：00	2487	1203	18：15	7102	5573	23：30	1249	1205
8：00	5087	4922	13：15	2487	1203	18：30	7102	5574	23：45	1249	1205

表 6.9　　　　溪洛渡—向家坝梯级一体化调度输出出力结果　　　　单位：万 kW

时段	溪洛渡左	溪洛渡右	溪洛渡	向家坝	时段	溪洛渡左	溪洛渡右	溪洛渡	向家坝
0：00	119.9	118.3	238.2	123.9	2：45	120	118.5	238.5	123.9
0：15	119.9	118.3	238.2	123.9	3：00	120	118.5	238.5	123.9
0：30	119.9	118.3	238.2	123.9	3：15	120	118.5	238.5	123.9
0：45	119.9	118.3	238.2	123.9	3：30	120.1	118.5	238.6	123.9
1：00	119.9	118.4	238.3	123.9	3：45	120.1	118.5	238.6	123.9
1：15	119.9	118.4	238.3	123.9	4：00	120.1	118.5	238.6	123.9
1：30	119.9	118.4	238.3	123.9	4：15	120.1	118.6	238.7	123.9
1：45	120	118.4	238.4	123.9	4：30	120.1	118.6	238.7	123.9
2：00	120	118.4	238.4	123.9	4：45	120.1	118.6	238.7	123.9
2：15	120	118.4	238.4	123.9	5：00	120.2	118.6	238.8	123.9
2：30	120	118.5	238.5	123.9	5：15	120.2	118.6	238.8	123.9

续表

时 段	溪洛渡左	溪洛渡右	溪洛渡	向家坝	时 段	溪洛渡左	溪洛渡右	溪洛渡	向家坝
5：30	120.2	118.6	238.8	123.9	14：15	213.2	672.4	885.5	124.6
5：45	120.2	118.6	238.8	123.9	14：30	213.1	672.3	885.4	124.6
6：00	120.2	118.7	238.9	123.9	14：45	213.1	672.2	885.4	124.7
6：15	120.2	118.7	238.9	123.9	15：00	213.1	672.1	885.3	124.7
6：30	120.3	118.7	238.9	123.9	15：15	213.1	672.1	885.2	124.8
6：45	120.3	118.7	239	123.9	15：30	213.1	672.0	885.1	124.8
7：00	117.1	269.2	386.3	124.0	15：45	213.1	671.9	885.0	124.9
7：15	117.1	269.2	386.3	124.0	16：00	207.5	264.9	472.4	124.9
7：30	117.1	269.2	386.3	124.0	16：15	207.5	265.0	472.5	124.9
7：45	117.1	269.3	386.4	124.0	16：30	207.5	265.0	472.5	125.0
8：00	685.4	264.7	950.1	486.0	16：45	207.5	265.0	472.5	125.0
8：15	685.4	264.6	950.1	486.0	17：00	207.5	265.0	472.5	125.0
8：30	685.4	264.6	950.1	486.0	17：15	207.5	265.0	472.6	125.0
8：45	685.4	264.6	950.1	486.1	17：30	207.5	265.0	472.6	125.0
9：00	665.8	646.6	1312.4	486.1	17：45	207.5	265.0	472.6	125.1
9：15	664.9	645.9	1310.8	486.2	18：00	662.8	644.5	1307.3	534.8
9：30	664.8	645.9	1310.6	486.3	18：15	662.7	644.4	1307.1	534.9
9：45	664.7	645.8	1310.5	486.4	18：30	662.7	644.3	1307.0	535.0
10：00	664.6	645.7	1310.3	486.2	18：45	661.7	643.7	1305.4	535.1
10：15	663.7	645	1308.7	486.3	19：00	660.8	643.0	1303.8	535.2
10：30	663.6	645	1308.6	486.0	19：15	660.7	642.9	1303.7	535.3
10：45	663.5	644.9	1308.4	486.1	19：30	660.7	642.9	1303.5	535.0
11：00	663.4	644.8	1308.3	486.2	19：45	659.6	642.3	1301.9	535.1
11：15	662.5	644.2	1306.7	486.3	20：00	659.6	642.2	1301.8	534.8
11：30	662.4	644.1	1306.5	486.4	20：15	659.5	642.1	1301.6	534.9
11：45	662.3	644	1306.4	486.2	20：30	659.4	642.1	1301.5	535.0
12：00	207.6	265.1	472.7	124.4	20：45	658.6	641.3	1299.9	535.1
12：15	207.6	265.1	472.7	124.4	21：00	684.3	266.0	950.2	535.2
12：30	207.6	265.1	472.7	124.4	21：15	684.3	266.0	950.2	535.2
12：45	207.6	265.2	472.8	124.4	21：30	684.3	266.0	950.3	535.1
13：00	207.6	265.2	472.8	124.5	21：45	684.3	266.0	950.3	535.1
13：15	207.6	265.2	472.8	124.5	22：00	116.8	268.1	384.9	125.3
13：30	207.6	265.2	472.8	124.5	22：15	116.8	268.1	384.9	125.3
13：45	207.6	265.2	472.9	124.5	22：30	116.8	268.1	384.9	125.3
14：00	212.3	670	882.4	124.5	22：45	116.8	268.2	385	125.4

时　段	溪洛渡左	溪洛渡右	溪洛渡	向家坝	时　段	溪洛渡左	溪洛渡右	溪洛渡	向家坝
23：00	119.8	118.3	238.1	125.4	23：30	119.9	118.3	238.2	125.4
23：15	119.8	118.3	238.2	125.4	23：45	119.9	118.3	238.2	125.4

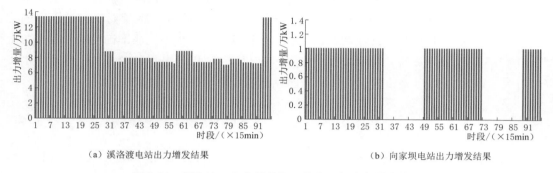

（a）溪洛渡电站出力增发结果　　　　　　（b）向家坝电站出力增发结果

图 6.24　溪洛渡—向家坝梯级一体化运行出力增发结果

图 6.25 为溪洛渡—向家坝梯级一体化调度模式编制得到的机组最优启停机状态组合。从中可以看出，调度期内各台机组启停机历时均符合初始设定的 2h 最小启停机持续时长要求。并且，机组启停状态转换均发生在电站峰、平、谷时段出力转变点，电站平稳出力运行时未出现机组频繁启停的状况，这对于减少电站发电耗水量，避免机组间负荷大规模转移是有利的。

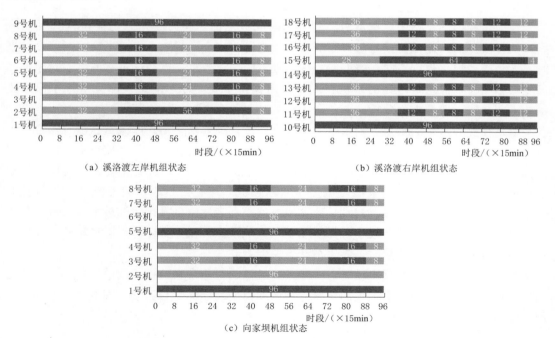

（a）溪洛渡左岸机组状态　　　　　　（b）溪洛渡右岸机组状态

（c）向家坝机组状态

图 6.25　一体化调度模式制定的机组启停机状态组合（深蓝色为开机状态，浅蓝色为停机状态）

6.2.2 梯级水库群多尺度精细化发电调度建模分析

6.2.2.1 影响发电调度模型准确度关键因子分析

理想的精细化中长期发电调度模型是以日为时间尺度，然而以日为时间尺度的模型维度高，模型求解困难，且当涉及多个电站时，维数灾加剧了这一问题。因此，在实际的中长期调度中多以旬和月作为时间尺度。时间尺度的扩大虽有效解决了模型不易求解的难题，但以旬、月为尺度的调度模型存在对径流过程的坦化，模型无法准确反映水电站的实际调度工况。由式（6.37）可知，发电量 P 与时段内平均发电引用流量 Q_t 和平均水头 H_t 有关，而 Q_t 和 H_t 则由模型的实际入库径流过程和水位变化过程决定。

$$P = \sum_{t=1}^{T} N_t \cdot \Delta t = \sum_{t=1}^{T} K Q_t H_t \cdot \Delta t \tag{6.37}$$

式中：N_t 为 t 时段的平均出力；K 为电站的综合出力系数；Δt 为调度期内的时段长度；T 为调度期内的时段数。

因此，考虑以下两个方面：①不同时间尺度模型对实际入库径流的坦化；②不同时间尺度模型反映的水位变化过程，分析不同时间尺度调度模型间的差异。在实际工况中，不同时间尺度模型间的差异由以上两方面因素共同作用，同时考虑两种因素的变化时研究工作难以开展。因此，拟采用控制变量法，在分析某一因素的作用机理时假定其他的因素不变。

1. 不同时间尺度模型对实际入库径流的坦化

在中长期调度模型中，选取月、旬等为时间尺度时，将月、旬内的流量视为平均流量，使得模型的入库径流过程与实际的入库径流过程产生了偏差。由于不同时间尺度模型对入库径流的坦化程度不同，模型间的偏差也不同。在分析入库径流过程的偏差对模型间偏差的影响时，假定水电站的水位在调度期内保持不变，即水电站入库流量等于出库流量，主要从以下两个方面分析。

（1）计算弃水量的偏差。当水电站实际入库流量较大，平均入库流量在满发流量附近时，由于不同时间尺度模型对径流的坦化造成的模型入库径流的差异，使得不同尺度模型计算弃水量存在偏差，如图6.26（a）所示，进而影响模型的计算发电量。不同尺度模型弃水量计算偏差及其导致的发电量偏差与实际径流入库径流过程、满发流量所处位置有关。当实际入库径流越平缓，弃水量计算偏差越小；满发流量靠近实际最大流量或实际最小流量时，弃水量计算偏差较小，如图6.26（b）所示，当满发流量大于实际最大入库流量或小于实际最小入库流量时，弃水量计算偏差为0。

为量化由于不同时间尺度模型对实际入库径流的坦化带来的模型发电量偏差，以调度期内平均水头下，因弃水而损失的电量差为调度模型的计算电量偏差。现有两种不同尺度的调度模型1和2，调度模型因弃水而带来的计算电量偏差见式（6.38）。

$$\Delta P_{弃水} = P_{\text{loss},1} - P_{\text{loss},2} = K \overline{H} W_{弃水,1} - K \overline{H} W_{弃水,2} = K \overline{H}(W_{弃水,1} - W_{弃水,2})$$

$$\tag{6.38}$$

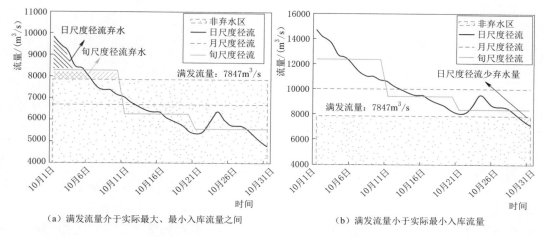

（a）满发流量介于实际最大、最小入库流量之间　　　（b）满发流量小于实际最大入库流量

图 6.26　不同时间尺度模型入库径流和弃水差异

式中：$\overline{H}$ 为调度期的平均水头；$P_{\text{loss},1}$ 为模型 1 的弃水损失电量；$W_{弃水,1}$ 为模型 1 总弃水量。

（2）发电引用流量过程和水头过程的偏差。当调度期内无弃水且水位保持不变时，调度模型的入库流量等于发电引用流量。现有两种不同尺度的调度模型 1 和模型 2，其发电引用流量过程满足式（6.39）所示关系。

$$\sum_{t=1}^{T_1} Q_{t,1} \cdot \frac{S}{T_1} = \sum_{t=1}^{T_2} Q_{t,2} \cdot \frac{S}{T_2} = \overline{Q} \cdot S \tag{6.39}$$

式中：T_1 为调度模型 1 的时段数；S 为调度期的总时段长度；Q 为调度期内的平均发电引用流量。

当调度期内水位 L 不变且下泄流量下游水位关系 $f(Q_{t,1})$ 在 $\overline{Q}$ 附近近似为斜率为 ΔH 的线性关系时，式（6.39）可改写为式（6.40），式中 $\overline{H}$ 为平均下泄流量 $\overline{Q}$ 对应的水头。

$$P_1 = \sum_{t=1}^{T_1} K Q_{t,1} \left[\overline{H} + \Delta H(Q - Q_{t,1})\right] \cdot \frac{S}{T_1} \tag{6.40}$$

两种不同模型计算发电量偏差可表示为式（6.41），化简后为式（6.42）。

$$P_1 - P_2 = \sum_{t=1}^{T_1} K Q_{t,1} \left[\overline{H} + \Delta H(\overline{Q} - Q_{t,1})\right] \cdot \frac{S}{T_1} - \sum_{t=1}^{T_2} K Q_{t,2} \left[\overline{H} + \Delta H(\overline{Q} - Q_{t,2})\right] \cdot \frac{S}{T_2} \tag{6.41}$$

$$\Delta P = P_1 - P_2 = -K \Delta H S \cdot \left[\sum_{t=1}^{T_1} (Q_{t,1})^2 \cdot \frac{1}{T_1} - \sum_{t=1}^{T_2} (Q_{t,2})^2 \cdot \frac{1}{T_2}\right] \tag{6.42}$$

若 T_1 能被 T_2 整除，式（6.42）可变换为式（6.43）：

$$\Delta P_{垣} = P_1 - P_2 = -K \Delta H \frac{S}{T_1} \sum_{n=1}^{T_2} \sum_{t=1}^{T_1/T_2} \left[(Q_{t+(n-1)\frac{T_1}{T_2},1})^2 - (Q_n^2)^2\right] \tag{6.43}$$

当式 (6.42) 满足式 (6.44) 时，模型间偏差最小为 0。

$$\forall i,j \in \left[1,\cdots,\frac{T_1}{T_2}\right] \text{ 且 } i \neq j, n \in \left[1,\cdots,T_2\right], Q_{i+(n-1)\frac{T_1}{T_2},1} = Q_{j+(n-1)\frac{T_1}{T_2},1} = Q_{n,2}$$

$$(6.44)$$

因此，仅考虑 (2) 因素时，径流变化程度越小，模型准确度越高。而径流的偏态系数 C_v 用于描述径流的变化程度，在实际的模型准确度分析中，可考虑用 C_v 来评价因 (2) 因素对模型偏差的影响。

2. 不同时间尺度模型反映的水位变化过程的差异

不同时间尺度调度模型在相同调度期内水位可变化次数不同，由此带来的调度模型反映水电站水位变化过程的差异，也是影响模型准确度的另一重要因素。图 6.27 为某电站调度期内所有时段入库流量均为 4500m³/s 时，月、旬、日尺度模型的水位变化过程。

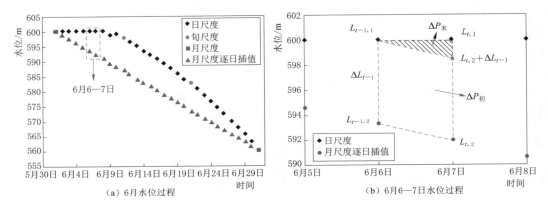

图 6.27　不同时间尺度模型反映水位过程变化差异

(1) 计算弃水量的偏差。与不同时间尺度对实际入库径流的坦化情况相同，当水电站的入库流量在满发流量附近时，由于不同尺度水位变化过程不同，时段的下泄流量不同，存在水位坡降较大的模型出现弃水、水位坡降较小的模型不出现弃水而导致计算弃水量偏差的情况。

(2) 发电引用流量过程和水头过程的偏差。调度模型的水位过程，对时段内的平均发电引用流量和时段内的平均水头均产生影响，难以直接分析因水位变化过程差异导致的计算发电量差异。因此，研究工作以日尺度和月尺度模型为例，运用逐步逼近的思想，分析模型反映水位变化过程差异与模型计算发电量偏差的关系。

由图 6.27 (a) 可知，日尺度模型（模型 1）水位过程由 T_1 个离散点组成，月尺度模型（模型 2）由 2 个离散点组成。为了实现日尺度模型和月尺度模型在同时间尺度上的比较，将模型 1 在初末水位上线性插值得到 T_1 离散点，并将该模型称月尺度模型的逐日插值模型（模型 3）。

在分析水位过程差异影响时，将调度期内的入库流量设定为恒定的 I。假定水电站水位与库容呈线性关系。此时，当时段内水位变化幅度相同时，由此而产生的流量变化也相同。入库流量为 I 时，模型 2、模型 3 在全时段下泄流量为 $Q=I+\Delta Q$，ΔQ 为由水位变化产生的流量。由此，模型 3 在调度期内的发电量可表示为式（6.45），化简后为式（6.46）。

$$P_3 = \sum_{t=1}^{T_3} KQ \left[\frac{L_0 + \frac{(t-1)}{T_3}\Delta L + L_0 + \frac{t}{T_3}\Delta L}{2} - f(Q) - H_{\text{loss}} \right] \frac{S}{T_3} \tag{6.45}$$

$$P_3 = KQS \left(\frac{2L_0 + \Delta L}{2} - f(Q) - H_{\text{loss}} \right) = P_2 \tag{6.46}$$

式中：ΔL 为调度期初末水位之差。

在假定水电站水位与库容呈线性关系的前提下，模型 2 与模型 3 的偏差为 0。然而当调度期内初末水位相差较大时，该假定是有较大偏差的。因此，研究工作拟定了不同初末水位和径流的 500 种工况，模拟计算表明模型 2、模型 3 间的实际误差 $\Delta P_{离}$ 与初末水位差呈线性关系，则式（6.46）可改写为式（6.47），式中 $A_{离}$ 由模拟结果拟合给出。此时，可用模型 3 代替模型 2 来分析模型 1 与模型 2 之间的差异，由此部分产生的误差与模型的初末水位差有关。

$$P_3 = P_2 + A_{离} \Delta L \cdot S \tag{6.47}$$

由于模型 2 与模型 3 之间时段数相同，模型间的发电量差可由单时段发电量差累积得到。在分析模型单时段发电量差时，可分解为由初水位偏差造成的发电量差 $\Delta P_{初}$ 和减去 $\Delta P_{初}$ 后由末水位偏差带来的发电量差 $\Delta P_{末}$，其中 $\Delta P_{初}$ 可由式（6.48）计算给出。

$$\Delta P_{初} = \sum_{t=1}^{T_1} \Delta P_{初} = \sum_{t=1}^{T_1} KQ \frac{S}{T_1} \cdot (L_{t,1} - L_{t,2}) \tag{6.48}$$

当水电站初水位、入库流量一定且水电站无弃水时，水电站发电量与末水位呈线性相关关系，因此 $\Delta P'_{末}$ 可用式（6.49）近似计算，参数 A、B 由实际模拟计算拟合得出。

$$\Delta P_{末} = \sum_{t=1}^{T_1} \Delta P'_{末} = \sum_{t=1}^{T_1} \{ A \cdot [L_{t,1} - L_{t,2} - (L_{t-1,1} - L_{t-1,2})] + B \} \tag{6.49}$$

由式（6.47）～式（6.49）可知，由不同模型反映的水位变化过程差异主要与调度期内的初末水位差、不同时间尺度模型反映水位过程的累积差有关。

综合上述分析可知，不同时间尺度模型间的偏差受弃水量计算偏差、径流变化程度、平均入库流量、调度期内初末水位差、不同时间尺度模型反映水位过程的累积差的影响。然而，各因素相互耦合，理论分析难以开展，在实际调度模型准确度分析中，研究工作针对弃水量计算偏差拟定了枯水期、消落期和蓄水期三种工况；针对径流变化拟定 55 种不同径流形式；针对径流量大小拟定了特丰、丰、平、枯、特枯五种来水情景，针对初末水位差以及水位变化过程拟定维持水位、小幅消落、小幅上涨、大幅消落、大幅上涨五种水位控制方式以及不同的初水位工况，并通过不同尺度调度模型模拟计算，运用统计学方法分析模拟计算结果，并结合上述理论分析成果实现不同时间尺度调度模型准确度分析。

6.2.2.2 基于全局优化理论和复杂约束的模型高效智能求解方法

金沙江下游梯级水电站中，溪洛渡、向家坝、乌东德、白鹤滩水电站已经全面投产运行。因此，在充分考虑梯级各水电站资料完整性、水电站特性、不同尺度调度模型建模求解可行性的基础上，选取梯级水电站中资料完整、调蓄能力较大的溪洛渡作为研究对象进行多尺度发电调度建模分析。根据 6.2.2.1 节的研究成果，根据影响调度模型准确度的弃水量计算偏差、径流变化程度、平均入库流量、调度期内初末水位差等关键因子，以及不同调度期径流和梯级水电站的运行特性，拟定了不同电站运行和来水工况，进而运用统计学方法定量分析关键因子对调度模型准确度的影响程度。

研究工作假定日尺度调度模型为准确的中长期调度模型，以月、旬、5 日三种尺度与日尺度调度模型的调度结果偏差为调度模型偏差。径流序列则选取屏山站 1956—2010 年共 55 年的历史日径流序列，已有文献表明，该系列丰、平、枯相间出现，系列代表性好，且径流在年内具有明显分布特性。选取了溪洛渡电站枯水期、消落期和蓄水期中比较有代表性的 1 月、6 月和 9 月为研究时段。为在同一标准上比较不同调度模型的偏差，研究工作提出了水电站发电调度模型的相对误差指标 γ，以量化偏差拓展到全年范围内对年发电量的影响程度，其计算方法见式 (6.50)。

$$\gamma = \frac{\Delta E}{\overline{E_{\text{年}}}} \cdot \frac{T_{\text{年}}}{T_{\text{调度期}}} \times 100\% = \frac{|E_{\text{尺度}} - E_{\text{日}}|}{\overline{E_{\text{年}}}} \cdot \frac{T_{\text{年}}}{T_{\text{调度期}}} \times 100\% \tag{6.50}$$

式中：ΔE 为发电量的偏差，$kW \cdot h$；$\overline{E_{\text{年}}}$ 为水电站多年平均发电量，$kW \cdot h$；$E_{\text{尺度}}$ 为所选尺度模型的计算发电量，$kW \cdot h$；$E_{\text{日}}$ 为日尺度模型计算发电量，$kW \cdot h$；$T_{\text{调度期}}$ 为当前调度期的时间长度；$T_{\text{年}}$ 为一年的时间长度。

1. 枯水期

根据调度规程，溪洛渡枯水期在保证下游用水需求前提下维持高水位运行。因此，水位工况考虑初水位则从 560~600m 以 5m 间隔选取，水位控制方式按以下方式运行：工况一，维持水位运行；工况二，水位小幅消落（消落 5m）；工况三，水位小幅上涨（上涨 5m）。径流方面考虑采用概率权重法计算各月不同来水频率下的月平均流量，并将屏山站 1956—2010 年的实测日径流序列同倍比放大到丰、平、枯平均径流以作为模型的输入条件。

表 6.10 给出了不同时间尺度模型在不同调度工况下模型相对误差的平均值和方差。总的来看，5 日、旬在不同来水情景和不同水位工况下模型相对误差及其标准差均较小，说明在枯水期 5 日、旬均能较为准确地反映水电站的实际调度工况；而月尺度模型相对误差约为 1%，模型准确度虽较 5 日、旬有一定差异，但总体偏小。同一水位控制方式下，模型准确度随着平均径流增大而降低；同一来水情景下，水位上涨工况模型准确度高，水位下降工况模型准确度低，但总体相差不大。初水位对模型准确度存在一定的影响，初水位在正常蓄水位附近时模型准确度高，随着初水位降低模型准确度降低，至一定程度后稳定（图 6.28）。

表 6.10　　　　　　　　　　1 月不同来水情景下模型相对误差　　　　　　　　　%

来水情景	相对误差	维 持 水 位			小 幅 消 落			小 幅 上 涨		
		5 日	旬	月	5 日	旬	月	5 日	旬	月
丰	平均值	0.02	0.09	0.92	0.05	0.14	1.18	0.01	0.05	0.73
	标准差	0.01	0.01	0.05	0.01	0.02	0.05	0.01	0.01	0.05
平	平均值	0.01	0.06	0.71	0.02	0.10	0.96	0.02	0.03	0.49
	标准差	0.01	0.01	0.05	0.01	0.01	0.05	0.01	0.01	0.05
枯	平均值	0.01	0.03	0.52	0.01	0.06	0.76	0.03	0.01	0.25
	标准差	0.01	0.01	0.04	0.01	0.01	0.05	0.01	0.01	0.05

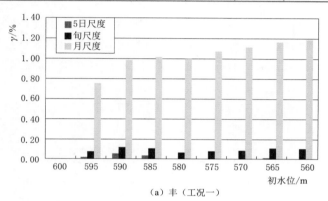

（a）丰（工况一）

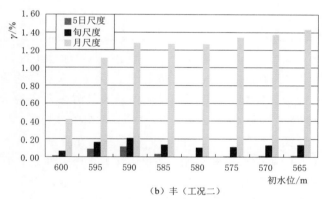

（b）丰（工况二）

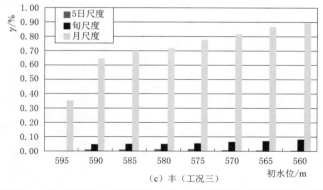

（c）丰（工况三）

图 6.28　丰水情景下 1 月不同初水位工况下不同尺度模型相对误差

枯水期径流量较小、径流期内变化较小，水电站一般维持在正常蓄水位运行，根据上述分析，枯水期选择月尺度也能保持较高的模型准确度。

2. 消落期

根据溪洛渡电站调度规程要求，汛前需消落至汛限水位。消落期工况考虑初水位以 $560\sim600$ m 按 5m 间隔取值，末水位为汛限水位。考虑到消落期径流丰、枯差异较大，增加特枯和特丰两种情景。

表 6.11 为 6 月不同来水情景下不同尺度模型相对误差。从表 6.11 的结果来看，消落期模型相对误差较枯水期大，5 日尺度不同来水情景下的模型相对误差约在 0.5%，旬尺度模型相对误差在 1%～2%，月尺度模型误差在 3%～4%（特丰水年除外）。同一尺度下，相对误差随平均径流的增大而增大，除月尺度特丰水年情景外，增长幅度较小。从不同典型年来水下模型相对误差的标准差来看，月尺度较大，旬和 5 日尺度相对较小，但总体还是偏大，说明消落期径流的期内变化对模型准确度存在很大的影响。

表 6.11　　　　　　　6 月不同来水情景下不同尺度模型相对误差　　　　　　　%

来水情景	5 日		旬		月	
	均值	标准差	均值	标准差	均值	标准差
特丰	0.48	0.300	2.31	1.057	12.37	7.085
丰	0.41	0.377	1.38	1.140	4.04	3.439
平	0.43	0.436	1.28	1.343	3.71	2.353
枯	0.35	0.307	0.82	0.983	3.82	1.748
特枯	0.38	0.174	0.64	0.354	3.54	1.238

为分析径流变化对模型准确度的影响，研究拟定了三种水位工况，即工况一（初水位 600m）、工况二（初水位 580m）、工况三（初水位 560m），末水位均为 560m，并选取了丰、平、枯三种来水情景，分析了 6 月不同径流情景日径流序列变差系数 C_v 与模型相对误差 γ 的相关性。研究工作对 $C_v-\gamma$ 进行了 Pearson 相关性检验，结果见表 6.12。在 99% 置性水平上，月尺度模型的 γ 与 C_v 的相关性系数，在各种情景下均大于 0.9，呈高度线性相关；而旬尺度，在平水年和枯水年，γ 与 C_v 的相关性系数在 $0.5\sim0.75$ 之间，呈显著线性相关；在来水较丰的情况 γ 与 C_v 的相关性不明显；5 日尺度，各种情景下 γ 与 C_v 的相关性系数较小，不存在线性相关关系。上述结果表明，径流的期内变化对大尺度调度模型准确度影响较大，模型准确度与径流的 C_v 存在明显的线性关系；而小尺度调度模型能够有效地降低径流期内变化对模型准确度的影响。

表 6.12　　　　　不同来水情景和水位工况下 $C_v-\gamma$ 相关性分析结果

水位工况	丰 水 年			平 水 年			枯 水 年		
	5 日	旬	月	5 日	旬	月	5 日	旬	月
工况一	0.406**	−0.22	−0.965**	0.16	−0.645**	−0.954**	−0.25	−0.727**	−0.951**
工况二	0.443**	−0.21	−0.962**	0.09	−0.582**	−0.951**	−0.21	−0.647**	−0.949**
工况三	0.304*	−0.24	−0.952**	0.311*	−0.586**	−0.931**	−0.19	−0.640**	−0.925**

注　** 表示在 0.01 水平上显著相关，* 表示在 0.05 水平上显著相关。

在消落期不同时间尺度模型还受弃水量计算偏差影响，5 日、旬尺度模型能较为准确地计算消落期的弃水量，而月尺度模型在计算弃水量时存在较大偏差，如图 6.29 所示。因此，在消落期随着平均径流增大，5 日尺度模型的误差基本维持稳定，旬尺度模型相对误差均匀增大，月尺度模型的误差开始均匀增大，直至模型出现弃水时，月尺度模型相对误差陡增，如图 6.30 所示。

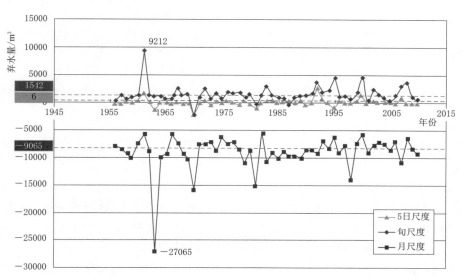

图 6.29　6 月特丰水年不同尺度模型逐年弃水量计算偏差

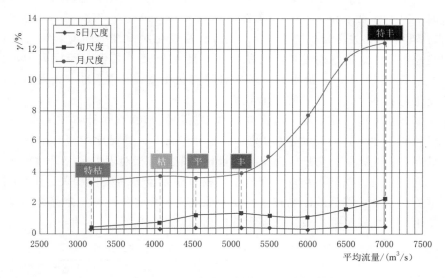

图 6.30　不同平均流量下模型相对误差变化

消落期整体径流量以及径流期内变化较大，且水电站在期内需消落至汛限水位，因此，在消落期需选择 5 日为调度模型的时间尺度。

3. 蓄水期

根据调度规程，溪洛渡电站 9 月 10 日开始蓄水，9 月底蓄至正常蓄水位，因此蓄水期水电站水位工况考虑初水位为 560m，末水位以 560～600m 按 5m 间隔取值。径流工况则考虑与枯水期一致。表 6.13 为 9 月不同来水情景下不同尺度模型相对误差、弃水量计算偏差。

表 6.13　9 月不同来水情景下不同尺度模型相对误差、弃水量计算偏差

来水情景	相对误差	模型相对误差/%			弃水量计算偏差/万 m³		
		5 日	旬	月	5 日	旬	月
丰	平均值	0.40	1.74	9.30	−501	−427	−16454
	标准差	0.385	1.239	4.693	819	1636	10438
平	平均值	0.47	1.83	11.41	−779	−1220	−28414
	标准差	0.542	1.391	5.802	1294	2096	15784
枯	平均值	0.35	1.12	7.96	−450	−762	−12485
	标准差	0.315	0.720	7.215	563	987	12288

从表 6.13 的结果来看，蓄水期不同尺度调度模型的相对误差均较大，5 日尺度约为 0.5%，旬尺度约为 1.5%，月尺度则在 10% 左右，月尺度模型相对误差远大于 5 日尺度和旬尺度。同一尺度下，相对误差随径流量变化的趋势不明显。

从不同年份来水输入下模型相对误差的标准差来看，月、旬尺度标准偏差较大，5 日相对较小，但总体较大，说明消落期径流的变化对模型准确度影响较大。

从径流变化对模型准确度的影响来看，按照 6 月对径流变化的分析方法，拟定三种水位工况，即工况一（末水位 600m）、工况二（末水位 580m）、工况三（末水位 560m），初水位均为 560m，相关性分析结果如下。9 月径流变化对模型准确度影响与 6 月基本一致，但相关性程度不如消落期显著，见表 6.14。且 9 月 55 年实测径流序列中，最大日径流序列变差系数 C_v 为 0.37，最小为 0.05，径流变化程度较 6 月缓和。由此可推断，模型准确度的变化趋势不全是由径流的变化主导。

从弃水量计算偏差方面来看，各尺度模型相对误差与弃水量计算偏差在 99% 置信水平上存在明显的线性相关关系（表 6.13）。在各种工况下，月尺度模型弃水量计算偏差与相对误差呈高度线性相关；旬尺度模型弃水量计算偏差与相对误差呈显著线性相关；5 日尺度在末水位较高时，模型弃水量计算偏差与相对误差呈显著线性相关。由此可以看出，大尺度模型受弃水量计算偏差影响较大，模型准确度与弃水量计算偏差存在明显的线性相关关系，使用小尺度模型能有效减小弃水量计算偏差的影响。

表 6.14　九月不同来水情景和水位工况下 $C_v - \gamma$、$\Delta D - \gamma$ 相关性分析结果

来水情景	水位工况	$C_v - \gamma$			$\Delta D - \gamma$		
		5 日	旬	月	5 日	旬	月
丰	工况一	−0.403**	−0.403**	−0.708**	−0.760**	−0.554**	−0.972**
	工况二	−0.306*	−0.160	−0.553**	−0.139	−0.637**	−0.882**
	工况三	−0.205	−0.095	−0.304*	−0.158	−0.991**	−0.985**

来水情景	水位工况	$C_v - \gamma$			$\Delta D - \gamma$		
		5日	旬	月	5日	旬	月
平	工况一	−0.435**	−0.601**	−0.608**	−0.854**	−0.870**	−0.988**
	工况二	−0.341*	−0.342*	−0.691**	−0.743**	−0.752**	−0.946**
	工况三	−0.202	−0.459**	−0.421**	−0.425**	−0.789**	−0.639**
枯	工况一	−0.122	−0.008	−0.537**	−0.854**	−0.870**	−0.988**
	工况二	−0.279*	−0.503**	−0.621**	−0.743**	−0.752**	−0.946**
	工况三	−0.426**	0.038	−0.666**	−0.425**	−0.789**	−0.639**

注　**表示在0.01水平上显著相关，*表示在0.05水平上显著相关，ΔD为计算弃水量偏差。

在蓄水期，径流量级较大，选用大尺度调度模型会因弃水量计算偏差导致模型计算误差较大甚至错误，而选取小尺度调度模型能有效减小弃水量计算偏差，且同时能减小径流变化对模型准确度影响。

4. 金沙江下游梯级水电站多尺度建模分析

传统的中长期发电调度模型在整个调度期内一般选取相同时间尺度，然而根据前述分析结果，不同时间尺度在不同调度期内对模型准确度的影响程度不同，为了尽可能准确描述金沙江下游梯级水电站在不同调度期的实际工况，且同时考虑不同调度期模型准确度的一致性，研究工作根据水电站的调度规程、不同调度期内平均径流、历史日径流序列的变差系数、水位控制方式、是否存在弃水等方面综合考虑，依据发电调度模型准确度的分析成果，拟定了不同月份的建议时间尺度，相关结果见表6.15。汛期水电站机组满发且水电站按照防洪方式运行，因此汛期的调度模型不在本章开展研究。

表6.15　　　　各月径流特性、水电站运行特性以及建议尺度

调度期	月份	弃水	平均入库流量/(m³/s)			日径流序列 C_v			水位控制方式	建议尺度
			平均值	最大值	最小值	平均值	最大值	最小值		
枯水期	11	无	3403	5040	2331	0.16	0.39	0.09	维持高水位	旬
	12	无	2151	3007	1678	0.10	0.18	0.06	维持高水位	月
	1	无	1672	2275	1295	0.07	0.20	0.03	维持高水位	月
	2	无	1439	2123	1165	0.04	0.12	0.01	维持高水位	月或5日**
	3	无	1363	1850	1109	0.04	0.15	0.01	水位小幅消落	月或5日**
	4	无	1556	2353	1153	0.10	0.26	0.03	水位小幅消落	月或5日**
消落期	5	无	2385	4321	1282	0.19	0.42	0.06	水位大幅消落	旬或5日*
	6	少量	4875	8471	2260	0.34	0.64	0.11	水位大幅消落	5日
蓄水期	9	有	9642	16093	4847	0.20	0.38	0.05	稳步蓄水	5日
	10	有	6518	10101	4175	0.21	0.38	0.09	维持高水位	5日

注　*55年实测径流中，有16年在5月开始涨水，因此在5月开始涨水的年份，5月考虑选择5日尺度，其余年份可选择旬尺度；**在特枯年份，2月、3月、4月径流可能出现小于最小下泄的情况，此时应该考虑选用5日尺度。

第 7 章

水库群跨区多电网分区优化
控制及联合调峰

同一负荷平衡区域内包含属于国调、区域直调、省调、地调等不同调度层级的水电站，由于当前各调度层级的相对独立性、多级协同工作机制的不健全以及信息的不对称，阻碍了全区域多层级水电联合调度的进一步开展，难以全面发挥水电站群联合调度优势。为此，综合考虑多调度层级水电站群空间分布及互联电网的能源与负荷结构特征，以满足电网安全约束为前提，兼顾电站发电公平为原则，保证充分发挥电站调峰作用，提出一种面向跨电网水电站群短期发电调度的多级协同控制模式及其规范下的大规模水电站群短期发电计划编制方法，该方法以独立编制、联合调整为基本思路，在松弛部分约束的前提下，从全流域水资源高效利用的角度出发，利用联合优化调度模型编制各电站初始出力计划，通过在平衡区域内开展整体可行性分析，设置不同约束的调整代价对越限分区出力进行调整，在保证各级调度计划自主权的基础上提高全区域范围内水电站统一调节能力。

7.1 水库群跨区多电网分区优化控制研究

针对传统梯级电站群优化调度方法在实际执行过程中产生较大偏差，难以匹配电网实际负荷需求，易导致短期发电计划变动等问题，结合流域梯级电站群区域分布特征、隶属电网关系以及电站间的水力、电力补偿关系，对流域梯级电站群进行了分层、分区、分级优化调度，建立精细化调度模型并求解，可获得精确的流域梯级电站群短期优化调度方案，满足了电网实际运行需求。

7.1.1 长江大规模梯级水库群分区优化调度

同一负荷平衡区域内包含属于国调、区域直调、省调、地调等不同调度层级的水电站。根据华中电网辖下水电站群的空间分布及多级调度权，将电站按照分层分区优化调度的原则划分成 6 个地理分区、16 个电网层级，其拓扑图如图 7.1 所示，其中各电网层级包含的电站见表 7.1。地理分区主要依据电站间的水力联系划分，将水力联系紧密的电站群划分为统一分区，不同分区间的水力联系较弱。通过梯级水电站群或混联水电站群的优化调度实现水资源高效利用。而电网层级的划分主要依据电站的调度权，若水力联系紧密的相邻电站调度权相同，则同属同一电网层级，否则单独划为一个电网层级。电网层级的划分，有助于在建模过程中保证各电网层级的相对独立性，同时考虑不同电网层级的优先级促进多级协同工作。

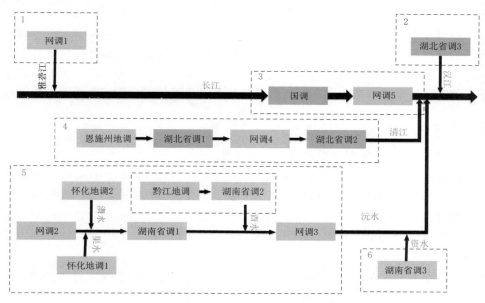

图 7.1　华中电网辖下水电站群分层分区拓扑结构图

表 7.1　　　　　　　　　电网层级划分及其包含的电站列表

序　号	电网层级	电　站　名	地理分区	所属河流
1	国调	三峡	分区 3	长江
2	网调 1	二滩	分区 1	雅砻江
3	网调 2	三板溪、白市、托口	分区 5	沅水上游
4	网调 3	五强溪	分区 5	沅水下游
5	网调 4	水布垭、隔河岩（1 号、2 号）	分区 4	清江
6	网调 5	葛洲坝	分区 3	长江
7	湖北省调 1	洞坪、老渡口	分区 4	清江
8	湖北省调 2	隔河岩（3 号、4 号）、高坝洲	分区 4	清江
9	湖北省调 3	丹江口	分区 2	汉江
10	湖南省调 1	安江、铜湾、清水塘、大洑潭	分区 5	沅水中游
11	湖南省调 2	凤滩	分区 5	酉水
12	湖南省调 3	柘溪	分区 6	资水
13	恩施州地调	大龙潭、野三河	分区 4	清江
14	黔江地调	酉酬、石堤、宋农	分区 5	酉水
15	怀化地调 1	螺丝塘、朗江	分区 5	渠水
16	怀化地调 2	蟒塘溪、三角滩、牌楼	分区 5	潕水

　　大规模水电系统位置分布具有很强的区域性，同一流域上下游水电站既存在仅向单一电网送电的情形（"多站单网"送电模式），也面临单一水电站或梯级同时向多个电网送电的问题（"单站多网"或"多站多网"送电模式），这使得水电站群多电网联合调峰调度问题求解十分复杂。同时，考虑到电网结构、水力、电力等制约因素，若将水电站群作为一

个整体进行优化调度，不仅各电站自身运行要求无法满足，而且会因决策变量维数高、约束复杂导致问题难以求解。为此，本章在进行水电站群多电网调峰调度问题求解时，结合水电站群区域分布特征、隶属电网关系以及梯级电站间的水力、电力联系，对水电站群层级进行了划分。水电站层级划分旨在保证优化结果质量的前提下降低整体优化过程中决策变量和约束的维度，将跨区域水电站群多电网调峰调度问题转化为不同层级子区域多个水电子系统间和各子系统内的协同运行问题，使复杂问题简单化且能够适用于工程实际。

7.1.2　水库群跨区多站多电网协同优化控制

7.1.2.1　巨型水库群短期联合发电计划编制模型

本书主要研究大型国调电站存留本地的送电过程在各省网间的协调分配，建立网省协调分配模型；以及区域直调水电站日计划的编制。在保障电网安全运行、兼顾电站公平的基础上，通过各层级之间合理的负荷和电量协调分配，使余留给火电等其他电源的负荷尽量平稳，以保证电网安全、稳定、经济运行。

1. 网省协调分配模型

网省负荷协调分配是指将平衡区域内大型国调电站存留本地的送电过程合理分配到多个省级电网，从而实现多电网调峰的目标，其目标函数为

$$\min D = \frac{1}{T} \sum_{g=1}^{G} w_g \sum_{t=0}^{T} \left(\frac{L_{g,t} - P_{g,t} - \overline{L_g^{\text{rest}}}}{L_g^{\text{rest}}} \right)^2 \tag{7.1}$$

式中：D 为剩余负荷方差之和；G 为区域中省网数量；T 为时段数；w_g 为 g 电网权重值；$\overline{L_g^{\text{rest}}}$ 为 g 电网剩余负荷的平均值；$P_{g,t}$ 为 g 电网 t 时段分配的受电出力。

（1）目标函数。水电站多目标日计划编制则除了考虑水电站自身的发电目标外，还应兼顾电网的调峰需求，是一个多目标问题，其目标函数为

1）电网余荷方差最小。

$$\min f_1 = \frac{1}{T} \sum_{t=1}^{T} (L_t^{\text{rest}} - \overline{L^{\text{rest}}})^2 \tag{7.2}$$

2）梯级总发电量最大。

$$\max f_2 = \sum_{t=1}^{T} N_t = T \overline{N_t} \tag{7.3}$$

式中：$L_t^{\text{rest}} = L_t - N_t$；$f_1$ 为剩余负荷方差；f_2 为梯级发电量；L_t^{rest} 为 t 时段的电网剩余负荷值；L_t 为 t 时段的电网原始负荷值；N_t 为 t 时段的所有水电站出力之和；$\overline{L^{\text{rest}}}$ 为整个电网剩余负荷序列的平均值；$\overline{N_t}$ 为整个区域电网水电站出力序列的平均值。

上述模型主要包含两方面约束条件：水电侧约束条件、电网侧约束条件。

（2）水电侧约束条件。

1）水位（库容）约束：

$$\underline{Z_{ij}} \leqslant Z_{ij} \leqslant \overline{Z_{ij}} \tag{7.4}$$

2）流量约束：

$$\underline{Q}_{ij} \leqslant Q_{ij} \leqslant \overline{Q}_{ij} \qquad (7.5)$$

3）水量平衡方程：

$$V_{ij+1} = V_{ij} + (I_{ij} - Q_{ij})\Delta t \qquad (7.6)$$

4）水位变幅约束：

$$\Delta \underline{Z}_{ij} \leqslant \Delta Z_{ij} \leqslant \Delta \overline{Z}_{ij} \qquad (7.7)$$

5）末水位控制约束：

$$Z_{i,T} = Z_i^{\text{End}} \qquad (7.8)$$

6）电站出力约束：

$$\underline{N}_{ij} \leqslant N_{ij} \leqslant \overline{N}_{ij} \qquad (7.9)$$

7）机组出力约束：

$$N_{ikj}^{\min} \leqslant N_{ikj} \leqslant N_{ikj}^{\max} \qquad (7.10)$$

8）最短开停机约束：

$$\begin{cases} T_{ik,t}^{\text{off}} \geqslant T_{ik}^{\text{dn}} \\ T_{ik,t}^{\text{on}} \geqslant T_{ik}^{\text{up}} \end{cases} \qquad (7.11)$$

式中：Z_{ij}、N_{ij}、I_{ij}、Q_{ij}、V_{ij} 分别为 i 电站 j 时段的水位、出力、来水、下泄流量、区间入流和库容；$\overline{Z}_{ij}$、$\underline{Z}_{ij}$ 分别为 i 电站 j 时段的水位上、下限，水位约束包括电站正常蓄水位、死水位、汛限水位和电站调度图的限制，取其交集；$\overline{Q}_{ij}$、$\underline{Q}_{ij}$ 为流量上、下限，其约束包括生态流量、航运流量和过流能力限制；$\Delta \overline{Z}_{ij}$、$\Delta \underline{Z}_{ij}$ 为水位变幅的上、下限；Z_i^{End} 为中长期水位控制目标；$\overline{N}_{ij}$、$\underline{N}_{ij}$ 分别为出力上、下限，其约束包括电站保证出力、预想出力和装机容量限制；$N_{ikj}^{\max}$ 与 $N_{ikj}^{\min}$ 为 i 电站第 k 号机组 t 时段出力上、下限；T_{ik}^{up}、T_{ik}^{dn} 分别为 i 电站第 k 号机允许的最短开、停机时间限制。

（3）电网侧约束条件。

1）国调电站存留负荷电量约束：

$$E^* = \sum_{g=1}^{G} E_g \qquad (7.12)$$

2）国调电站存留负荷电力约束：

$$p_t^* = \sum_{g=1}^{G} p_{g,t} \qquad (7.13)$$

3）联络线有功约束：

$$\underline{N}_{bt} \leqslant N_{bt} \leqslant \overline{N}_{bt} \qquad (7.14)$$

4）多电网受电量比例约束：

$$E_g = \alpha_g E^* \qquad (7.15)$$

式中：E^*、E_g 分别为国调电站本地存留负荷过程的总电量和分配给 g 电网的电量；p_t^*、$p_{g,t}$ 分别为国调电站本地存留负荷过程 t 时刻的总电力和分配给 g 电网 t 时刻的电力；$\overline{N}_{bt}$、$\underline{N}_{bt}$ 分别为 b 联络线上 t 时段有功上、下限；α_g 为国调电站本地存留负荷给 g 电网的电量比例，并且 $\sum_{g=1}^{G} \alpha_g = 1$。

2. 区域直调电站日计划编制模型

多级协同模式下发电计划编制主要流程：①估计各调度层级电站次日可发电量，从最高调度层级电站开始，根据区域电网负荷预测情况依次进行切负荷电力电量平衡，确定各层级电站初始运行位置；②将上一层级电站出力过程从电网负荷图中排除，获得相应层级电站面临负荷，各层级水电站在各自面临负荷需求下按照各自调度目标开展水量或电量优化分配；③将各调度层级所有电站初始计划汇总进行统一约束校验；④为保证电网不同分区运行安全，需按照既定出力调整原则对越限分区出力进行调整，重新编制满足电网安全约束的各层级电站出力计划，并将调整内容进行记录以备查询。主要流程如图 7.2 所示。主要的调度目标如下：

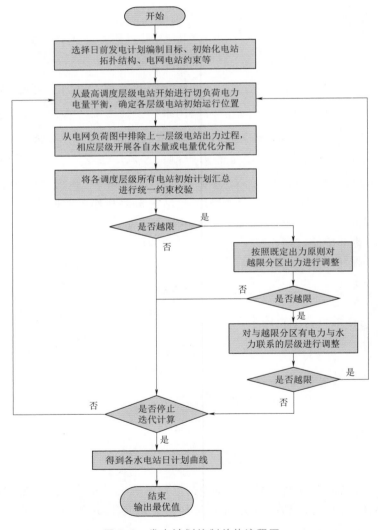

图 7.2 发电计划编制总体流程图

（1）电网安全约束下的水电站群短期发电量最大模型。

1）目标函数。

$$\max F = \max \sum_{t=1}^{T} \sum_{l=1}^{L} \Delta_t \cdot P_{lt} \tag{7.16}$$

式中：F 为全流域水电站群日发电量；P_{lt} 为 l 层级 t 时段的发电效益系数；Δ_t 为时段长度。

2）约束条件。

水量平衡方程：

$$v_{i,t+1} - v_{it} - \sum_{k \in \Omega_i} Q_{k,t-\tau_i} + q_{it} + spl_{it} = I_{it} \tag{7.17}$$

$$Q_{it} = q_{it} + spl_{it} \tag{7.18}$$

$$v_{i0} = v_i^{\text{ini}} \tag{7.19}$$

式中：v_{it}、q_{it}、spl_{it} 分别为 i 电站 t 时段的库容、发电引用流量和弃水量；$Q_{k,t-\tau_i}$ 为 k 电站 $t-\tau_i$ 时段的下泄流量；Ω_i 为 i 电站的上游连接水库集；I_{it} 为 i 电站 t 时段的区间入流；v_i^{ini} 为 i 电站的初始库容。

水库水位上、下限：

$$v_{it}^{\min} \leqslant v_{it} \leqslant v_{it}^{\max} \tag{7.20}$$

式中：$v_{it}^{\min}$、$v_{it}^{\max}$ 分别为 i 电站 t 时段的库容最小、最大值。

①出库流量上、下限：

$$Q_{it}^{\min} \leqslant Q_{it} \leqslant Q_{it}^{\max} \tag{7.21}$$

式中：$Q_{it}^{\min}$、$Q_{it}^{\max}$ 分别为 i 电站 t 时段的下泄流量最小、最大值。

②电站出力上、下限：

$$N_{it}^{\min} \leqslant N_{it} \leqslant N_{it}^{\max} \tag{7.22}$$

式中：$N_{it}^{\min}$、$N_{it}^{\max}$ 分别为 i 电站 t 时段的下泄流量最小、最大值。

③电站出力变幅限制：

$$N_{it} - N_{i,t-1} + (\Delta_{it}^- - \Delta_{it}^+) \leqslant \Delta_i \tag{7.23}$$

$$N_{i,t-1} - N_{it} + (\Delta_{it}^- - \Delta_{it}^+) \leqslant \Delta_i \tag{7.24}$$

式中：N_{it} 为 i 电站 t 时段的出力；Δ_{it}^-、Δ_{it}^+ 分别为 i 电站 t 时段出力变幅的下、上限。

④机组稳定运行约束：

$$N_{ik,t}^{\min} \leqslant N_{ik,t} \leqslant N_{ik,t}^{\max} \tag{7.25}$$

式中：$N_{ik,t}$ 为 i 电站第 k 号机组 t 时段的出力；$N_{ik,t}^{\max}$ 与 $N_{ik,t}^{\min}$ 分别为 i 电站第 k 号机组 t 时段出力上、下限。

⑤机组最短开停机时间约束：

$$\begin{cases} T_{ik,t}^{\text{off}} \geqslant T_{ik}^{\text{dn}} \\ T_{ik,t}^{\text{on}} \geqslant T_{ik}^{\text{up}} \end{cases} \tag{7.26}$$

式中：T_{ik}^{up}、T_{ik}^{dn} 分别为 i 电站第 k 号机组允许的最短开、停机时间限制；$T_{ik,t}^{\text{on}}$、$T_{ik,t}^{\text{off}}$ 分别

为 i 电站第 k 号机组在 t 时段以前的开、停机历时。

⑥联络线有功约束：

$$N_{bt}^{\min} \leqslant \sum_{m \in \Phi_b} N_{mt} \leqslant N_{bt}^{\max} \tag{7.27}$$

式中：$N_{bt}^{\min}$、$N_{bt}^{\max}$ 分别为 b 联络线上 t 时段有功下限、上限。

⑦中长期水位目标控制：

$$v_{iT} + (v_{iT}^- - v_{iT}^+) = v_i^{\text{tar}} \quad (i \in \Gamma) \tag{7.28}$$

式中：v_i^{tar} 为 i 电站的末库容限制。

需指出的是，地调、县调等统调的水电站大多通过同一条输电线路送电至省网主网架，这些输电线路往往存在安稳运行极限要求，一般情况下根据输电线路将水电站群进行虚拟分区，通过稳定极限断面对每一个分区进行总发电出力控制。然而，在初始发电计划编制过程中，各调度层级水电站单独进行调度优化，未考虑分区出力限制约束，汇总后的水电站群总出力往往会超出分区出力控制要求。因此，在进行电站出力约束校验时，还需进一步对出力越限分区内的水电站发电计划进行调整。

越限分区出力调整方法：打破给定的单站目标控制要求，调整分区内各电站出力以满足分区出力限制，调整的基本原则是在尽量不增加弃水的前提下使系统蓄能提高至最大。当分区总出力达到上限时，可能出现几座处于该分区内的电站同时达到最高水位，且区域内其他水电站已经无法再降低出力的情况，此时需通过水库弃水来降低分区总出力，由于这部分弃水电量是固定的，从公平的角度出发，可按各站等负荷率的原则进行弃水分配。

（2）基于多电网负荷趋势的水电站群短期调峰效益最大模型。通常情况下，水电站需要承担电网的调峰任务，目的是利用水电机组运转灵活的特点，通过对峰值和系统负荷的调节，使余留给火电机组的负荷需求尽量平稳不变，达到减少整个电力系统燃料消耗的目的，保证电网的安全、稳定、经济运行。为此，在发电量最大模型的基础上，结合不同受端电网的调峰需求，研究基于多电网负荷趋势的水电站群短期调峰效益最大模型。

利用电网余荷的离散程度衡量调峰效果，以电网余荷均方差最小为调度目标建立数学模型，使得经水电削峰后的剩余负荷趋于平稳。

$$\begin{cases} D_t = C_t - \sum_{i=1}^M N_{i,t} \\ \overline{D} = \dfrac{1}{T} \sum_{t=1}^T D_t \\ \min F = \dfrac{1}{T} \sum_{t=1}^T (D_t - \overline{D})^2 \end{cases} \tag{7.29}$$

式中：$N_{i,t}$ 为电站 i 在 t 时段的出力；M 为梯级水电站数；T 为调度时段数；C_t 为华中电网调度通信中心下达的清江梯级水电站面临的电网负荷曲线在第 t 个时段的取值；D_t 为经梯级水电站调峰过后的电网剩余负荷在第 t 个时段的取值；$\overline{D}$ 为电网剩余负荷平均值；

F 为电网余荷方差。

控制电量约束：

$$\sum_{t=1}^{T} N_{i,t} \cdot \Delta t = E_i^c \tag{7.30}$$

式中：E_i^c 为第 i 个电站控制电量值；Δt 为调度时段长度。

注：若为末水位控制模式，将控制电量约束替换为末水位约束。

$$Z_{i,T} = Z_i^c \tag{7.31}$$

式中：$Z_{i,T}$ 和 Z_i^c 分别为第 i 个水电站在调度期末的实际水位及控制水位值。

7.1.2.2　巨型水库群短期发电计划编制高效求解

多级协同模式下水电站群短期发电计划编制数学模型各具特点，高维、时变和不确定性是模型算法求解的根本特征，边界控制条件的不同和目标函数的特性决定了求解算法的效率，采用单一的方法难以有效或高效求解。为适应不同情景模式下水电站群联合发电优化调度的目标和要求，针对特定模型寻求计算效率更高、寻优效果更好的求解算法，实现调度决策的科学化、智能化、敏捷化，以各类动态规划变形算法、智能算法、仿生算法等为基础进行组合、改进等研究，通过试算、对比与验证等方式，寻求兼顾高效、稳定、高精度的求解方法，既能自动适应复杂混联水电站群的水力联系与电力联系，又能提供矛盾边界、调度冲突的智能松弛策略，确保优化结果的合理性和实用性。根据上述建立模型，求解算法分为下述两部分。

1. 网省负荷协调优化分配

以往的等比例负荷分配方法，将国调电站本地存留负荷过程在多个省级电网间进行全时段等比例电力分配，忽略了电网间的负荷差异，不能有效发挥优质电源调峰作用，甚至出现"直线"或"反调峰"的分配结果（程雄等，2015）。本书以华中区域各电网面临的调峰压力作为启发信息，引导国调电站本地存留负荷过程在各省网间的合理负荷分配。求解流程如图 7.3 所示。

（1）确定初始电力分配过程。计算国调电站本地存留负荷过程总的输送电量 E^*，根据各省网分电比计算出其受电量 $E_g = \alpha_g E^*$。以三峡送电湖北、湖南、河南、江西四个省网为例，采用逐次切负荷法可分别得到各省网的初始受电过程如图 7.4 所示。但各电网时段累加电力与三峡送华中电网的电力过程不吻合，违反了电力平衡约束，如图 7.5 所示，需要对各省受电过程进行负荷调整。

（2）区间正反切负荷法以满足电力平衡。根据累加受电过程与送电过程对比，划分负荷正负偏差区（图 7.5），其中正偏差代表送电负荷大于累加受电负荷，负偏差代表送电负荷小于电网累加受电负荷。针对正偏差区，采用区间正切负荷法把正偏差电量分到各省网以增加各省网受电负荷；针对负偏差区，采用区间反切负荷法把负偏差电量分到各省网以减少各省网受电负荷；同时为满足调整后各省网分电比不变，在每次正负调整中各电网调整量保持相等。

1）区间正向切负荷法。区间正向切负荷法和普通切负荷法，原理上是一样的，区别是不再是整个时段进行切负荷，而只是在给定的时段区间 $[t_1, t_2]$ 内进行切负荷操作，如图 7.6 所示。

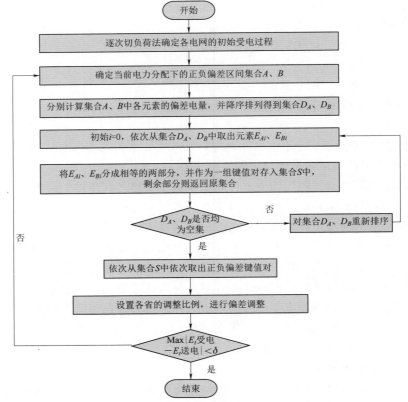

图 7.3　网省负荷协调优化分配求解流程图

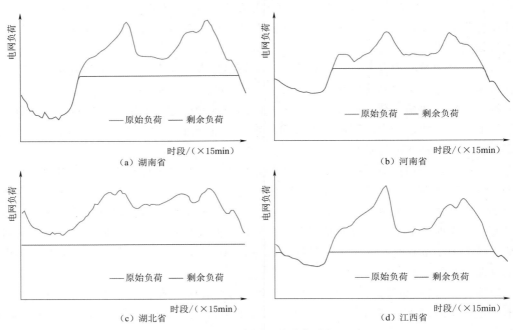

图 7.4　各电网初始受电过程

2）区间反向切负荷法。区间反向切负荷法同样是在给定的时段区间 $[t_1, t_2]$ 内进行切负荷操作，如图 7.7 所示。和区间正向切负荷不同，其切负荷线不是从最大峰值开始往下切，而是从最小谷值开始往上切；并且其切负荷的电量不再是切负荷线与负荷曲线内部围成的面积和，而是切负荷线与负荷曲线的外部围成的面积和，如图 7.7 阴影部分所示。

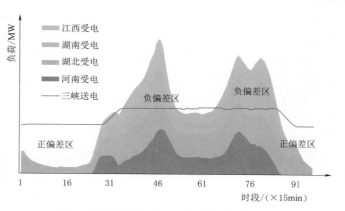

图 7.5　累加受电过程与电站送电过程对比

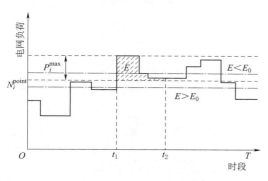

图 7.6　区间正向切负荷法

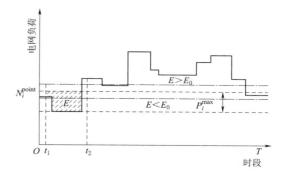

图 7.7　区间反向切负荷法

本节采用区间正向切负荷法和区间反向切负荷法相结合的方式对各电网受电过程进行调整，以保证各省网累加受电过程与国调电站本地存留负荷过程满足电力平衡，具体流程如下：

步骤 1：定义图 7.5 中正、负偏差区间集合分别为 A、B，其中集合 A、B 的元素个数分别为 a、b。

步骤 2：分别计算正负偏差区间集合 A、B 中各元素的偏差总电量，将 A、B 集合按照偏差总电量从大到小排序，结果为 $D_A = \{E_{A,i} \mid 1 \leqslant i \leqslant a\}$，$D_B = \{E_{B,i} \mid 1 \leqslant i \leqslant b\}$。

步骤 3：依次从集合 D_A、D_B 中取出元素 $E_{A,i}$、$E_{B,i}$。若 $E_{A,i} = E_{B,i}$，则将 $E_{A,i}$、$E_{B,i}$ 作为一组键值对存入集合 S 中；若 $E_{A,i} > E_{B,i}$，则将元素 $E_{A,i}$ 分为两部分 $E_{A,i}^1$、$E_{A,i}^2$，其中 $E_{A,i}^1$ 的偏差电量等于 $E_{B,i}$，$E_{A,i}^2$ 的偏差电量等于 $E_{A,i} - E_{B,i}$，集合 S 中存入 $E_{A,i}^1$ 和 $E_{B,i}$，将 $E_{A,i}^2$ 返回集合 D_A；若 $E_{A,i} < E_{B,i}$，同理将元素 $E_{B,i}$ 分为两部分 $E_{B,i}^1$、$E_{B,i}^2$，集合 S 中存入 $E_{A,i}$ 和 $E_{B,i}^1$，将 $E_{B,i}^2$ 返回集合 D_B。

步骤 4：对集合 D_A、D_B 重新排序，重复步骤 3，直至 D_A、D_B 均为空集。

步骤 5：从集合 S 依次取出正负偏差键值对，依据各省网的当前区间下的负荷曲线和各省内水电能源的调峰能力，为各省设置一定的调整比例，以相同的调整比例计算出各省网相应时段的正负偏差调整电量，分别采用区间正向切负荷法和区间反向切负荷法对各省网的正负偏差电量进行调整。

步骤 6：更新各省网受电过程和剩余负荷，返回步骤 1，重复上述操作，当时段最大电力偏差小于一定精度则结束，即可得到满足电力平衡和电量平衡的网省协调分配结果。

（3）区域直调电站群日计划编制。水电站群短期发电计划编制求解过程分为两层：外层以启发式逐次切负荷为初始解的差分进化算法获取电站出力过程，内层以动态规划进行厂内经济运行。具体流程如图 7.8 所示。

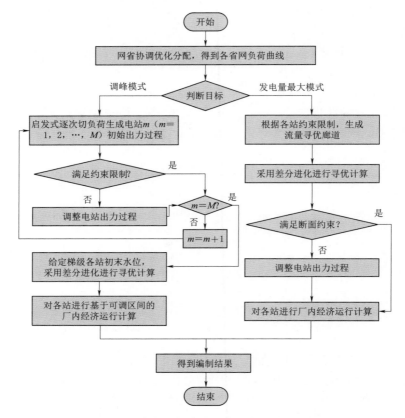

图 7.8 区域直调电站群日计划编制基本流程图

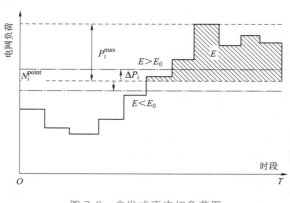

图 7.9 启发式逐次切负荷图

1）启发式逐次切负荷法。为满足电网调峰需求，使水电站的出力过程尽量符合电网运行规律，采用启发式逐次切负荷法编制日前发电计划（图 7.9）。给定各站电量要求前提下启发式逐次切负荷具体求解步骤如下。

a. 电站工作位置及调峰容量确定。

a）根据水电站负荷率 η_i 确定电站所处工作位置，η_i 小的优先调峰，定义为

$$\eta_i = (Es_i/T)/P_{t,i}^{\max} \tag{7.32}$$

式中：Es_i 为水电站 $i(i=1,2,\cdots,S)$ 的计划日发电量；$P_{t,i}^{\max}$ 为水电站当日最大可调出力；T 为调度时段数。

b) 调峰容量设为当前电站时段最大出力值 $P_t^{\max}$。将时段总出力设置为电站最大出力限制值，入库流量为调度时段的平均值，并利用时段总出力修正，确定电站时段最大出力值。

b. 逐次切负荷确定各电站出力过程。

a) 将调峰容量 $P_t^{\max}$ 和电网最大负荷点的差值 N_t^{point} 作为初始工作点。

b) 根据工作点 N_t^{point} 切电网负荷得到出力过程线，将所有时段出力进行电站出力约束检查，超过电站出力最大值的时段将电站出力设为最大值，并更新电站出力过程线，依据修正的出力过程线计算电站总发电量 E。

c) 判断电站总发电量 E 与给定电量 E_0 是否在误差允许范围内，若不符合，则依据偏差范围动态确定调整步长 ΔP_t，当 $E>E_0$ 时，$N_t^{\text{point}}=N_t^{\text{point}}+\Delta P_t$；当 $E<E_0$ 时，$N_t^{\text{point}}=N_t^{\text{point}}-\Delta P_t$，转入步骤 b.；否则，切负荷过程结束，得到初始电站出力过程线。

c. 启发式约束处理策略。

a) 梯级联合躲避振动区。将落入电站全站振动区的出力修正至邻近的振动区边界。

b) 出力最小时间约束。以调整时段总出力不变为原则，将时段各出力修正至时段出力均值。

c) 对于时间耦合型约束如出力爬坡、出力波动等，以调整时段出力作为启发信息，一并调整前后耦合时段。

d. 基于机组可调区间的负荷分配策略。

a) 设定耗流容忍值 φ 的初始值为 0，即耗流偏差初值设为 0，从 $t=1$ 起调用以电定水求解最优负荷分配，并计算此时段机组、电站和梯级的可调区间。判断此时段是否满足可调区间需求，若满足则计算下一时段；若不满足，增大 φ 值计算 $Q_{\text{best}}^*(\overline{N_j})\varphi$ 耗流偏差内的较优负荷分配。迭代调整 φ 值至满足可调区间需求或超出迭代次数以将电站出力过程线逐时段分配到机组。

b) 判断是否违反时段水位变幅等约束，若违反，则修正电站出力过程重新计算电量并转入步骤 c. 进行启发式约束处理；否则，当存在下游电站时，根据当前电站计算获得的出库流量更新下游电站入库流量及面临电网负荷曲线，转入步骤 b. 进行下游电站的切负荷过程，直至逐次切负荷过程结束，得出梯级出力曲线与各水电站机组分配。具体流程如图 7.10 所示。

2) 差分进化算法。为进一步挖掘优化空间，在启发式逐次切负荷的基础上，采用差分进化算法（DE）对日计划编制进一步寻优。考虑到日内水位变化不大，利用正逆序回溯生成的水位廊道空间范围小，若以水位过程作为差分进化算法个体的生成方式，不利于算法在求解中个体的变异、交叉，因此选取下泄流量过程作为 DE 个体的生成方式。在已知各电站的区间入流、初末水位的前提下，可以推出各电站的下泄流量之和为固定值，求解公式如下：

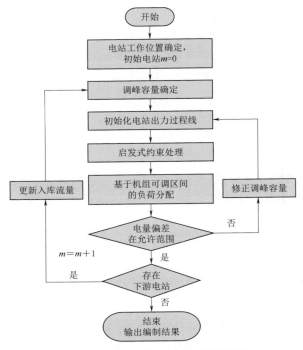

图 7.10 启发式逐次切负荷流程图

$$Q_{total} = [f(Z_0) - f(Z_1) + Q_{in}]/T$$

$$(7.33)$$

式中：Q_{total} 为水电站所有时段下泄流量之和；Z_0、Z_1 分别为水电站的初末水位；$f(z)$ 为水位库容曲线；Q_{in} 为水电站所有时段的入库流量之和，其中 $f(z)$ 和 Q_{in} 单位统一为 m^3；T 为时段长度，s。

基于差分进化算法求解日计划编制问题步骤如下：

步骤 1：计算条件初始化。初始化水电站基本参数和特征曲线，并设置模型计算条件，电网典型负荷曲线，水电站初末水位、日期、时段长度等。

步骤 2：算法参数设置。设置差分进化算法的种群规模、最大迭代次数、缩放因子、交叉概率等参数。

步骤 3：种群初始化。在最大下泄流量和最小下泄流量之间随机离散生成各电站下泄流量序列，根据推求的电站全时段下泄流量之和，对随机生成的下泄流量序列进行归一化处理，使其下泄流量之和满足要求。

步骤 4：种群变异操作和交叉操作。根据选取的缩放因子和交叉概率对种群进行变异、交叉操作，同时为满足下泄流量之和为定值，对其进行归一化操作，并对个体水位变幅、出力等约束进行修正。

步骤 5：选择操作，生成新一代种群。计算个体适应度，选择适应度高的个体进入下一代种群。这里属于"以水定电"模式，采用基于精细化策略的负荷分配方法和二分法构造"以水定电"机组流量优化分配。

步骤 6：转至步骤 3，重复上述操作，直至满足收敛条件，即可获得日计划编制结果。

3）动态规划法。水电站调度运行人员在编制日计划和实时调整计划时，常常不止关注水电机组的耗流情况，特别是在电网负荷指令频繁波动时，机组的开停机状况及机组出力可调空间是运行人员调度决策的重要因素。现有的以电站总耗流量最小为目标编制的电站最优负荷表不能满足调度需求，因此，研究工作基于负荷预测的水电站负荷分配，综合考虑电站耗流量、机组穿越振动区次数和机组出力可调空间，优化计算满足调度需求的负荷分配方案集，为调度人员提供决策支持。

a. 基于动态规划的最优负荷分配表。动态规划（Dynamic Programming，DP）是优化技术中适用范围最广的基本数学方法，适合于水库群系统优化调度多阶段决策。在有可行解的条件下，动态规划能求解全局最优解，为调度提供决策支持。

a) 机组可全开的最优负荷分配表。动态规划方法求解所描述的固定机组之间的负荷优化分配问题可按以下方法建立递推模型：

阶段变量 k：以机组编号为序，机组台数 k 为阶段变量。

状态变量 $\overline{N}_k$：k 台机组的总负荷。

决策变量 N_k：第 k 号机组的负荷。

代价函数 $Q_k(N_k)$：k 号机组的工作流量。

状态转移方程：$\overline{N}_{k-1}=\overline{N}_k-N_k$。

目标函数：总耗流量取最小，即 $\min\sum_{k=1}^{n}Q_k(N_k)$。

根据动态规划最优化原理，可得以下正向递推关系式：

$$\left.\begin{array}{l} Q_k^*(\overline{N}_k)=\min_{N_k\in R_k}\left[Q_k(N_k)+Q_{k-1}^*(\overline{N}_{k-1})\right] \\[2mm] \overline{N}_{k-1}=\overline{N}_k-N_k \quad k=1,2,\cdots,n \\[2mm] Q_0^*(\overline{N}_0)=0,\forall\ \overline{N}_0 \end{array}\right\} \tag{7.34}$$

式中：$\overline{N}_k$ 为 $1\sim k$ 号机组的总负荷；$Q_k^*(\overline{N}_k)$ 为电厂负荷为 $\overline{N}_k$ 时，在 $1\sim k$ 号机组之间优化分配负荷时全厂总工作流量；$Q_k(N_k)$ 为第 k 号机组负荷为 N_k 时的工作流量；$Q_0^*(\overline{N}_0)$ 为边界条件，即在起始阶段以前耗用的流量为零。

b) 任意机组之间的负荷最优化分配。不失一般性，设第 1、m 号机组停役，若发电厂的负荷是 $N_a=J_0$，现在的问题是如何把负荷 Na 在不包含第 1、m 号机的机组之间实行最优分配，其步骤如下：

① 在最优负荷分配表中，先选定某 J 行，$J_a=J_0$。

② 计算 $J_1=\sum_{k=1}^{n}N_0(J,k)$，$k\neq l$、$m$。

③ 若 $J_1=J_0$，则 $N_{(k)}^a=N_0(J,k)$，$k\neq l$、m。若 $J<J_0$，则 $J=J+1$，$J_2=J_1$，转 ②；若 $J>J_0$，则可进行下面的两点线性插值以求得各机组的负荷 $N_{(k)}^a$。

$$N_{(k)}^a=N_0(J,k)-\frac{N_0(J,k)-N_0(J-1,k)}{J_1-J_2}(J_1-J_0) \qquad k\neq l\text{、}m \tag{7.35}$$

由于沅水梯级中，白市和托口电站暂无机组 NHQ 特性数据，暂由 K 值法替代厂内经济运行。

b. 基于动态规划的较优负荷分配表。传统求最优解的方法在寻求全局最优解的过程中，只记录耗流最小的负荷分配方案，无法记录与最优耗流值相等的其他分配方案。而在水电站实际运行中存在着机组的开停机状态、跨越振动区的次数、负荷波动的幅度等一系列影响机组组合的因素，为了减少跨越振动区的次数，维持机组稳定运行，需要在局部时段牺牲部分经济利益选择次优分配方案。因此，一定耗流偏差内的较优分配方案具有一定的理论价值和实际意义。

a) 定义耗流偏差为相较于最优负荷分配方案所需发电耗流 $Q_{\text{best}}^*(\overline{N}_j)$ 的额外耗流，

即 Q^*_{best} $(\overline{N_j})$ φ，φ 定义为耗流容忍值，$\varphi \in [0，1)$。对传统动态规划进行改进以保留一定耗流偏差内的较优分配方案。①记录最优分配方案。按传统动态规划进行寻优，记录最优耗流 $Q^*_{\text{best}}(\overline{N_j})$，由于寻优过程只取小于记录耗流值的分配进行更新，所以此方法所得的 $Q^*_{\text{best}}(\overline{N_j})$ 为第一个取得最小耗流的方案。②保留较优分配方案。给定耗流容忍值 φ，当 $Q(\overline{N_j}) \leqslant Q^*_{\text{best}}(\overline{N_j}) \cdot (1+\varphi)$ 时，记录当前负荷分配方案。③移除相同分配方案。对于机组型号相同的情况，保留多种分配方案的方法一并记录了不同机组组合，如两台机组 $j_1(N_1)j_2(N_2)$ 与 $j_1(N_2)j_2(N_1)$ 同属一种分配情况。当考虑机组优先顺序时，将出力值进行降序排列再按机组优先次序赋值。

b）为了减少跨越振动区次数，定义机组的正（负）可调区间为机组当前出力在不向上（下）跨越振动区、不超出最大（最小）出力限制的前提下出力可增加（减少）的范围。电站的可调区间则为处于开机状态的所有机组可调区间总和。当电站有备用要求时，先由电站可调区间承担备用要求。电站正负可调区间计算公式如式（7.36）、式（7.37）所示。

$$N_i^+ = \sum_{j=1}^{J} \min(N_{i,j}^{\text{up}} - N_{i,j}，r_j^{\text{up}} \Delta t)$$

$$N_{i,j}^{\text{up}} = \begin{cases} \underline{P_{i,jQS}}，N_{i,j}^{\min} \leqslant N_{i,j} \leqslant \underline{P_{i,jQS}} \\ N_{i,j}^{\max}，N_{i,j}^{\max} \geqslant N_{i,j} \geqslant \overline{P_{i,jQS}} \end{cases} \tag{7.36}$$

式中：N_i^+ 为 i 电站正可调空间；$\underline{P_{i,jQS}}$、$\overline{P_{i,jQS}}$ 分别为 i 电站第 j 台机组的气蚀区下限、上限；$N_{i,j}^{\max}$、$N_{i,j}^{\min}$ 分别为 i 电站第 j 台机组可运行区的出力上限、下限；$N_{i,j}$ 为机组当前出力；$r_j^{\text{up}} \Delta t$ 为机组最大上调幅度，r_j^{up} 为上调速率，Δt 为调节时间。

$$N_i^- = \sum_{j=1}^{J} \min(N_{i,j} - N_{i,j}^{\text{down}}，r_j^{\text{down}} \Delta t)$$

$$N_{i,j}^{\text{down}} = \begin{cases} \overline{P_{i,jQS}}，N_{i,j}^{\max} \geqslant N_{i,j} \geqslant \overline{P_{i,jQS}} \\ N_{i,j}^{\min}，N_{i,j}^{\min} \leqslant N_{i,j} \leqslant \underline{P_{i,jQS}} \end{cases} \tag{7.37}$$

式中：N_i^- 为 i 电站负可调空间；$r_j^{\text{down}} \Delta t$ 为机组最大上调幅度。

当电网负荷预测给出不同置信度下的区间预测结果时，判断电网负荷可能增负荷 $Load_t^+$（减负荷 $Load_t^-$）时段和幅度，依据各梯级剩余可调容量按比例分配至梯级，见式（7.38）和式（7.39）。梯级再根据各电站的调节能力分配至电站，一般按电站的调节性能依次承担波动负荷。

$$NR_{a,t}^+ = Load_t^+ \cdot \frac{Pc_{a,t}^{\max} - Pc_{a,t}}{\sum_{a=0}^{A}(Pc_{a,t}^{\max} - Pc_{a,t})} \tag{7.38}$$

式中：$a(a=1，2，\cdots，A)$ 为当前计算梯级，A 为梯级总数；$NR_{a,t}^+$ 为电网负荷存在增负荷趋势时，梯级需预留的出力调整区间；$Pc_{a,t}^{\max}$ 为梯级 a 在时段 t 的最大可调出力；

$Pc_{a,t}$ 为梯级出力。

$$NR_{a,t}^- = Load_i^- \cdot \frac{Pc_{a,t}}{\sum\limits_{a=0}^{A} Pc_{a,t}} \tag{7.39}$$

式中：$NR_{a,t}^-$ 为电网负荷存在减负荷趋势时，梯级需预留的出力调整区间。

7.1.3　多电网调峰与弃水关系分析

由于用电形势变化，电网峰谷差不断增大，水电面临的调峰压力剧增，汛期多电网调峰造成弃水的问题尤其突出，减少不必要的弃水损失电量，提高水能利用率，有利于提高电网的整体效益。因此，对多电网调峰与弃水的关系进行分析研究。

在计算调峰弃水损失电量时，首先定义调峰弃水时段。对于有调节性能的水电站，其弃水期为该电站进入汛期后第一次发生弃水至主汛期结束前最后一次发生弃水的时段，其他期间发生弃水其弃水期可以定义为实际发生弃水的时段。而水电站调峰弃水时段可以定义为在日计划编制期间该电站由于调峰第一次发生弃水至最后一次发生弃水的时段。区别于汛期弃水期的定义，电站满发情况下仍然存在弃水的情况不属于调峰弃水损失。调峰弃水损失电量计算方法为：

$$E_i^{ab} = (K_{i,t} Q_{i,t}^{ab} H_{i,t} - k_{i,t} Q_{i,t}^{full} H_{i,t}) \Delta T \tag{7.40}$$

式中：E_i^{ab} 为电站 i 的调峰弃水损失电量；$k_{i,t}$ 为电站 i 时段 t 的综合出力系数；$H_{i,t}$ 为水头；ΔT 为调度时段；$Q_{i,t}^{ab}$ 为弃水耗流；$Q_{i,t}^{full}$ 为机组满发条件下弃水耗流。

考虑多电网调峰弃水问题的日计划编制主要流程：①通过来水信息计算调度期可用水量，估算电站调度期发电能力和各时段最大出力容量；②根据是否有弃水分为弃水模式和非弃水模式；③对于满发仍有弃水的情况，采用差分进化算法进行多电网寻优，随机生成 1 到 $G-1$ 号电网的受电过程，作为种群的初始位置，对满足分电比约束的种群进行寻优计算直至满足迭代终止条件；④对于满发无弃水情况，按分电比对各个电网采用启发式逐次切负荷法得到初始受电过程，叠加各电网得到电站初始出力过程；⑤判断是否满足出力限制、最小持续时间、末水位等约束，若满足，则进行厂内优化运行计算水位过程，否则调整各电网受电过程；⑥判断是否存在调峰弃水，若不存在弃水，输出编制结果，否则，计算调峰弃水损失电量，首先对各电网受电过程进行错峰出力调整，再从电站弃水时段前溯，寻找关联时段进行出力调整以减少弃水直至超出迭代次数，输出编制结果。主要流程如图 7.11 所示。

7.1.4　计算结果及分析

1. 网省协调计算结果

选取 2014 年某日三峡出力以及各省网负荷曲线，表 7.2 和图 7.12 给出原始负荷、方案 1 和方案 2 的各省网剩余负荷过程。由图 7.12 可知，方案 2 通过对三峡送电过程的合理分配，削弱各省负荷峰值，特别是河南省网达到了良好的调峰效果，其峰段负荷基本被削平。因此，网省负荷协调优化分配方法能够综合考虑各受端电网的调峰需求，通过灵活

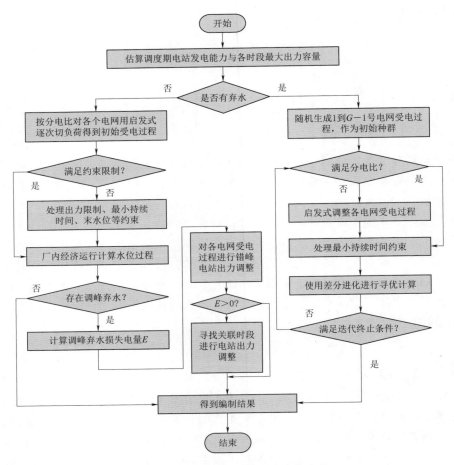

图 7.11　多电网调峰与弃水计算流程

变动各受端电网的调整比例，有效实现国调电站本地存留负荷过程在各受端电网之间的合理均衡分配。

表 7.2　　　　　　　　　　　　两组调整比例的网省负荷协调结果对比

方案	负荷	调整比例				标准差				峰谷差/MW			
		河南	湖北	湖南	江西	河南	湖北	湖南	江西	河南	湖北	湖南	江西
	原始负荷					2134	734	1649	875	7618	2371	5373	3189
1	按比例余荷					1985	522	1517	770	7243	1850	5045	2920
2	网省协调余荷	0.00	0.25	0.55	0.20	1081	749	2218	689	3625	2733	7612	2422

2. 直调电站群日计划编制结果

根据上述方案 2 网省协调结果，以各省网剩余负荷为基础，分别以调峰量最大和发电量最大作为目标函数，对华中电网直调电站进行"以水定电"模式下的日计划编制，各水电站初始水位条件见表 7.3，电站机组均不检修。

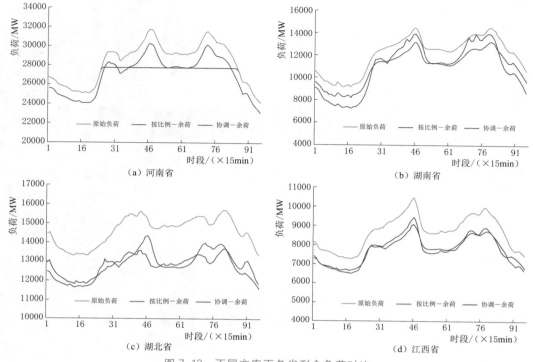

图 7.12　不同方案下各省剩余负荷对比

表 7.3　　　　　　　　　清江梯级与沅水梯级电站初始条件表

参数	清 江 梯 级			沅 水 梯 级			
	水布垭	隔河岩	高坝洲	三板溪	白市	托口	五强溪
初水位/m	381.23	193.62	78.75	446.55	297.5	243	100.5
末水位/m	381.19	193.55	78.67	446.58	297.62	243	100.86

日计划编制过程如下。

（1）清江梯级。首先采用调峰量最大为目标函数，计算出清江梯级各电站日计划结果，如图 7.13～图 7.16 所示；发电量最大为目标函数，计算出清江梯级各电站日计划结果，如图 7.17～图 7.20 所示。

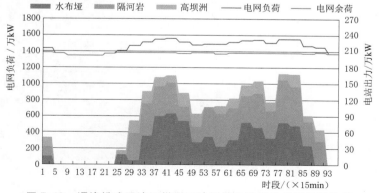

图 7.13　调峰模式下清江梯级日计划结果及湖北省网负荷结果

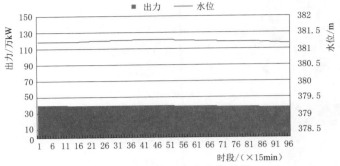

图 7.14　水布垭出力水位过程

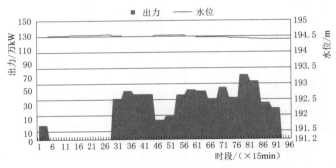

图 7.15　隔河岩出力水位过程

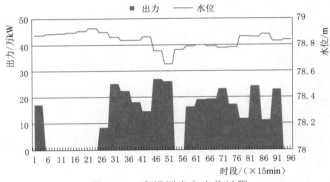

图 7.16　高坝洲出力水位过程

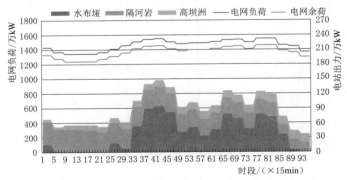

图 7.17　发电量最大模式下清江梯级日计划结果及湖北省网负荷结果

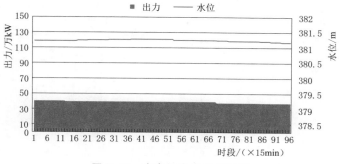

图 7.18　水布垭出力水位过程

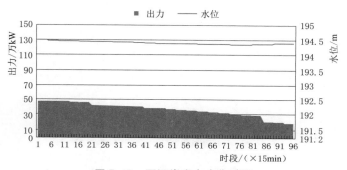

图 7.19　隔河岩出力水位过程

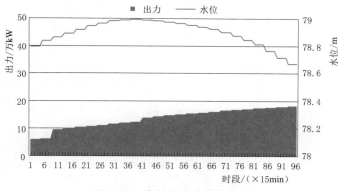

图 7.20　高坝洲出力水位过程

（2）沅水梯级。设定黔东火电 $Pq_t = 0$，湘西南外送稳控系统状态处于稳控投运，牌楼 2 台主变下网功率为 -10 万～80 万 kW，根据湘西南 500kV 电源群稳定规定，三板溪、白市、托口和黔东厂并网机组出力之和应限制在 205 万 kW 内。首先采用调峰量最大为目标函数，计算出沅水梯级各电站日计划结果，如图 7.21～图 7.25 所示；发电量最大为目标函数，计算出沅水梯级各电站日计划结果，如图 7.26～图 7.30 所示。

由上图可知，在调峰量最大模式下，湖北和湖南省网负荷经清江和沅水梯级调峰后余荷峰谷差明显减小，具体数值见表 7.4，电网余荷基本平稳，表明在网省协调分配中牺牲的湖北、湖南调峰需求，可以由华中电网直调的清江梯级电站和沅水梯级电站进行调峰补偿，从而实现了华中区域电网整体调峰效果最佳。

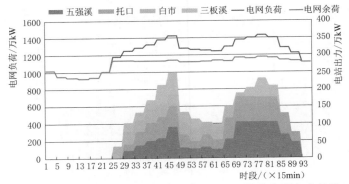

图 7.21　调峰模式下沅水梯级日计划结果及湖南省网负荷结果

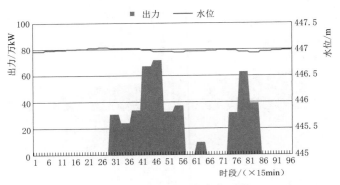

图 7.22　三板溪出力水位过程

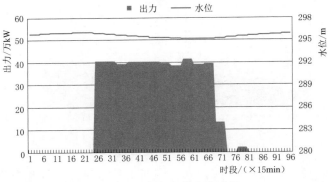

图 7.23　白市出力水位过程

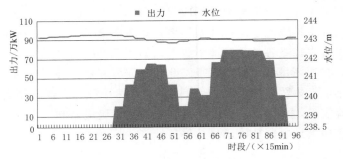

图 7.24　托口出力水位过程

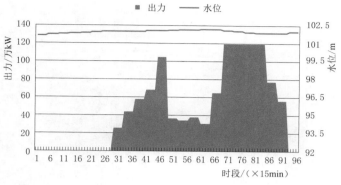

图 7.25　五强溪出力水位过程

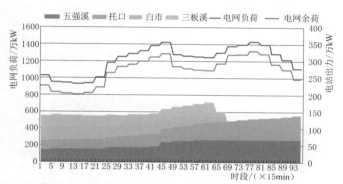

图 7.26　发电量最大模式下沅水梯级日计划结果及湖南省网负荷结果

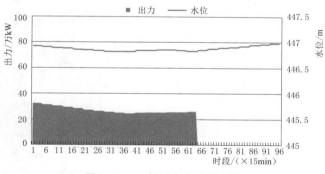

图 7.27　三板溪出力水位过程

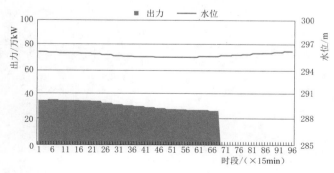

图 7.28　白市出力水位过程

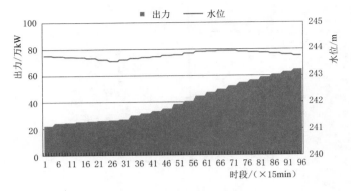

图 7.29　托口出力水位过程

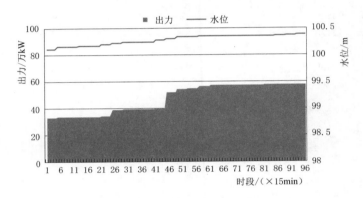

图 7.30　五强溪出力水位过程

表 7.4　　　　　　　　　　　　湖北、湖南电网结果对比

电　网	电网负荷均方差	实际余荷均方差	发电量最大		调峰最大	
			余荷均方差	降幅/%	余荷均方差	降幅/%
湖北电网	5205.62	1109.99	5444.18	−4.58	150.45	97.11
湖南电网	26744.74	9877.61	26612.04	0.50	6167.85	76.94

发电量最大模式下，三板溪、白市、托口三站出力与黔东火电出力和满足断面稳定约束条件。发电量较实际发电过程有所增加，不过增大了电网余荷均方差。具体数值见表 7.5。

表 7.5　　　　　　　　　　　　清江、沅水梯级各站发电量对比

编制目标	清江梯级/(万 kW·h)				沅水梯级/(万 kW·h)				
	水布垭	隔河岩	高坝洲	SUM	三板溪	白市	托口	五强溪	SUM
发电量	958.73	896.18	330.67	2914.11	438.53	509.88	961.64	1135.23	3045.27
调峰	953.97	893.28	324.31	2895.42	436.62	458.08	879.97	1115.60	2890.26
实际	988.13	858.04	316.28	2162.45	710.58	58.96	321.24	1549.49	2640.27

3. 多电网调峰与弃水结果分析

以二滩电站在汛期（2013 年 7 月 15 日）工况为例，二滩通过一定的分电比向四川和重庆送电后，使得四川电网和重庆电网的余荷较为平稳，同时减少弃水。其中调度期为一天 96 时段，日初始水位为 1187.55m，末水位为 1188.10m。四川和重庆分电比为 7：3。机组无检修情况。计算结果如图 7.31～图 7.33 所示。

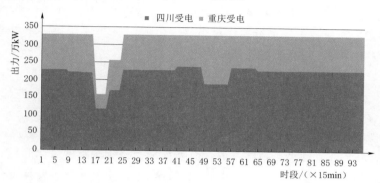

图 7.31　二滩优化出力过程

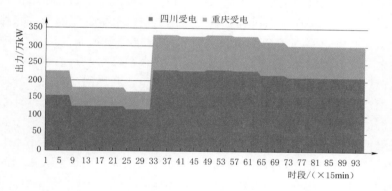

图 7.32　二滩实际出力过程

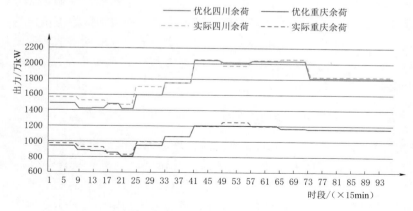

图 7.33　四川、重庆余荷对比

　　对比两种情形下的结果，优化后电站接近满发，无弃水，而实际情况下弃水量为
0.37 亿 m³，这部分弃水量由电站逐时段按照固定的分电比将电量分送到两省（市），没
有考虑到各受端电网的负荷特性导致，即为调峰弃水电量。优化结果中四川电网与重庆电
网峰谷差分别减少 68.5 万 kW（约 10.0%）和 54.2 万 kW（约 11.9%）。四川电网剩余
负荷的方差由 55467.4 下降到 50723.2，标准差由 235.5 万 kW 下降到 225.2 万 kW，重
庆电网剩余负荷方差由 19398.4 下降到 17331.9，标准差由 139.3 万 kW 下降到 131.7 万
kW。上述结果表明，所提方法能够兼顾多个受电电网的负荷特性和调峰需求，使各电网
均能得到好的调峰效果，同时严格满足分电比。

7.2　水库群多电网联合调峰调度

　　华中地区现有梯级水电站群与多个受端电网水电站群互联，构成了规模庞大、运行
条件极其复杂的跨流域跨省水电站群系统，面临复杂的跨流域跨省协调问题。如何在大电
网统一调度平台下协调区域多电源及水电跨区联合调峰，同时兼顾各受端电网电力平衡需
求，减小弃水和促进水电消纳，解决跨流域梯级水电站群联合调峰与电量消纳问题，是华
中地区大规模水电系统调度的关键。为此，通过研究多种电源空间分布结构及其互联电网
能量和负荷的同步与异步特性，探讨各受电电网用电负荷总量、尖峰量、峰谷差及峰谷时
间的差异性，结合水电电量消纳预测成果，以水电弃水风险控制为约束，调峰减弃为原
则，受端电网余荷均方差最小为目标建立水电跨区联合调峰与电量消纳模型，在给定电网
受电量、电站调峰容量及输电线路稳定运行限制要求下，利用网间负荷互补特性、差分进
化算法对面临电网受电计划进行启发式搜索，并逐步迭代调整各电网受电计划获得水电出
力在各受端电网的最优分配方案，以缓解水电弃水窝电与电网调峰不足的矛盾，提高水电
跨区调峰以及电网消纳水电电量能力。由于湖南电网内小水电富集，且小水电与大中型电
站具有同步性，汛期存在相互挤占外送通道，造成严重的弃水，加之大规模的风电等新型
间歇性能源并网，进一步加剧了通道输送压力，增大弃水弃风的风险，如何通过大中型、
小水电与风电的联合调度控制，减小弃水弃风，提高清洁能源的消纳电量以及电网安全性
和可靠性，是目前亟待解决的关键科学问题。为此，研究工作通过模糊聚类分析、非参数
核密度估计综合考虑湖南电网以小水电站群、风电厂为主的清洁能源不确定性，进而提出
一种计及不确定性的风电及大、小水电短期优化调度模型，以电网清洁能源整体可消纳电
量最大为目标，利用省级电网平台协调优势，实现多地区多电源的互济协调，减少弃水、
弃风，切实响应湖南电网实际需要。

7.2.1　基于启发信息的单站多电网短期调峰调度

7.2.1.1　多电源跨电网峰谷特性分析及水电跨区联合调峰消纳思路

　　研究工作以水电站群多电源跨电网峰谷特性差异及水电跨区联合调峰消纳为研究对
象，研究区域电源空间分布及其互联电网的能源与负荷结构特征，探讨各受电电网用电负
荷总量、尖峰量、峰谷差及峰谷时间的差异性，进而研究确定水库群分区水力、库容、电
力补偿调节规律及其水能空间置换和时间置换能力，揭示跨区多维时空尺度多源多电网补

偿调度组合规律。我国常用的负荷特性时域指标见表 7.6。

表 7.6 我国常用的负荷特性时域指标

描述类（绝对量）	比较类（相对量）	曲 线 类
最高负荷、最低负荷、平均负荷、峰谷差、最高负荷利用小时	负荷率、峰谷差率、同时率、不同时率、尖峰负荷率	日负荷曲线、年负荷曲线

1. 电网峰谷特性分析

华中电网峰谷特性的分析对水电减弃增发、跨区联合调峰消纳具有重要意义，具体包括如下内容：

（1）根据华中电网多种电源的水力、电力联系分析其空间分布、拓扑结构，并对水库群进行区域划分，探究互联电网的能源与负荷结构特征。

（2）挖掘多电源跨电网历史负荷数据信息，采用峰谷负荷、尖峰负荷率、峰谷差率及峰谷时间差等时域指标表征电网负荷峰谷特性差异。

（3）构造电网其余区域联合运行加某区域单独运行的方式，比较该运行方式下与电网全区域联合优化运行时电网水电站群发电效益、调峰效益的差值，评估水库群分区水力、库容、电力补偿调节规律及其水能空间置换和时间置换能力，揭示跨区多维时空尺度多源多电网补偿调度组合规律；探究多维时空尺度下的水力、电力补偿调节规律等对水电跨区联合调峰消纳的影响。

在上述研究的基础上，引入统计分析、贝叶斯判别、模糊聚类分析、自组织神经网络等数据挖掘方法，研究区域电源空间分布及其互联电网的能源与负荷结构特征，探讨各受电电网时域峰谷特性，挖掘区域电网调度潜能，探讨各受电电网用电负荷总量、尖峰量、峰谷差及峰谷时间的差异性。提取可保障电网安全稳定运行的电网水电联合调度优化边界和约束条件，为建立水电跨区联合调峰消纳模型提供理论及数据支撑。

2. 水电跨区联合调峰消纳思路

大规模水电系统位置分布具有很强的区域性，同一流域上下游水电站既存在仅向单一电网送电的情形（"多站单网"送电模式），也面临单一水电站或梯级同时向多个电网送电的问题（"单站多网"或"多站多网"送电模式），这使得水电站群多电网联合调峰调度问题求解十分复杂。同时，考虑到电网结构、水力、电力等制约因素，若将水电站群作为一个整体进行优化调度，不仅各电站自身运行要求无法满足，而且会因决策变量维数高、约束复杂导致问题难以求解。为此，本章在进行水电站群多电网调峰调度问题求解时，结合水电站群区域分布特征、隶属电网关系以及梯级电站间的水力、电力联系，对水电站群层级进行了划分。水电站层级划分旨在保证优化结果质量的前提下降低整体优化过程中决策变量和约束的维度，将跨区域水电站群多电网调峰调度问题转化为不同层级子区域多个水电子系统间和各子系统内的协同运行问题，使复杂问题简单化且能够适用于工程实际。本书提出的水电站群层级划分原则如下：

（1）按照电网网架和水电站在电网中的接入点将水电站群进行多级划分，通过网间联络线可输送最大功率对外送电力进行限制。

（2）同一级内的水电站群所处河系、布局及群落结构可能不同，可根据水电站所处地理位置、上下游梯级水力联系、水位衔接和流量衔接关系以及下游电站的反调节作用，以干支流流域为单元进一步将同级子区划分为一系列单位元。

结合水电站群的层级区划，考虑电网联络线输电功率限制、电站向各电网送电合同电量约束以及其他水库调度运行要求，即可对跨区多电网水电站群短期调峰调度进行建模和模型优化求解，并通过电站分级、各单位元间的联网效益和交直流通道线路电力灵活调度实现大规模水电资源跨省区协调配置。基于层级区划的跨区多电网水电站群短期调峰调度在求解过程中，始终以式（7.40）电网剩余负荷方差最小作为寻优目标，各元作为子单元进行优化计算，考虑子分区间的水力联系和电力互补关系，通过协调各子分区的出力方式，使得各级分区内目标最优。主要求解框架描述为：①依据提出的水电站群层级划分原则进行流域梯级电站群层级划分，依据流域拓扑结构确定各级分区内各元优化计算顺序；②在优化某一子分区时，将其他子分区内电站出力计划固定，待面临分区优化完成后，再进行下一子分区优化计算，直至分区内所有子分区均完成为止；③进行下一轮优化，当达到最大迭代次数时，各级分区内优化完成。基于水电站群层级区划思想的短期调度求解框架如图 7.34 所示。

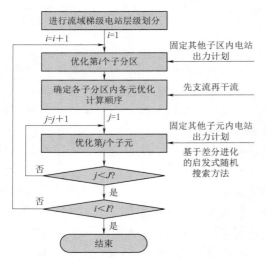

图 7.34 水电站群短期多电网调峰调度求解框架

7.2.1.2 多电网跨流域梯级水电站群联合调峰消纳模型描述

针对跨电网梯级水电站群短期调度必须兼顾多个电网调峰的复杂应用需求，综合考虑受端电网负荷总量、尖峰量、峰谷差及峰谷时间的差异性与互补性，结合不同空间分布梯级电站群间的水力、电力峰谷补偿效应，建立了流域梯级电站群跨区多电网联合调峰优化调度模型，通过提出基于人工智能与传统优化技术相结合的高效求解方法，制定梯级水电站群面向分区电网的联合调峰及电力跨省区协调分配方案，缓解电网峰谷矛盾。

（1）调度目标。以调峰量最大为目标的梯级电站短期优化调度模型，其目的是使经水电系统削峰后的整个电网余荷在保证平坦的情况下尽可能小。本书采用电网剩余负荷方差最小（Shen 等，2014）为寻优目标。考虑水电站群多电网调峰需求，其目标形如式（7.41）：

$$
\begin{cases}
目标函数：F = \mathrm{Min}\sum_{g=1}^{G} w^g S^g \\[2mm]
S^g = \sum_t^T (R_t^g - \overline{R^g})^2 \\[2mm]
\overline{R^g} = \frac{1}{T}\sum_{t=1}^{T} R_t^g \\[2mm]
R_t^g = \left(L_t^g - \sum_{i=1}^{I} p_{i,t}^g\right)/L_{\max}^g
\end{cases}
\tag{7.41}
$$

式中：R_t^g 为经过水电站调峰后 t 时段 g 号电网剩余负荷；$\overline{R^g}$ 为 g 号电网余荷平均值；L_t^g 为 t 时段 g 号电网负荷需求；$p_{i,t}^g$ 为电站 i 在 t 时段向 g 号电网的送电出力；$L_{\max}^g$ 为 g 电网负荷最大值；G 为梯级电站送电电网总数；T 为时段数；I 为电站个数；$w^g = (\delta^g \cdot r^g)/\lambda^g$ 为电网权重值，其中 δ^g 为人工松弛变量（反映人为调峰偏好，一般取 1），r^g 为水电站群向 g 号电网送电分电比（由水电与电网签订的购售电计划确定），λ^g 为 g 电网峰谷差与所有受端电网峰谷差和的比值。

（2）约束条件。

1）水库水力联系。

$$I_{i,t} = Q_{i-1,t-\tau_{i-1}} + S_{i-1,t-\tau_{i-1}} + R_{i,t} \tag{7.42}$$

2）水量平衡约束。

$$V_{i,t} = V_{i,t-1} + (I_{i,t} - Q_{i,t} - S_{i,t}) \cdot \Delta t \tag{7.43}$$

3）库容/流量约束。

$$\begin{cases} \underline{V_{i,t}} \leqslant V_{i,t} \leqslant \overline{V_{i,t}} \\ \underline{Q_{i,t}} \leqslant (Q_{i,t} + S_{i,t}) \leqslant \overline{Q_{i,t}} \end{cases} \tag{7.44}$$

4）水位/流量变幅约束。

$$\begin{cases} \mid Z_{i,t} - Z_{i,t-1} \mid \leqslant \Delta Z_i \\ \mid Q_{i,t} - Q_{i,t-1} \mid \leqslant \Delta Q_i \end{cases} \tag{7.45}$$

5）末水位控制或电量控制约束。

a. 末水位控制约束：

$$Z_{i,T} = Z_i^{\mathrm{End}} \tag{7.46}$$

电站调度期末水位固定，通过合理安排可用水量在时段间的分配实现目标优化。

b. 电量控制约束：

$$\sum_{t=1}^{T} P_{i,t} \cdot \Delta T = E_i \tag{7.47}$$

电站调度期内发电量一定，通过合理安排电量在时段间的分配实现目标优化。

在短期调度过程中，水电站可按调度需求从以上两种方式中任选一种作为自身控制方式。

6）电站出力约束。

$$\begin{cases} \underline{P_{i,t}} \leqslant P_{i,t} \leqslant \overline{P_{i,t}} \\ \mid P_{i,t} - P_{i,t-1} \mid \leqslant \Delta P_i \end{cases} \tag{7.48}$$

7）电站多电网送电量比例约束。

$$\sum_{t=1}^{T} p_{i,t}^g \cdot \Delta t = \alpha_i^g \sum_{t=1}^{T} P_{i,t} \cdot \Delta t \tag{7.49}$$

8）电站出力平衡约束。

$$\sum_{g=1}^{G} p_{i,t}^{g} = P_{i,t} \tag{7.50}$$

9）区外高压直流送电出力限制约束。

$$\begin{cases} NL_l \leqslant NL_{l,g,t} \leqslant \overline{NL_l} \\ \mid NL_{l,g,t} - NL_{l,g,t-1} \mid \leqslant \Delta NL_l \end{cases} \tag{7.51}$$

10）机组稳定运行约束。

$$\begin{cases} N_{i,k}^{\min} \leqslant N_{i,k,t} \leqslant (POZ_{i,k}^1)^{\text{low}} \\ (POZ_{i,k}^{m-1})^{\text{up}} \leqslant N_{i,k,t} \leqslant (POZ_{i,k}^m)^{\text{low}}, m=2,3,\cdots,M \\ (POZ_{i,k}^M)^{\text{up}} \leqslant N_{i,k,t} \leqslant N_{i,k}^{\max} \end{cases} \tag{7.52}$$

11）机组最短开停机时间约束。

$$\begin{cases} u_{i,k,t}=1 \text{ 时}: \sum_{\alpha=1}^{T_{i,k}^{\text{down}}} (1-u_{i,k,t-\alpha}) \geqslant T_{i,k}^{\text{down}}(1-u_{i,k,t-1}) \cdot u_{i,k,t} \\ u_{i,k,t}=0 \text{ 时}: \sum_{\alpha=1}^{T_{i,k}^{\text{up}}} u_{i,k,t-\alpha} \geqslant T_{i,k}^{\text{up}}(1-u_{i,k,t}) \cdot u_{i,k,t-1} \end{cases} \tag{7.53}$$

式中：$I_{i,t}$ 为 i 电站 t 时段入库流量；τ_{i-1} 为 $i-1$ 电站与 i 电站间水流时滞；$S_{i-1,t-\tau_{i-1}}$ 为 $i-1$ 电站在 $t-\tau_{i-1}$ 时段弃水流量；$R_{i,t}$ 为 $i-1$ 电站与 i 电站间区间入流；$V_{i,t}$ 为 i 电站 t 时段末库容；$P_{i,t}$ 为 i 电站 t 时段出力；$\overline{V_{i,t}}$ 与 $\underline{V_{i,t}}$、$\overline{Q_{i,t}}$ 与 $\underline{Q_{i,t}}$、$\overline{P_{i,t}}$ 与 $\underline{P_{i,t}}$ 分别为 i 电站 t 时段库容、出库和出力边界；ΔZ_i、ΔQ_i、ΔP_i 分别为 i 电站水位、流量和出力变幅限制；$P_{i,t}$ 为 i 电站 t 时段出力；$Z_{i,T}$ 与 Z_i^{End} 分别为 i 电站调度期末水位及其控制值（末水位控制模式）；E_i 为 i 电站全时段发电量需求（发电量控制模式）；α_i^g 为 i 电站向 g 号电网的送电量比例，$\sum_{g=1}^{G} \alpha_i^g = 1$；$NL_{g,l,t}$ 为 t 时段经 l 号高压直流输电线路送至 g 电网的出力；$\overline{NL_l}$ 与 $\underline{NL_l}$ 为 l 号线路输电限额；ΔNL_l 为 l 号线路输电出力变幅限制；$(POZ_{i,k}^m)^{\text{low}}$ 和 $(POZ_{i,k}^m)^{\text{up}}$ 分别为 i 电站 k 号机组第 m 个汽蚀振区的下限、上限；M 为机组汽蚀振区个数；$T_{i,k}^{\text{up}}$、$T_{i,k}^{\text{down}}$ 分别为 i 电站 k 号机组允许的最短开、停机时间；$u_{i,k,t}$ 为 i 电站 k 号机组 t 时段的状态（1 为开机，0 为停机）。

7.2.1.3 多电网水电跨区联合调峰消纳求解方法

通过基于差分进化算法的启发式随机搜索方法对多电网水电跨区联合调峰消纳调度模型进行求解，该方法主要利用受端电网间负荷的互补特性，进行电站调峰容量在各受端电网间的优化分配。现以电站在末水位控制方式下的发电计划制作为例进行说明，具体流程如下：

（1）初始解生成。

1）将子分区内梯级电站按上下游水力联系进行排序，从最上游开始依次计算各电站调度期平均下泄流量，通过流量精细化分配方法进行"以水定电"计算，估算电站次日发电能力 E_i^0，并确定电站在平均水头下的最大调峰容量 $P_i^{\max}$。

2）假定当前调整 i 号电站，通过式（7.54）计算其向各受端电网的送电量 E_i^g；为兼顾公平，在切负荷生成初始解时各电网能均衡地利用 i 电站调峰容量，则根据受端电网个数将 $P_i^{\max}$ 分成 G 份，获得 i 电站在 g 号电网预留的初始最大调峰容量 $P_i^{g\cdot\max}$；若 i 电站送 g 号电网的电力需通过 l 号高压直流输电线路，则由式（7.55）计算 $P_i^{g\cdot\max}$。

$$\begin{cases} E_i^g = \alpha_i^g E_i^0 \\ P_i^{g\cdot\max} = P_i^{\max}/G \end{cases} \tag{7.54}$$

$$P_i^{g\cdot\max} = \min\{P_i^{\max}/G,\ \overline{NL_l}\} \tag{7.55}$$

各受端电网以 E_i^g 为平衡电量，$P_i^{g\cdot\max}$ 为上限，采用逐次切负荷法按各自的次日负荷预测曲线单独进行电力电量平衡计算，最终得到 G 条电网初始受电过程线 $\{p_{i,1}^g,\ p_{i,2}^g,\ \cdots,\ p_{i,T}^g\}$，其中 $1 \leqslant g \leqslant G$，将其叠加起来即为 i 电站初始出力过程 $\{P_{i,1},\ P_{i,2},\ \cdots,\ P_{i,T}\}$。电网初始受电过程计算流程如下：

步骤一：从 g 电网余荷序列 $\{LR_1^g,\ LR_2^g,\ \cdots,\ LR_T^g\}$ 中找出最大负荷点 $LR^{g\cdot\max}$，计算 i 电站向 g 电网初始送电出力 $p_{i,t}^g = \max\{LR_t^g - LR^{g\cdot\max} + p_i^{g\cdot\max},\ 0\}$。

步骤二：计算 i 电站向 g 电网总传输电能 $\overline{E_i^g} = \sum\limits_{t=1}^{T} p_{i,t}^g \cdot \Delta t$。假如 $|\overline{E_i^g} - E_i^g| < \varepsilon$，转向步骤四；否则，转向下一步。

步骤三：假如 $\overline{E_i^g} > E_i^g$，则计算电量大于给定日电量要求，其中，$delta = (\overline{E_i^g} - E_i^g)/T$，此时设置 $p_{i,t}^g = \max\{p_{i,t}^g - delta,\ 0\}$；若否，则计算电量小于给定日电量要求，此时令 $p_{i,t}^g = \min\{\max\{p_{i,t}^g - delta,\ 0\},\ p_i^{g\cdot\max}\}$，转向步骤二。

步骤四：输出 i 电站向 g 电网初始送电序列 $\{p_{i,1}^g,\ p_{i,2}^g,\ \cdots,\ p_{i,T}^g\}$。

3）运用机组组合振动区方法，判断电站逐时段出力 $\{P_{i,1},\ P_{i,2},\ \cdots,\ P_{i,T}\}$ 是否满足稳定运行要求，将违反约束的出力修正至稳定运行边界。

为提高模型计算效率，在运用逐次切负荷法确定受电电网初始受电过程时，将约束式（7.45）、式（7.46）、式（7.51）作为松弛约束，切负荷时暂不对其进行处理。

此外，值得注意的是，在运用逐次切负荷法生成初始解时，子分区内电站切负荷先后次序对电站发电计划结果（即电站在负荷图上的工作位置）有一定的影响。因此，在运用逐次切负荷法进行子分区水电站群电力电量平衡计算时，需首先确定电站切负荷次序，一般情况下可按以下原则确定：①系统峰荷尽量由调节能力强的电站承担，调节能力弱的电站尽量承担基荷，以减小电站因调峰产生的弃水量，故调节能力强的电站优先切负荷；②当电站调节能力相差不大时，可按电站可调出力范围较大的电站优先，以使切负荷运算时电站电力电量平衡计算过程易于收敛；③其他情况下电站切负荷次序可根据电站次日可调水量和电站平均负荷率确定，此时可计算电站次日平均发电出力与其调峰容量的比值，比值小的电站优先切负荷。

（2）启发式随机搜索方法对出力重调。通常，按上述方法得到的初始出力过程虽然满足电站出力限制及稳定运行要求，却限制了电站调峰容量的发挥，各电网均得不到满意的调峰效果。不失一般性，以电站送电至两个电网为例，图 7.35 给出了初始切负荷计算结果，由图可知，电网 1 的区域 1 与电网 2 的区域 1、区域 2 具有明显的负荷互补特性，不存在集中调峰的冲突，但由于电网切负荷上限固定为 $0.5P_i^{\max}$，电站在 $41-57$ 和 $65-73$ 时段均未能充分发挥最大调峰能力，故尚需进一步利用电网的互补特性进行受电出力重调。

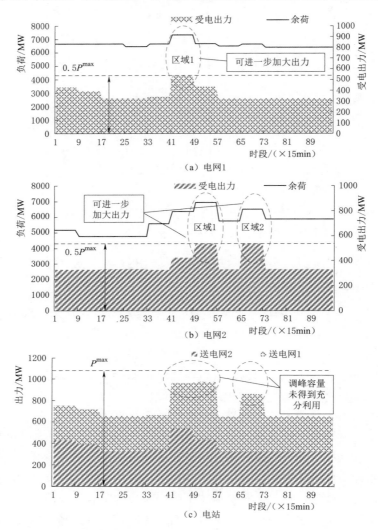

图 7.35 水电站送电至两电网切负荷初始解示意图

为此，在本节"（1）初始解生成"部分所得初始解基础上，选取某一受端电网 g 为调整对象，将其余电网受电过程固定，以式（7.43）为寻优目标对电站出力过程进行重调。按照式（7.41）分电比要求，电站对 g 电网送电量一定，面临调整电网 g 的寻优目标即为涉及 T 个决策变量 $\{p_{i,1}^g,\ p_{i,2}^g,\ \cdots,\ p_{i,T}^g\}$ 的二次函数，是简单的单目标优化问题，故可在满足时段出力限制要求、电站爬坡约束以及给定电网总受电量要求的前提下利用差分进化算法（DE）进行寻优求解。算法决策变量初始寻优空间 $[P_{i,t}^{g,\min}, P_{i,t}^{g,\max}]$ 由式（7.56）确定。

$$\begin{cases} P_{i,t}^{g,\max} = P_i^{\max} - \sum_{q=1,q\neq g}^{G} p_{i,t}^q \\ P_{i,t}^{g,\min} = \max\left\{\underline{P}_{i,t} - \sum_{q=1,q\neq g}^{G} p_{i,t}^q, 0\right\} \end{cases}, t=1,2\cdots,T \qquad (7.56)$$

此外，在寻优过程中，因受约束式（7.40）限制，电站时段出力 $P_{i,t}$ 随电网 g 受电出力 $P_{i,t}^g$ 变化而变化，为保证 $P_{i,t}$ 满足安稳运行要求，还需结合机组组合振动区对 $P_{i,t}^g$ 可行性进行判断，并作相应调整。

（3）约束修补策略。在 DE 寻优过程中，新生成的个体可能不满足约束式（7.46）、式（7.48）～式（7.51），为了保证生成个体的可行性，提高算法寻优效率，本书提出了一种自适应启发式约束修补策略。

1）电量平衡、电站爬坡以及输电线路输电出力变幅约束修补策略。

步骤一：从 $t=1$ 时段开始依次进行 g 电网受电出力校核，g 电网受电出力限制可在式（7.56）的基础上由式（7.57）进一步确定，若 $P_{i,t}^g \notin [P_{i,t}^{g,\min}, P_{i,t}^{g,\max}]$，则将其置于可行域边界；若送至 g 号电网的电力需通过 1 号高压直流输电线路，则由式（7.58）计算 $P_{i,t}^{g,\min}$ 和 $P_{i,t}^{g,\max}$。

$$\begin{cases} P_{i,t}^{g,\min} = \max\left\{P_{i,t}^{g,\min}, \sum_{g=1}^{G} p_{i,t-1}^g - \sum_{q=1,q\neq g}^{G} p_{i,t}^q - \Delta P_i\right\} \\ P_{i,t}^{g,\max} = \min\left\{P_{i,t}^{g,\max}, \sum_{g=1}^{G} p_{i,t-1}^g - \sum_{q=1,q\neq g}^{G} p_{i,t}^q + \Delta P_i\right\} \end{cases} \qquad (7.57)$$

$$\begin{cases} p_{i,t}^{g,\min} = \max\left\{P_{i,t}^{g,\min}, \sum_{g=1}^{G} p_{i,t-1}^g - \sum_{q=1,q\neq g}^{G} p_{i,t}^q - \Delta P_i, NL_{l,g,t-1} - \Delta NL_l\right\} \\ p_{i,t}^{g,\max} = \min\left\{P_{i,t}^{g,\max}, \sum_{g=1}^{G} p_{i,t-1}^g - \sum_{q=1,q\neq g}^{G} p_{i,t}^q + \Delta P_i, NL_{l,g,t-1} + \Delta NL_l\right\} \end{cases} \qquad (7.58)$$

步骤二：累计 g 电网全时段受电量 $\overline{E_i^g} = \sum_{t=1}^{T} p_{i,t}^g \cdot \Delta T$，若 $|\overline{E_i^g} - E_i^g| > \varepsilon$（$\varepsilon$ 为偏差裕度），则需进行 g 电网受电量平衡处理。此时，根据式（7.59）将电量差值分成 N 份，并生成一组随机序列 $\{r_1, r_2, \cdots, r_n, \cdots, r_N\}$ [其中 $r_n = rndr(n)$，$rndr(n)$ 是 [1, T] 中随机选择的整数]，通过式（7.60）对 g 电网时段受电出力进行修正。

$$deltaE = \frac{\overline{E_i^g} - E_i^g}{N} \qquad (7.59)$$

$$P_{i,r_n}^g = P_{i,r_n}^g - deltaE, n=1,2,\cdots,N \qquad (7.60)$$

步骤三：重复上两步操作直至满足电量平衡及爬坡约束为止。

2）末水位控制约束修补策略。

在1）中约束处理完成后，累加各电网受电序列得到新的电站出力过程，通过"以电定水"出力精细化分配方法计算电站时段出库及调度期末水位，并结合机组开停机组合及避开振动区修补策略对约束式（7.52）～式（7.53）进行处理；约束式（7.44）～式（7.45）等如不满足要求，可直接将其置为边界值，并通过流量控制或水位控制方法反算重新确定时段出力。末水位约束处理流程如下：

步骤一：若电站计算末水位大于给定末水位（发电不足），需按一定电量步长 ΔE 增加出力，此时根据式（7.61）将 ΔE 按分电比分为 G 份，从电网1开始逐个电网进行调整，寻找余荷最大的时段，并将 ΔE^g 分配至该时段，若受约束限制，单一时段不能将 ΔE^g 完全消纳，则将剩余电量分配至其相邻时段。

$$\Delta E^g = \alpha_i^g \Delta E, g = 1, 2, \cdots, G$$

（7.61）

步骤二：根据调整后的电站出力，"以电定水"重新计算电站调度期末水位，转至步骤一。

若计算末水位小于给定末水位，则从 $g=1$ 开始逐个电网寻找余荷最小时段减小受电出力，方法与前述相同。

多电网调峰需求下的水电站群短期发电计划编制流程如图 7.36 所示。

7.2.1.4　计算结果及分析

1. 研究对象概况

华中区域电网是由湖北、湖南、江西、河南四个省级电力系统通过联络线路互联形成的一个区域性大电网，目前已成为国家水电发展以及节能减排的重要区域。区域内水电资源主要集中在湖北、湖南等省，为确保境内水电能源外送通畅，通过三峡—常州±500kV 直流、三峡—上海±500kV 直流、三峡—广东±500kV 直流、葛洲坝—

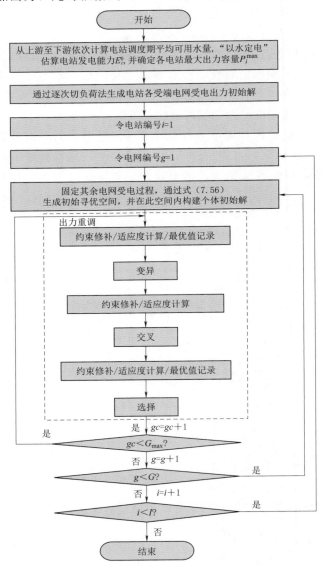

图 7.36　水电站群短期多电网调峰调度求解流程

上海±500kV直流,向华东区域各电网送电。在实际运行中,华中区域内直调水电以及部分国调电站需要同时向多个省网送电,由于电站送电范围和送电比例各不相同,且不同电网负荷存在很大差异,使得电网与水电站的协同运行显得十分重要。因此,在当前水电跨区外送及跨区联网互动形势下,立足华中区域电网水电联合优化运行,增强各省级电网的水电互补协调能力,已成为华中电网贯彻落实国家清洁能源发展战略的新任务,也将为推动区域电力系统互联和全国联合电网的形成发挥重要的作用。本节以华中区域长江干流的三峡、葛洲坝,清江上的水布垭、隔河岩、高坝洲,沅江上的五强溪、三板溪、白市、托口等9座国调或直调电站组成的跨流域大规模水电站群为研究对象,对跨区多电网水电站群短期调峰调度进行了仿真模拟。研究对象涵盖了多年调节、年调节和日调节等多种类型水库,位置分布在华中区域不同省网及流域,电站装机、出力特性及调度运行各有特色,且普遍存在着单一电站电力经省间联络线或高压直流输电线路向不同省网或区域输送的情况,其优化调度具有大规模、跨区域、跨流域、跨电网的显著特点。研究涉及的华中区域直调及国调水电站基本信息及各电站送电范围见表7.7,电站分布拓扑图如图7.37所示。

表7.7　　　　　　　　　　华中区域国调及直调水电站基本信息

电站	装机容量/万 kW	装机台数	正常蓄水位/m	死水位/m	调节性能	调度类型	所在区域
三峡	2240	32	175	145	季调节	国调	湖北
葛洲坝	271.5	21	66.5	63	日调节	华中直调	湖北
水布垭	184	4	400	350	多年调节	华中直调	湖北
隔河岩	121.2	4	200	161.2	季调节	华中直调	湖北
高坝洲	27	3	80	78	日调节	华中直调	湖北
五强溪	120	5	108	90	季调节	华中直调	湖南
三板溪	100	4	475	425	多年调节	华中直调	湖南
白市	42	3	300	294	季调节	华中直调	湖南
托口	80	4	250	235	年调节	华中直调	湖南

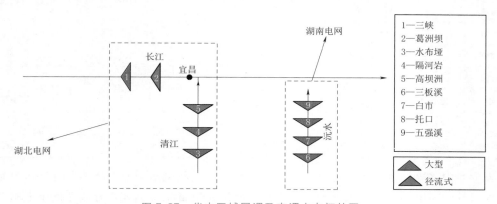

图7.37　华中区域国调及直调水电拓扑图

2. 计算结果及分析

运用提出的启发式搜索策略求解华中区域电网水电站群多电网调峰调度问题（电站按水位控制方式调度），研究选择某典型日作为仿真工况进行调度模拟（本节所用负荷数据一部分从国家电网华中分部 D5000 系统中读取，还有部分通过文献资料获取，并根据电网典型日负荷特性和负荷均值进行假设性缩放，而实际调度运行时电网次日负荷需由短期负荷预测模块获得），调度期为 1 日，调度时段为 15min。华中区域国调及直调水电站所处区域、流域及送电范围不同，结合本章所提水电站群层级区划原则，可做如下级别分区及多元划分：一级子区 1＝{子元 1{三峡—葛洲坝}＋对应受电网}；二级子区 1＝{子元 2{水布垭—隔河岩—高坝洲}＋受电网}＋{子元 3{五强溪—三板溪—白市—托口}＋受电网}。其中一级子区中的电站群为一级电站群，二级子区中的电站群为二级电站群。由主要到次要，从"一级电站群"到"二级电站群"，采用不同调度方法制定电站出力计划。在"二级子区"中，同级不同区电站群协同优化，通过协调不同子单元的出力计划，达到整体目标最优，均衡响应各受端电网调峰需求。

在进行跨电网送电计划安排时，由于资料有限，网网之间、站网之间交流输电线路的损耗系数未被考虑在内，且将线路输电断面上下限设置为极值；此外，将浙江电网、上海电网等华东区域内电网统一归并为华东电网进行处理，仿真模拟时溪洛渡—向家坝梯级、三峡梯级以及锦官梯级跨区外送电力均以华东电网为受端电网进行调峰计算。电站送电范围及送电量比例见表 7.8（本节送电比例参考以往调度情况拟定，实际调度运行时需按最新分电比进行计算）。仿真所得各受端电网调峰结果见图 7.37，华中区域国调及直调水电站发电计划见图 7.38，详细结果见表 7.8 和表 7.9（优化结果为运行 10 次得到的最优值）。

表 7.8 华中区域国调及直调水电站送各电网计划电量比例

电站	初水位 /m	末水位 /m	电网受电比/%					
			湖北	湖南	河南	江西	广东	华东电网
三峡	167.37	167.29	18.48	4.4	40	14	14	44
葛洲坝	64.73	64.78	13.2	7.92	16	14	14	
水布垭	383.48	383.277	100					
隔河岩	195.7	195.51	100					
高坝洲	77.17	77.43	100					
三板溪	450.55	450.01		100				
白市	298.56	298.51		100				
托口	234.47	234.61		100				
五强溪	104.93	104.4		100				

表 7.8 中水电站送各电网计算电量比例结果显示，各电站均能严格按照计划送电量比例要求向各受端电网送电，电网期望受电量与实际受电量相差不大，有效保证了电站与各电网签订的购售电合同的完成。此外，仿真涉及的网间联络线日送受电调度计划由三峡、

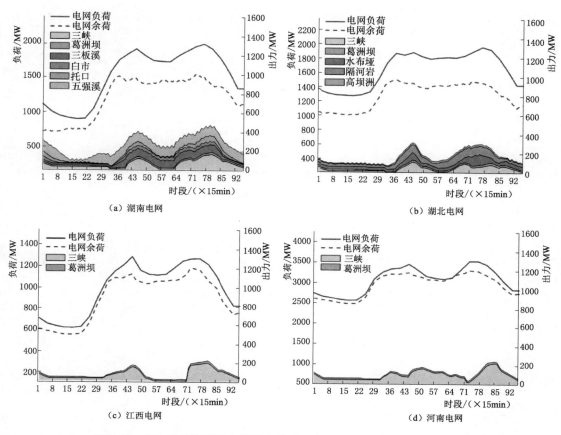

图 7.38　华中区域国调及直调水电站群送电计划以及受端电网调峰结果

葛洲坝送华中三省（湖南、江西、河南）的电力电量分配情况来确定。由图 7.38 可知，湖北电网送湖南、江西、河南电网的电力全时段均在省间联络线输电限制以内，满足线路的安稳运行要求。同时，为证明所提方法在解决大规模水电站群跨区多电网调峰调度问题的有效性，对各受端电网余荷调峰前后峰谷差和均方差值进行了统计（表 7.9）。从表 7.9可以看出，通过进行水电站群多电网联合调峰调度，受端电网峰谷差明显减小，电网余荷趋于平稳。其中，河南电网、湖北电网和湖南电网削峰效果较为显著，最大削峰深度分别达到 188.51MW、277.81MW 和 288.14MW，削减峰谷差幅度分别为 19.63%、25.82%和 40.88%，虽然各受端电网的负荷量级、峰谷差大小、峰谷出现时间以及变化规律各不相同，但提出的方法仍能充分利用受端电网负荷间的互补特性，通过对电站调峰容量在各受端电网间进行有效协调获取良好的调峰效果。此外，经电站调峰后各电网余荷均方差较原始值减小幅度分别为 44.59%、21.48%、10.59% 和 13.65%，各受端电网余荷平稳性均有明显改善。图 7.39 给出了各梯级电站的水位过程，可看出电站群均满足各时段约束条件与电站实际运行要求，且末水位均达到了控制末水位，有效保证了调度周期性，也验证了所提方法的工程实用性。

表 7.9　　　　　　　　　　电网调峰前后余荷峰谷差与标准差统计

调峰指标		湖北	湖南	江西	河南
全天最大峰谷差/MW	调峰前	679.55	1115.96	668.99	960.45
	调峰后	401.74	827.82	595.76	771.94
削峰深度/MW		277.81	288.14	73.23	188.51
削峰幅度/%		40.88	25.82	10.95	19.63
余荷均方差/MW	调峰前	244.10	391.07	239.47	313.91
	调峰后	135.26	307.05	214.11	271.06
余荷均方差削减幅度/%		44.59	21.48	10.59	13.65

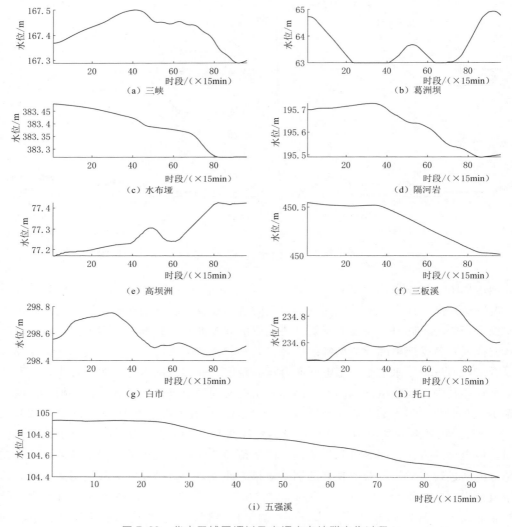

图 7.39　华中区域国调以及直调水电站群水位过程

华中区域水电站群跨区多电网送电问题十分复杂，但通过前述分析可知，所提启发式搜索方法具有很好的适应性与实用性，其能够综合考虑流域及跨流域上下游水电站间复杂水力联系、电网负荷量级、变化规律以及实时调峰需求，在充分满足电站、机组及输电线路安稳运行限制的前提下，有效协调水电站群电力电量在多个省级电网间的优化配置。综上所述，所提方法能有效解决华中区域电网水电站群多电网送电问题，其制定的电站出力及电网受电计划满足水库、电网运行约束，能均衡地响应各受端电网调峰需求，不同程度地削减电网高峰时段负荷、减小峰谷差以及余荷波动，其建模思路可为具有跨区跨省送电需求的大型水电站提供借鉴与参考。

7.2.2 基于不对称自适应廊道的水库群单电网调峰调度

华中电网下辖的八座直调水电站中，除了二滩电站之外，其他七座电站均为送电范围仅限单个省级电网的第三类水电站。其中，清江梯级中的水布垭、隔河岩、高坝洲等 3 个水电站均向湖北电网送电，沅水梯级中的三板溪、白市、托口、五强溪等 4 个水电站均向湖南电网送电，是典型的"多站单电网"问题。

"多站单电网"短期调峰调度相对于"单站多电网"而言，其有利因素是能够统一协调各水电站的运行方式，发挥梯级电站群的最大发电调峰潜力，而且只针对单个电网送电，目标较为简单；但是由于电站数目较多，电站之间具有很强的耦合关系（Shen 等，2011；Wang 等，2012），既有水量传递上的动态联系，又有多种综合利用要求（陈森林等，1999）。

7.2.2.1 多站单电网短期调峰数学模型

1. 目标函数

与前面所建立的"单站多电网"调峰模型相似，对于多个电站向同一个电网送电的问题，同样需要避免火电机组出力出现频繁波动的情况，因此在进行梯级水电站日前发电计划编制时，应尽量发挥水电站的调峰容量效益，使经水电站群调峰后的电网剩余负荷在保证平坦的情况下最小。转换目标函数表示为剩余负荷的方差最小，如式（7.62）所示。

$$\begin{cases} D_t = C_t - \sum_{i=1}^{M} N_{i,t} \\ \overline{D} = \dfrac{1}{T} \sum_{t=1}^{T} D_t \\ MinE = \dfrac{1}{T} \sum_{t=1}^{T} (D_t - \overline{D})^2 \end{cases} \tag{7.62}$$

式中：D_t 为梯级电站送电电网剩余负荷；C_t 为梯级电站面临负荷曲线在第 t 个时段的取值；$N_{i,t}$ 为 i 号电站在 t 时段的出力；M 为电站总数；$\overline{D}$ 为剩余负荷平均值；E 为电力系统剩余负荷方差。

2. 约束条件

（1）水力联系。

$$I_{i+1,t} = Q_{i+1,t-\tau} + B_{i+1,t} \tag{7.63}$$

式中：$I_{i+1,t}$ 为第 $i+1$ 个水电站第 t 时段的入库流量；$B_{i+1,t}$ 为第 $i+1$ 个水电站第 t 时段的区间入流；τ 为水流时滞；$Q_{i+1,t-\tau}$ 为第 $i+1$ 个水电站 $t-\tau$ 时段的下泄流量。

（2）运行水位约束。

$$Z_t^{\min} \leqslant Z_t \leqslant Z_t^{\max} \qquad (7.64)$$

式中：$Z_t^{\max}$、$Z_t^{\min}$ 分别为水电站第 t 个时段水位上、下限。

（3）下泄流量约束。

$$Q_t^{\min} \leqslant Q_t \leqslant Q_t^{\max} \qquad (7.65)$$

式中：$Q_t^{\max}$、$Q_t^{\min}$ 分别为水电站第 t 个时段下泄流量上、下限。

（4）水电站出力约束。

$$P_t^{\min} \leqslant \sum_{g=1}^{G} P_t^g \leqslant P_t^{\max} \qquad (7.66)$$

式中：$P_t^{\max}$、$P_t^{\min}$ 分别为水电站第 t 个时段出力上、下限。

（5）水量平衡约束。

$$V_t = V_{t-1} + (I_t - Q_t) \cdot \Delta t \qquad (7.67)$$

式中：V_t 为水电站第 t 时段蓄水量；I_t、Q_t 分别为水电站入库流量和下泄流量。

（6）末水位控制。

$$Z_T = Z_{\text{end}} \qquad (7.68)$$

式中：Z_T 与 Z_{end} 分别为水电站 T 时段计算末水位及给定调度期末水位。

（7）水位/流量变幅约束。

$$\begin{cases} \mid Z_t - Z_{t-1} \mid \leqslant \Delta Z \\ \mid Q_t - Q_{t-1} \mid \leqslant \Delta Q \end{cases} \qquad (7.69)$$

式中：ΔZ、ΔQ 分别为水电站时段允许最大水位变幅和流量变幅。

（8）出力变幅约束。

$$\left| \sum_{g=1}^{G} P_t^g - \sum_{g=1}^{G} P_{t-1}^g \right| \leqslant \Delta P \qquad (7.70)$$

式中：ΔP 为水电站时段允许最大出力变幅。

（9）机组稳定运行约束。

$$N_k^{\min} \leqslant N_{t,k} \leqslant N_k^{\max} \qquad (7.71)$$

式中：$N_{t,k}$ 为第 k 号机组时段 t 的出力；$N_k^{\max}$ 与 $N_k^{\min}$ 为水电站第 k 号机组出力上、下限。

（10）机组最短开、停机时间约束。

$$\begin{cases} T_{t,k}^{\text{off}} \geqslant T_k^{\text{dn}} \\ T_{t,k}^{\text{on}} \geqslant T_k^{\text{up}} \end{cases} \qquad (7.72)$$

式中：T_k^{up}、T_k^{dn} 分别为机组 k 允许的最短开、停机时间限制；$T_{t,k}^{\text{on}}$、$T_{t,k}^{\text{off}}$ 分别为机组 k 在 t 时段以前的开、停机历时。

7.2.2.2　清江梯级调度实例研究与分析

以清江梯级电站 2014 年 3 月 1 日运行工况为例进行发电计划编制。电网负荷曲线采用湖北电网的实际日负荷，电站的初、末水位结合历史运行水位进行设置，水布垭初、末水位设置为 381.23m、380.85m，隔河岩初、末水位设置为 193.62m、193.56m，高坝洲初、末水位设置为 79.75m、80.0m，出力变幅约束为 100 万 kW，三电站所有机组均无检修。电站出力两次变化之间的时间间隔不小于 4 个时段（1h）。以日为调度期（96 时段）进行清江梯级电站非弃水期调度仿真模拟计算，得到清江梯级各电站出力、水位、下泄流量过程及其机组出力过程如图 7.40～图 7.46 所示。

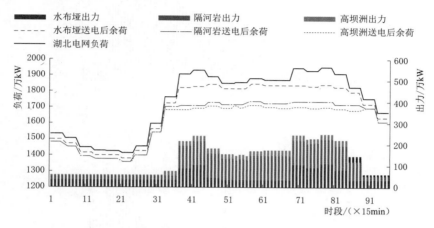

图 7.40　清江梯级各电站出力过程及电网剩余负荷

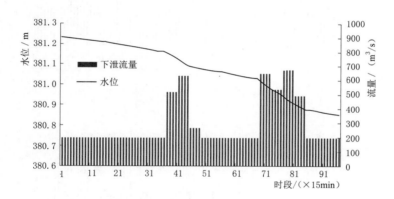

图 7.41　水布垭电站水位及下泄流量过程

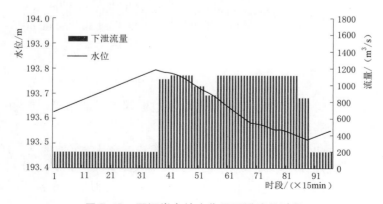

图 7.42　隔河岩电站水位及下泄流量过程

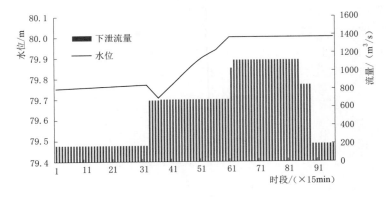

图 7.43 高坝洲电站水位及下泄流量过程

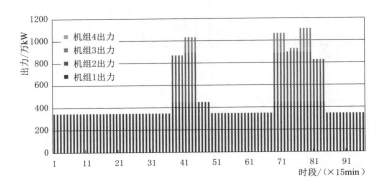

图 7.44 水布垭电站各机组出力过程

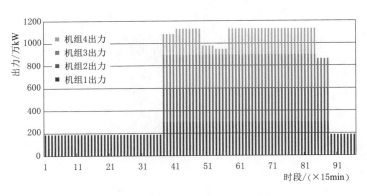

图 7.45 隔河岩电站各机组出力过程

图 7.40 给出了清江梯级三个电站对湖北电网送电调峰后的结果。图中显示湖北电网负荷有两个比较明显的高峰，分别是在 11：00—13：00 和 17：00—20：00 两个时间段，谷段出现在 2：00—7：00 时间段。在谷段所处时段中三个电站全部都维持保证出力发电，以节省水量；在峰荷所处时段，三个电站均加大出力至最大出力值，充分利用了电站的调峰容量。经过三个电站调峰后的余荷在峰段处十分平稳，近似成一条水平线，峰谷差大为减小，调峰效果理想。

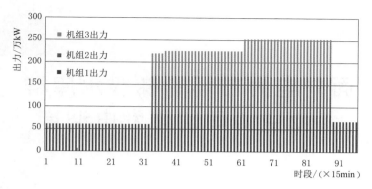

图 7.46　高坝洲电站各机组出力过程

图 7.41～图 7.43 分别给出了水布垭、隔河岩、高坝洲三个电站的水位和下泄过程，各个电站的下泄流量均大于其最小下泄流量，满足下游综合用水要求，同时各电站的调度期末水位达到控制要求水位，保证了调度的周期性要求。

图 7.44～图 7.46 给出了各电站机组的出力过程。三个电站基本上都是其中一台机组承担基荷，在电网负荷增大时，增开其他机组。由图中可以看出，所有机组均能够满足设定的机组开停机时间约束，且没有出现频繁启停的情况。

对比湖北电网经清江梯级三个电站调峰前后的峰谷差以及负荷方差等指标（表 7.10），可以看出峰谷差减小了 180.35 万 kW、相对减小 33.50%，方差相对减小了52.14%，表明调峰效果较好，大幅度削减了峰荷，使得峰段变得较为平坦。同时可以看出，由于水布垭和隔河岩的装机容量较大，调节性能较好，承担了主要的调峰任务，而高坝洲由于调峰容量太小，基本上无法对系统峰谷差产生实质上的削减，只能工作在系统基荷位置。

表 7.10　　　　　　　　　　　　湖北电网调峰前后部分指标比较表

比较指标	峰　谷　差		方　差	
	绝对值/万 kW	降幅/%	绝对值/万 kW	降幅/%
原始负荷	538.43	—	38491.16	—
水布垭调峰后	69.88	12.98	5633.74	14.64
隔河岩调峰后	94.15	17.49	12334.12	32.04
高坝洲调峰后	16.32	3.03	2100.44	5.46
总降幅	180.35	33.50	20068.30	52.14

综合以上分析，说明本书所提出的多站单电网调峰方法调峰效果较好，余荷较为平稳，充分发挥了水电站的调峰能力，能够满足水电站的各项安全运行约束，同时梯级各电站配合较好，未出现大量弃水。而且该方法运算效率较高，满足短期发电计划编制的时效性要求。

面向电力市场的梯级水库群
多业主协同优化发电调度

经过时间的检验，多业主流域水电的管理薄弱和利益冲突问题日益显现：各梯级电站投资及调节性能差异大，上下游梯级信息共享困难，发电运行缺乏统筹调度，对水库电站的开发意愿下降，水能资源无法科学利用，整体效益不能高效发挥。为强化流域水电的统筹管理，创新体制、机制，协调流域水电的开发、运营和管理，促进流域水电持续健康发展，《国家发展改革委关于加强流域水电管理有关问题的通知》（发改能源〔2016〕280号）强调了"多方参与""合作共赢""整体效益"一系列关键字眼，对梯级调度和电价机制等运营管理方面制定了"流域统一化"这一方向性原则。因此，本书放眼多业主梯级电站群的协同合作，试图以效益为"粘合剂"实现流域整体化，并在协同竞价过程中逐步实现流域的联合调度、上下游水电站的信息共享、水能资源的科学利用和整体效益的有效发挥。

8.1 面向电力市场的水库群效益-风险均衡调度

梯级多业主电站间，由于地理位置的差别，水能利用上的特征，再加上各电站自身的特点，共同决定了在同一梯级流域的电站往往存在相互的依赖性，在此基础上通过合作，可以获得更多的发电效益。研究工作根据共生行为模式的定义，结合上下游电站在共生过程中可能出现的效益-风险均衡方式，提出了流域梯级多业主电站可能出现以下四种均衡方式：

（1）流域梯级多业主电站寄生模式。上下游电站通过共生行为增加发电量带来的收益完全被单独一方所得，而另一方在合作过程中的成本未能得到返还。这种运作模式对未得到成本返还一方有害；而对获得收益一方而言，通过合作增加了发电量，并通过另一方的成本投入降低了自身成本。

（2）流域梯级多业主电站偏利共生模式。上下游电站合作增发电量带来的收益完全被一方所得，但对于合作另一方在合作过程中付出的成本予以偿还；该模式不损害任何一方利益，但只有利于获利方的进化。

（3）流域梯级多业主电站非对称互惠共生模式。上下游电站合作增发电量带来的收益，在分别偿还合作双方的合作成本后，将剩余部分非对称的分配给双方；这种模式不损害任何一方的利益，还在一定程度上给合作双方带来收益。

（4）流域梯级多业主电站对称互惠共生模式。上下游电站合作增发电量带来的收益，根据合作双方的合作成本的多少，按比例分配。这种运作模式不仅不损害合作双方的利益，还按照投入比例公平地分配收益。

8.1.1　基于效益-风险均衡的水库群随机优化调度研究

当梯级电站联盟处于寄生模式的时候，没有新的共生能量产生，只是由某一电站流向另一电站。就是部分电站的利益成果或是市场份额被其他电站所吸纳或侵占。寄生这种行为模式的存在，必导致联盟内部的冲突，带来联盟的不稳定性。而且也不符合梯级共生联盟的初衷，在这种模式下，投机型行为尤为明显，给部分下游电站带来了损失，这种模式的联盟不稳定性极高。

随着梯级联盟的发展，电站共生行为模式会演变成偏利共生模式，在这种模式下，与寄生模式不同的是，联盟会产生新的共生能量，但利益成果会大多归处于从属地位的下游电站所有，这对于在联盟中处于主导地位的上游电站所来说，联盟并没有给它们带来预期的效益，他们会失去继续合作的动力，会导致联盟的不稳定性。因此，在偏利共生模式下，不会存在联盟的稳定解，需要对联盟的方案进行调整，使新的共生利益的能够在上下游多业主电站得到合理分配。

在对称互惠共生模式中处于主导地位的上游电站和处于次要地位的下游电站会因联合调度产生相应的规模经济，使得梯级共生联盟能量增加，但下游电站给上游电站的发电量可能带来反向的影响。设 s_{21} 表明下游电站发电量规模饱和度对上游电站发电量的影响，对于下游电站而言，由于上游电站因发电量多少产生的下泄水量的多少对下游电站发电量影响正向反向均有可能，设 s_{12} 表明上游电站发电量对下游电站发电量的影响。随着上游电站的发电量增加，下游电站的发电量增长率会逐步降低，并趋向于零。这时候，下游电站与上游电站共生之后，从中获得共生能量，因此下游电站的发电量会因为共生得到提高。

因此，可将梯级电站间的关系特点概括如下：

（1）各自独立。天然入流量较大，满足电站需水，竞争较少或不存在竞争。

（2）彼此干扰。天然入流难以满足用水需求，各电站大量蓄水争夺资源，单位时间水量的有限性造成彼此矛盾的加剧，产生干扰。

（3）联合分摊。激烈竞争导致同流域各电站采取一定的方式对水资源进行分配，在缓解竞争的前提下共同利用水资源。

（4）协同进化。在联合分摊基础上，各电站通过相互间的协同进化、互惠共生，更高效地利用流域水资源。

8.1.2　基于优势可能度与综合赋权的水库群多重风险决策

以两个电站共生问题进行博弈分析，梯级多业主电站由于其特殊性，彼此之间相互影响、相互制约，存在一定程度的依赖性，借鉴许多企业技术合作同盟的经验，梯级多业主电站缔结共生联盟较为可行。然而，梯级共生联盟中的水电站都是利益追逐者，业主都希望自身收益最大，使得共生联盟易陷入"囚徒困境"，很容易出现机会主义行为。参与共生联盟的电站，为降低机会主义风险，会采取消极的合作策略，这将降低梯级共生联盟的稳定性。

通过对梯级多业主电站共生联盟的支付矩阵进行必要的改变，限制梯级共生联盟双方的机会主义利得，采取适当的机制对各电站予以引导，可以达成一种相对稳定的共生合作模式。表 8.1 为同一梯级流域上下游不同业主的两个电站的共生联盟博弈支付矩阵。

表 8.1 梯级多业主电站共生联盟博弈支付矩阵

组 合 类 型		下 游 电 站	
		不合作	合作
上游电站	不合作	γE_1，$(1-\gamma)E_1$	E_2，E_3
	合作	E_3，E_2	γE，$(1-\gamma)E$

假定上述收益额有以下关系：

$$E > E_2 > \gamma E > \gamma E_1 > E_3 \tag{8.1}$$

$$E > E_2 > (1-\gamma)E > (1-\gamma)E_1 > E_3 \tag{8.2}$$

由此排序的原因是，当一个电站采取合作、另一个电站采取不合作行为时，不合作电站利用合作方电站的资源，可获得收益，且高于两电站均采取合作行为时自身能够取得的收益，而单方面合作的电站，还会因为在合作中的投入资源而减少收益；但是，由于梯级流域电站之间的特殊水力联系，单方面不合作情况下的收益不会超过合作情况下收益，特别是引入电网补贴后，通常 $E > E_2$。

通过分析可知，如果两电站都不采取合作，虽然不能获得最大收益，但可以避免对方的机会主义行为损害自己的利益，最后均衡（γE_1，$(1-\gamma)E_1$），即（不合作，不合作），处于该状态的共生联盟收益增加空间较小，难以实现长期稳定存在。但是在引入第三方补贴之后，当一个电站确信另一电站存在较强的合作意愿，则可能在有限次数的重复博弈中实现最优的均衡（合作，合作），各电站合作意愿的高低在博弈论中由双方的"混合策略"来体现。

从梯级多业主电站各方长期的合作历史和企业声誉，以及第三方介入后的可行性来判断，假定：上游电站采取合作的概率为 p，不合作的概率为 $1-p$；下游电站采取合作的概率为 q，不合作的概率为 $1-q$。当上游电站合作时，下游电站也采取合作时，其支付为

$$V_1 = pq(1-\gamma)E \tag{8.3}$$

当上游电站合作时，下游电站采取不合作时，其支付为

$$V_2 = p(1-q)E_2 \tag{8.4}$$

当上游电站采取不合作，下游电站采取合作，其支付为

$$V_3 = (1-p)qE_3 \tag{8.5}$$

若下游电站采取不合作时，其支付为

$$V_4 = (1-p)(1-q)E_1 \tag{8.6}$$

对加入共生联盟的电站而言，是否选择合作，由选择合作的期望总支付与选择不合作的期望总支付比较决定。在合作的期望总支付大于不合作的期望总支付时，就会选择合作，故下游电站选择合作的条件为

$$\sum_{i=1}^{4} V_i(q=1) \geqslant \sum_{i=1}^{4} V_i(q=0) \tag{8.7}$$

即

$$p(1-\gamma)E + (1-p)E_3 \geqslant pE_2 + (1-p)(1-\gamma)E_1 \tag{8.8}$$

由此可得

$$1-\gamma \geqslant \frac{pE_2 - (1-p)E_3}{pE_1 - (1-p)E} \tag{8.9}$$

同理可得，上游电站选择合作的条件为

$$\gamma \geqslant \frac{qE_2 - (1-q)E_3}{qE_1 - (1-q)E} \tag{8.10}$$

式（8.9）和式（8.10）表明上、下游电站选择合作而不选择机会主义行为的条件是各自在共生联盟中获得的收益分配比例足够大；又由于 $\gamma + (1-\gamma) = 1$，因此上下游电站都希望在共生联盟中获得的收益份额理想情况是 $\gamma = (1-\gamma) = 0.5$。由于前文假定，$\gamma$ 和 $(1-\gamma)$ 分别为上游电站和下游电站在共生联盟中根据其贡献大小所获得的收益配额，这就要求上下游电站在梯级共生联盟中做出的贡献应该相等，才能实现博弈模型的最优均衡（合作，合作），达到梯级共生联盟的稳定。

由于上下游电站在梯级共生联盟中所承担的角色不同，在生产成本的投入上不完全相同，因此在收益分配上难以达到理想条件下的均衡，为解决这一矛盾，通过引入第三方补贴的方式，使得梯级多业主电站共生联盟增加部分额外的收益，同时也使得梯级共生联盟的共有利益增加。对于增加的这部分额外收益，由上下游电站合作才能实现，少了任何一方的参与都不可能，可视为上下游电站对该部分收益的贡献系数相同，应当平均分配。而对于上下游电站合作发电量增加而产生的直接收益，为保证在共生过程中的公平性，对这部分收益则根据各自的生产成本按比例分配。在第三方补偿额度适当的情况下，合作双方最终获得的收益所占的比例都是比较大而且较为接近的。因此，共生联盟以最优均衡条件（合作，合作）长期稳定存在成为可能。

考虑到水电行业的特殊性和利益相关性，可考虑由电网担任第三方。因水电上网电价较低，在可选情况下电网自然会选择水电以降低成本。因此，电网具有采取补偿措施鼓励梯级多业主电站采取合作策略增加发电量的驱动力，只要电网对合作电站采取的补贴在其他电能和水电上网电价差额范围之内，补偿方案都具有可行性。例如，根据目前国内的实际情况，火电的平均上网电价按 0.40 元/(kW·h) 计算，水电平均成本价按 0.15 元/(kW·h) 计算，水电平均上网价格按 0.25 元/(kW·h) 计算，水电和火电的上网差价为 0.15 元/(kW·h)，对于电网而言，只要其对合作电站的补贴不超过 0.15 元/(kW·h) 都是可取的。此外，由于近年来政府一直提倡节能减排，水电作为清洁能源之一，电网可以申请政府的优惠扶持政策，从而在实现对流域梯级电站合作进行较高额度的激励补偿，

从而在超过上网差价额度的补偿之后仍能有一定的利益空间。表 8.2 为电网作为第三方参与到梯级多业主共生联盟中的博弈支付矩阵。

表 8.2　　　　　　　　　　电网和梯级多业主电站共生联盟博弈支付矩阵

组　合　类　型		梯级多业主电站共生联盟	
		合　作	不合作
电网	补贴	$F-E_{SS}+I,\ E_{sa}+E_{sb}+E_{SS}$	0，0
	不补贴	$F,\ E_{sa}+E_{sb}$	0，0

对电站而言，通过合作能获得更多的收益；对于电网而言，梯级电站合作增加发电量，能给电网带来更多的利益空间，从其自身利益的角度考虑，更倾向于在不对电站进行补贴的情况下，电站能够长期稳定合作，增加上网电量。但是从合作电站而言，缺少电网补贴，通过合作虽然能够增加其发电量收益，但是这部分收益极为有限，没有电网补贴，共生联盟稳定性较低，抵抗风险的能力较低。为了能够促使共生联盟电站长期稳定合作，电网对合作电站进行补贴是有必要的，这样能够提高合作电站抵抗风险的能力，调动梯级多业主电站合作的积极性。

以黄河上游某梯级电站的运行情况仿真计算为例，根据调节性能可分为两类：一类为具备调节能力的水库；另一类为径流式电站。仅考虑龙头水库调蓄作用对下游电站的影响，在年均增加发电总量上进行分析，各电站增加电量计算结果见表 8.3。

表 8.3　　　　　　　　　　长系列调节计算多年平均结果表　　　　　　　单位：亿 kW・h

电站序号	无 水 库 调 节			上 游 水 库 调 节			增加总量
	汛期	非汛期	总量	汛期	非汛期	总量	
1				25.95	26.34	52.29	
2	10.65	8.06	18.71	9.79	10.35	20.14	1.43
3	4.20	4.18	8.38	3.96	5.10	9.06	0.68
4	8.73	7.49	16.22	8.11	8.80	16.91	0.69
5	6.20	3.80	10.00	5.77	4.84	10.61	0.61

再以广东某流域水电站的调度运营情况为例。该流域共有四个电站，从上游到下游依次为 1 号、2 号、3 号、4 号。表 8.4 给出了各电站通过上游水库调节前后的发电量数据。

表 8.4　　　　　　　　　　水库调节前后各电站发电量对比情况　　　　　　单位：10^3 kW・h

序　号	调节前发电量	调节后发电量	增加发电量
1	17520	17520	0
2	157680	189216	31536
3	66225	99338	33113
4	56064	70080	14016

上述结果验证了上下游电站联合调度能够增加梯级电站总发电量，实现梯级流域效益最大化。根据前文的分析，处于同一梯级流域的电站中，虽然下游不具备调蓄能力的径流

式电站依赖于上游电站水库的调蓄能力来调节自身水库的径流，减少弃水，增加发电量，上游电站水库的调蓄起着决定性的作用，但下游电站在这部分增加电量上也起着不可替代的作用，因为上游电站受装机容量等因素的限制，如果没有下游电站的配合，仅依靠上游电站的调蓄作用是无法获得这部分发电效益的。因此，上游电站和下游电站是相互依赖的，而且这种依赖程度较为对等，平衡了合作双方之间的谈判能力，有利于共生同盟的稳定。

8.2 梯级水库群多业主协同优化调控研究

梯级水库群是由建造在同一江河流域的一系列水库构成的群体。随着电力体制改革的不断推进，水电建设的市场化和投资主体的多元化加快了水电开发速度，对同一流域的开发模式也呈现出了多开发主体的趋势。多开发主体模式的流域形成的多业主梯级水库群相对于单一业主水库群的协同调度管理复杂得多，具有如下特征：

梯级水库群在同一流域上共同为一些开发目标（如发电、防洪、灌溉、航运等）调节径流，是对水头的分级开发、分段利用，对水量的多次开发、重复利用，上下梯级之间联系紧密且相互影响和制约，由于各水库群的业主不同，难以协调梯级间的水量分配和水库蓄放水次序，发挥梯级水文补偿、库容补偿、电力补偿作用，达到合理利用流域水资源的目的。

不同水库间调节性能、项目投资、投产时间不尽相同，电价形成机制各异，核定的上网电价往往不一致，在面向市场电力交易时，不同业主所考虑的因素不同，竞价价格也会不同，最终容易造成高电价的水库电站蓄水停发，而电价低的水库缺水待发或低水头发电，以致丰水期大量弃水，枯水期下游水库无水可发的情况出现；隶属不同业主的水库同属发电侧电力市场主体，存在相互竞争关系，容易各自为政，各梯级以自身收益最大化为目标确定各自的发电调度策略，难以实现梯级最优发电调度，由于无法共享决策信息，下游水库仅能通过预测上游水库的调度策略制定自身调度策略，导致实际与计划偏差较大，造成水库弃水或不能完成发电计划。

各梯级水库之间有着紧密的水力水量联系，在对同一河流进行径流调节时会对彼此的发电效益产生一定的影响，调蓄能力较好的水库对下游水库的发电调度具有径流补偿作用，甚至能影响到整个水库群的发电效益，由于各梯级属于不同业主，存在受益方和施益方，因此各业主有着复杂的效益补偿关系。

8.2.1 梯级水库群联合调度补偿效益分析

共生是一种普遍存在的生物现象，泛指共生单元之间在一定的共生环境中按某种共生模式形成的关系，互利共生关系是指共生单元之间积极的相互作用。互利共生产生的新能量来源于共生单元之间的分工与协作，且新能量能够在共生单元之间分配，存在双向利益交流机制。梯级水库群由于水资源共享，上下游水库对发电用水的需求呈现既相互竞争又相互依赖的特点，与生命体的共生、均衡、成长、竞争和进化现象相似。梯级水库群以外的所有因素，如政策环境、经济环境、资源环境和市场环境等构成了梯级共生联盟的环境；各梯级水库是共生联盟中的共生单元，即基本能量生产和交换单位；共生组织模式则是上下游水库之间利益分享机制的可持续程度；共生行为模式指在利益分享机制下，各水库在不同条件下所表现出的相互作用方式。

复杂适应系统是指由大量的按照一定规则或模式产生非线性相互作用的行为主体所组成的动态系统，系统中的行为主体通过学习产生适应性生存和发展策略，导致系统进行创造性演化。梯级水库群形成的互利共生系统存在多行为主体之间的非线性作用、行为主体学习和系统演化等多种复杂适应系统特征。由于流域梯级空间分布的不同和水力资源统一配置的作用，各水库之间存在直接或间接的复杂联系和耦合作用，因此在运行过程中，需要针对自身地域条件和流域空间位置，充分考虑互联电站的水力资源利用方式、特征及其影响，通过不断调整自身运行策略，适应流域梯级水力资源的整体优化配置。各级水库之间不仅存在电力联系，而且存在复杂的水力联系，上游水库的发电和泄水影响着下游水库的入库流量和入库时间，从而影响其发电能力，加上来水的不确定性，各梯级的调度计划必须考虑可发电用水的限制，以及梯级间水流流达时间。此外，梯级水库群与其互联电力系统交织着各种物质流与信息流的映射关系，梯级水库群联合优化运行问题是在市场交易规则和水文循环、发电控制、运行方式、调度模式、电网安全、电能需求以及用电行为等约束集合条件下的大型、动态、离散、非凸的非线性多目标优化问题，并且，随着电力市场化，各种耦合问题日趋复杂并呈现出由低维向高维的演化过程，使得系统的内在结构也呈现出多样性和复杂性。

8.2.2 基于补偿效益分配的多业主水库群合作调度

随着我国水电开发的不断深入，同一条流域的水电站往往具有投资主体多元、项目投资各异，调节性能不同、投产时间有别等特点，在参与电力市场时，独立竞价只考虑本电站自身效益，既不利于流域梯级电站的统一调度、统一协调，又不利于流域水资源的充分利用，且不利于梯级电站发挥综合效益，还不利于电厂间的公平竞争，更不利于高调节性能水电站的建设。因此，流域梯级电站通过结盟进行协同竞价是十分必要的，多业主梯级水库群协同竞价（Synergy Bidding）的动因大致可从内部和外部两方面分析。

8.2.2.1 外部动因

1. 电力体制市场化

2015 年 3 月，中共中央、国务院颁布《关于进一步深化电力体制改革的若干意见》。同年 11 月，国家发展改革委发布了 6 个电力体制改革配套文件，标志着新一轮电力体制改革全面铺开，按照"管住中间、放开两头"的体制架构，有序放开输配以外的竞争性环节电价，有序向社会资本放开配售电业务，有序放开公益性和调节性以外的发用电计划，逐步打破垄断，改变电网企业统购统销电力的状况，推动市场主体直接交易，充分发挥市场在资源配置中的决定性作用。梯级电站运行将从计划为主、市场为辅的调度方式到全面市场化竞争的方式转变，电网调度指令模式的计划性发电概念将越来越淡化，更多的是通过市场的价值规律去争取市场份额。

"优胜劣汰"的市场机制下，业主的报价决定着水库在市场的竞争地位，若梯级水库间协同竞价，充分考虑自身运营特点和运行约束，在定量分析流域水库收益变化的基础上，制定最优竞争战略，优化梯级调度方案，将有利于梯级水库群的经济运行、提高发电效率、提供优质可靠的出力，实现全局效益的最大化。

2. 投资主体多元化

传统水电开发通常以工程项目为主，导致一条江有多个企业进行水电资源开发，出现不同利益主体的"抢滩"行为，造成同一流域梯级投资主体的多元化。对于多业主梯级水库，上下游水库可能隶属于不同业主，企业之间缺乏直接的沟通渠道，管理与决策比较分散，其行为具有多样性和不确定性。因此成为市场主体的流域公司为寻求更大的利益，均以自身收益最大化为目标制定竞价上网策略，各水库在单独参与发电竞争时就会缺乏协调，由此可能产生流域梯级多业主水库优化运营时，上游水库缺乏综合考虑流域梯级总收益的激励，下游水库面临信息不对称风险仅能通过预测上游水库的运营策略制定自身运营策略，从而无法实现整条河流的梯级优化调度。

在电力市场竞价机制下，不同投资主体的水库通过协商委托等多种方式形成联盟，组成利益共同体，在竞价时以梯级效益最大为目标，协调竞价策略与各自发电调度策略，才能合理调度梯级水库，实现资源的优化配置。各发电公司互相独立，股权分离，不可能再形成合资、参股等股权式联盟。但梯级水库群同属电力市场的发电侧，地位均等，在竞价时具有相对独立性，具备通过横向结盟进行协同竞价的可能性。

3. 梯级调控一体化

梯级水库群由于共用一河之水，并具有发电、供水、航运、防洪、灌溉等多种使用价值及功能，为协调各部门的职能，防止"多龙治水"，管理机构更倾向于对流域梯级实施统一规划、统一调度、集中控制，并积极探索"调控一体化"管理模式，通过对整个梯级的合理统一调度，实现整体效益大于个体效益之和。2016年2月，国家发展改革委下发《关于加强流域水电管理有关问题的通知》（发改能源〔2016〕280号），要求"建立流域水电协调机制，统筹解决流域性问题"。四川省人民政府办公厅下发《关于进一步加强和规范水电建设管理的意见》（川府发〔2016〕47号），要求"积极推进流域综合管理"，特别是多业主流域水电综合管理，充分发挥流域水电梯级开发综合效益。

"调控一体化"将水库调度、电力生产调度和电站控制集中在一个部门，采用"调度＋监视＋重点控制"的方式，实现水库调度、电力调度等职能的统一和电站远方集中监控。这种模式有利于业主间结成联盟，通过协同竞价，提高企业生产经营的效率与利润。梯级水库群实施协同竞价，可以统筹考虑电站运行各方面的因素，并及时调整梯级电站电力生产方案，协调水库调度与电网调度之间的关系。

8.2.2.2　内部动因

1. 提升市场竞争力

电网希望在保证系统安全与稳定运行、满足用户侧需求的条件下，实现成本最小化购电，电网调度"避高就低"，同一流域往往会出现低电价电站优先调度的现象。在未来竞价上网环境下，市场主体多方直接交易，发电主体间仍将以上网电价为依据实行竞争，成本电价低的电站报价低，交易成功率高。在固有成本差异下若仍以单个电站为载体进入市场，将不利于电厂间的公平竞争，导致成本高、竞争力弱的水电站很难实现有效的市场竞争，无法发挥流域梯级电站整体的竞争优势。另外，竞价上网是关系着电量合同和电价协议签订的重要环节，若同处于一条河流上的两个电站属于不同的开发业主，各电站根据自己的局部利益确定各自的运行方式和报价策略，下游电站在报价时是无法知道上游情况的，若双方未达成调解协议，下游电站在整个竞争中都始终处于非常被动的地位，这不仅不利于下游电站的调度运行，也不利于对整个梯级水力资源的利用。

若梯级水库群形成协同竞价，同一流域各电站间无需进行效益博弈，而是采用统一的"联营"方式，以流域整体市场竞争力及经济效益最大化为目标，将整个梯级水电站群作为一个"统一实体"参与电力市场竞争，有利于提高流域整体市场竞争力，形成充分、高效的电力市场竞争态势，建立完善、统一的水电联合竞价单元。

2. 发挥联调优势

拥有多个开发主体的大中型流域在实际运行时，各方往往出于自身利益考虑，并非以流域梯级电站整体效益最大化为目标。流域上下游电站水力、电力联系紧密，若梯级电站间电价存在差异，容易造成高电价的水库电站蓄水停发，而电价低的电站缺水待发或低水头发电，以致丰水期大量弃水，枯水期下游电站无水可发的情况出现，不利于统一调度、流域水资源的充分利用和流域整体效益发挥。

梯级水库群形成协同竞价，将有利于打破当前定价机制对流域统一优化调度的桎梏，促进流域内不同业主电站间的联合优化调度，增强流域内各电站的调度协调及流域信息共享。在流域统一调度运行的基础上，可充分发挥水库电站的调节容量效益，通过流域梯级电站群对流域径流的调节，优化下游电站电量的年内分配，从而减少汛期弃水电量，增加枯期电量，可最大限度地提高水能利用效率，改善流量流态，增强流域总体发电、防洪能力，获得比流域电站单独运行时更大的综合效益。

3. 降低运营风险

一方面，调节性较好的水库往往投资大、建设周期长，新建水库由于还贷期短、赋税较重等原因，核算的上网电价普遍高于调节性能差和建设期早的水库，在发电市场中竞争力较弱，难以得到足够且稳定的投资回报率，面临巨大的利益损失风险。通过梯级水库协同竞价，可反映流域梯级开发在投资、运行、效益等方面的特点，对水库的高成本、低收益状况具有一定的改善作用，降低大型水库与新建水库参与电力市场的风险，并能向各方释放积极的投资信号，合理引导促进水库电站的建设。

另一方面，水库的来水具有很大的不确定性，对调节性较差的水库的出力影响较大，履行发电任务存在一定风险。在丰水期，梯级水库群同时处于满发阶段，若各水库难以配合运行，相互竞争势必会产生大量弃水，无法充分利用水电资源；而在枯水期，如果河流来水量不足，可能造成水库长期处于低水头运行或利用小时数较低，发电量难以满足计划要求。梯级水库群若实现协同竞价，可综合考虑各水库的发电能力以及各水库之间的协调能力，制定合理的发电调度策略，减小各水库由于电价差异造成的出力、发电量违约风险，提高电力合约的履约率。

4. 防止过度竞争

发电市场是寡头竞争市场，由于产品的同质性，价格竞争是主要的竞争手段，而且发电市场的投资规模巨大，存在市场退出障碍，因此有可能出现恶性竞争。2016年，我国水电装机容量和年发电量分别突破3亿kW和1万亿kW·h，分别占全国装机和发电总量的 20.9％和 19.4％。水电是我国最主要的清洁电力来源，但由于受全球经济复苏步伐放缓影响，我国经济发展进入新常态，经济增长从高速转向中高速，经济增长已由过去 10％以上的高速增长转为 6％～7％的中高速增长的新常态，电力需求增速也将随之放缓，造成电力供给过剩，水电消纳压力和"弃水"问题严峻。

在目前电力产能过剩、用电需求不足的情况下，发电企业之间很容易出现过度竞争，加剧电价水平下降，使得大多数企业无法获得完全竞争长期均衡状态下的正常利润，甚至只能获得负利润。对于一般的发电企业来说，这将产生很大的生存和发展风险。若各梯级水库协同竞价，在报价时达成协议，都报最高价，或减少各自的报价电量，利用电力需求曲线的特点，提高电力市场价格，以使业主获得足够持续运营水库的利润保障。

8.2.3　多业主梯级水库群协同竞价基本概念和模式

协同竞价是指参与人能够联合达成一个具有约束力且可强制执行的协议的竞价类型，其中最重要的两个概念是联盟和分配。在特定的时间和范围之内，各成员基于各自的战略目标，通过协议、契约而结成联盟，联盟成员之间资源共享、优势互补、利益共担，并强调集体理性、效率、公正、公平，每个参与人从联盟中分配的收益正好是各种联盟形式的最大总收益，且从联盟中分配到的收益不小于单独竞价所得收益。

协同竞价的基本形式是联盟竞价，它隐含的假设是存在一个参与人之间可以自由流动的交换媒介（如货币），每个参与人的效用与它是线性相关的。协同竞价形成的基础是各参与人的收益之和大于零，且通过协同获得的收益大于不协同的收益，具有"1＋1＞2"的协同效应。协同竞价的结果必须是一个帕累托改进，协同双方的利益都有所增加，或者至少是一方的利益增加，而另一方的利益不受损害，能够产生协同剩余。协同剩余如在各成员间的分配取决于协同各方的力量对比和制度设计，协同剩余的分配既是协同的结果，又是达成协同的条件。协同竞价的核心问题是参与人如何结盟以及如何重新分配结盟的得益。

多业主梯级水库群同为发电侧电力市场主体，地位均等，在竞价时相互独立，并且具有紧密的水力、电力联系，有统一调度的需求，具备协同竞价的可能性。梯级水库群协同竞价的模式为：将联盟内各水库捆绑在一起进行联合财务评价，各水库上报相同电价和联盟总电量，中标电量在联盟内合理分配，协调各水库的运行方式和效益分配。

多业主梯级水库群协同竞价的具体流程为：各水库首先对市场信息开展调研，充分了解对手报价信息，再综合本水库的发电成本函数，在此基础上，选择最优竞价策略，并由此得出初步的单库竞价曲线、竞价方案，用于在联盟中进行协商；联盟综合其成员发电成本、竞价曲线等信息，分析市场需求，确定联盟竞价策略，对各个水库提交的初始竞价曲线进行优化和调整后得到协同竞价曲线，该曲线明确联盟统一电价和总发电量的关系，之后以联盟作为一个整体进行协同竞价；中标后，协调其成员竞价策略方案，优化和调整各水库初始竞价曲线，合理分配电站出力；最后进行考核结算和利益平衡分配。结盟后的水库因其竞价策略的改变，其利润较独立竞价时会发生变化，有的水库会从联盟受益，部分水库收益可能减少。因此联盟内部应建立一套完善的分配机制，协调上下游水库利益分摊与补偿，以充分调动联盟成员积极性，维持联盟的稳定。水库根据收益情况和市场环境在下一竞价周期前决定是否参与或退出联盟。下一竞价周期到来后，各梯级水库重复以上协同运作的过程，协同竞价的流程如图 8.1 所示。

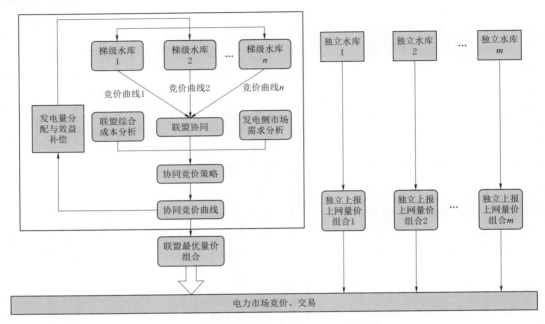

图 8.1   多业主梯级水库群协同竞价模式

为实现梯级水库群的协同竞价，统一各水库的申报方式，需建立联盟的运行机制，并设立专门的机构负责联盟的竞价和梯级联合调度，通过谈判，协调各梯级的市场竞争和发电行为，上报联盟的申报电量和电价，进行效益分配，实现对梯级水电资源的最优配置。梯级水库群通过协同竞价在整合竞争资源时，有利于各主体及时掌握市场供需信息，有效分配流域水能资源，满足各方利益最大化目的，同时保留了水库的独立竞价权，对提高市场效率、降低电网购电成本等都有积极作用。

8.2.4   基于合作博弈的梯级水库厂网合作调度

8.2.4.1   博弈论基本理论

博弈论是研究决策主体在给定信息结构下如何决策以最大化自己的效用，以及不同决策主体之间决策的均衡。即一些个人、团队或其他组织，面对一定的环境条件，在一定的规则下，依据所掌握的信息，同时或先后，一次或多次，各自从允许选择的行为或策略中进行选择并加以实施，并从中取得相应结果或收益的过程。

1. 博弈论的基本要素

博弈论的要素中包括参与者、行动、信息、策略、收益、博弈结果等。其中，参与者、策略和收益是描述一个博弈所需要的最少组成要素。参与者、行动和结果统称为"博弈规则"。

参与者：参与者指的是一个博弈中的决策主体，他的目的是通过选择、行动或战略，以最大化自己的支付、效用、水平。参与者可能是自然人，也可能是团体。

　　行动：行动是参与者在博弈的某个时点的决策变化，参与者行动的有序集，称为行动集合。与行动相关的一个重要问题是行动顺序，静态博弈和动态博弈的区分就是基于行动的顺序做出的。

　　信息：信息是博弈参与者关于博弈的知识。信息集是博弈论中描述参与者信息特征的一个基本概念，可以理解为参与者在特定时刻有关变量的值的知识。信息对于博弈参与者的意义和作用至关重要，掌握信息的多少将直接影响到决策的准确性。

　　策略：策略是参与者在给定的信息集的情况下的行为规则，它规定参与者在什么时候选择什么行动。策略指导博弈参与者如何对其他参与者的行动做出反应。

　　收益：在博弈论中，收益是指在一个特定的策略组合下，博弈参与者得到的确定效用，或者是指参与者期望得到的效用。博弈的目标就是参与者通过自己的策略选择以最大化自己的收益。博弈的一个基本特征是，一个参与者的收益不仅取决于自己的策略函数，而且取决于所有其他参与者的策略选择。

　　结果：结果是博弈分析者所感兴趣的所有东西，如均衡战略组合、均衡行动组合、均衡支付组合等。

　　2. 博弈的分类

　　（1）合作博弈与非合作博弈。按参与者是否互相联合将博弈问题分为合作博弈和非合作博弈。两者的区别在于参与者在博弈过程中是否能够达成一个具有约束力的协议。若不能，则称非合作博弈。当进行非合作博弈时，参与者在选择自己的行动时，优先考虑的是如何维护自己的利益。合作博弈强调的是集体主义、团体理性，而非合作博弈则强调个人理性、个人最优决策，其结果是有时有效率，有时则不然。

　　发电公司在竞价时可以各自独立地报价，争取自身利益最大化，即非合作竞价；也可以与其他发电公司协同报价，即合作竞价。合作竞价与非合作竞价相比可能取得更大的利益，所得利益在内部合理分配。

　　（2）静态博弈与动态博弈。博弈论非常强调时间和信息的重要性，认为时间和信息是影响博弈均衡的主要因素。在博弈过程中，参与者之间的信息传递决定了其行动空间和最优战略的选择，同时博弈过程中始终存在一个先后问题，参与者的行动次序对博弈最后的均衡有直接的影响。博弈的划分可以从参与者行动的先后顺序和信息两个角度进行。

　　从参与者行动的先后顺序这个角度，博弈可以划分为静态博弈和动态博弈。静态博弈是指博弈中，参与者同时选择行动或虽非同时但后行动者并不知道前行动者采取了什么具体行动。动态博弈是指参与者的行动有先后顺序，且后行动者能够观察到先行动者所选择的行动。

　　从信息的角度，即参与者对有关其他参与者的特征、战略空间及支付函数的知识。博弈可以划分为完全信息博弈和不完全信息博弈，完全信息指的是每一个参与者对所有其他参与者的特征、战略空间及支付函数有准确的知识；否则，就是不完全信息。

　　将上述两个角度的划分结合起来，就得到四种不同类型的博弈，这就是：静态完全信息博弈、动态完全信息博弈、静态不完全信息博弈、动态不完全信息博弈。

　　（3）纳什均衡。求解博弈问题的关键在于寻找各博弈方都不愿或不会单独改变自己策略的粗略组合，只要这种策略组合存在且是唯一的，博弈问题就有绝对确定的解。这种各博弈方都不愿或不会单独改变自己策略的策略组合就是博弈论中最重要的一个概念：纳什均衡。在纳什均衡点上，如果某个参与者的策略发生变化而其他参与者的策略保持不变，会导致这个参与者的获利减少。纳什均衡点的概念和求解方法已经成为博弈论中最重要的工具。

定义：在 n 个参与者的标准式博弈中，如果策略组合 $\omega^* = (s_1^*, \cdots, s_i^*, \cdots, s_n^*)$ 满足下面这个条件：对于每个参与者 i，s_i^* 是他针对除了参与者 i 之外的其他 $n-1$ 个参与者所选策略 $s_{-i}^* = (s_1^*, \cdots, s_{i-1}^*, s_{i+1}^*, \cdots, s_n^*)$ 的最优反应策略，则称策略组合 ω^* 是该博弈的一个纳什均衡点，即 $\mu_i = (s_1^*, \cdots, s_{i-1}^*, s_{i+1}^*, \cdots, s_n^*) \geqslant \mu_i(s_1^*, \cdots, s_{i-1}^*, s_{i+1}^*, \cdots, s_n^*)$ 对于所有 $s_i \in S_i$ 都成立。

式中：S_i 为参与者 i 的策略空间；s_{-i} 为除了参与者 i 之外其他 $n-1$ 个参与者所选策略的集合；s_i 为参与者 i 在策略空间 S_i 中所选的任意策略；μ_i 为参与者 i 的博弈收益函数。从纳什均衡的定义可以看出，有些博弈有一个或多个纳什均衡点，而有些博弈是没有纳什均衡点的。

发电公司参与市场竞价时，它的收益不仅取决于自己的报价，而且取决于其他发电公司的报价，发电公司的报价过程是一种竞价博弈。发电公司必然要运用博弈策略使自己在和其他发电公司的竞争中取得最大的利益。多业主梯级水库群电站更是具有协同竞价的内外动因，以求获得更大市场竞争优势及更多利益。因此，在了解博弈论的基础上，针对梯级水库群多业主协同竞价，首先进行静态博弈及动态博弈竞价的研究。并进一步针对传统基于 Nash 均衡意义下的多属性优化决策理论与方法难以解析有限理性下流域梯级多业主水库群动态决策特征的难题，初步研究运用合作博弈与动态演化理论，推求多业主水库群在变和博弈与多赢对局决策中产生不同动态行为的条件。

8.2.4.2　协同静态博弈模型

1. 水库群竞价特性描述

（1）负荷分配。梯级水库群进行集中竞价时，交易中心将各水库申报的上网电价按照从低到高进行排序，在各个时段既定的市场总需求的约束下，优先安排报价低的水库发电，直到满足负荷的供需平衡为止。这种负荷分配的规则可以看作一个最小化总购电费用的问题，即

$$\min\mu = \sum_{i=1}^{n} D_i L_i$$

$$s.t. \begin{cases} \sum_{i=1}^{n} L_i = L \\ 0 \leqslant L_i \leqslant q_i \end{cases} \tag{8.11}$$

式中：μ 为购电费用，元；D_i 为水库 i 的报价，元/(kW·h)；n 为梯级水库个数，个；L_i 为分配给水库 i 的电量，kW·h；L 为用户侧总需求电量，kW·h，是一定值；q_i 为水库 i 的申报电量，kW·h。通过求解上述线性优化问题，便可以得到各水库分配的电量。从该模型可以看出，各水库竞价成功的上网电量不仅受自身报价的影响，同时受其他

水库申报电价和电量的影响，进而影响到其竞价收益，因此各水库之间的竞价上网是一种博弈行为。

（2）协同竞价方式。水库为提高其竞价收益，可选择与上下游水库达成协同关系，共同制定竞价策略。本节将在竞价过程中组成联盟协同体的梯级水库看作一个独立的博弈方，与未加入协同体的水库进行竞价博弈。每个博弈方单独报价，通过结盟形成的协同体 $S(S \subseteq N)$ 上报统一的价格 D_s。

（3）成本函数。对于一座已建成投产的水库，每年的折旧费、材料费、大修费、人员工资及福利费、财务费、其他费用不随发电量的多少而变化，为固定成本；随发电量变化的主要为水费和税金，并且和发电量都是线性关系，为可变成本。因此，水库 i 的发电总成本函数可以用一线性函数表示为

$$C_i = a_i L_i + b_i \qquad (8.12)$$

式中：a_i 和 b_i 分别为水库 i 可变成本系数和固定成本的系数。

（4）得益函数。对于单独竞价的水库，其得益等于自身电量销售额减去其成本，即

$$\pi_i = D_i L_i - C_i, i \notin S \qquad (8.13)$$

对于竞价协同体，其得益为协同体的电量销售额减去协同体内各水库的成本之和，即

$$\pi_s = \sum_{i \in S} D_s L_i - C_i \qquad (8.14)$$

2. 基于双层优化的博弈模型

在实际竞价过程中，各发电商通过决策自身的报价来实现自身利润最大化，用户再根据发电商的报价决策出对各博弈方的购电量以使购电费用最小，因此是一个双层优化问题。在本节中，上层问题是竞价博弈方得益最大化问题，下层为用户购电费最小化问题。上层问题中各博弈方的得益值不仅取决于自身的报价，还依赖于下层问题对于电量分配的最优决策，而在下层问题中用户求最优电量分配的过程中又受到上层报价的影响。

在实际竞价过程中，一个竞价周期是由若干个时段组成，每个水库在报价时不仅要考虑自身发电机组的容量限制，还要考虑到各时段之间和各水库之间的水量平衡关系，因此各时段之间的报价是相互影响的。本节将一个竞价周期分为 T 个时段，每个时段长 Δt，则水库群的竞价博弈模型如下。

（1）上层目标函数。对于单独竞价的水库，通过调整其报价以获得最大得益，即

$$\max \pi_i = \sum_{t=1}^{T} \lambda_i(t) q_i(t) D_i(t) - C_i(t), i \notin S \qquad (8.15)$$

式中：$q_i(t)$、$D_i(t)$ 分别为水库 i 在第 t 时段申报的电量（kW·h）和电价 [元/(kW·h)]；$\lambda_i(t) \in [0,1]$ 为中标电量占申报电量的比例；$C_i(t)$ 为水库 i 在第 t 时段的发电成本，元。

对于竞价协同体，通过改变协同报价 D_s 来实现集体利益的最大化，即

$$\max \pi_s = \sum_{i \in S} \sum_{t=1}^{T} \omega_i(t) \lambda_s(t) q_s(t) D_s(t) - C_i(t) \qquad (8.16)$$

式中：$q_s(t)$、$D_s(t)$ 分别为联盟协作体在第 t 时段申报电量（$kW \cdot h$）和电价（统一电价）$[元/(kW \cdot h)]$；ω_i 为 i 电站的出力分配比例，且协作体内部电站分配比例之和为 1；$\lambda_s(t) \in [0,1]$ 为协作体中标电量占申报电量的比例。

（2）上层约束条件。对水库 i（$i=1, 2, \cdots, n$）在某一竞价时段 t（$t=1, 2, \cdots, T$）内进行如下约束：

1）电价水平约束。

$$D_{\min} \leqslant D_i(t) \leqslant D_{\max} \tag{8.17}$$

式中：$D_{\max}$、$D_{\min}$ 分别为电力交易规则中规定的电价上、下限，元/（$kW \cdot h$）。

2）上下游水量关系及平衡约束。

$$V_i(t) = V_i(t-1) + [R_i(t) - Q_i(t) - S_i(t)] \cdot \Delta t \tag{8.18}$$

式中：$V_i(t)$ 和 $V_i(t-1)$ 分别为 i 电站在第 t 时段末和 $t-1$ 时段末的水库库容，m^3；$R_i(t)$ 为 i 电站在第 t 时段内的入库流量，m^3/s；$Q_i(t)$ 为 i 电站在第 t 时段内的发电流量，m^3/s；$S_i(t)$ 为 i 电站在第 t 时段内的弃水流量，m^3/s。

考虑上游电站泄流量的时间延迟，入库流量 $R_i(t)$ 可表示如下：

$$R_i(t) = I_i(t) + Q_{i-1}(t-\tau_{i-1}) + S_{i-1}(t-\tau_{i-1}) \tag{8.19}$$

式中：$I_i(t)$ 为 i 电站在第 t 时段内的区间流量，m^3/s；τ_{i-1} 为第 $i-1$ 个水库到第 i 个水库水流滞时对应的时段数。

3）水库蓄水量约束。

$$V_{i,\min}(t) \leqslant V_i(t) \leqslant V_{i,\max}(t) \tag{8.20}$$

式中：$V_{i,\min}$ 为水库 i 第 t 时段应保证的水库最小蓄水量，m^3；$V_{i,\max}$ 为水库 i 第 t 时段允许的水库最大蓄水量，m^3。

4）水库下泄流量约束。

$$Q_{i,\min}(t) \leqslant Q_i(t) + S_i(t) \leqslant Q_{i,\max}(t) \tag{8.21}$$

式中：$Q_{i,\min}$ 为水库 i 的应保证的最小下泄流量，m^3/s；$Q_{i,\max}$ 为最大允许下泄流量，m^3/s。

5）水库水位-库容关系约束。

$$Z_i^{up}(t) = f_{1,i}[V_i(t)] \tag{8.22}$$

式中：$Z_i^{up}(t)$ 为水库 i 第 t 时段的库水位，m；$f_{1,i}(\ )$ 为水库 i 的水库库容曲线。

6）尾水位-下泄流量约束。

$$Z_i^{down}(t) = f_{2,i}[Q_i(t) + S_i(t)] \tag{8.23}$$

式中：$Z_i^{down}(t)$ 为水库 i 第 t 时段的尾水位，m；$f_{2,i}(\ )$ 为水库 i 的水库库容曲线。

7）出力约束。

$$P_i(t) = A_i Q_i(t) H_i(t) \tag{8.24}$$

$$P_{\min} \leqslant P_i(t) \leqslant P_{\max} \tag{8.25}$$

式中：A_i 为水库 i 的综合出力系数；Q_i 为发电流量，m^3/s；H_i 为平均发电净水头，m；$P_{\min}=0$，$P_{\max}=E_i$ 即为最大出力，kW。

8）成本函数。

$$C_i(t) = a_i q_i(t) + b_i \tag{8.26}$$

9）非负约束。

模型中变量均为非负数值。

上述约束条件中的出力均是根据申报电量转换的。

（3）下层目标函数。

$$\min \mu = \sum_{i \notin S} \sum_{t=1}^{T} \lambda_i(t) q_i(t) D_i(t) + \sum_{t=1}^{T} \lambda_s(t) q_s(t) D_s(t) \tag{8.27}$$

式中：μ 为用户的购电费用，元。

（4）下层约束条件。

1）线路阻塞约束。

$$P_i(t) \leqslant P_h(t) - \sum_{j \neq i} P_j(t) \tag{8.28}$$

式中：$P_i(t)$ 为水库 i 在第 t 时段的出力，kW，由实际购电量转换得到；$P_h(t)$ 为线路在第 t 时段的最大输送容量，kW。

2）供需平衡约束。

$$\sum_{i \notin S} \lambda_i(t) q_i(t) + \sum_{i \in S} \lambda_s(t) q_s(t) = L(t) \tag{8.29}$$

3）购电量约束。

$$\begin{cases} 0 \leqslant \lambda_i(t) \leqslant 1 \\ 0 \leqslant \lambda_s(t) \leqslant 1 \end{cases} \tag{8.30}$$

如果边际机组同时由几个竞价方拥有，则按最大装机容量分配剩余电量。

3. 基于遗传算法的竞价博弈模型的求解

该模型的决策过程为：上层的竞价方先定出一个决策量（$D_i(t)$，$q_i(t)$），下层的用户以这个决策量为参量，根据购电费最小的目标在可能的范围内选定一个最优策略 $\lambda_i(t)$，并将自己的最佳反应反馈给上层，上层再在下层最佳反应的基础上，在可行域内做出最优决策。

在博弈过程中，将联盟体看作一个独立的博弈方，与其他独立水库进行市场竞价，是一个完全信息静态非合作博弈。由于该博弈模型时间维度跨越较大、不同时段的状态相互制约，难以通过数学解析法或者构造收益矩阵计算其纳什均衡解，因此本节通过选取各博弈方的若干报价样本点，分别针对其中一方进行双层优化，得到其在不同样本中的最佳报价策略，再通过函数拟合的方法得到该博弈方对其他博弈方竞价的最优反应函数，最后联立求解各博弈方的最优反应函数来得到该博弈的纳什均衡。

对某一博弈方进行决策优化时，其优化的解是优化对象各个时段的申报电价和电量，由于受到下层用户决策的影响，使得其目标函数具有高度的非线性，并涉及多个时段决策、多个约束条件。针对这些特点，本节采用遗传算法求解双层优化模型。遗传算法把问题的解表示成"染色体"，在算法中以二进制或实数编码的串的形式存在。在执行算法之前，给出一群"染色体"作为初始假设解，并将这些假设置于问题的"环境"中，按照适者生存的原则从中选择比较适应环境的"染色体"进行复制，再通过交叉和变异产生更适应环境的新一代"染色体"群。通过这样一代一代的进化，种群最后会收敛到最适应环境的一个"染色体"上，即问题的最优解。

为方便直接判断约束条件，在遗传算法中采用实数编码方式，并在初始生成中以及变异交叉过程中对个体的取值范围进行约束，以使种群在可行域内进行进化。算法步骤如下。

步骤1：初始化。设置群体规模 M、进化代数计数器 $t \leftarrow 1$、终止代数 T，随机产生 M 个个体作为初始群体 $P(0)$。

步骤2：个体评价。计算群体 $P(t)$ 中各个个体的适应度。

步骤3：选择运算。将选择算子作用于群体。

步骤4：交叉运算。将交叉算子作用于群体。

步骤5：变异运算。将变异算子作用于群体，得到下一代群体 $P(t+1)$。

步骤6：终止条件判断。若满足，则将当前最优个体解码作为问题解的输出，否则继续。

步骤7：产生新一代群体。对本代最好个体应用爬山算子使最佳个体直接进入下一代，更新进化代数计数器 $t \leftarrow t+1$。

步骤8：参数调整。根据个体差异动态调整交叉和变异概率。

步骤9：转至步骤2。

通过对不同的样本进行优化得到优化对象若干优化报价数据。假定在某一时段该博弈方的最优决策变量与其他博弈方决策变量存在线性关系，其线性模型可以表示为

$$
\begin{cases}
q_i(t) = \sum_{j \neq i} \alpha_j(t) q_j(t) + \sum_{j \neq i} \beta_j(t) D_j(t) + \omega_i(t) D_i(t) + \mu_i(t) \\
D_i(t) = \sum_{j \neq i} \varphi_j(t) q_j(t) + \sum_{j \neq i} \eta_j(t) D_j(t) + \gamma_i(t) q_i(t) + \nu_i(t)
\end{cases}
\tag{8.31}
$$

其中的线性参数可以通过对最优报价数据进行多元线性函数拟合的方法得到，从而得到该时段该博弈方对其他博弈方报价和报量的最优反应函数。得到每个博弈方在各时段的竞价最优反应函数后，联立求解便得到竞价周期内各方的申报电量和电价，即竞价博弈的均衡解。

8.2.4.3　协同静态博弈的解概念

1. 基本定义

协同博弈（Coordinating Game）中存在具有约束力的协议，每位博弈者根据自己的利益与其他博弈者组联盟（Coalition），彼此合作以谋求更大的总支付，由所有博弈者组成的联盟称为总联盟（Grand Coalition）。

设博弈的参与人集合为 $\mathbf{N} = \{1, 2, \cdots, n\}$，则对于任意 $\mathbf{S} \subseteq \mathbf{N}$，称 $\mathbf{S}$ 为 $\mathbf{N}$ 的一个联盟。这里，允许取 $\mathbf{S} = \boldsymbol{\phi}$ 和 $\mathbf{S} = \mathbf{N}$ 两种特殊情况，并称 $\mathbf{S} = \mathbf{N}$ 为一个大联盟。

若 $|\mathbf{N}|=n$，则 $\mathbf{N}$ 中联盟数为 $C_n^1+C_n^2+\cdots+C_n^n=2^n$。在协同博弈中，联盟中努力合作取得的收益通过特征函数（Characteristic Function）v 来表示，因此可以用 $<\mathbf{N}, v>$ 形式定义一个协同博弈。

给定一个有限的参与人集合 $\mathbf{N}=\{1,2,\cdots,n\}$，协同博弈可以表示为 $\Gamma=<\mathbf{N}, v>$，其中特征函数 v 是从 $2^\mathbf{N}=\{\mathbf{S}\,|\,\mathbf{S}\subseteq\mathbf{N}\}$ 到实数集 $\mathbf{RN}$ 的映射，即 $<\mathbf{N}, v>$：$2\mathbf{N}\rightarrow\mathbf{RN}$，且 $v(\boldsymbol{\phi})=0$。

v 是 $\mathbf{N}$ 中的每个联盟 $\mathbf{S}$（包括大联盟 $\mathbf{N}$ 本身）相对应的特征函数，$v(\mathbf{S})$ 表示如果联盟 $\mathbf{S}$ 中参与人相互协同所能获得的支付，称为 $\mathbf{S}$ 的联盟值（Coalition Worth）。一个协同博弈 $\Gamma=<\mathbf{N}, v>$ 取决于特征函数 v，因此可以简单地以 v 代替 $\Gamma=<\mathbf{N}, v>$ 表示协同博弈。

博弈者愿意组成联盟的前提是该协同博弈是有结合力的。

给定一个有限的参与人集合 $\mathbf{N}=\{1,2,\cdots,n\}$ 的每个分割物（Parirition），即 $\{\mathbf{S}_1,\mathbf{S}_2,\cdots,\mathbf{S}_m\}$，且 $\bigcap\limits_{j=1}^{m}\mathbf{S}_j=\boldsymbol{\phi}$，当且仅当 $v(\mathbf{N})\geqslant\sum\limits_{j=1}^{m}v(\mathbf{S}_j)$ 时，称协同博弈 $\Gamma=<\mathbf{N}, v>$ 是有结合力的（Cohesive）。

在一个具有结合力的联盟型博弈中，如果把总联盟 $\mathbf{N}$ 分成 m 个不相交的小联盟，那么，这 m 个小联盟的得益总数是绝不会大于总联盟得益的。

如果对于任意的 $\mathbf{S}$，$\mathbf{T}\in2\mathbf{N}$，且 $\mathbf{S}\cap\mathbf{T}=\boldsymbol{\phi}$，有 $v(\mathbf{S})+v(\mathbf{T})\leqslant v(\mathbf{S}\cup\mathbf{T})$，称 v 具有超可加性（Supper-Additive）；如果对于任意的 $\mathbf{S}$，$\mathbf{T}\in2\mathbf{N}$，且 $\mathbf{S}\cap\mathbf{T}=\boldsymbol{\phi}$，有 $v(\mathbf{S})+v(\mathbf{T})\geqslant v(\mathbf{S}\cup\mathbf{T})$，称 v 具有次可加性（Sub-Additive）；如果对于任意的 $\mathbf{S}$，$\mathbf{T}\in2\mathbf{N}$，且 $\mathbf{S}\cap\mathbf{T}=\boldsymbol{\phi}$，有 $v(\mathbf{S})+v(\mathbf{T})\equiv v(\mathbf{S}\cup\mathbf{T})$，称 v 具有可加性（Additive）。

超可加性表示两个互不相交的联盟联合在一起时的效用至少与两个联盟单独行动时各自的效用之和一样多。超可加性用来描述这样一类社会经济现象："团结起来力量大"，是现实生活中较普遍的一类问题。可加性博弈又称为非本质博弈，在非本质博弈中两个不想交代的联盟联合在一起不能使总收益增加，因而失去了合作的基础。

如果 v 满足 $v(\mathbf{N})>\sum\limits_{i=1}^{n}v(i)$，则称 v 为本质博弈（Essential Game）。本书研究的协同博弈是本质博弈。

2. 协同博弈的分配

在研究协同博弈的分配前，对其进行如下假设：

（1）可转移效用假设。假定在 n 人协同博弈中各联盟的收益 $v(\mathbf{S})$ 可以按任意方式分给各个合作者，即参与人收益（效用）是可转移的，这种博弈也可称为可转移效用博弈（TU Game）。因此参与人的效用可以在参与人之间自由转让，若用货币来衡量收益，则参与人每支出一个单位的货币，其收益就损失一个效用单位，同时其他参与人就增加一个效用单位；反之亦然。参与人实际上是通过"单边支付"（Side Payments）来完成的效用转移。$v(\mathbf{S})$ 即联盟 $\mathbf{S}$ 的成员所能得到的可转移效用的总量，其值可以表征联盟的可能性。

（2）个体理性和群体理性。在一个协同博弈 v 中，可以用支付向量（Payoff Vector）

$x=(x_1,\ x_2,\ \cdots,\ x_n)$ 表示联盟总得益的分配方案，其中 x_i 为参与人 i 加入联盟后所分得的支付。联盟中每位参与人所能获得的支付的总和可用 $x(\mathbf{N})$ 表示。

群体理性条件：在一个协同博弈 v 中，当每位参与人所分得的支付的总和相等于总联盟的价值时，则支付向量 $x=(x_1,\ x_2,\ \cdots,\ x_n)$ 是符合群体理性的，即

$$x(\mathbf{N})=\sum_{i\in N}x_i=\sum_{i=1}^{n}x_i=v(\mathbf{N}) \tag{8.32}$$

式中：支付向量 $x=(x_1,\ x_2,\ \cdots,\ x_n)$ 又称为可行支付向量（Feasible Payoff Vector），当且仅当联盟 $\mathbf{S}$ 是非空的，并且每位参与人所分得的支付的总和等于联盟 $\mathbf{S}$ 的价值，即 $x(\mathbf{S})=\sum_{i\in S}x_i=v(\mathbf{S})$，$\mathbf{S}\neq\mathbf{\Phi}$。基于群体理性，每位参与人的分配之和不可能超过联盟协同产生的收益 $v(\mathbf{N})$；另外 $v(\mathbf{N})$ 若没有全部被分配，显然 x 不是一个帕累托最优的分配方案，不会为参与人所接受。

个体理性条件：在一个协同博弈 v 中，当每位参与人所分得的支付都比各自为政时高时，则支付向量 $x=(x_1,\ x_2,\ \cdots,\ x_n)$ 是符合个体理性的，即

$$x_i\geqslant v(\{i\}),i\in\mathbf{N} \tag{8.33}$$

个体理性反映了参与人的参与约束，即参与人协同产生的收益不能小于非协同产生的收益，若 $x_i<v(i)$，那么参与人 i 是不可能参加联盟的。

协同博弈的分配是指每个参与人得到的相应的效用分配，是一个 n 维向量集合。n 维的分配向量亦称为协同博弈的"解"。

在一个协同博弈 v 中，分配集（Imputation）$\mathbf{E}(v)$ 定义为

$$\mathbf{E}(v)\equiv\{x\in\mathbf{R}^{\mathbf{N}}\mid x_i\geqslant v(i),x(\mathbf{N})=v(\mathbf{N})\} \tag{8.34}$$

从上式可以看出，分配向量 $x=(x_1,\ x_2,\ \cdots,\ x_n)$ 既符合联盟的群体理性，又符合联盟中每位参与人的个体理性，因此又称为有效的分配（Valid Imputation）。$\mathbf{E}(v)$ 是联盟所有有效分配方案 x 的集合。

对于本质博弈 v，由于 $\Delta u=v(\mathbf{N})-\sum_{i=1}^{n}v(\{i\})>0$，存在无限个正向量 $u=(u_1,\ u_2,\ \cdots,\ u_n)$，满足 $\Delta u=u_1+u_2+\cdots+u_n$。显然其分配向量 $x=(x_1,\ x_2,\ \cdots,\ x_n)$ 也具有无限个，其中 $x_i=v(\{i\})+u_i,1\leqslant i\leqslant n$。不同的分配方案的比较可以用优超关系表达，具体方法如下：

设 $\mathbf{E}(v)$ 的两个分配 x 和 y，对于 $\mathbf{S}\subseteq\mathbf{N}$，且 $\mathbf{S}\neq\varnothing$，如果分配方案 x 和 y 满足：

1）$x_i>y_i$，$\forall i\in\mathbf{S}$。

2）$\sum_{i\in S}x_i\leqslant v(\mathbf{S})$。

则称分配方案 x 在 $\mathbf{S}$ 上优超于 y，或称方案 y 在 $\mathbf{S}$ 上劣于 x，记为 $x\succ s^y$。

如果分配方案 x 在 $\mathbf{S}$ 上优超于 y，则从 y 到 x，$\mathbf{S}$ 中每个参与人的收益都得到改善，且 $\mathbf{S}$ 的收益 $v(\mathbf{S})$ 足以满足它们方案 x 的分配，因此联盟 $\mathbf{S}$ 会拒绝分配方案 y，y 方案将无法实施。对于相同的联盟 $\mathbf{S}$，优超关系具有传递性和反身性，即若 $x\succ s^y$，$y\succ s^z$，则

有 $x \succ s^z$；对于不同的联盟，优超关系不具有传递性。

虽然联盟 **S** 在博弈中取得的收益具有无限种分配方式，但分配集中许多分配是不会被执行或不为参与人所接受，在确定联盟的分配方案时，可根据实际确定相关标准，从分配集中选取最可能发生的分配。目前关于协同博弈"解"的研究主要有稳定集、谈判集、核心、核仁、Shapley 值等，但还没有一个像非合作博弈中 Nash 均衡那样具有核心地位的解。

3. 核心与稳定集

（1）核心。在一个协同博弈 $<\mathbf{N}, v>$ 中，分配集 $\mathbf{E}(v)$ 的核心（Core）$\mathbf{C}(v)$ 是满足下列条件的支付向量 $\mathbf{u}(s)$ 的全体：

$$\begin{cases} \sum_{i=1}^{n} u_i = V(\mathbf{N}) \\ \sum_{i \in S} u_i \geqslant V(\mathbf{S}) \end{cases} \tag{8.35}$$

这说明，核心中的分配是不可优超的分配，可以使得任何联盟都没有能力推翻它。从这个条件可看出，核心是个凸集［即如果存在 u_1，$u_2 \in \mathbf{C}(v)$，可推出 $\lambda u_1 + (1-\lambda)u \in \mathbf{C}(v)$］，而且是闭集（即包含它的边界）。如果核心非空，就可以将总收益 $V(\mathbf{N})$ 按这种方式分配给参与人，使之不仅满足个体理性和集体理性，而且还满足联盟合理性，即任何联盟在这种分配方式下的所得都不小于它独立出来时所得，因而也没有能力拒绝这样的分配，这说明核心中的元素作为分配具有极强的稳定性。但是，核心对于许多协同博弈常常是空集，难以应用。

（2）稳定集。由于协同联盟可能是不稳定的，因此解需要具备的一个重要特性就是稳定性，即内部稳定性和外部稳定性，与此相关的一个解的概念是稳定集（Strable Sets）。内部稳定是指分配的集合中任何两个分配都没有优超关系，外部稳定是指对于分配集合之外的任一分配，总存在集合中的分配优超于集合外的分配。

在一个协同博弈 $<\mathbf{N}, v>$ 中，分配集 $\mathbf{E}(v)$ 的子集 **V** 满足下列条件时称之为稳定集：

1）$\forall x, y \in \mathbf{V}$，$x \nsucc y$，且 $y \nsucc x$（内部稳定性）。

2）$\forall y \in \mathbf{E}(v) \backslash \mathbf{V}$，$\exists x \in \mathbf{V}$，使得 $x \succ y$（外部稳定性）。

按照上述定义，若在稳定集 **V** 中加入一些 **V** 之外的分配，则会破坏其内部稳定性；若从中去掉一些分配，则会破坏其外部稳定性。因此，不同的稳定集一定互不包含，而且稳定集既是极大的内部稳定集，又是极小的外部稳定集。所有分配的集合 $\mathbf{E}(v)$ 是外部稳定的，但一般不满足内部稳定性。

核心与稳定集满足关系 $\mathbf{C}(v) \subseteq \mathbf{V}(v) \subseteq \mathbf{E}(v)$，即核心肯定在每个稳定集内，因为稳定集外的任何分配肯定是被优超的，所以不被优超的分配向量肯定在每个稳定集内。核心将在所有稳定集的交集内。

将稳定集作为协同博弈解的概念，尽管其存在性比核心强一些，但并不总是存在的，即使存在也可能不唯一，在实际中难以得到应用。

4. Shapley 值

尽管核心和稳定集作为协同博弈的解，对分配的合理性提出了要求，但难以保证存在性和唯一性。因此，Shapley 提出了具有唯一解的概念——Shapley 值。Shapley 值理论通过衡量参与人对协同博弈所作的贡献，并以此为参与各方所得的支付的依据，是对联盟总收入的一种"公平"分配。其中而贡献大小的判定是根据参与人为联盟带来的收益（或增值）能力。

（1）Shapley 值基础理论。Shapley 值理论是根据参与人给联盟带来的增值能力进行分配的，即

$$x_1 = v(1)$$

$$x_2 = v(1,2) - v(1)$$

$$\vdots$$

$$x_n = v(1,2,\cdots,n) - v(1,2,\cdots,n-1)$$

考虑到这种分配方案与参与人编号秩序有关，n 个参与人的编号方法就有 $n!$ 种，相应的分配方案也有 $n!$ 种。Shapley 值作为对各参与人"平均"贡献大小的衡量，可通过对不同分配方案取平均值得到：

$$\varphi_i[v] = \sum_\pi \frac{1}{n!}(\mathbf{S})[v(\mathbf{S}_\pi) - v(\mathbf{S}_\pi - \{i\})], \forall i \in \mathbf{N} \tag{8.36}$$

式中：求和对 $1，2，\cdots，n$ 的所有排列 π 进行，$\mathbf{S}_\pi$ 表示在排列 π 中排在 i 之前的那些局中人构成的联盟，即 $\mathbf{S}_\pi = \{j \mid \pi j < i\}, i, j \in \mathbf{N}$。考虑到上述和式中有许多同类项，将它们合并在一起，按 $\mathbf{N} - i$ 的子集将排列分类，将满足 $\mathbf{S}_\pi = \mathbf{S}$ 的排列归为一类，该类所含排列共有 $(|\mathbf{S}| - 1)!(n - |\mathbf{S}|)!$ 个，其中 $|\mathbf{S}|$ 为联盟 $\mathbf{S}$ 的成员数，于是上式可改写成

$$\varphi_i[v] = \sum_{\mathbf{S} \subseteq \mathbf{N}} \frac{(|\mathbf{S}| - 1)!(n - |\mathbf{S}|)!}{n!}(\mathbf{S})[v(\mathbf{S}) - v(\mathbf{S} - \{i\})], \forall i \in \mathbf{N} \tag{8.37}$$

式中：Shapley 值实际上是将局中人边际收益的加权和作为协同博弈中分配收益的标准。其中 $v(\mathbf{S}) - v(\mathbf{S} - \{i\})$ 可以理解为参与人 $i \in \mathbf{N}$ 对联盟 $\mathbf{S}$ 的边际贡献。令

$$\gamma_n(\mathbf{S}) = \frac{(|\mathbf{S}| - 1)!(n - |\mathbf{S}|)!}{n!} \tag{8.38}$$

式中：$\gamma_n(\mathbf{S})$ 为每个联盟 $\mathbf{S}$ 的加权因子，也是指一个有关一位参与人加入联盟 $\mathbf{S}$ 的特定概率，因此 Shapley 值可理解为每位参与人在博弈中的每个可能联盟的平均边际贡献率。

（2）Shapley 值的三个公理。将 n 维向量 $\boldsymbol{\varphi}[v] = (\boldsymbol{\varphi}_1[v], \boldsymbol{\varphi}_2[v], \cdots, \boldsymbol{\varphi}_n[v])$ 称为一个值，它包含了 n 个实数，分别代表了在协同博弈 $<\mathbf{N}，v>$ 中 n 位参与人所分得的支付，可将其理解为博弈开始之前每位参与人对自己所分得的支付的合理期望，并满足以下三个公理：

公理 1：如果集合 $\mathbf{N}$ 是一个载形，那么 $\sum_{i \in \mathbf{N}} \boldsymbol{\varphi}_i[v] = v(\mathbf{N})$。

该公理称为有效公理（efficiency axiom），表示载形之外的参与人对任何联盟都没有贡献，要求的是集体理性。其中载形是指所有参与人的集合 $\mathbf{N}$。

公理 2：如果参与人 i 和参与人 j 是可互换的，那么 $\boldsymbol{\varphi}_i[v]=\boldsymbol{\varphi}_j[v]$。

该公理称为对称公理（sysmmetry axiom），表示参与人的收益与参与人编号无关，即要求参与人的编号不会对博弈产生任何影响。所谓互换是指 $v((\mathbf{S}\backslash\{i\})\bigcup\{j\})=v\{\mathbf{S}\}$，其中 $\mathbf{S}$ 是指包含参与人 i 但不包含参与人 j 的联盟，即参与人 i 和参与人 j 对于联盟 $\mathbf{S}$ 的用处和贡献都是完全一样的。

公理 3：对于博弈 $<\mathbf{N}, u>$ 和 $<\mathbf{N}, v>$，有 $\varphi_i(u+v)=\varphi_i(u)+\varphi_i(v)，\forall i\in\mathbf{N}$。

该公理称为集成公理（additivity axiom），表示参与人在两个博弈中分配之和与他在和博弈分配一样多，即要求任何两个独立的博弈联合在一起组成的新博弈的值是原来两个博弈的值的直接相加。

函数 φ 是唯一能够满足以上三个公理的函数，$\boldsymbol{\varphi}_i[v]$ 称为参与人 i 的 Shapley 值。上述公理唯一确定了每一协同博弈联盟中的一种分配形式。

（3）Shapley 值的基本特征。根据上述定义，可以看出 Shapley 值具有的三个基本特征，分别为个体理性、集体理性和唯一性。

1）个体理性：根据特征函数的超可加性，$v(\mathbf{S})-v(\mathbf{S}-\{i\})\geqslant v(\{i\})，\forall i\in\mathbf{S}，\forall\mathbf{S}\in\mathbf{N}$，则有 $\boldsymbol{\varphi}_i[v]\geqslant v(\{i\})$。因此 Shapley 值符合个体理性。

2）集体理性：根据有效公理，每位参与人所分得的支付的总和等于总联盟的价值，即 $\sum\limits_{i\in\mathbf{N}}\boldsymbol{\varphi}_i[v]=v(\mathbf{N})$，因此，Shapley 值符合集体理性。

3）唯一性：Shapley 值的计算公式在任何博弈中进行运算都能得到一个结果，并且这个结果是唯一的。因此 Shapley 值必定存在且唯一，而且易于量化计算。

（4）Shapley 值的缺点。Shapley 值理论虽然能给出协同博弈唯一确定的解，但也存在着以下缺点：

1）对称性公理不能反映出不同参与人之间的个体差异，这使得 Shapley 值在一些现实的实际应用中受到较大限制，Shapley 最早对这一问题进行了研究，提出了加权的 Shapley 值，给每个参与人赋予一个正的权重。对于加权 Shapley 值，其参与人的权重是外生的，即加权 Shapley 值只考虑权重给定的情况，如何分配收益，而不关心这些权重是如何被确定的。

2）Shapley 值一个显著的特点是它满足有效性公理，但是在一些实际应用中，博弈的值并不满足这一条件。

3）Shapley 值的计算过程把联盟中成员作为分析对象，而没有考虑到对联盟的划分所带来的影响，也没有考虑分配的联盟结构特征。

5．谈判集、内核与核仁

（1）谈判集。谈判集又称为讨价还价解（Bargaining Set），与核心和稳定集不同，它是从反面、从参与人对分配结果中的"异议"或不满意的角度来确定分配结果。这种"异议"或不满意的出现是一种"可置信的威胁"，因而参与人将进行谈判，并通过谈判来获得一种合理的分配结果。

在一个 n 人组成的协同博弈中，联盟结构 $\mathbf{N}$ 是指集合 $\mathbf{N}$ 的一个分割物或一个不相交的子集 $\mathbf{T}=\{\mathbf{T}_1, \mathbf{T}_2, \cdots, \mathbf{T}_m\}$。联盟结构的分配 $x=(x_1, x_2, \cdots, x_n)$ 可使得每个成员

分得的支付的总和等于该联盟的价值，即：$x_i \geqslant v(\{i\})$ 和 $\sum_{i \in \mathbf{T}_k} x_i = v(\mathbf{T}_k)$。 对于分配 x，联盟中的两个成员可能会对其进行争议。

给定参与人 k 和 l 同是属于联盟 $\mathbf{T}_j \in \mathbf{T}$ 的参与人，k 可以提出组成一个包含参与人 k 但不包含 l 的 s 人联盟 $\mathbf{S} \subset \mathbf{N}$，支付向量为 y，可以使得联盟 $\mathbf{S}$ 中的参与人 $i \in \mathbf{S}$ 所得比在分配 x 中所得更多，则称（y，$\mathbf{S}$）为参与人 k 对 l 关于分配 x 的异议（Objection），并满足：

$$\begin{cases} \mathbf{S} \subset \mathbf{N}, k \in \mathbf{S}, l \notin \mathbf{S} \\ y \in \mathbf{R}^s, \sum_{i \in \mathbf{S}} y_i = v(\mathbf{S}) \\ y_i > x_i, \forall i \in \mathbf{S} \end{cases} \tag{8.39}$$

参与人 l 针对 k 的异议（y，$\mathbf{S}$）可能有一定办法来对付。

参与人 l 可以提出组成一个包含参与人 l 但不包含 k 的 q 人联盟 $\mathbf{Q} \subset \mathbf{N}$，支付向量为 z，可以使得联盟 $\mathbf{Q}$ 中属于联盟 $\mathbf{S}$ 的参与人 $i \in \mathbf{Q} \cap \mathbf{S}$ 所得都不少分配 y 中所得，且联盟 $\mathbf{Q}$ 中不属于联盟 $\mathbf{S}$ 的参与人 $i \in \mathbf{Q} \setminus \mathbf{S}$ 所得不少于分配 x 中所得，则称（z，$\mathbf{Q}$）为参与人 l 对 k 关于异议（y，$\mathbf{S}$）的反异议（Counter‐objection），并满足：

$$\begin{cases} \mathbf{Q} \subset \mathbf{N}, l \in \mathbf{Q}, k \notin \mathbf{Q} \\ z \in \mathbf{R}^q, \sum_{i \in \mathbf{Q}} z_i = v(\mathbf{Q}) \\ z_i \geqslant y_i, \forall i \in \mathbf{Q} \cap \mathbf{S} \\ z_i \geqslant x_i, \forall i \in \mathbf{Q} \setminus \mathbf{S} \end{cases} \tag{8.40}$$

如果参与人 l 对 k 的异议没有反异议，则称参与人 k 对 l 的异议是具有正当理由的（Justified）。

在一个协同博弈 $<\mathbf{N}$，$v>$ 中，对于联盟结构 $\mathbf{T}$，包含所有不存在任何具有正当理由的异议的分配 $x \in \mathbf{X}(\mathbf{T})$ 的集合称为谈判集，$\mathbf{X}(\mathbf{T})$ 表示联盟结构 $\mathbf{T}$ 下的所有分配。

因此，若现行采用的分配是属于谈判集的，则任何一个参与人对另一位参与人的异议都会得到另一位参与人的反异议，因而谈判集内的分配都不会因为另一位参与人的异议而不能采用。

谈判集是根据参与人之间可能出现的相互谈判而提出的协同博弈的解的概念，与核心和稳定集相比，其存在性可以得到保证，与 Shapley 值相比，体现了各参与人通过谈判达成协议结为联盟的过程，但其计算方法复杂，可操作性不强。

（2）内核。内核（Kernel）是 Davis 和 Maschler 基于过剩（Excess）和盈余（Surplus）提出的，这两个概念的定义为：

在协同博弈 $<\mathbf{N}$，$v>$ 中，对于联盟 $\mathbf{S}$ 和分配 $x = (x_1, x_2, \cdots, x_n)$，在分配 x 下的联盟的过剩为

$$e(\mathbf{S}, x) = v(\mathbf{S}) - \sum_{i \in \mathbf{S}} x_i \tag{8.41}$$

因此过剩 $e(\mathbf{S}, x)$ 表示联盟 $\mathbf{S}$ 拒绝分配 x 的总得益。

在协同博弈 $<\mathbf{N}, v>$ 中，对于分配 $x = (x_1, x_2, \cdots, x_n)$ 和两位不同的参与人 i 和 j，在分配 x 下 i 对 j 的盈余为

$$\mathbf{S}_{ij}(x) = \max e(\mathbf{S}, x), \forall \mathbf{S}, i \in \mathbf{S}, j \notin \mathbf{S} \tag{8.42}$$

即 i 对 j 的盈余 $\mathbf{S}_{ij}(x)$ 就是参与人 i 拒绝与参与人协同合作的情况下，参与人 i 所能得到的最好支付。

在联盟结构为 $\tilde{\boldsymbol{\omega}}$ 的情况下，对于分配 x 和属于 $\mathbf{T}_{k \in \tilde{\omega}}$ 的两位参与人 i 和 j，$i \neq j$，当且仅当 $\mathbf{S}_{ij}(x) \geqslant \mathbf{S}_{ji}(x)$，并且 $x_j > v(\{j\})$ 时，称参与人 i 比 j 有较大的比重（$i \gg j$）。

当 $i \gg j$ 时，分配 x 便是不稳定的。

在协同博弈 $<\mathbf{N}, v>$ 中，对于联盟结构 $\tilde{\boldsymbol{\omega}}$，内核 $\mathbf{X}(\tilde{\boldsymbol{\omega}})$ 是一个集合，当中包含所有不存在以下关系的分配：

$$x \in \mathbf{X}(\tilde{\boldsymbol{\omega}}) : i \gg j, i, j \in \mathbf{T}_k, \mathbf{T}_k \in \tilde{\boldsymbol{\omega}} \tag{8.43}$$

因此，对于内核中的分配 x，任一参与人 i 针对任一别的参与人 j 和 x 的每个异议总有一个 j 对 $\mathbf{S}$ 的反异议。

内核是谈判集的一个子集，比谈判集简单，但与核心和稳定集相比，仍是比较复杂的概念。

（3）核仁。从上文可以看出，过剩 $e(\mathbf{S}, x)$ 越大，则采用分配方案 x 的联盟 $\mathbf{S}$ 损失越大，因此可以将其看作是对分配方案不满意的一种度量，而核仁（Nucleolus）就是各联盟对分配方案中不满意值最小的分配方案。

对于任意给定的一个分配 $x \in \mathbf{I}(v)$，由于 $\mathbf{N}$ 有 $2n$ 个不同的联盟，因此也有 $2n$ 个超出值 $e(\mathbf{S}, x)$。以这 $2n$ 个超出值为分量，按照从大到小的次序排列，可以构成一个 $2n$ 维向量 $\boldsymbol{\theta}(x)$，称之为字典序排列：

$$\boldsymbol{\theta}(x) = [e(\mathbf{S}_1, x), e(\mathbf{S}_2, x), \cdots, e(\mathbf{S}_{2^n}, x)] \tag{8.44}$$

$$e(\mathbf{S}_i, x) \geqslant e(\mathbf{S}_{i+1}, x), i = 1, 2, \cdots, 2^n - 1 \tag{8.45}$$

在 $\{\boldsymbol{\theta}(x) | \boldsymbol{\theta}(x) \in \mathbf{R}_{2n}, x \in \mathbf{I}(v)\}$ 中相应的字典序规定如下：

若存在 k_0，使得

$$\boldsymbol{\theta}_k(x) = \boldsymbol{\theta}_k(y), k < k_0 \tag{8.46}$$

$$\boldsymbol{\theta}_{k_0}(x) < \boldsymbol{\theta}_{k_0}(y) \tag{8.47}$$

则称 $\boldsymbol{\theta}(x)$ 的字典顺序在 $\boldsymbol{\theta}(y)$ 之前，或者说 $\boldsymbol{\theta}(x)$ 在字典序上小于 $\boldsymbol{\theta}(y)$，记 $\boldsymbol{\theta}_{k_0}(x) \underset{L}{<} \boldsymbol{\theta}_{k_0}(y)$。

当 $\boldsymbol{\theta}_{k_0}(x) \underset{L}{<} \boldsymbol{\theta}_{k_0}(y)$ 时，表示分配方案 x 相对不满意程度小于分配方案 y 的不满意程度。

协同博弈＜**N**，v＞的核仁是分配 $x \in \mathbf{I}(v)$ 的子集，记为 $\mathbf{Nu}(v)$。$\mathbf{Nu}(v)$ 为分配集中 x 在字典序上位最小，即：$\mathbf{Nu}(v) = \{x \mid x \in \mathbf{I}(v)\}$，对于一切 $y \in \mathbf{I}(v)$，都有 $\boldsymbol{\theta}(x) \underset{L}{<} \boldsymbol{\theta}(y)$。

核仁可以理解为对于每一个属于核仁的分配 x 的异议（y，**S**），都存在一个对（y，**S**）的反异议。核仁作为协同博弈的解必定存在，其与内核的关系为：$\mathbf{Nu}(v) \subseteq \mathbf{X}(\tilde{\omega})$。若博弈的核心解存在，则 $\mathbf{Nu}(v) \subseteq \mathbf{C}(v)$。核仁的求解理论上可行，但实际计算时耗费时间，当 n 稍大时几乎无法实现。

8.3　多业主梯级水库群协同动态博弈

8.3.1　多业主梯级水库群协同的形式

战略协同是主体之间为了共同的战略目标而达成的长期合作，它既可以采取股权形式，也可以采取非股权形式。协同形式多种多样，按照不同的划分标准，可被划分成不同的类型。按照合作的紧密程度可划分为股权型协同和契约型协同。

股权型协同：股权型协同成员结合较紧密，稳定性较强。具体又可分为对等占有型（如合资）和相互持股型（如参股）。合资生产和经营保证协同成员各自相对独立和平等。持股通过股权连接，互相持有少量股份，建立长期相互合作的关系，便于在某些领域采取协同。

契约型协同：契约型协同不涉及股权参与，对协同成员没有明显的限制，不要求承担很大的义务，富于弹性，灵活性大，适用范围广，在自主权和经济效益等方面比股权型战略协同有更大的优越性。

一般认为，股权型协同比契约型协同稳定，但是，协同的稳定必须有利于价值的创造，应该是合作双方的主动诉求，而不是被动的结合，股权型协同中成员投入了资金等，这些都是协同存在的外部条件，不能保证协同成员合作的全面、深入和诚意，也不能说明合作能稳定地进行下去，更不能确定所有成员都能在协同中获得很好的效益。

契约型战略协同是介于企业与市场之间的中间组织形式，虽然形式复杂多样，但其本质是企业未来获取竞争优势而采取的竞争中合作的战略行为。协同中的成员是平等、独立的关系，协同的目的是实现多赢。对于面对市场需求多变、政策不确定等形势的多业主流域梯级水电站而言，契约型协同是更适合的协同方式。协同应基于相互依赖、利益共存策略，它主要研究以何种协同方式与其他参与人共同取得尽可能大的受益，以及在形成协同之后如何分配成员的共同收益。

在电力市场交易过程中，电站在竞价时可以各自独立地报价争取自身利益最大化即非合作竞价，也可以与其他电站或发电公司协同竞价，即按照流域综合效益最大化原则进行竞价。对于流域梯级电站而言，同一发电公司往往拥有几个水电站，公司内部水电站也就构成了一个事实上的协同，这种关系往往稳定可靠。但在电力市场化改革环境下，考虑同流域多业主开发运行的体制以及上下游水电站之间的水力联系，各方利益主体为了实现自身效益最大化，一方面需要在投资主体内部进行相应的组织模式调整，建立协同竞价机制；另一方面，也需要寻求更大范围、利益更大化的流域整体协同方式。

梯级水电站协同的方式应充分考虑流域水电自身特点和我国电力市场建设特点。流域梯级上下游水电站之间存在水力、电力和经济等多方面联系，发电量具有补偿调节联系。与单站开发形式相比，梯级水电需要统一调度、滚动开发、优化电力资源配置，因此具有协同的内部动因。从梯级电站的相互关系看，投资主体的多元化形势又使得流域梯级电站隶属于不同的发电公司，各发电公司是互相独立，股权分离的，很难再形成合资、参股等股权式协同。从电力市场结构看，流域梯级电站同属电力市场的发电侧，地位均等，在竞价时具有相对独立性，因而具备横向协同的可能性。我国电力体制改革尚处在探索之中，电力市场环境多变，市场结构、交易方式等受国家宏观政策影响较大，存在许多不确定因素，流域梯级电站的协同必须采用相对灵活、松散、适应性强的方式。

本书将多业主梯级水库群的协同方式分为3种情况：

一是流域上同一投资主体下属水电站的协同。与其他不同电力公司的水电站竞争，协同体以整体形式上报发电量与上网电价的组合，以内部所有水电站利益的总和最大为竞价目标，不同协同体之间是竞争关系，不考虑电站间的水量关系。在协同体内部，由水电站共同的投资主体，即电力公司协调发电，协同体中标后，各水电站按照中标电价上网，发电量由各电站合作分配，并考虑协同体内部电站的上下游水量关系，以实现发电公司利益的最大化。

二是分河段有调节性能电站与下游径流式电站的协同。径流式电站低电价优势可以平抑水库电站的高成本电价，以及小规模协同竞价阻力及运作难度较流域全电站协同稍易等因素，使得分河段协同具有可行性。分河段将有调节性能电站与下游径流式电站进行协同，以分段协同体总利益最大为目标，上报总体量价组合，中标电量在协同体内部进行协调分配。

三是流域上所有水电站的协同。因上下游水力联系和流域统一调度的需要，打破投资主体壁垒，形成流域整体协同。以流域水电站总利益最大为目标，上报总体量价组合，中标电量在协同体内部进行协调分配。

8.3.2　完全信息下协同的动态博弈

静态博弈格局中，各参与者同时决策或行动，但在实际电力市场竞价中，同一流域上下游电站的决策或行动具有先后顺序，需要依次决策，后动方（或下游电站）可对先动方（或上游电站）的竞价决策进行观察，且其决策受到先动方（或上游电站）的影响，可根据当前所掌握的所有信息选择自己的最优策略，这类博弈称为"动态博弈"。由于参与者相继行动，每个参与者的决策都是决策前所获信息的函数，与静态博弈具有显著差异。

8.3.2.1　模型假设

首先对模型进行相应假设，作为建模的前提及边界条件：

完全信息：本节进行完全信息下博弈模型的建模，故此假设与竞价协同博弈的相关信息均为已知的，比如能完全了解电力市场中对手的报价曲线。

"理性人"假设：博弈行为动机是趋利避害，是利己的；并且决策人是完全理性，都能够通过成本-收益或趋利避害原则来对其所面临的一切机会和目标及实现目标的手段进行优化选择。

电力需求已知：假设在电力市场竞争中，电力需求的相关信息会在竞价开始前在交易中心进行公布。

不考虑辅助服务、线损等。

8.3.2.2 模型约束

对 i 电站（$i=1$，2，$\cdots$，k）在某一竞价周期 t 内（$t=1$，2，$\cdots$，T）进行如下约束：

1. 出力约束

根据实际情况，对水电站出力做出如下约束：

$$P_{\min} \leqslant P_i \leqslant P_{\max} \tag{8.48}$$

式中：$P_{\min}=0$；$P_{\max}=E_i$ 即为最大出力（kW）。

2. 上下游水量关系及平衡约束

$$V_i(t) = V_i(t-1) + Q_i^{\text{in}}(t) - Q_i(t) - Q_i^{\text{qi}}(t) \tag{8.49}$$

式中：$V_i(t)$ 和 $V_i(t-1)$ 分别为 i 电站在 t 周期末和 $t-1$ 周期末的水库库容，m^3；$Q_i^{\text{in}}(t)$ 为 i 电站在第 t 周期内的入库流量，m^3/s；$Q_i(t)$ 为 i 电站在第 t 周期内的发电流量，m^3/s；$Q_i^{\text{qi}}(t)$ 为 i 电站在第 t 周期内的弃水流量，m^3/s。

考虑上游电站泄流量的时间延迟，入库流量 $Q_i^{\text{in}}(t)$ 可表示如下：

$$Q_i^{\text{in}}(t) = I_i(t) + \sum_{m \in A}(Q_m(t-t_m) + Q_m^{\text{qi}}(t-t_m)) \tag{8.50}$$

式中：$I_i(t)$ 为 i 电站在第 t 周期内的区间流量，m^3/s；t_m 为 m 电站与下游电站间泄流量的时间延迟，s；A 为对 i 电站有影响的所有上游电站。

3. 电力供需平衡约束

为维持电力系统稳定，必须保证电力供需平衡：

$$L(t) = \sum_{i=1}^{n} q_i(t) \tag{8.51}$$

式中：$L(t)$ 为 t 时刻的电力需求，$\text{kW} \cdot \text{h}$；$q_i(t)$ 为 i 电站在第 t 周期内的发电量，$\text{kW} \cdot \text{h}$。

4. 线路阻塞约束

$$P_i(t) \leqslant P_h(t) - P_{qt}(t) \tag{8.52}$$

式中：$P_h(t)$ 为线路最大输送容量，kW；$P_{qt}(t)$ 为其他电站的出力和，kW。

5. 电价水平约束

$$D_{\min} \leqslant D_i \leqslant D_{\max} \tag{8.53}$$

式中：$D_{\max}$、$D_{\min}$ 分别为电力交易规则中规定的电价上、下限，元/（$\text{kW} \cdot \text{h}$）。

6. 成本函数表示

用如下线性函数表示水电站的发电成本：

$$c_i(q_i) = a_i q_i + b_i \qquad (8.54)$$

式中：a_i、b_i 为成本系数，由具体电站"成本-发电量"关系可得，均大于零。

7. 量价函数

$$q_i = E_i - c_i \cdot D_i + d_i \cdot \sum_{j \neq i} D_j \qquad (8.55)$$

式中：c_i 为弹性系数；d_i 为替代系数。发电量主要取决于电站自身报价，故 $c_i > d_i$。

8. 非负约束

模型中变量均为非负数值。

8.3.2.3 目标函数

多次博弈后，总体思路是考虑协同体在 T 个竞价周期中的总效益最大化，梯级水库群协同形式变化，目标函数随之变化。协同体的目标函数通用表示如下：

$$\max\pi = \sum_{i \in xz} \sum_{t=1}^{T} \left[\omega_i \cdot P_{xz}(t) \cdot \Delta t \cdot D_{xz}(t) - C_i(t) \right] \qquad (8.56)$$

式中：$P_{xz}(t)$、$D_{xz}(t)$ 分别为联盟协同体在第 t 周期的总出力（kW）和协同体电价（统一电价）[元/(kW·h)]；协同体的总出力在协同体内部电站中进行分配，ω_i 为 i 电站的出力分配比例，且协同体内部电站分配比例之和为 1；$C_i(t)$ 为 i 电站在第 t 周期的发电成本，元。

未参与协同电站以单个电站利益最大化为目标，则其目标函数如下：

$$\max\pi = \sum_{t=1}^{T} \left[P_i(t) \cdot \Delta t \cdot D_i(t) - C_i(t) \right] \qquad (8.57)$$

8.3.3 不完全信息下协同的动态博弈

博弈过程中每个参与人对其他参与人的信息（如支付函数、成本函数、报价曲线等）并非能完全地了解，但这些信息是所有参与人的共同知识、竞价所需。对于市场中的这些不确定因素，流域梯级电站或电站协同在制定竞价策略时，只能通过市场表现来估计和预测对手的生产状况和经营策略。其中一种主要方法就是"基于电价预测的方法"：将电价视作一种不完全信息，利用预测手段，获取电价信息。通过预测电价，发电公司可以更准确地了解交易环境、评估收益和风险，并制定更周详的报价策略，以获得更加优化的竞价结果。

目前可用于电价预测的方法很多，如线性回归方法、人工神经网络方法、模糊聚类方法、马尔科夫经济预测理论、时间序列分析等，但采用以上方法，为找出电价序列的波动规律，需要大量历史数据，因而存在样本复杂、数据获取困难、求解难度大等问题。对比之下，灰色模型以部分信息、小样本的不确定性系统为研究对象，可实现少量数据建模，计算简便。在电力市场尚不成熟的初期阶段，价格波动性强，其变化规律难以定量描述，且影响电价的因素无法追踪和建模，这些性质符合灰色变量的特征。灰色理论可将电价视作时间序列，利用序列间的内在联系，通过已有的少量电力市场交易数据，开发、提取有价值的信息，寻求电价的波动规律，进而能够实现电价预测。因此，本书将改进 GM(1，1)模型，并应用到动态博弈中，在保障预测准确度的基础上，使其更符合电力市场信息不完全的实际。

8.3.3.1 影响因素

电力市场是一个复杂的系统，电价涉及许多不确定因素，且各因素之间的相互关系错综复杂，具有不确定性和波动性，要准确预测电价，必须首先了解其影响因素。在电力市场中，参与竞价的发电厂商的报价水平不仅与市场成员的关系和交易模式有关，供求关系、发电厂商的成本、发电厂商市场力也都是主要影响因素。

1. 发电厂商的成本

发电厂商的成本一般可以分成固定成本和变动成本两类，固定成本主要包括与发电能力形成和维护有关的费用，而与发电量无关，如电站建设费用、维护费用、员工工资等；变动成本则是与发电量有关的费用，如水电站的库区基金、水资源费、税金及附加等。

分析水电站的成本结构，存在固定成本占比大、变动成本占比小的特点。这种成本结构使水电站的盈利能力对收入变化较为敏感（边际效益高）：当水电站的收入增长，新增收入对应的成本相对电站固定成本可忽略不计，新增收入不会大幅度增加成本，毛利润最大程度转化成营业利润从而促进了净利润的大幅度增长；而当收入下降时，水电站的固定成本依然存在，收入下降的部分也会最大程度转化为利润的下跌或者亏损的增加。另外，折旧费以及财务费用在水电站成本构成中占比最大，当水电站还本付息及折旧待摊费用支付完成后水电站将呈现成本"突降"的特征。因此还贷、折旧结束的成本较低的旧电站相对新电站更有竞争力，报价策略往往是以极低的电价获取发电量。

2. 电力供应和需求

电力供应：电力工业属于资金密集型行业，建设一个电站所需的投资大，项目建设工期长，设备专用性强，行业门槛较高。且发电机组建成后，机组寿命长，机组的发电容量很少变化。与电力需求每时每刻都在变化相比，电力的供应能力即市场可用的发电容量是相对固定的，在短期内不会发生巨大变化。

电力需求：与电力供应短期内相对固定不同，电力需求存在长期增长和短期波动的特点。随着社会的发展，电力逐渐成为现代工业文明的标志，由于电力在国民经济中的基础作用，使得电力需求与经济发展息息相关。随着我国经济发展和生活水平的提高，社会对电力的需求随着时间的推移而增长。另外，由于用电的随机性和不连续性，电力需求同时存在短期波动的特点：如周期稍长的季节波动，冬季需求少，夏季需求多；以及周期较短的日内波动，白天用电多，深夜用电少。

市场供求与价格的关系，首先是市场价值或生产价格决定价格，市场价值或生产价格是价格形成与运动的内在基础和实体，是市场价格波动的中心，价格调节着市场供求关系；而市场供求关系反作用于价格，成为支配或影响市场价格形成与运动的基本因素。因此，市场供求关系与价格间相互影响、相互制约。电力市场下价格水平会随着供需关系的变化而涨跌，通常供不应求时上网电价高，反之亦然。

3. 发电厂商的市场力

单个发电厂商的市场力即是对市场价格的影响能力，可以认为是它可通过改变自己的定价策略使市场价格高于或低于一般的竞争价格的能力。发电厂商的市场力除了与自身发电容量所占市场份额有关，也与电力市场中信息获取有关。

发电厂商市场份额：理论上，各发电厂商都只是价格接受者，他们所面对的价格都是由市场给定的，也就是经过市场供需调整后的均衡价格。但是由于电力商品的特殊性，电力市场并非"理想状态下的完全竞争"，电力市场具有有限数量的发电厂商，且各自的市场份额不同。电力市场中较大市场份额的发电厂商对价格有较大的影响力，它所占市场份额越大，替代容量越小，其抬高价格时损失的发电量越少，价格升高的可能性大。与之相反，市场份额小的发电厂商抬高报价可能使机组的发电容量不被采用，不仅损失发电量而且对系统边际电价影响很小，所以只能是市场价格接受者。

电力市场信息获取：由于电力市场的特性，发电厂商只有在了解市场信息的基础上，才可以确定或改变报价策略。相应的，如果发电厂商未能及时了解市场变化、获取市场信息，在报价中就处于不利的地位。市场公开信息的发布、及时获取也将影响各发电厂商的市场力。在市场公开信息不足的情况下，大发电厂商可依靠自身实力，深入市场调查，了解并掌握市场价格因素的变化规律；而小发电厂商不能对市场做深入调查，其报价可能不符合价格变化的客观趋势，从而影响价格。

8.3.3.2　传统 GM（1，1）模型

1. 模型的一般形式

设变量 $X^{(0)} = \{X^{(0)}(1), X^{(0)}(2), X^{(0)}(3), \cdots, X^{(0)}(n)\}$ 为电力市场电价的历史记录数据，为一组随时间变化的原始数据序列。

为建立灰色预测模型，首先对原始数据序列 $X^{(0)}$ 进行一阶累加，生成新序列 $X^{(1)}$ 如下：

$$X^{(1)} = \{X^{(1)}(1), X^{(1)}(2), X^{(1)}(3), \cdots, X^{(1)}(n)\} \tag{8.58}$$

其中，$X^{(1)}(k) = \sum_{i=1}^{k} X^{(0)}(i) = X^{(1)}(k-1) + X^{(0)}(k)$。

对 $X^{(1)}$ 建立白化微分方程如下：

$$\frac{\mathrm{d}X^{(1)}}{\mathrm{d}t} + aX^{(1)} = u \tag{8.59}$$

该方程即是 GM(1，1) 模型，白化微分方程的解如下：

$$\hat{X}^{(1)}(k+1) = \left[X^{(0)}(1) - \frac{u}{a}\right]e^{-ak} + \frac{u}{a}, k = 0, 1, \cdots \tag{8.60}$$

2. 辨识算法

记参数序列为 S，$S = [a, u]^{\mathrm{T}}$。那么，在最小二乘准则下参数序列 S 可用下列式子求解：

$$S = (B^{\mathrm{T}}B)^{-1}B^{\mathrm{T}}Y_n \tag{8.61}$$

$$
其中，B = \begin{bmatrix} -0.5(X^{(1)}(1)+X^{(1)}(2)) & 1 \\ -0.5(X^{(1)}(2)+X^{(1)}(3)) & 1 \\ -0.5(X^{(1)}(3)+X^{(1)}(4)) & 1 \\ \vdots & \vdots \\ -0.5(X^{(1)}(n-1)+X^{(1)}(n)) & 1 \end{bmatrix}, \quad Y_n = \begin{bmatrix} X^{(0)}(2) \\ X^{(0)}(3) \\ X^{(0)}(4) \\ \vdots \\ X^{(0)}(n) \end{bmatrix}。
$$

3. 逆累加生成还原

因 GM 灰色模型得到的是一次累加量，$k \in \{n+1, n+2, \cdots\}$ 时刻的预测值，必须将模型所得数据 $\hat{X}^{(1)}(k+1)$ [或者是 $\hat{X}^{(1)}(k)$] 作逆向累加生成还原，也即是还原为 $\hat{X}^{(0)}(k+1)$ [或者是 $\hat{X}^{(0)}(k)$] 才得到原始序列 $X^{(0)}$ 的预测值。

$$
\hat{X}^{(1)}(k) = \sum_{i=1}^{k} \hat{X}^{(0)}(i) = \sum_{i=1}^{k-1} \hat{X}^{(0)}(i) + \hat{X}^{(0)}(k) \tag{8.62}
$$

由式可得 $\hat{X}^{(0)}(k) = \hat{X}^{(1)}(k) - \sum_{i=1}^{k-1} \hat{X}^{(0)}(i)$；同时，由上文模型可知 $\hat{X}^{(0)}(k-1) = \sum_{i=1}^{k-1} \hat{X}^{(0)}(i)$，故可得原始序列 $X^{(0)}$ 求解方式如下：

$$
\hat{X}^{(0)}(k) = \hat{X}^{(1)}(k) - \hat{X}^{(1)}(k-1) \tag{8.63}
$$

可得原始序列 $X^{(0)}$ 的预测模型如下：

$$
\hat{X}^{(0)}(k+1) = (1-\mathrm{e}^a)\left[X^{(0)}(1) - \frac{u}{a}\right]\mathrm{e}^{-ak}, k=0,1,\cdots \tag{8.64}
$$

8.3.3.3 改进的 GM(1，1) 模型

1. 数据处理

历史数据由于受人为干扰因素有可能造成个别数据不切合实际或违背客观的变化规律，这种数据称为异常值。为了保证数据的客观性、真实性以便更好地进行分析，有必要先对原始数据进行异常值剔除处理。其次，无论是人工观测数据还是由数据采集系统获取的数据，都不可避免叠加上"噪声"干扰（图形上的"毛刺"或"尖峰"）。为提高数据质量，也有必要对异常值剔除处理后的数据进行平滑处理。最后，因灰色模型建模序列只考虑某时刻过去的全体数据，随着时间的推移，未来的一些扰动因素将不断地对系统产生影响，预测精度较高的仅仅是最近的几个数据，越往未来发展，该模型的预测准确性就越弱。因此，为保障数据质量、长远预测准确性，本书基于异常值剔除、平滑处理和等维新处理对 GM(1，1) 模型进行改进，并进行模型精度的检验。

（1）异常值剔除处理。本书采用国际常推荐且方法较为简单方便的"拉依达方法"进行异常值剔除处理。设电力市场电价的历史记录数据由变量 $X^{(0)} = \{X^{(0)}(1), X^{(0)}(2), X^{(0)}(3), \cdots, X^{(0)}(n)\}$ 表示，为一组随时间变化的原始数据序列。如果某一原始数据 $X^{(0)}(i)$ 与序列平均值 $\overline{X}^{(0)}$ 之差大于标准差 S 的 3 倍 [式（8.65）]，则视该数据值为异常值，予以剔除。

$$| X^{(0)}(i) - \overline{X}^{(0)} | > 3S \tag{8.65}$$

式中：样本的平均值 $\overline{X}^{(0)} = \dfrac{1}{n} \sum_{i=1}^{n} X^{(0)}(i)$，样本的标准偏差 $S = \sqrt{\dfrac{1}{n} \sum_{i=1}^{n} \left[X^{(0)}(i) - \overline{X}^{(0)} \right]^2}$。

剔除异常值后形成新序列 $X'^{(0)}$ 如下：

$$X'^{(0)} = \{ X'^{(0)}(1), X'^{(0)}(2), X'^{(0)}(3), \cdots, X'^{(0)}(n) \} \tag{8.66}$$

（2）数据的平滑处理。结合电力市场客观环境，一般短期内电价不会出现较大波动，但较小范围内的锯齿状波动是确实存在的。数据平滑处理在消除随机误差、提高预测精度的同时更接近电力市场实际情况。本书采用"加权移动平均"平滑滤波的方法对序列 $X'^{(0)}$ 进行平滑处理。加权移动平均的基本思想是给固定跨越期限内的每个变量值以不同的权重，因历史电价数据信息对预测未来期内的电价的作用是不一样的。除了以 n 为周期的周期性变化外，远离目标期的变量值的影响力相对较低，故应给予较低的权重。故区间内中心处数据的权值最大，数据权值随着离开中心处距离的增加而减小。权重系数可采用最小二乘原理，使平滑后的数据以最小均方差逼近序列 $X'^{(0)}$ 的原始数据。

设 $2n+1$ 个等距节点 $X_{-n}, X_{1-n}, \cdots, X_{-1}, X_0, X_1, \cdots, X_{n-1}, X_n$ 上的数据分别为 $Y_{-n}, Y_{1-n}, \cdots, Y_{-1}, Y_0, Y_1, \cdots, Y_{n-1}, Y_n$。再设两节点之间的等距为 h，做交换 $t = \dfrac{X - X_0}{h}$ 则原节点变为 $t_{-n} = -n, t_{1-n} = 1-n, \cdots, t_{-1} = -1, t_0 = 0, t_1 = 1, \cdots, t_{n-1} = n-1, t_n = n$。

用 m 次多项式去拟合得到的序列数据，设拟合多项式为

$$Y(t) = a_0 + a_1 t + a_2 t^2 + \cdots + a_m t^m \tag{8.67}$$

用最小二乘法确定方程中的待定系数，令 $\sum_{i=-n}^{n} R_i^2 = \sum_{i=-n}^{n} \left[\sum_{j=0}^{m} a_j t_i^j - Y_i \right]^2$，使其达到最小，将它分别对 a_k 求偏导数，并令其为 0，可得方程组如下，该方程组称为正规方程组（其中 $k = 0, 1, \cdots, m$）：

$$\sum_{i=-n}^{n} Y_j t_i^k = \sum_{j=0}^{m} a_j \sum_{i=-n}^{n} t_i^{k+1} \tag{8.68}$$

采用"五点二次平滑"，即 $n = 2$，$m = 3$ 时，由式（8.68）可得具体的正规方程组。并解出 a_0、a_1、a_2、a_3，最后得到"五点三次平滑公式"如下。式中 $\overline{Y}_i$ 为 Y_i 的改进值，该公式要求节点个数大于等于 5。

$$\overline{Y}_{-2} = \frac{1}{70}(69Y_{-2} + 4Y_{-1} - 6Y_0 + 4Y_1 - Y_2) \tag{8.69}$$

$$\overline{Y}_{-1} = \frac{1}{35}(2Y_{-2} + 27Y_{-1} + 12Y_0 - 8Y_1 + 2Y_2) \tag{8.70}$$

$$\overline{Y}_0 = \frac{1}{35}(-3Y_{-2} + 12Y_{-1} + 17Y_0 + 12Y_1 - 3Y_2) \tag{8.71}$$

$$\overline{Y}_1 = \frac{1}{35}(2Y_{-2} - 8Y_{-1} + 12Y_0 + 27Y_1 + 2Y_2) \tag{8.72}$$

$$\overline{Y}_2 = \frac{1}{70}(-Y_{-2} + 4Y_{-1} - 6Y_0 + 4Y_1 + 69Y_2) \tag{8.73}$$

当序列 $X'^{(0)} = \{X'^{(0)}(1), X'^{(0)}(2), X'^{(0)}(3), \cdots, X'^{(0)}(n)\}$ 的节点个数多于 5 时，除两端分别用式（8.69）、式（8.70）、式（8.72）和式（8.73）外，其余都采用式（8.71）进行平滑处理，相当于在每个子区间内用三次不同最小二乘多项式进行平滑。将序列内各数据对应代入上述式子，最后可得到该序列的"五点三次平滑公式"。

1）$X'^{(0)}(1)$ 和 $X'^{(0)}(2)$ 的改进值。

$$X'^{(0)}(1) = \frac{1}{70}[69X'^{(0)}(1) + 4X'^{(0)}(2) - 6X'^{(0)}(3) + 4X'^{(0)}(4) - X'^{(0)}(5)]$$

$$X'^{(0)}(2) = \frac{1}{35}[2X'^{(0)}(1) + 27X'^{(0)}(2) + 12X'^{(0)}(3) - 8X'^{(0)}(4) + 2X'^{(0)}(5)]$$

2）$X'^{(0)}(n-1)$ 和 $X'^{(0)}(n)$ 的改进值。

$$X'^{(0)}(n) = \frac{1}{70}[-X'^{(0)}(n-4) + 4X'^{(0)}(n-3) - 6X'^{(0)}(n-2) + 4X'^{(0)}(n-1) + 69X'^{(0)}(n)]$$

$$X'^{(0)}(n-1) = \frac{1}{35}[2X'^{(0)}(n-4) - 8X'^{(0)}(n-3) + 12X'^{(0)}(n-2) + 27X'^{(0)}(n-1) + 2X'^{(0)}(n)]$$

3）其余的改进值如下，其中 $k = 3, 4, 5, \cdots, n-3, n-2$。

$$X'^{(0)}(k) = \frac{1}{35}[-3X'^{(0)}(k-2) + 12X'^{(0)}(k-1) + 17X'^{(0)}(k) + 12X'^{(0)}(k+1) - 3X'^{(0)}(k+2)]$$

（3）等维新信息处理。随着时间的推移，未来的一些扰动和因素等将相继进入系统并造成影响。为使模型能够多次重复用，并充分利用新信息，引入了"等维新信息思想"——不断更新数据序。使模型能随着时间的推移不断更新数据，并把这些新数据加入到原始数据序列中，同时保持序列维数不变，这样不断增加新数据、去掉最早的数据，逐个更新、依次增减，直到完成预测目标为止。

此处的"新数据"包含两层内涵，对应两种等维新信息处理方式：一层是根据电力市场具体规则，交易中心会公布最新的电价，需在后续竞价周期开始前，用最新公布的电价数据替换预测模型中的旧数据，称之为"实际数据等维新"；另一层内涵是指由已知数列建立的灰色模型预测一个值，然后把这个预测值补加到已知数列中，同时去掉最早期的一个数据，称之为"预测数据等维新"。两种等维新信息处理方式的选用决定于预测目的以及预测的时间长度。

1）预测数据等维新。

t 时刻的旧序列：

$$X_t^{(0)} = \{X^{(0)}(1), X^{(0)}(2), \cdots, X^{(0)}(n)\} \qquad (8.74)$$

等维新信息处理后的 $t+1$ 时刻的新序列：

$$X_{t+1}^{(0)} = \{X^{(0)}(2), X^{(0)}(3), \cdots, \hat{X}^{(0)}(n+1)\} \qquad (8.75)$$

式中：$\hat{X}^{(0)}(n+1)$ 为采用灰色模型并据 t 时刻的旧序列 $X_t^{(0)}$ 预测出的 $t+1$ 时刻的电价数据。

2）实际数据等维新。

t 时刻的旧序列：

$$X_t^{(0)} = \{X^{(0)}(1), X^{(0)}(2), \cdots, X^{(0)}(n)\} \qquad (8.76)$$

等维新信息处理后的 $t+1$ 时刻的新序列：

$$X_{t+1}^{(0)} = \{X^{(0)}(2), X^{(0)}(3), \cdots, \hat{X}^{(0)}(n+1)\} \qquad (8.77)$$

式中：$\hat{X}^{(0)}(n+1)$ 为最新公布的 $t+1$ 时刻电价数据。

2. 微分方程求解初值条件的改进

初值 $X^{(0)}(1)$ 对微分方程的解 $X^{(1)}(k+1)$ 有直接影响，传统 GM(1，1) 模型一般即以实际样本的初始值 $X^{(0)}(1)$ 作为初始条件。但该实际样本的初始值与预测的未来数值间关联度不强，用该初始条件进行微分方程计算将会对预测准确性带来一定影响。因此，考虑对初值进行如下修正，式子中 σ 即为修正值：

$$X'^{(0)}(1) = X^{(0)}(1) + \sigma \qquad (8.78)$$

将式（8.78）代入式（8.60）和式（8.64），得出预测公式如下：

$$\hat{X}^{(1)}(k+1) = \left[X^{(0)}(1) + \sigma - \frac{u}{a}\right] e^{-ak} + \frac{u}{a} \qquad (8.79)$$

$$\hat{X}^{(0)}(k+1) = (1 - e^a)\left[X^{(0)}(1) + \sigma - \frac{u}{a}\right] e^{-ak} \qquad (8.80)$$

修正值 σ 对预测值具有修正作用，当其为零时则为普通的 GM(1，1) 预测模型式子。按原始数据序列与预测数据序列的误差在最小二乘意义下的最小来确定修正值，即

$$\min \sum_{k=1}^{n} \left[\hat{X}^{(0)}(k+1) - X^{(0)}(k+1)\right]^2 \qquad (8.81)$$

则 $\sigma = \dfrac{p}{q} - \left[X^{(0)}(1) - \dfrac{u}{a}\right]$，其中 $p = \sum_{k=1}^{n} X^{(0)}(k) e^{-a(k-1)}$，$q = (1 - e^a)\dfrac{1 - e^{-2na}}{1 - e^{-2a}}$

3. 累积法和内涵型预测公式改进

累积法（AM）可平滑观察数据，减小异常点的影响，增强模型的稳健性，并且不对误差进行假设，计算简便，所以在计量经济学和工程技术中已得到广泛应用。本节将累积法引入 GM(1，1) 模型的参数估计后，又由模型的定义型方程推得内涵型预测公式，用来取代传统的白化响应式。

（1）参数估计。设变量 $X^{(0)}=\{X^{(0)}(1),X^{(0)}(2),X^{(0)}(3),\cdots,X^{(0)}(n)\}$ 为电力市场电价的历史记录数据，为一组随时间变化的原始数据序列。

首先对原始数据序列 $X^{(0)}$ 进行一阶累加，生成新序列 $X^{(1)}$ 如下：

$$X^{(1)}=\{X^{(1)}(1),X^{(1)}(2),X^{(1)}(3),\cdots,X^{(1)}(n)\} \tag{8.82}$$

式中：$X^{(1)}(k)=\sum_{i=1}^{k}X^{(0)}(i)=X^{(1)}(k-1)+X^{(0)}(k)$。

对区间 $\{i-1,i\}$ 上的背景值取均值形式，表达式如下：

$$z^{(1)}(k)=0.5[X^{(1)}(k-1)+X^{(1)}(k)],k=2,3,\cdots,n \tag{8.83}$$

GM(1，1) 模型的定义型方程如下：

$$X^{(0)}(k)+az^{(1)}(k)=b,k=2,3,\cdots,n \tag{8.84}$$

对该式子两边施加累积算子，由于模型参数有 2 个，只需施加 1、2 阶累积和算子：

$$\sum_{i=2}^{n}{}^{(1)}X^{(0)}(i)+a\sum_{i=2}^{n}{}^{(1)}z^{(1)}(i)=b\sum_{i=2}^{n}{}^{(1)} \tag{8.85}$$

$$\sum_{i=2}^{n}{}^{(2)}X^{(0)}(i)+a\sum_{i=2}^{n}{}^{(2)}z^{(1)}(i)=b\sum_{i=2}^{n}{}^{(2)} \tag{8.86}$$

其中：$\sum_{i=2}^{n}{}^{(1)}z^{(1)}(i)=\sum_{i=2}^{n}z^{(1)}(i)$，$\sum_{i=2}^{n}{}^{(2)}z^{(1)}(i)=\sum_{i=2}^{n}(n-i+1)z^{(1)}(i)$，

$\sum_{i=2}^{n}{}^{(1)}X^{(0)}(i)=\sum_{i=2}^{n}X^{(0)}(i)$，$\sum_{i=2}^{n}{}^{(2)}X^{(0)}(i)=\sum_{i=2}^{n}(n-i+1)X^{(0)}(i)$，

$\sum_{i=2}^{n}{}^{(1)}=C_n^1-1=n-1$，$\sum_{i=2}^{n}{}^{(2)}=C_{n+2-1}^2-n=\dfrac{(n-1)n}{2}$。

累积法准则下的参数估计公式：

$$\boldsymbol{a}=(a,b)^{\mathrm{T}}=X_r^{-1}Y_r \tag{8.87}$$

式中：$X_r=\begin{pmatrix}\sum\limits_{i=2}^{n}{}^{(1)}z^{(1)}(i)-\sum\limits_{i=2}^{n}{}^{(1)}\\[2mm]\sum\limits_{i=2}^{n}{}^{(2)}z^{(1)}(i)-\sum\limits_{i=2}^{n}{}^{(2)}\end{pmatrix}$，$Y_r=\begin{pmatrix}-\sum\limits_{i=2}^{n}{}^{(1)}X^{(0)}(i)\\[2mm]-\sum\limits_{i=2}^{n}{}^{(2)}X^{(0)}(i)\end{pmatrix}$。

（2）内涵预测公式。因为 $z^{(1)}(k)=0.5[X^{(1)}(k-1)+X^{(1)}(k)]$，故原 GM(1，1) 模型的定义型方程为

$$X^{(0)}(k)+\frac{a}{2}[X^{(1)}(k-1)+X^{(1)}(k)]=b \tag{8.88}$$

将 $X^{(1)}(k)=\sum_{i=1}^{k}X^{(0)}(i)$ 代入式中，可推导得 GM(1，1) 模型的定义型方程等价于如下方程：

$$X^{(0)}(k) = \frac{2(2-a)^{k-2}[b-aX^{(0)}(1)]}{(2+a)^{k-1}}, k=2,3,\cdots,n \tag{8.89}$$

该式子是一个递推式，将 $X^{(0)}(1)$ 作为初始条件，则此式即可作为预测公式来计算 $X^{(0)}(k)$ 的预测值 $\hat{X}^{(0)}(k)$，即

$$\hat{X}^{(0)}(k) = \frac{2(2-a)^{k-2}[b-aX^{(0)}(1)]}{(2+a)^{k-1}}, k=2,3,\cdots,n \tag{8.90}$$

4. 电价预测模型实例

采用上文两种 GM(1，1) 模型，以电力市场较成熟、交易数据较完善的 Nord Pool 中公布的 2017 年 8 月 18—19 日的数据进行预测和检验，2017 年 8 月 18—19 日的电价实际数据见表 8.5。

表 8.5 　　　　　　　　2017 年 8 月 18—19 日电价实际数据 　　　　　　单位：EUR/（MW·h）

日期	时刻	电价	时刻	电价	日期	时刻	电价	时刻	电价
2017-08-18	0：00	25.61	12：00	28.46	2017-08-19	0：00	26.1	12：00	26.13
	1：00	25.56	13：00	28.01		1：00	24.94	13：00	25.83
	2：00	25.36	14：00	27.94		2：00	24.16	14：00	24.93
	3：00	25.17	15：00	27.62		3：00	23.98	15：00	24.62
	4：00	25.37	16：00	26.83		4：00	23.48	16：00	24.83
	5：00	25.58	17：00	27.06		5：00	23.26	17：00	24.93
	6：00	26.78	18：00	27.13		6：00	24.19	18：00	25.09
	7：00	27.41	19：00	27.05		7：00	24.61	19：00	25.71
	8：00	28.6	20：00	26.75		8：00	25.68	20：00	25.62
	9：00	28.79	21：00	26.76		9：00	26.32	21：00	25.79
	10：00	28.95	22：00	26.72		10：00	28.32	22：00	24.67
	11：00	28.97	23：00	25.99		11：00	26.42	23：00	23.77

（1）初值修正 GM(1，1) 模型。

第一步，以 2017 年 8 月 18 日 0：00—23：00 时刻的 24 个电价实际数据作为原始序列，进行异常值剔除、数据平滑处理，得到新序列。

第二步，将处理后的新序列进行一次累加生成新序列，并计算得到相应的背景值序列。

第三步，计算参数估计值，将参数估计值代入初值修正后的预测公式，得到 2017 年 8 月 19 日 0：00 时刻的电价预测值。

第四步，根据等维新原则，重复进行第一步到第三步，最终得到 2017 年 8 月 19 日的电价预测值见表 8.6。

（2）累积法 GM(1，1) 模型。

第一步，以 2017 年 8 月 18 日 0：00—23：00 时刻的 24 个电价实际数据作为原始序列，进行异常值剔除、数据平滑处理，得到新序列。

第二步，将处理后的新序列进行一次累加生成新序列，并计算得到相应的背景值序列。

第三步，计算累积法参数估计值，将参数估计值代入内涵型预测公式，得到 2017 年 8 月 19 日 0：00 时刻的电价预测值。

第四步，根据等维新原则，重复进行第一步到第三步，最终得到 2017 年 8 月 19 日的电价预测值见表 8.6。

表 8.6　　　　　　　　　2017 年 8 月 19 日电价预测值　　　　　　单位：EUR/(MW·h)

时　刻	实际值	传统 GM(1，1) 模型		初值修正 GM(1，1) 模型		累积法 GM(1，1) 模型	
		预测值	相对误差	预测值	相对误差	预测值	相对误差
0：00	26.1	27.59	5.72%	27.51	5.42%	27.56	5.61%
1：00	24.94	27.63	10.79%	27.18	8.97%	27.24	9.21%
2：00	24.16	27.67	14.53%	26.62	10.18%	26.70	10.52%
3：00	23.98	27.71	15.56%	25.93	8.14%	26.03	8.56%
4：00	23.48	27.75	18.19%	25.23	7.44%	25.34	7.93%
5：00	23.26	27.79	19.48%	24.53	5.46%	24.65	6.00%
6：00	24.19	27.83	15.05%	23.94	−1.03%	24.04	−0.64%
7：00	24.61	27.87	13.25%	23.58	−4.19%	23.66	−3.87%
8：00	25.68	27.91	8.69%	23.48	−8.55%	23.52	−8.42%
9：00	26.32	27.95	6.20%	23.56	−10.47%	23.59	−10.39%
10：00	26.52	27.99	5.55%	23.81	−10.21%	23.82	−10.20%
11：00	26.42	28.03	6.10%	24.15	−8.57%	24.14	−8.65%
12：00	26.13	28.07	7.44%	24.42	−6.53%	24.41	−6.59%
13：00	25.83	28.11	8.84%	24.63	−4.65%	24.61	−4.71%
14：00	24.93	28.15	12.93%	24.84	−0.35%	24.81	−0.49%
15：00	24.62	28.19	14.52%	24.87	1.02%	24.84	0.89%
16：00	24.83	28.24	13.72%	24.77	−0.26%	24.76	−0.29%
17：00	24.93	28.28	13.42%	24.79	−0.56%	24.77	−0.66%
18：00	25.09	28.32	12.86%	24.89	−0.81%	24.84	−0.99%
19：00	25.71	28.36	10.30%	25.01	−2.73%	24.95	−2.94%
20：00	25.62	28.40	10.85%	25.20	−1.63%	25.15	−1.85%
21：00	25.79	28.44	10.27%	25.45	−1.31%	25.38	−1.60%
22：00	24.67	28.48	15.45%	25.69	4.15%	25.61	3.82%
23：00	23.77	28.52	19.99%	25.66	7.95%	25.61	7.72%

对所建立的模型进行"残差检验"，模型检验合格后则代表该预测模型符合要求，可用于预测。

1) 残差序列：

$$\varepsilon^{(0)} = (\varepsilon(1), \varepsilon(2), \cdots, \varepsilon(n))$$
$$= (X^{(0)}(1) - \hat{X}^{(0)}(1), X^{(0)}(2) - \hat{X}^{(0)}(2), \cdots, X^{(0)}(n) - \hat{X}^{(0)}(n))$$

2）相对误差序列：

$$\Delta = \left(\left| \frac{\varepsilon(1)}{X^{(0)}(1)} \right|, \left| \frac{\varepsilon(2)}{X^{(0)}(2)} \right|, \cdots, \left| \frac{\varepsilon(n)}{X^{(0)}(n)} \right| \right) = \{\Delta_k\}_1^n$$

用残差的大小来判断模型的好坏，残差大则模型精度低，反之精度高。对于 $k < n$，称 $\Delta_k = \left| \dfrac{\varepsilon(k)}{X^{(0)}(k)} \right|$ 为 k 点对应的模拟相对误差，称 $\overline{\Delta} = \dfrac{1}{n} \sum\limits_{k=1}^{n} \Delta_k$ 为平均相对误差。给定临界值 α，当满足 $\Delta_k < \alpha$ 且 $\overline{\Delta} < \alpha$ 时，则被检验的模型为残差合格模型。精度等级及对应临界值见表 8.7。

表 8.7   灰色模型"残差检验"精度表

精度等级	α 指标临界值	精度等级	α 指标临界值
Ⅰ 级	0.01	Ⅲ 级	0.10
Ⅱ 级	0.05	Ⅳ 级	0.20

根据预测结果，三种预测模型的模型精度结果详见表 8.8。

表 8.8   模型精度检验结果

模　型	平均绝对误差	相对误差符合各级精度的比例			
		Ⅰ级	Ⅱ级	Ⅲ级	Ⅳ级
传统 GM（1，1）模型	12.07%	0.00%	12.50%	45.83%	100.00%
初值修正 GM（1，1）模型	5.02%	16.67%	50.00%	87.50%	100.00%
累积法 GM（1，1）模型	5.10%	25.00%	50.00%	87.50%	100.00%

通过"残差检验法"对传统 GM（1，1）模型、初值修正 GM（1，1）模型和累积法 GM（1，1）模型进行精度检验，后两者预测精度较传统 GM（1，1）模型均有较大改善。经过两种方法的改进，即使样本很少，预测精度也较好，说明改进的灰色模型在电价预测中是有效的。

累积法 GM（1，1）模型相比于初值修正 GM（1，1）模型更简单、计算更为简便。并且当原始数据较大时，可对序列作数乘变换，便于计算和降低模型的病态性，这些变换不会影响模型的精度。因此，累积法 GM（1，1）模型在电价预测中更有实际应用意义。

8.3.3.4　不完全信息动态协同博弈模型

流域梯级电站在竞价周期内上报量价组合策略时，对市场内竞争对手的报价是事先无法知道的，这种不完全信息在两种情形下发生：一是独立电站之间或协同体与协同体之间，它们在竞价时将对方视作竞争对手，不会将本次上报电价水平透露出来；二是如果形成流域协同，在协同内部不同投资主体的电站虽然存在合作关系，且能根据协同利益最大化分配电量，但是协同松散的结构决定了由于缺乏激励机制和中间协调人，电站在竞价时不可能知道另一投资主体下属水电站的报价水平。在这两种情况下，给出的完全信息博弈模型中的式（8.55）就不成立了。为研究这一信息不完全问题，使模型更符合实际，在完全信息博弈模型基础上，对式（8.55）做如下修正：

$$q_i = E_i - c_i \cdot D_i + d_i \cdot \sum_{j \neq i} \widetilde{D}_j \tag{8.91}$$

式中：$\widetilde{D}_j$ 为电站 i 利用改进的 GM(1，1) 模型，根据历史报价数据对其对手本次报价的预测值。

参 考 文 献

AFSHAR M, 2012. Large scale reservoir operation by constrained particle swarm optimization algorithms [J]. Journal of Hydro - environment Research, 6 (1): 75 - 87.

ARNOLD T, SCHWALBE A U, 2002. Dynamic coalition formation and the core [J]. Journal of Economic Behavior & Organization, 49 (3): 363 - 380.

AZADEH A, GHADERI S F, NOKHANDAN B P, et al., 2012. A new genetic algorithm approach for optimizing bidding strategy viewpoint of profit maximization of a generation company [J]. Expert Systems with Application, 39 (1): 1565 - 1574.

BARROS M T L, TSAI T C, YANG S L, et al., 2003. Optimization of Large - Scale Hydropower System Operations [J]. Journal of Water Resources Planning and Management, 129 (3): 178 - 188.

BAZARAA M S, SHERALI H D, SHETTY C M, 1994. Nonlinear programming: theory and algorithms [J]. Technometrics, 49 (1): 105 - 105.

BAZARAA M S, SHERALI H D, SHETTY C M, 2013. Nonlinear programming: theory and algorithms [M]. John Wiley & Sons, Inc.

BELENKY A S, 2002. Cooperative games of choosing partners and forming coalitions in the marketplace [J]. Mathematical & Computer Modelling, 36 (11 - 13): 1279 - 1291.

BELLMAN R, 1957. Dynamic Programming [M]. Princeton University Press.

BELLMAN, R, 1966. Dynamic Programming [J]. Science, 153 (37): 34 - 37.

BIRBIL S, FANG S C, SHEU R L, 2004. On the Convergence of a Population - Based Global Optimization Algorithm [J]. Kluwer Academic Publishers.

BIRBIL S I, FANG S C, 2003. An Electromagnetism - like Mechanism for Global Optimization [J]. Journal of Global Optimization, 25 (3): 263 - 282.

CHENG C T, CHENG X, SHEN J J, et al., 2015. Short - term peak shaving operation for multiple power grids with pumped storage power plants [J]. International Journal of Electrical Power and Energy Systems, 67: 570 - 581.

CHENG C T, SHEN J J, WU X Y, et al., 2012. Operation challenges for fast - growing China's hydropower systems and respondence to energy saving and emission reduction [J]. Renewable & Sustainable Energy Reviews, 16 (5): 2386 - 2393.

CHWE M S, 1994. Farsighted Coalitional Stability [J]. Journal of Economic Theory, 63 (2): 299 - 325.

MENNITI D, PINNARELLI A, SORRENTINO N, 2008. Simulation of producers behaviour in the electricity market by evolutionary games [J]. Electric Power Systems Research, 78 (3): 475 - 483.

DANIEL P. LOUCKS, PHILP J. DORFMAN, 1975. An evaluation of some linear decision rules in chance - Constrained models for reservoir planning and operation [J]. Water Resources Research, 11 (6): 777 - 782.

DORIGO M, 1992. Optimization, learning and natural algorithms [J]. Phd Thesis Politecnico Di Milano.

DORIGO M, Gambardella L M, 1997. Ant Colonies for the Traveling Salesman Problem [J]. Biosystems, 43 (2): 73 - 81.

DORIGO M, MANIEZZO V, COLORNI A, 1999. Positive Feedback as a Search Strategy [J]. Technical Report.

DREYFUS, STUART E, 1962. Applied dynamic programming [M]. Princeton University Press.

FERRERO, R. W, RIVERA, et al., 1998. Application of games with incomplete information for pricing electricity in deregulated power pools [J]. IEEE Transactions on Power Systems, 13 (1): 184 – 189.

FIESTRAS – JANEIRO M G, I GARCÍA – JURADO, MECA A, et al., 2011. Cooperative game theory and inventory management [J]. European Journal of Operational Research, 210 (3): 459 – 466.

FLÅM S D, JOURANI A, 2003. Strategic behavior and partial cost sharing [J]. Games and Economic Behavior, 43 (1): 44 – 56.

GLOTIC A, GLOTIC A, KITAK P, et al., 2014. Parallel Self – Adaptive Differential Evolution Algorithm for Solving Short – Term Hydro Scheduling Problem [J]. IEEE Transactions on Power Systems: A Publication of the Power Engineering Society, 29 (5): 2347 – 2358.

HAFALIR I E, 2007. Efficiency in coalition games with externalities [J]. Games and Economic Behavior, 61 (2): 242 – 258.

HAO W, LEI X, GUO X, et al., 2016, Multi – Reservoir System Operation Theory and Practice [J]. Springer International Publishing.

HEIDARI M, CHOW V T, KOKOTOVIC P V, et al., 1971. Discrete Differential Dynamic Programing Approach to Water Resources Systems Optimization [J]. Water Resources Research, 7 (2): 273 – 282.

HEIDARI M, CHOW V T, KOKOTOVIC P V, et al., 1997. Long Short – Term Memory [J]. Neural Computation, 9 (8): 1735 – 1780.

HEIJDEN F V D, DUIN R P W, DE RIDDER D, et al., 2005. Supervised Learning [M] // Classification, Parameter Estimation and State Estimation. John Wiley &. Sons, Ltd.

HONG L, XIE M, ZHANG T, 2013. Promote the development of renewable energy: A review and empirical study of wind power in China [J]. Renewable and Sustainable Energy Reviews, 22: 101 – 107.

HOUCK M H, 1999. Optimizing reservoir resources: including a new model for reservoir reliability [M]. New York: Wiley.

HUI Q, ZHOU J, LU Y, 2010, et al. Multi – objective Cultured Differential Evolution for Generating Optimal Trade – offs in Reservoir Flood Control Operation [J]. Water Resources Management, 24 (11): 2611 – 2632.

INTELLEKTIK F, INFORMATIK F, DARMSTADT T H, et al., 1998. MAX – MIN Ant System for Quadratic Assignment Problems [J].

JACOBS J, FREEMAN G, GRYGIER J, et al., 1995. SOCRATES: A system for scheduling hydroelectric generation under uncertainty [J]. Annals of Operations Research, 59 (1): 99 – 133.

JIA N X, YOKOYAMA R, 2003. Profit allocation of independent power producers based on cooperative Game theory [J]. International Journal of Electrical Power &. Energy Systems, 25 (8): 633 – 641.

ZHOU J Z, ZHANG Y C, ZHANG R, et al., 2015. Integrated optimization of hydroelectric energy in the upper and middle Yangtze River [J]. Renewable and Sustainable Energy Reviews, 45: 481 – 512.

KAWASAKI R, 2010. Farsighted stability of the competitive allocations in an exchange economy with indivisible goods [J]. Mathematical Social Sciences, 59 (1): 46 – 52.

KECKLER W G, LARSON R E, 1968. Dynamic programming applications to water resource system operation and planning [J]. Journal of Mathematical Analysis and Applications, 24 (1): 80 – 109.

KENNEDY J, EBERHART R, 2002. Particle Swarm Optimization [C]. Icnn95 – international Conference on Neural Networks. IEEE.

KRUŚ L, BRONISZ P, 2000. Cooperative game solution concepts to a cost allocation problem [J]. European Journal of Operational Research, 122 (2): 258 – 271.

LARSON R E, 1968. State increment dynamic programming [M]. American Elsevier.

LIPPI M, BERTINI M, FRASCONI P, et al., 2013. Short – Term Traffic Flow Forecasting: An Experimental Comparison of Time – Series Analysis and Supervised Learning [J]. IEEE Transactions on Intelligent Transportation Systems, 14 (2): 871 – 882.

LITTLE L D C, 1955. The use of storage water in a hydroelectric system [J]. Journal of the Operations Research Society of America, 3 (2): 187 – 197.

LIU W Y, YUE K, WU T Y, et al., 2011. An approach for multi – objective categorization based on the game theory and Markov process [J]. Applied Soft Computing, 11 (6): 4087 – 4096.

LOUCKS D P, STEDINGER J R, HAITH D, 1981. Water resource systems planning and analysis [M]. Prentice – Hall.

LU Y L, ZHOU J Z, QIN H, et al., 2010. An adaptive chaotic differential evolution for the short – term hydrothermal generation scheduling problem [J].

LUND, JAY R, FERREIRA, et al., 1996. Operating Rule Optimization for Missouri River Reservoir System [J]. Journal of Water Resources Planning and Management, 122 (4): 287 – 295.

MAASS A, HUFSCHMIDT M M, DORFMAN R, et al., 1962. Design of Water – Resource Systems [J]. 10. 4159/harvard. 9780674421042.

MAHVI M, ARDEHALI M M, 2011. Optimal bidding strategy in a competitive electricity market based on agent – based approach and numerical sensitivity analysis [J]. Energy, 36 (11): 6367 – 6374.

MARUTA T, OKADA A, 2012. Dynamic group formation in the repeated prisoner's dilemma [J]. Games and Economic Behavior, 74 (1): 269 – 284.

MAYS L W, TUNG Y K, 1992. Hydrosystems engineering and management [M]. New York: McGraw – Hill.

MEADE L M, LILES D H, SARKIS J, 1997. Justifying strategic alliances and partnering: a prerequisite for virtual enterprising [J]. Omega, 25 (1): 29 – 42.

NEEDHAM J T, JR D, LUND J R, et al., 2000. Linear Programming for Flood Control in the Iowa and Des Moines Rivers [J]. Journal of Water Resources Planning and Management, 126 (3): 118 – 127.

P MASSÉ, BOUTTEVILLE R, 1946. Les réserves et la régulation de l'avenir dans la vie économique [M]. Paris: Hermann.

PENG LU, JIAN ZHONG ZHOU, CHUN LONG LI, et al., 2015. Quarter – Hourly Generation Scheduling of Hydropower Systems Considering Peak Saving Demands among Multiple Provincial Power Grids in Central China [C].

PETTERSEN E, PHILPOTT A B, Wallace S W, 2005. An electricity market game between consumers, retailers and network operators [J]. Decision Support Systems, 40 (3/4): 427 – 438.

PINTO T, MORAIS H, OLIVEIRA P, et al., 2011. A new approach for multi – agent coalition formation and management in the scope of electricity markets [J]. Energy, 36 (8): 5004 – 5015.

SALEEM S. M, 2001. Knowledge – based solution to dynamic optimization problems using cultural algorithms: [Ph. D. Thesis Dissertation]. Wayne State University.

SAVIC A, WALTERS G, ATKINSON R, et al., 1999. Genetic algorithm optimization of large water distribution system expansion [J]. Measurement and Control: Journal of the Institute of Measurement and Control, 32 (4): 104 – 109.

SHEN J, CHENG C, WU X, et al., 2014. Optimization of peak loads among multiple provincial power grids under a central dispatching authority [J]. Energy, 74 (sep.): 494 – 505.

SHEN J J, CHENG C T, WU X Y. 2011, Short – Term Generation Scheduling for Hydropower Systems with Discrepant Objectives [C] // World Environmental and Water Resources Congress 2011.

SOLEYMANI S, RANJBAR A M, SHIRANI A R, 2008. New approach to bidding strategies of generating companies in day ahead energy market [J]. Energy conversion & management, 49 (6): 1493 – 1499.

SOLEYMANI S, RANJBAR A M, SHIRANI A R J E C, et al., 2008. New approach to bidding strategies of generating companies in day ahead energy market [J]. Energy Conversion & Management, 49 (6): 1493 – 1499.

STEDINGER J R, SULE B F, LOUCKS D P, 1984. Stochastic dynamic programming models for reservoir operation optimization [J]. Water Resources Research, 20 (11): 1499 – 1505.

STUTZLE T, 2007. 蚁群算法 [M]. 北京：清华大学出版社.

VARTIAINEN H, 2011. Dynamic coalitional equilibrium [J]. Journal of Economic Theory, 146 (2): 672 – 698.

WANG J, LIU S, 2012, Quarter – Hourly Operation of Hydropower Reservoirs with Pumped Storage Plants [J]. Journal of Water Resources Planning and Management, 138 (1): 13 – 23.

WANG Y, ZHOU J, MO L, et al., 2012, A modified differential real – coded quantum – inspired evolutionary algorithm for continuous space optimization [J]. Journal of Computational Information Systems, 8 (4): 1487 – 1495.

WU X Y, CHENG C T, SHEN J J, et al., 2015. A multi – objective short term hydropower scheduling model for peak shaving [J]. International Journal of Electrical Power and Energy Systems, 68 (Jun.): 278 – 293.

WURBS R A, 1996. Modeling and analysis of reservoir system operations [M]. Upper Saddle River, NJ: Prentice Hall PTR.

YAKOWITZ S, 1982. Dynamic programming applications in water resources [J]. Water Resources Research, 18 (4): 673 – 696.

YANG H, YONG H S, 2003. The study of the impacts of potential coalitions on bidding strategies of GENCOs [J]. IEEE Transactions on Power Systems: A Publication of the Power Engineering Society, 18 (3): 1086 – 1093.

YING W, ZHOU J, ZHOU C Z C, et al., 2012, An improved self – adaptive PSO technique for short – term hydrothermal scheduling [J]. Expert Systems with Applications, 39: 2288 – 2295.

ZANNONI E, REYNOLDS R, 1997. Learning to control the program evolution process with cultural algorithms [J]. Evolutionary Computation, 5 (2): 181 – 211.

艾学山, 范文涛, 王先甲, 2009. 梯级水库群运行模式及合作效益分配研究 [J]. 水力发电学报, 28 (3): 42 – 46.

蔡旭东, 廖燕芬, 2005. 飞来峡水利枢纽枯水期水库调度探讨 [J]. 广东水利电力职业技术学院学报, (01): 17 – 19.

陈飞虎, 2017. 经济新常态下发电企业战略调整的思考 [J]. 中国领导科学 (10): 54 – 56.

陈桂亚, 2013. 长江上游控制性水库群联合调度初步研究 [J]. 人民长江, 44 (23): 1 – 6.

陈汉雄, 吴安平, 黎岚, 2007. 金沙江一期溪洛渡、向家坝水电站调峰运行研究 [J]. 中国电力 (10): 38 – 41.

陈俊, 2015. 基于博弈论的发电商策略性投标问题研究 [D]. 武汉：湖北工业大学.

陈森林, 2004. 电力电量平衡算法及其应用研究 [J]. 水力发电 (2): 8 – 10.

陈森林, 万俊, 刘子龙, 等, 1999. 水电系统短期优化调度的一般性准则 (1) ——基本概念与数学模型 [J]. 武汉水利电力大学学报 (3): 3 – 5.

陈守煜, 1990. 多阶段多目标决策系统模糊优选理论及其应用 [J]. 水利学报 (1): 1 – 10.

陈守煜, 赵瑛琪, 1993. 系统模糊决策理论与应用 [Z]. 安徽黄山.

程成, 2007. 基于博弈论的发电厂商市场力分析与抑制对策研究 [D]. 保定：华北电力大学.

程春田, 励刚, 程雄, 等, 2015. 大规模特高压直流水电消纳问题及应用实践 [J]. 中国电机工程学报,

35 (3)：549-560.

程春田，廖胜利，武新宇，等，2010. 面向省级电网的跨流域水电站群发电优化调度系统的关键技术实现 [J]. 水利学报，41 (4)：477-482.

程笑薇，2004. 发电集团公司合作竞争博弈与资本运营战略 [D]. 北京：华北电力大学.

程笑薇，2005. 竞争合作格局下的发电集团公司资本运营战略研究 [D]. 北京：华北电力大学.

程雄，2015. 响应调峰需求的水电系统优化调度方法研究及应用 [D]. 大连：大连理工大学.

程雄，程春田，申建建，等，2015. 大规模跨区特高压直流水电网省两级协调优化方法 [J]. 电力系统自动化，39 (1)：151-158.

程雄，申建建，程春田，等，2014. 大电网平台下抽水蓄能电站群短期多电网启发式调峰方法 [J]. 电力系统自动化，38 (9)：53-60.

崔民选，2010. 低碳时代的中国能源战略转型 [J]. 中国市场 (16)：93-96.

崔学勤，王克，邹骥，2016. 2℃和 1.5℃目标对中国国家自主贡献和长期排放路径的影响 [J]. 中国人口·资源与环境，26 (12)：1-7.

单葆国，孙祥栋，李江涛，等，2017. 经济新常态下中国电力需求增长研判 [J]. 中国电力，50 (1)：19-24.

中国电力企业联合会，2016. 中国电力行业年度发展报告 2016 [N]. 中国电力报，2016-08-29.

董文略，2016. 基于合作博弈的虚拟电厂与配电网协调调度研究 [D]. 杭州：浙江大学.

董子敖，1989. 水库群调度与规划的优化理论和应用 [M]. 济南：山东科学技术出版社.

董子敖，李英，1991. 大规模水电站群随机优化补偿调节调度模型 [J]. 水力发电学报 (4)：1-10.

杜河建，2006. 动态联盟收益分配合作博弈分析 [D]. 北京：国防科学技术大学.

杜祥琬，2017. 对我国《能源生产和消费革命战略 (2016-2030)》的解读和思考 [J]. 中国科技奖励 (7)：6-7.

杜祥琬，2018. 低碳发展的理论意义和实践意义 [J]. 阅江学刊，10 (1)：7-16，144.

冯仲恺，牛文静，程春田，等，2017. 水电站群联合调峰调度均匀逐步优化方法 [J]. 中国电机工程学报，37 (15)：4315-4323.

付永锋，王煜，李福生，等，2007. 黄河下游枯水调度模型开发研究 [J]. 人民黄河，29 (11)：52-53.

葛晓琳，张粒子，王春丽，2013. 多目标短期梯级水电优化调度混合整数模型 [J]. 电力系统保护与控制，41 (4)：55-60.

龚传利，黄家志，潘苗苗，2009. 三峡右岸电站 AVC 功能设计及实现方法 [J]. 水电自动化与大坝监测，33 (1)：19-21.

关杰林，余波，李晖，等，2010. 溪洛渡—向家坝梯级电站"调控一体化"调度运行管理模式研究 [J]. 华东电力，38 (8)：1185-1187.

郭富强，郭生练，刘攀，等，2011. 清江梯级水电站实时负荷分配模型研究 [J]. 水力发电学报，30 (1)：5-11.

何光宇，王積，裴哲义，等，2003. 三峡电力系统调峰问题的研究 [J]. 电网技术 (10)：12-16.

何建坤，2016. 全球低碳化转型与中国的应对战略 [J]. 气候变化研究进展，12 (5)：357-365.

胡朝娣，2014. 合作博弈中可行联盟结构的形成与收益分配 [D]. 武汉：武汉科技大学.

黄溜，2018. 电网短期负荷预测及水火混合系统非线性经济调度 [D]. 武汉：华中科技大学.

黄志坚，2006. 集团联盟报价策略 [D]. 上海：上海交通大学.

贾德香，吴姗姗，2017. 2016 年中国电力供需回顾及 2017 年预测 [J]. 中国电力，50 (6)：1-5.

蒋玮，吴杰，冯伟，等，2019. 日前电力市场不完全信息条件下的电力供需双边博弈模型 [J]. 电力系统自动化，43 (2)：18-24，75.

金兴平，2017. 长江上游水库群 2016 年洪水联合防洪调度研究 [J]. 人民长江，48 (4)：22-27.

金兴平，许全喜，2018. 长江上游水库群联合调度中的泥沙问题 [J]. 人民长江，49 (3)：1-8.

柯生林，2019. 考虑弃水风险的水库群优化调度及系统设计研究 [D]. 武汉：华中科技大学.

李彬艳，2007. 水电站长期调峰初步研究 [D]. 武汉：华中科技大学.

李刚，何怡刚，2007. 区域电力市场中的寡头发电厂商博弈分析 [J]. 华北电力大学学报，34（4）：43-46，68.

李豪，2014. 基于合作博弈的供应链企业之间利益分配的研究 [D]. 兰州：兰州交通大学.

李亮，周云，黄强，2009. 梯级水电站短期周优化调度规律探讨 [J]. 水力发电学报，28（04）：38-42，70.

李清清，2010. 不确定电力市场环境下梯级电站竞价理论与应用 [D]. 武汉：华中科技大学.

李树山，李崇浩，唐红兵，等，2015. 多振动区水电站短期调峰负荷分配方法 [J]. 南方电网技术，9（8）：77-82.

李玮，郭生练，郭富强，等，2007. 水电站水库群防洪补偿联合调度模型研究及应用 [J]. 水利学报（7）：826-831.

李钰心，1999. 水电站经济运行 [M]. 北京：中国电力出版社.

廖想，2014. 流域梯级水电站群及其互联电力系统联合优化运行 [D]. 武汉：华中科技大学.

刘本希，武新宇，程春田，等，2015. 大小水电可消纳电量期望值最大短期协调优化调度模型 [J]. 水利学报，46（12）：1497-1505.

刘芳冰，2018. 复杂电网跨区跨省通道输电能力的研究 [D]. 武汉：华中科技大学.

刘琼，2015. 基于不完全信息博弈下发电企业竞价策略研究 [D]. 太原：太原科技大学.

刘玮，2011. 电力市场环境下发电企业成本分析及竞价策略研究 [D]. 北京：华北电力大学.

刘心愿，郭生练，刘攀，等，2009. 考虑综合利用要求的三峡水库提前蓄水方案 [J]. 水科学进展，20（6）：851-856.

刘艳芳，崔强，2013. 磨盘山水库枯水兴利调度分析 [J]. 黑龙江水利科技，41（2）：57-59.

刘永权，武建洁，2009. 察尔森水库枯水期兴利调度思考 [J]. 甘肃水利水电技术，45（2）：4-5，22.

刘悦，黄炜斌，马光文，等，2018. 多业主梯级水电站协作统一竞价及效益分配机制初探 [J]. 水力发电，44（3）：77-80.

刘治理，马光文，岳耀峰，2006. 电力市场下的梯级水电厂短期预发电计划研究 [J]. 继电器（4）：46-48，65.

卢鹏，2016. 梯级水电站群跨电网短期联合运行及经济调度控制研究 [D]. 武汉：华中科技大学.

卢鹏，周建中，莫莉，等，2014. 梯级水电站发电计划编制与厂内经济运行一体化调度模式 [J]. 电网技术，38（7）：1914-1922.

卢鹏，周建中，莫莉，等，2016. 梯级水电站群多电网调峰调度及电力跨省区协调分配方法 [J]. 电网技术，40（9）：2721-2728.

卢有麟，2012. 流域梯级大规模水电站群多目标优化调度与多属性决策研究 [D]. 武汉：华中科技大学.

麦紫君，2018. 响应调峰需求的区域水电站群发电计划编制研究 [D]. 武汉：华中科技大学.

梅亚东，2000. 梯级水库优化调度的有后效性动态规划模型及应用 [J]. 水科学进展（2）：194-198.

孟庆喜，申建建，程春田，等，2014. 多电网调峰负荷分配问题的目标函数选取与求解 [J]. 中国电机工程学报，34（22）：3683-3690.

莫莉，纪鸿铸，王永强，2013. 流域梯级多业主电站共生机制及其稳定性 [J]. 水电能源科学，31（8）：230-234.

牛文静，申建建，程春田，等，2016. 耦合调峰和通航需求的梯级水电站多目标优化调度混合搜索方法 [J]. 中国电机工程学报，36（9）：2331-2341.

欧阳硕，2014. 流域梯级及全流域巨型水库群洪水资源化联合优化调度研究 [D]. 武汉：华中科技大学.

欧阳硕，周建中，周超，等，2013. 金沙江下游梯级与三峡梯级枢纽联合蓄放水调度研究 [J]. 水利学报，44（4）：435-443.

彭源长，2015. 电力需求震荡筑底经济结构效率向好 [N]. 中国电力报.

乔晗，高红伟，2009. 一个具有变化联盟结构的动态合作博弈模型 [J]. 运筹与管理（4）：60-66.

任利成，刘琼，2015. 基于最优反应动态机制下发电企业竞价策略研究 [J]. 经济师（7）：246-250.

任玉珑，刘贞粟，增德，等，2006. 基于多主体的发电企业二阶段博弈模型仿真 [J]. 中国电机工程学报（17）：6-11.

申建建，程春田，程雄，等，2014. 大型梯级水电站群调度混合非线性优化方法 [J]. 中国科学：技术科学，44（3）：306-314.

申建建，程春田，程雄，等，2014. 跨省送电梯级水电站群调峰调度两阶段搜索方法 [J]. 中国电机工程学报，34（28）：4817-4826.

申建建，2011. 大规模水电站群短期联合优化调度研究与应用 [D]. 大连：大连理工大学.

舒生茂，2019. 基于深度学习的梯级水电站发电调度及系统设计研究 [D]. 武汉：华中科技大学.

宋恒力，2013. 流域梯级水电站联盟策略的博弈研究 [D]. 武汉：华中科技大学.

孙艳艳，2009. 基于信息共享的动态联盟利益分配过程研究 [D]. 西安：西安电子科技大学.

孙正运，裴哲义，夏清，等，2003. 减少水电弃水调峰损失的措施分析 [J]. 水力发电学报（4）：1-7.

谭娟，2008. 研究开发型动态联盟利益分配机制研究 [D]. 武汉：武汉理工大学.

谭维炎，黄守信，刘健民，等，1963. 初期运行水电站的最优年运行计划——动态规划方法的应用 [J]. 水利水电技术（2）：22-26.

汪朝忠，王建琼，谢晶晶，等，2016. 合作博弈下的电力联盟交易机制研究 [J]. 西南民族大学学报（人文社科版），37（5）：140-144.

汪翔，2016. 基于 Shapley 值的研发联盟收益分配及风险分担研究 [D]. 重庆：重庆大学.

王本德，周惠成，卢迪，等，2016. 我国水库（群）调度理论方法研究应用现状与展望 [J]. 水利学报，47（3）：337-345.

王超，2016. 金沙江下游梯级水电站精细化调度与决策支持系统集成 [D]. 武汉：华中科技大学.

王华为，2015. 华中电网大规模水电站群短期调峰问题研究与应用 [D]. 武汉：华中科技大学.

王华为，周建中，张胜，等，2015. 一种单站多电网短期启发式调峰方法 [J]. 电网技术，39（9）：2559-2564.

王金文，范习辉，张勇传，等，2003. 大规模水电系统短期调峰电量最大模型及其求解 [J]. 电力系统自动化，（15）：29-34.

王信茂，2015. 经济新常态下电力发展的几个问题 [J]. 中国电力企业管理（23）：64-67.

王一鸣，2014. 基于演化博弈的发电厂商竞价行为研究 [D]. 保定：华北电力大学.

王轶杰，2012. 基于演化博弈与 Shapley 值的 TPL 联盟收益分配问题研究 [D]. 天津：天津大学.

王赢，2012. 梯级水库群优化调度方法研究与系统实现 [D]. 武汉：华中科技大学.

王永强，2012. 厂网协调模式下流域梯级电站群短期联合优化调度研究 [D]. 武汉：华中科技大学.

王永强，周建中，莫莉，等，2012. 基于机组综合状态评价策略的大型水电站精细化日发电计划编制方法 [J]. 电网技术，36（7）：94-99.

翁文林，王浩，张超然，等，2014. 基于梯级水电站群联合调度的长江干流"龙头水库"综合效益分析 [J]. 水力发电学报，33（6）：53-60.

吴沧浦，1960. 年调节水库的最优运用 [J]. 科学记录（2）：81-86.

吴杰康，郭壮志，秦砺寒，等，2009. 基于连续线性规划的梯级水电站优化调度 [J]. 电网技术，33（08）：24-29.

吴军友，2011. 基于最优反应动态机制的发电商竞价策略研究 [D]. 北京：华北电力大学.

吴玉亮，2018. 我国水电行业基本情况及未来发展趋势 [J]. 科技风（35）：194-196.

吴正佳，周建中，杨俊杰，等，2007. 调峰容量效益最大的梯级电站优化调度 [J]. 水力发电（1）：74-76.

吴智华，2015. 新一轮电力体制改革的目标、难点和路径选择 [J]. 中国市场（26）：68 - 69.

伍永刚，王献奇，裴哲义，等，2006. 电力市场中水电厂间补偿效益的分摊方法 [J]. 水力发电，32（10）：17 - 20.

武新宇，程春田，申建建，等，2012. 大规模水电站群短期优化调度方法Ⅲ：多电网调峰问题 [J]. 水利学报，43（1）：31 - 42.

谢蒙飞，2017. 梯级水电站随机发电调度及调峰计划编制研究 [D]. 武汉：华中科技大学.

幸丽娟，2012. 基于合作博弈的联盟企业利益分配问题研究 [D]. 兰州：西北民族大学.

杨根，周杰娜，胡志勇，2006. 基于博弈论和概率论的发电商竞价策略研究 [J]. 继电器（10）：41 - 45.

杨冠华，2015. 基于 shapley 值的动态联盟企业利益分配问题研究 [D]. 重庆：重庆师范大学.

杨敏，王宝，叶彬，等，2018. 新常态下经济电力关系分析与用电需求预测 [J]. 智慧电力，46（4）：50 - 56.

杨珊珊，王宇奇，2014. 不完全信息下发电企业竞价的贝叶斯博弈模型研究 [J]. 科技与管理，16（5）：71 - 74.

姚育胜，2019. 世界四条通航大河梯级开发航运发展比较研究 [J]. 武汉交通职业学院学报，21（1）：1 - 7.

易伟，罗云峰，2003. 电力市场中电厂报价的重复博弈分析 [J]. 华中科技大学学报（自然科学版）（2）：75 - 77.

尹明万，戴江，1997. 三峡梯级水电站群调峰作用优化 [J]. 中国三峡建设（7）：19 - 21.

尹修明，2008. 梯级水电厂竞价上网策略研究 [D]. 北京：华北电力大学.

袁柳，2018. 水电站短期发电调度不确定性问题及优化方法 [D]. 武汉：华中科技大学.

张春梅，2012. 基于合作博弈的 EPC 项目利益相关者收益分配研究 [D]. 天津：天津大学.

张凯，李万明，2018. 基于合作博弈联盟的玛纳斯河流域水权市场化配置研究 [J]. 新疆师范大学学报（哲学社会科学版），39（4）：149 - 160.

张庆辉，赵继军，2008. 多寡头动态电力市场的分析 [J]. 青岛大学学报（工程技术版）（3）：58 - 62.

张仁贡，2006. 水电站动力特性分析软件的开发与应用 [J]. 水利水电技术（8）：68 - 70.

张睿，2014. 流域大规模梯级电站群协同发电优化调度研究 [D]. 武汉：华中科技大学.

张睿，周建中，袁柳，等，2013. 金沙江梯级水库消落运用方式研究 [J]. 水利学报，44（12）：1399 - 1408.

张玮，2015. 积极推进电力体制改革充分释放改革红利 [N]. 中国改革报.

张祥，2008. 华中电网大中型水电站群联合调度探讨 [J]. 水电能源科学（4）：139 - 142.

张勇传，邴凤山，刘鑫卿，等，1987. 水库群优化调度理论的研究—SEPOA 方法 [J]. 水电能源科学（3）：234 - 244.

张勇传，李福生，熊斯毅，等，1981. 水电站水库群优化调度方法的研究 [J]. 水力发电（11）：48 - 52.

张勇传，1998. 水电站经济运行原理 [M]. 北京：中国水利水电出版社.

张勇传，1984. 水电站经济运行 [M]. 北京：水利电力出版社.

张玉新，冯尚友，1988. 多目标动态规划逐次迭代算法 [J]. 武汉水利电力学院学报（6）：72 - 82.

张玉新，冯尚友，1988. 水库水沙联调的多目标规划模型及其应用研究 [J]. 水利学报（9）：19 - 27.

张玉新，冯尚友，1988. 水库水沙联调的多目标规划模型及其应用研究 [J]. 水利学报（9）：21 - 29.

赵会茹，赵名锐，王玉玮，2017. 售电侧开放下日前电力市场动态博弈模型 [J]. 电力建设，38（4）：144 - 152.

赵南山，张雅琦，2009. 浅析三峡水库在枯水期航运流量补偿运用 [J]. 华中电力，22（1）：51 - 54.

郑晶，张春霞，2011. 低碳经济发展的动力研究 [J]. 福建师范大学学报（哲学社会科学版）（4）：23 - 28.

郑守仁，2011. 三峡工程设计水位 175m 试验性蓄水运行的相关问题思考 [J]. 人民长江，42（13）：1 - 7.

钟平安，蔡杰，李远生，等，2008. 梯级水电站实时发电补偿调度风险分析 [J]. 电力系统自动化（7）：30 - 33.

钟平安，张金花，徐斌，等，2012. 梯级库群水流滞后性影响的日优化调度模型研究 [J]. 水力发电学报，31 (4)：34 - 38.

钟平安，张梦然，蔡杰，等，2012. 基于决策树的梯级水电站泄流补偿调度风险分析 [J]. 电力系统自动化，36 (20)：63 - 67.

周建平，钱钢粮，2010. 十三大水电基地的规划及其开发现状 [Z].